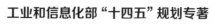

"十四五"时期
国家重点出版物出版专项规划项目

空间生命科学与技术丛书
名誉主编 赵玉芬　主编 邓玉林

天体生物学
Astrobiology

谭信 等 著

北京理工大学出版社
BEIJING INSTITUTE OF TECHNOLOGY PRESS

内容简介

天体生物作为现代科学的研究对象之所以能够成立，取决于人类对生命现象已有足够深入的理解，特别是生物进化的理解，并通过空间科学的研究得知生命存在所必需的物理条件，包括水、温度、必要的元素等在宇宙范围内并不罕见；许多行星经历过与地球相似的演化过程，其中一些也包含了生物进化过程的思想已超越科学幻想的阶段而成为一种合理的推断。人类已经进入太空，并必将越走越远，越来越多的人将对天体生物学所提出的问题和研究成果感兴趣。但这门学科较新，到目前为止还缺乏系统介绍天体生物学的中文读物。有鉴于此，我们在"空间生命科学与技术丛书"中将"天体生物学"列入编写范围。

本书分成了四个主要部分。第一部分是总论，较系统地介绍了什么是天体生物学、生命的本质和存在条件、宇宙演化所促成的生物存在条件的满足，以及天体生物学的研究方法等。第二部分系统介绍地球生命出现的条件、形成和进化的过程，以及限制因素等。对这些的了解有助于推出生命的一般原理，并以此为依据探讨宇宙其他地区的生命。第三部分探索在太阳系范围内存在生命的可能性，以及生命在星际传播的可能性。第四部分将天体生物学的探索范围扩大到整个宇宙，并讨论了星际旅行和不同地外文明相互发现和沟通的可能性。

本书可以作为本科生和研究生开设的天体生物学相关课程的使用教材，也可作为本学科的科研人员、相关空间科学领域的研究者、空间生命科学爱好者的参考读物。

版权专有　侵权必究

图书在版编目（CIP）数据

天体生物学 / 谭信等著. -- 北京：北京理工大学出版社，2023.11

工业和信息化部"十四五"规划专著
ISBN 978-7-5763-3288-9

Ⅰ. ①天… Ⅱ. ①谭… Ⅲ. ①天体生物学 Ⅳ. ①Q693

中国国家版本馆 CIP 数据核字（2023）第 253596 号

责任编辑：李颖颖	**文案编辑**：李颖颖
责任校对：周瑞红	**责任印制**：李志强

出版发行	/ 北京理工大学出版社有限责任公司
社　　址	/ 北京市丰台区四合庄路 6 号
邮　　编	/ 100070
电　　话	/（010）68944439（学术售后服务热线）
网　　址	/ http://www.bitpress.com.cn

版 印 次	/ 2023 年 11 月第 1 版第 1 次印刷
印　　刷	/ 三河市华骏印务包装有限公司
开　　本	/ 710 mm × 1000 mm　1/16
印　　张	/ 32
彩　　插	/ 3
字　　数	/ 486 千字
定　　价	/ 128.00 元

图书出现印装质量问题，请拨打售后服务热线，负责调换

《空间生命科学与技术丛书》
编写委员会

名誉主编： 赵玉芬

主　　编： 邓玉林

编　　委：（按姓氏笔画排序）

马　宏　马红磊　王　睿　吕雪飞
刘炳坤　李玉娟　李晓琼　张　莹
张永谦　周光明　郭双生　谭　信
戴荣继

前　言

20世纪后半叶以人类航天器进入太空为标志的空间科学的发展，使得之前对地球之外的浩瀚宇宙中是否存在生命、它们产生和发展的基本规律，以及我们如何定义它们等问题终于有了解决的科学基础，催生了在整个宇宙范围内研究生命现象的天体生物学。天体生物学的发展也得益于同样在20世纪中叶以来生命科学的井喷式发展。空间科学和生命科学这两门势头强劲的学科为天体生物学的发展提供了强大的后盾和动力。天体生物学的研究反过来又深化和扩展了这两个科学领域的内涵。

天体生物作为现代科学的研究对象之所以能够成立，基于这样一些先决条件：人类对生命现象已有足够深入的认识，特别是对生物进化的理解；通过空间科学的研究所获知的生命存在所必需的物理和化学条件，包括水、温度、必要的元素等在宇宙范围内并不罕见；许多行星经历过与地球相似的演化过程。人类经过自己的努力能够进入太空，地外生命可能存在并也经历进化过程的思想已超越科学幻想的阶段而成为现实或合理推断。但这门学科较新，到目前为止还缺乏系统介绍天体生物学的中文读物。有鉴于此，我们在"空间生命科学与技术丛书"中将"天体生物学"列入编写范围。

作为一门综合了包括空间科学、生命科学及众多其他科学的新兴学科，天体生物学的研究复杂而广泛，包括：在星际物质中、在太阳系的行星和小天体中生命前体的化学进化，地球上生命的历史进程，在对生命本质理解的基础上探索地外环境的宜居性、地外生命存在的可能性并寻找它们，地球生物是否可以移居到其他星球生活，我们和宇宙其他可能的智慧生物如何相互发现、交流等。

在这些广泛且开放的内容中，如何选择恰当的内容编纂本书，对我们是一个挑战。本书的第1编是总论，较系统地介绍了什么是天体生物学、生命的本质和存在条件、宇宙演化所促成的生物存在条件的满足，以及天体生物学的研究方法等。第2编系统介绍目前唯一知道具有生命的星球：地球上生命出现的条件、形成和进化的过程，以及限制因素等。对它们的了解有助于推出生命的一般原理，并依此探讨宇宙其他地区的生命。第3编在太阳系范围内探索地外生命存在的可能性，重点介绍对火星和外太阳系的几颗类地卫星的探测和分析，以及生命在星际传播的可能性。第4编将天体生物的探索范围扩大到整个宇宙，寻找生命的宜居地，进行系外生命信号的获取和识别，并讨论了星际旅行和不同地外文明相互发现和沟通的可能性。

本书的第1、4、5、6、7、8、12章由北京理工大学谭信编写；第2、8、9、10、11、13章由北京理工大学谭信和北京航空航天大学庄逢源共同编写；第3章由北京理工大学吕雪飞、谭信和澳门科技大学田丰共同编写。本书可作为本科生和研究生开设的天体生物学相关课程的教材，也可作为本学科的科研人员、相关空间科学领域的研究者、空间生命科学爱好者的参考读物。近年来，随着人们生活水平的提高和国力的增强，我国载人航天工程、探月工程快速进展，为天体生物学的发展带来了机遇。希望能借此势头，为读者奉献一本值得阅读、获得知识、引发思考的书。

谭　信

目 录

第1编 天体生物学总论

第1章 导论 3
1.1 什么是天体生物学 3
1.1.1 天体生物学的概念 3
1.1.2 对宇宙和所存在生命的探索史 6
1.2 天体生物学研究 11
1.2.1 天体生物学涉及的有关学科 11
1.2.2 天体生物学的研究领域 14
1.2.3 空间生命科学 20

第2章 宇宙的演化和生命存在的基础 25
2.1 我们所知道的生命形式 25
2.1.1 生命的共同特点 26
2.1.2 造成上述诸多一致性的原因 33
2.1.3 如何认定一种生命 33
2.2 宇宙演化简史和生命所需元素的形成 35
2.2.1 宇宙的早期演化和星系的形成 35
2.2.2 与生命有关的元素的形成 40
2.2.3 各种元素在宇宙中和生命体中的丰度 44
2.3 分子、有机分子和水 48

    2.3.1　星周和星际的分子和有机分子　　　　　　　　48
    2.3.2　水分子　　　　　　　　　　　　　　　　　　60

第3章　宜居性　　　　　　　　　　　　　　　　　　67
3.1　宜居性的概念　　　　　　　　　　　　　　　　　　67
    3.1.1　基本概念　　　　　　　　　　　　　　　　　67
    3.1.2　组成宜居性的一般要素　　　　　　　　　　　68
    3.1.3　宜居性与生物的出现　　　　　　　　　　　　69
    3.1.4　特殊环境的宜居性　　　　　　　　　　　　　72
3.2　太阳系外行星的宜居性　　　　　　　　　　　　　　72
3.3　动态宜居性　　　　　　　　　　　　　　　　　　　74
    3.3.1　动态宜居性的基本概念　　　　　　　　　　　74
    3.3.2　动态适应性　　　　　　　　　　　　　　　　75
    3.3.3　动态的早期地球和生命的出现　　　　　　　　77
    3.3.4　动态可居住性　　　　　　　　　　　　　　　77
    3.3.5　从"生命在哪里出现？"到"生命会在哪里出现？"　78
3.4　地下宜居性　　　　　　　　　　　　　　　　　　　79
    3.4.1　避难所和临时栖息地　　　　　　　　　　　　80
    3.4.2　大陆地下　　　　　　　　　　　　　　　　　82
    3.4.3　海洋地下世界和海洋世界　　　　　　　　　　83
3.5　辐射与生命起源　　　　　　　　　　　　　　　　　85

第4章　天体生物学的研究方法　　　　　　　　　　　89
4.1　天文望远镜、空间望远镜和光谱分析　　　　　　　　89
    4.1.1　天文望远镜　　　　　　　　　　　　　　　　89
    4.1.2　空间望远镜　　　　　　　　　　　　　　　　92
    4.1.3　光谱分析　　　　　　　　　　　　　　　　　98
4.2　就位观测、着陆取样和陨石分析　　　　　　　　　　101
    4.2.1　无人探测器的种类和作用　　　　　　　　　　102
    4.2.2　就位观测和登陆　　　　　　　　　　　　　　104
    4.2.3　取样、储存和带回地球　　　　　　　　　　　108

####### 4.2.4 陨石分析 109
4.3 地面模拟研究 110
4.3.1 模拟微重力研究方法 110
4.3.2 模拟空间辐射研究方法 113
4.4 地球极端环境生物体研究 114
4.4.1 研究地球生物的极端栖息地的意义 115
4.4.2 生命的繁衍和存留 115
4.4.3 研究方法 116
4.5 宇宙中生命信号的辨析 118
4.5.1 生命信号的来源 119
4.5.2 生命信号分子的检测 120
4.5.3 形态学信息的取得 123
4.5.4 对模拟生命的非生物现象的识别 124

第2编　地球上的生命

第5章　地球生命形成的条件 131
5.1 地壳、大气和海洋的形成 131
5.1.1 地壳 131
5.1.2 大气 135
5.1.3 原始海洋的形成 139
5.2 地月系统的形成对生命形成的影响 141
5.2.1 月球的起源 141
5.2.2 地月系统的形成 143
5.2.3 月球对地球生命形成和发展的影响 146
5.3 地球磁场的作用 146
5.3.1 地球磁场的形成理论 147
5.3.2 太阳风、日冕物质抛射对地球磁场的影响 148
5.3.3 地球磁场对生命的保护作用 151
5.3.4 地球磁场与生物的其他关系 153

5.4 陨石、木星与生命起源　153
 5.4.1 陨石与太阳系内物质的搬运　153
 5.4.2 木星与地球生命的起源　156

第6章 地球生命的进化　160

6.1 有关地球生命发生的假说　160
 6.1.1 自然发生说　161
 6.1.2 化学进化说　162
 6.1.3 宇宙胚种说　166

6.2 从化学进化到生物进化　167
 6.2.1 与生命有关的有机分子　167
 6.2.2 生物大分子的形成　169
 6.2.3 多分子体系的出现　173
 6.2.4 原始细胞的出现　175

6.3 生物进化的历史记录　176
 6.3.1 化石记录　177
 6.3.2 早期生物的化石证据　180
 6.3.3 分子生物学研究　183

6.4 生命体代谢、遗传系统和结构的演化　187
 6.4.1 生命体代谢方式的演化　187
 6.4.2 遗传系统的演化　189
 6.4.3 生命体构造的发展　193
 6.4.4 人类的起源和进化　200

6.5 生态系统和生物圈　205
 6.5.1 生态系统和生物圈的概念　205
 6.5.2 生物圈中的物质循环　206
 6.5.3 生物圈的演化　210

第7章 地球生命发展的限制因素　219

7.1 地球生物存活的环境限制　219
 7.1.1 生物量与可利用资源　220

目　录

- 7.1.2　生物量的限制因素　221
- 7.2　地球生命复杂性的限度　222
  - 7.2.1　复杂性的评估标准　222
  - 7.2.2　遗传物质的保真度对生命复杂性的制约　224
- 7.3　进化与灭绝　227
  - 7.3.1　物种灭绝　227
  - 7.3.2　生物进化的路径限制　230
- 7.4　极端环境中的生命形式　231
  - 7.4.1　极端环境的类型　231
  - 7.4.2　高盐环境　232
  - 7.4.3　酸、碱环境　233
  - 7.4.4　高温或冰冻环境　234
  - 7.4.5　低气压环境　237
  - 7.4.6　强辐射环境　239
  - 7.4.7　极端干燥环境　240
  - 7.4.8　深海高压环境　240
  - 7.4.9　其他极端环境　241
- 7.5　在地外环境中的生存　243
  - 7.5.1　微重力和低重力　244
  - 7.5.2　空间辐射　246
  - 7.5.3　地球生物在空间环境下的存活实验　247
- 7.6　重塑生命　248
  - 7.6.1　对现有生物品种的改造　248
  - 7.6.2　合成生物学　249
  - 7.6.3　人工智能　251
- 7.7　地球生命的结局　251
  - 7.7.1　大灭绝事件导致地球全体生物的灭绝　251
  - 7.7.2　太阳系宜居带的移动　251
  - 7.7.3　太阳将来的演变过程　252

第3编 太阳系范围内生命的探索

第8章 太阳系各区域与生命有关特征的概述 259
8.1 太阳系组成概述 259
8.1.1 太阳系的形成 259
8.1.2 太阳系的组成和范围 259
8.2 类地行星 265
8.2.1 类地行星宜居性的一般状况 266
8.2.2 水星 267
8.2.3 金星 267
8.2.4 地球和月球 270
8.2.5 火星 271
8.3 小行星带与彗星 272
8.3.1 小行星带 272
8.3.2 彗星 275
8.4 外太阳系天体 279
8.4.1 木星 279
8.4.2 土星 280
8.4.3 天王星 280
8.4.4 海王星 280
8.4.5 外太阳系的其他小天体 281

第9章 火星 284
9.1 火星的基本面貌 285
9.1.1 火星的结构、轨道和表面 285
9.1.2 火星磁场 287
9.1.3 火星大气 287
9.1.4 火星的气候 288
9.1.5 火星的卫星 289
9.1.6 火星的地质分期 289

9.2 火星上的水 290
9.2.1 火星史上曾经存在液态水的证据 291
9.2.2 火星现存的水 294
9.3 火星的宜居区域和生命迹象的寻找 295
9.3.1 火星过去和现在的宜居性 296
9.3.2 火星上生命迹象的寻找 300
9.4 火星探测的行星保护 309
9.4.1 行星保护的历史和基本概念 309
9.4.2 行星保护指导方针 311
9.4.3 主要操作方法 320
9.4.4 载人行星任务 321

第10章 外太阳系的宜居性 326
10.1 外太阳系与生命相关的特征 326
10.1.1 外太阳系天体的密度和物质构成 326
10.1.2 外太阳系的能量来源 328
10.1.3 对外太阳系及小行星带的探测活动 330
10.2 伽利略卫星 331
10.2.1 概况 332
10.2.2 木卫二 334
10.3 土星的卫星 339
10.3.1 土卫六 340
10.3.2 土卫二 348

第11章 太阳系内生命物质的传输 357
11.1 星际物质运输的普遍性 357
11.1.1 造成星际物质移动的动力 357
11.1.2 星际间物质运输的频度 358
11.1.3 来自月球和火星的陨石 361
11.1.4 来自太阳系之外的天体 363
11.2 有机分子的运输 363

11.2.1　有机分子在太阳系的分布和搬运　　　364
11.2.2　通过陨石运输的有机分子　　　364
11.2.3　有机化合物在太空紫外辐射下的稳定性　　　365

11.3　有生源说——生物的太空旅行　　　365
11.3.1　有生源说概述　　　365
11.3.2　辐射有生源说　　　366
11.3.3　陨石有生源说　　　369
11.3.4　有生源说的不同阶段的实验验证　　　370
11.3.5　有生源说的结论　　　381

第4编　宇宙中的生命

第12章　宇宙范围内的生命探索　　　387

12.1　系外行星的寻找　　　387
12.1.1　径向速度测量　　　388
12.1.2　凌星法　　　389
12.1.3　引力微透镜　　　393
12.1.4　各种计时法　　　394
12.1.5　直接观测法　　　395
12.1.6　其他发现行星的方法　　　397
12.1.7　已经发现的系外行星及类型　　　400
12.1.8　与地球相似的行星的探测　　　402

12.2　银河系中的宜居带　　　403
12.2.1　宜居带的标准及其拓展　　　403
12.2.2　满足生命存在的恒星类型　　　407
12.2.3　银河系中宜居带所在区域和影响因素　　　409

12.3　生命的其他形式　　　411
12.3.1　假定型生物化学　　　412
12.3.2　水之外的生物溶剂　　　414
12.3.3　非碳基生物化学　　　417

12.3.4　影子生物圈　　419
　12.4　宇宙智慧生命的存在可能　　422
　　12.4.1　智力进化是否具有必然性　　423
　　12.4.2　宇宙中存在生命和智慧生命的行星数量的估计　　427
　　12.4.3　对外星智能的探索　　429
　12.5　对生命的定义　　432

第13章　星际旅行　　439
　13.1　地球生物的太空旅行　　439
　　13.1.1　动物和人类航天简史　　440
　　13.1.2　地球生物进入太空可能遇到的生理问题和对策　　441
　　13.1.3　载人航天飞行对天体生物学的促进作用　　450
　　13.1.4　载人航天深空探测生命保障系统　　452
　13.2　星际旅行的可行性　　455
　　13.2.1　星际旅行需要的时间和能量　　455
　　13.2.2　现有的火箭技术　　458
　　13.2.3　使用其他燃料或发动机的火箭　　460
　　13.2.4　怎样让乘员度过长时间的旅行　　463
　　13.2.5　接近光速的飞船航行　　463
　　13.2.6　理论上到达另一时空的方法　　465
　13.3　费米悖论　　466
　　13.3.1　费米悖论的背景和数字估计　　466
　　13.3.2　冯·诺依曼探测器　　468
　　13.3.3　外星文明移民的可能性　　468
　　13.3.4　解释费米悖论的方案　　469

索引　　475

第1编

天体生物学总论

引 言

本编是天体生物学的基础部分，分为四章。

第1章是全书的导论，介绍天体生物学的基本概念、研究范围、涉及学科、发展历程和研究的意义，使读者对天体生物学的内涵和范围有一个总体的把握，对后续的章节内容有一个基本的预期。

第2章主要论述生命的物质和化学基础，有两个基本部分：首先要从众多的生物特征中提炼出生命的一般特征，特别是化学特征；把握这些基本特征是寻找地外生物的前提。然后说明构成生命的物质的来源，它们是如何在宇宙中积累，并逐渐形成复杂的有机化合物的。本章最后说明为什么水对生命那样重要。

第3章围绕天体生物学的一个重要概念——宜居性展开。宜居是生命存在的环境基础，天体生物学研究的很大部分是对宜居性的判定。本章在介绍完宜居的基本要素后，分别讲述系外行星、地下等不同环境的宜居性，并强调宜居性是一个动态过程，最后特别说明辐射对生命的产生和宜居的影响。

第4章讲述天体生物学的研究方法。天体生物学是一门严重依赖技术手段的科学，其研究方法与其他生物学科有很大的不同，它综合了多学科的手段。这些方法包括望远镜和光谱分析、就位观测、着陆取样和陨石分析、地面对空间环境的模拟研究、地球极端环境生物的研究，以及对生命信号的辨析等。这些方法的综合运用导致后面各章所述的各种科学发现。

第 1 章 导　论

　　天体生物学（astrobiology）作为在宇宙的尺度范围内研究生命现象的科学，诞生于20世纪90年代。这一研究领域的出现说明到那时已经有足够的研究证明生命现象并非地球所独有，其他天体也有可能存在不同类型、不同层次的生命现象，需要我们去探索、发现和评估。20世纪后半叶，生命科学的飞速发展，使我们已经足够深入地理解生命现象，并得知生命存在所必需的物理条件，包括水、温度、必要的元素等；而空间科学的研究表明这些物理条件在宇宙范围内并不罕见。这些理化因素的存在，在多大程度上会导致生命的诞生和发展？由此而派生的问题是，我们如何定义生命？如何根据我们的定义寻找其他生命？

　　这些问题的解决，有赖于一门科学对其进行系统的、深入的研究，由此催生了天体生物学。

■ 1.1　什么是天体生物学

1.1.1　天体生物学的概念

　　天体生物学是研究宇宙间生命的起源、演化、分布、存在形式和未来的科学。这门学科作为研究生命现象的科学分支，其研究方法、研究角度与其他生物学分支很不相同。研究者很难做到像研究地球生物那样在野外取样，就地或送到实验室对不同生物的不同方面，通过显微观察、成分分析或遗传信息的提取等方式来了解具体的生物体。至少在现阶段，天体生物学尚不能直接研究地外的具体生物，而是观测和评估在不同天体中是否存在生命所依托的自然环境，考虑的范围包括但不限于：物质构成尤其是水的存在和存在形式、辐射、温度、能量转化、压力、重力等；与生命形成有关的元素和有机分子的存在、分布与变化过程；不同的环境条件在宇宙中的分布等。依此判断在各种环境中是否可能有生命存在、以什么方式存在等。另一个研究侧面是对穿行于宇宙的各种电磁波进行捕捉和分析，看看是否能解读出某种智慧生命发出的信号，并确定信号源的位置。这样一些研究任务使得天体生物学必然涵盖许多学科领域的研究，包括行星科学（planetary science）、生物学（biology）、地质学、天体化学（astrochemistry）、天体物理学和一般天文学等，是一个典型的交叉、综合学科。

宇宙演化是一个漫长的过程，造成生命存在的环境是在这一过程中逐渐形成的。生命一旦在某天体出现，就成为该天体本身的一部分，影响到这一天体的后续演化过程。以地球为例，早期地球的面貌与今天有很大的不同，而在早期地球上存在的生命形式与今天地球生物圈中所见的生命形式也大不相同（参见第 2 编）。地球环境的变化除了与自身地质活动以及与其他天体物质（如月球、陨石等）互动有关外，还与生物体在进化过程中对地球的反作用有关。地球今天的面貌是生物与地球环境相互作用、共进化的结果。在宇宙范围内，某类生物有可能成为某些天体演化过程中阶段性的产物。适宜该类生物存在的条件一旦消失，这类生物也会随之消失（参见火星一章的相关讨论）。在地球生物进化过程中，生物的灭绝（extinction）屡见不鲜，在某些大的地质、气候或陨石导致灾变时，会出现集群灭绝，甚至会出现 90% 物种灭绝的情况。所幸仍有生物存留并继续进化，形成今天地球生物的局面。迄今为止，地球生命呈现未曾间断的连续存在过程。在将来的某一时刻，如果环境的改变超出了地球所有生物生存的极限，地球生命作为一个整体被灭绝也不是不可想象的。总之，在探索宇宙各处是否存在生命时，我们需要牢记天体演化和生物的进化是一个动态过程，在这一过程的某一时间段，可能出现适应某类生物生存的条件，而在另一阶段，这些条件和在这些条件下存在的生命又会消失。这样一个此起彼伏的动态过程有可能是宇宙各处生命真实的呈现方式。

天体生物学蜕变于更早产生的被称为外生物学（exobiology）的学科，后者诞生于 20 世纪 50 年代，其科学目的是研究地球之外的生命现象。但后来科学家们逐渐意识到，如果想要深入探讨整个宇宙生物的演化，地球作为我们唯一知道有生命存在的地方也应该被包括进去。天体生物学的研究范围更广，既包括对地外生命的探索，也包括对地球生命的起源、进化、环境因素和局限性的研究。事实上，地球作为目前所知的唯一具有生命的星球，已成为天体生物学最重要的实验研究场所。通过对地球演化历史的了解，地球生命诞生前后过程的研究，地球与生命的共进化，以及对地球生物生存的极限环境条件的探索等，我们可以积累大量的有关生命本质、生命诞生与存在的环境条件的边界，生命与环境的互作关系等的第一手资料，成为研究宇宙范围内其他生命的重要出发点，并在有关的研究中做到有的放矢。

异种生物学（xenobiology）是另一门与天体生物学相关的学科。其中，词源 xenos 在希腊语里有"陌生人""客人"的含义。异种生物学的字面意思是"基于另外一种化学基础（foreign chemistry）的生物学"，也就是研究具有完全或部分不同于"DNA-RNA-蛋白质"化学基础的生物的"生物学"。这类生物或许不遵循生物学的"中心法则"，但遵循更广义的生命的定义。它们有可能存在于宇宙某地，也可能在地球的实验室里由人工合成。后一类研究属于合成生物学（synthetic biology）的一部分。合成生物学致力于人工合成现今世界上不存在的新的生命形式。一种策略是对现有生物的不同部件进行重新组合，形成新的生物，如在大肠杆菌细胞内加入外来的基因、蛋白质，或一整套原来没有的代谢系统，形成之前不存在的新生物。另一种策略则是彻底改变生物的基本构建分子，修改遗传密码，使之形成在化学构成上与地球生物有别的新的生命形式。2017年11月，美国斯克里普斯研究所的研究团队首次在细菌 DNA（脱氧核糖核酸）中引入两种人工合成核苷酸，使细菌的 DNA 包含六种不同的碱基：原有的四种和新添的两种，其中新添的两种人工合成的核苷酸自行形成新的碱基对。研究者同时编辑合成新的 tRNA（转移核糖核酸），用于识别新的密码子，由此重新编辑了遗传密码。这样就构建了一种全新的合成细菌，可以在含有六种脱氧核苷酸的培养基上生长，并利用"六碱基 DNA"制造蛋白质（参见第 7 章"重塑生命"一节）。这些合成生命的尝试提示生命的化学样式可能是多种多样的，而不局限于现有的 4 碱基、20 氨基酸的模式，为寻找和理解地外生命提供了更广阔的思路。

1.1.2 对宇宙和所存在生命的探索史

天体生物学的科学探索时间虽然不长，但是催生天体生物学的那些问题却由来已久。人类作为世界上最好奇的物种，自古就对人类是否能够飞到其他天体、宇宙中其他地方是否存有生命存有浓厚的兴趣。有关描绘常见于文学作品或哲学作品中。中国先秦时就有嫦娥偷喝仙药、摆脱地球引力飞到月亮的故事。在古人的想象中，天上有着和地面一样的社会结构，由天帝或玉皇大帝统一管理，并有各种典章法规，比如触犯了天条的吴刚就被天帝惩罚在月宫砍伐一棵永远也砍不倒的桂树。古人认为天上也有很多与地面不同的方面，比如西游记里有这样一段话："大王，你在天上，不觉时辰。天上一日，就是下界一年哩。"中国古代也有认真地研究如何通过技术手段上天的人。明代的万虎就曾试图使用火箭将自己送上太空，他在一个座椅后面安装了 47 支火箭，想借助火箭使自己飞起来。这个试验虽然失败了，但万虎被认为是世界上第一个试图使用火箭升空的人。为了纪念他，万虎已成为月球背面一座环形山的名字。

作为逻辑学和科学萌芽发源地的古希腊，善于思辨的哲人们对天体也做出过种种猜测。当时多数人还没有三维宇宙的概念，而是倾向于认为所有的恒星都被固定在一个或多个巨大的天球的表面。公元前 4 世纪的柏拉图和亚里士多德等就认为地球是宇宙的中心，所以物体总是落向地面；其他的恒星都在围绕着地球转动。这一思想发展到罗马时期，由克罗狄斯·托勒密（Claudius Ptolemaeus）使用天体测量和数学方法完成了集大成的"地心说"理论。这一理论将天体描绘成有 11 个等距的天层，由里到外依次是：月球天、水星天、金星天、太阳天、火星天、木星天、土星天、恒星天、晶莹天、最高天和净火天，由上帝推动了各个天层的运动。对于那些实际运动方式不符合匀速圆周运动的天体，托勒密又加上了一些想象的"本轮"来修补他的理论。这一理论成为在科学诞生之前西方的主流天体思想。中世纪时期，人们在基督教教义的支持下，普遍认为地球作为宇宙的中心，是唯一有人和生物居住的地方。

也有一些学者想得更远些，生活在公元前 5 世纪的德谟克利特的一个学生 Metrodorus of Chios 就认为存在多个世界，他写道："在无限的宇宙空间中只存在一个充满人口的世界，就像在大片田地中只存在一个麦穗那样奇怪。"（To consider the Earth as the only populated world in infinite space is as absurd as to assert that in an entire field of millet, only one grain will grow.）虽然 Metrodorus 谜语一样的语言中所提到的世界和我们今天的宇宙概念不一定一致，但它确实包含了生物世界可能也存在于宇宙其他地方的理念。

16 世纪开始的科学革命以波兰天文学家尼古拉·哥白尼（Nicolaus Copernicus，1473—1543）提出的日心说为开端。这一学说不仅改变了我们对天体认识的范式，而且将地球从宇宙的中心拉入围绕太阳转动的一个普通行星的位置，由此带来一个值得深思的问题：既然地球只是一个普通行星，那么，地球上的生命是否也非上帝唯一的选民？在其他天体上是否也可能存在类似地球的行星甚至生命形式？

意大利天文学家，哥白尼日心说的捍卫者吉奥丹诺·布鲁诺（Giordano Bruno，1548—1600）在他的《论无限、宇宙和诸世界》一书中写道：在太空中有无数的星座、太阳和行星。我们只能看到发光的恒星，而行星既小且暗，所以我们看不到。但它们像我们的地球那样，围绕着它们的太阳运转。因此理性的头脑都不会否定那些比我们的太阳更壮丽的天体，会对它们的行星上存在的生物产生类似的甚至高于地球所接受的影响。这是一个十分大胆的关于太阳系外行星和生命存在可能性的预言。布鲁诺最终被宗教裁判烧死在火刑柱上，其中一个很重要的指控是布鲁诺多元世界的说法违背了天主教的教义，矮化了地球原本至高无上的位置。

望远镜的发明极大地拓宽了人类的视野，促成了 17 世纪之后一系列的天文发现。伽利略·伽利雷（Galileo Galilei，1564—1642）用他发明的天文望远镜（伽利略望远镜）发现许多前所未知的天文现象。他发现：银河是由无数单个的恒星所组成的；月球有崎岖不平的表面；金星存在盈亏现象；土星存在光环；木星有四颗主要卫星（伽利略卫星）。通过对太阳黑子的发现和位置移动的观察，他得出太阳的自转周期为 28 天的结论。荷兰天文学家和物理学家、光的波动说的建立者克里斯蒂安·惠更斯（Christiaan Huygens，1629—1695）则发现了土星的卫星——土卫六（泰坦，Titan）。惠更斯也相信地外生命的存在，在 1698 年出版的《宇宙论》（Cosmotheoros）一书中，他论述了这种可能性，并指出水是生命存在的前提。

作为科学革命的前哨，经典力学的诞生也得益于天文学（astronomy）的突破。在 17 世纪初，德国天文学家约翰尼斯·开普勒（Johannes Kepler，1571—1630）提出了行星运动的三大定律，第一次系统地阐明天体运动的规律。简言之，第一定律（椭圆定律）是，所有行星（和彗星）的轨道都属于圆锥曲线，而太阳则在它们的一个焦点上。第二定律（面积定律）是，行星和太阳的连线在相等的时间间隔内扫过相等的面积。第三定律（调和定律）是，所有行星绕太阳一周的时间的平方与它们轨道长半轴的立方成比例。随后艾萨克·牛顿（Isaac Newton，1643—1727）总结了开普勒、伽利略等的研究成果，提出力学的三条基本定律和万有引力定律，形成了经典力学的系统理论。牛顿的定律统一解释了从地球上落体运动到天外的行星的运动轨道规律等问题，成为科学史上里程碑式的事件。牛顿的力学首先在天体运动方面取得突破并不奇怪。相对于地面复杂的物体结构而言，天上的星体显得简单明了，运动方式相对恒定，且可以忽略摩擦力等干扰因素，是力学研究的天然试验场。到 19 世纪，天体力学取得了炫目的进展，一系列行星和彗星被发现。

随着望远镜对准一颗颗原有的和新发现的行星和卫星，各种有关生命迹象的观察和猜测也随之而起。其中最有名的莫过于 1909 年珀西瓦尔·洛厄尔（Percival Lowell，1855—1916）对火星"运河"的解释，他推测火星上已出现智慧生物，他们建设了运河网，用以把溶解的水从极帽处引到其他居住点。但美国的水手 4 号探测器在 1964 年的观测证实了这些所谓的运河并不是真实的图像。事实上火星缺少大气，表面干燥，不可能存在液态水。这使延续近一个世纪的火星上存在生物和运河的理论无疾而终。这一结局也说明我们在用存在生命来解释任何天体现象时需特别谨慎。一般来讲，只有在用尽所有非生物的解释无效之后，生命的解释才应派上用场。尽管如此，人们对火星上存在智慧生命的说法兴趣不减，仍出现大量有关"火星人"的书籍和文艺作品，"火星人"也成为地外生命的代名词，成为一种社会文化现象。水手 9 号在否认火星存在运河的同时，却意外发现了火星曾经有液态水的证据，这就是一系列干涸的沟渠，呈现为分支系统。这些沟渠很明显是由水流冲刷作用而形成的，说明在火星历史的某个时期是存在液态水和河流的，只是由于某些地质原因，这些液态水以及可能与之伴随的生命消失了，只留下了水流的地质痕迹（参见第 9 章）。虽然火星探测器暂时否定火星上具有生命的假设，但也为我们进一步探索宇宙生命提供了新的理论和实验基础。也说明航天器可作为目前地外生命探测的有力的工具。

从20世纪50年代开始的航天时代是人类发展的重要里程碑。在人类雄心勃勃的航天任务中，至少有两大类待解决的问题与生命现象有关：①地球上现存的生物是否能在太空的其他地方生存？我们怎样解决生物适应性的问题？在地外能创造出这种生存条件吗？②宇宙中的其他地方也有生命存在吗？它们的存在形式是什么？对这两类问题的探索又指向一类更加根本的问题：在宇宙范围内，生命该怎样定义？生命是怎样起源和进化的？生命的发展和未来是什么？

通过人类的航天实践已经可以部分地解决第一类问题。1957年，实验小狗"莱卡"（Laika）首次做到了在太空环境下存活一周以上。1961年，苏联宇航员尤里·阿列克谢耶维奇·加加林（Yuri Alekseyevich Gagarin）首次乘坐航天器进入环绕地球轨道。1969年，人类又第一个做到在月球行走。1986年，苏联发射的和平号空间站成为首个人类可长期居住的空间研究中心。国际空间站（International Space Station，ISS）是目前在轨运行的最大空间科学平台，主要由美国航空航天局（NASA）、俄罗斯联邦航天局（Roscosmos）、欧洲航天局（ESA）、日本宇宙航空研究开发机构（JAXA）和加拿大航天局（CSA）共同运营。中国独立自主建设的天宫空间站目前已经建成使用，并收获第一批科研成果。

这些航天活动说明人类和其他生物的结构和生理在一定程度上适应不同类型的空间环境，包括近地轨道和月球；但随之也带来一系列需要解决的医学和健康问题。地球生物在太空所面临的主要问题包括微重力、太空辐射、真空环境、缺氧、低压、低温等。对真空环境、缺氧、低温等问题的解决方式是创建模拟地球的隔离环境。飞船和空间站内部就是这样一类环境，具有与地面大致一致的大气压、氧气浓度、温度等。宇航员离开航天器漂浮在太空，即太空行走时，所穿的航天服实际是一个小型的地球环境模拟器，用于隔绝人体和周围空间环境。但还是有几个空间效应难以或无法避免，主要是微重力和太空辐射。这两个因素尽管会对生物体造成一定的损伤，一般来讲，在有限时间内达不到影响地球生物存活的后果。微重力是可以适应的，这也提示在寻找地外生命时，其他重力环境不是影响当地生物存在和进化的主要因素。

航天器的另外一个天体生物学使命就是对地外生命的探测，这通常需要人类的航天器飞行得更远，探测仪器更精确，才能实现对整个太阳系范围内以及系外生命的探测。目前这类航天器通常是不载人的，只携带大型望远镜和其他分析检测设备。美国1977年发射的旅行者1号和2号，1990年发射的哈勃空间望远镜及2021年的詹姆斯·韦布空间望远镜即属此类。这些探测器（probe）已经为人类带来丰富的太空资料，提示生命存在所需的某些重要条件也存在于一些天体中。例如，旅行者1号从土星附近飞过时，证实了土卫六上拥有大气，其主要成分是氮，其次为氩（占6%）、甲烷（2%~3%）、氢等。而2012年的卡西尼探测器更显示土卫六冰封的地下可能存在一个液态水层。人们对木卫二（欧罗巴，Europa）、土卫二（Enceladus）、火星等的探测亦有许多重要发现。

天体生物学的另一个研究策略是地面模拟研究。早在20世纪20年代，苏联生物化学家亚历山大·伊万诺维奇·奥巴林（Alexander Ivanovich Oparin）和英国遗传学家霍尔丹就推测早期地球存在还原性大气、水蒸气、强烈的紫外线和宇宙射线，并有闪电和局部高温等。1953年，美国青年学者S. L. 米勒（S. L. Miller）模拟原始地球的条件进行了实验。在这一实验中，米勒试图模拟早期地球的还原性大气成分，放入加热的水，制造电火花以模拟闪电。这样一周后，实验系统中出现了多种氨基酸、尿素、乙酸（CH_3COOH）和乳酸等有机化合物。在后来改进的实验中，米勒又获得了更多的氨基酸、单糖、磷脂、核苷酸，甚至ATP（三磷酸腺苷）等生命分子。这证明在所设想的原始地球环境下，有可能合成原始生命分子并开启化学进化的历程。在对火星或其他星体进行生命探索时，均可以根据现有的对这些星体环境的了解在地面实验室进行类似的模拟实验。

进入21世纪以来，世界主要航天大国已经积累足够的技术基础，相应的研究计划陆续推出。美国航空航天局的天体生物学研究所（NAI）于1998年成立，随即制定了《天体生物学研究路线图1998》，提出一系列天体生物学所要解决的问题。这一路线图在2003年和2008年进行了两次修订和补充。随后，NASA又于2015年提出了《天体生物学战略2015》。美国国家科学院、工程院和医学院于2018年10月发布了报告《寻找宇宙生命的天体生物学策略》。报告在回顾了天体生物学的关键科学问题和技术挑战的基础上，对NASA就天体生物学研究提出了一系列的建议；修订和扩展了之前天体生物学路线图的内容。欧洲航天局也于2016年制定了天体生物学路线图，确定了自己的主要研究主题。相应于这些研究计划，承载着不同天体生物学研究使命的航天器相继发射。

近年来，这些对地球以外生命的探索不断取得重大进展。例如，已经确认了 5 400 颗以上的系外行星的存在。在太阳系范围内，卡西尼探测器在土卫二南极发现并分析了喷出的物质流，表明这颗土星卫星上正在进行热液活动；在火星大气中观察到了微量 CH_4（甲烷）的季节性变化，提供了火星上可能有生物或地质活动的线索等。

时至今日，尽管我们还缺乏确切的证据阐明在地外天体中有生命存在，但我们对宇宙、行星和生命的认识水平正以前所未有的速度提升。我们已经有足够的能力评估宇宙其他地方存在生命的概率和宜居性，并通过各种直接的或间接的方式发现它们。在不远的将来，天体生物学将产生令人震撼的突破。

1.2 天体生物学研究

天体生物学以在宇宙范围内研究生命的起源、演化、分布、存在形式和未来作为自己的科学目的，必然高度依赖多学科和技术的通力合作。我们首先看一看在这一探索过程中有哪些主要学科参与其中，然后了解天体生物学需要从哪些方面入手去实现其目标。

1.2.1 天体生物学涉及的有关学科

天体生物学需要众多科学分支的知识做支撑，这里只选择重要的加以说明。

1.2.1.1 天文学

我们习惯于说"地球是生命的摇篮"，但在天体生物学中，这句话就显得狭隘了，因为在宇宙中可能存在无数个与地球生命相似的生命体系。所有这些生命体系可能遵循某些最基本的生命法则，达尔文的进化理论可能就是其中一个。生命不是一个孤立系统，需要与特定的环境共存，相互交换物质和能量，并共同发生演化。地球生命的环境是地球表面，因此，如果我们想认识地球生命的本质，了解它们的过去和现在，就要对其家园，即地球有所了解，就需要知道地球物理学、地球化学、地质学、气象学等知识。同样，如果我们想知道在整个宇宙环境中是否有其他生命，它们在哪里，它们是如何形成和进化的，也需要对它们的环境——天体系统的发生和演化有所了解。

生命现象的产生发生在宇宙进化的一定阶段，需要一定的条件，这包括：大爆炸后宇宙已经逐渐冷却，可以形成液态的物质；通过核聚变产生的生物所需的不同序号的元素；第二代恒星和行星系统的形成等。宇宙已经存在了138亿年的时间。地球则要年轻得多，年龄在45亿年左右。地球生命的产生又稍晚一些，但差不多在一个数量级上。在宇宙漫长的时间尺度中，在某处产生生命，甚至在太阳系形成之前即已存在某种形式的生命都已不是难以想象的事情。天文学的研究可以帮助我们做出判断。

1.2.1.2 行星科学

行星科学对包括地球在内的行星、卫星和行星系统进行研究，旨在确定它们的组成、形成过程、动力学、相互关系和发展史。行星科学脱胎于天文学和地球科学，涉及非常广泛的跨学科领域，并融合许多其他学科，包括行星地质学、宇宙化学、大气科学、海洋学、水文学、理论行星学、冰川学和外行星学等，相关学科还有空间物理学和天体生物学等。

我们所熟知的生命诞生于行星。放眼宇宙中种种物质形态，也只有行星或其卫星可以为生命，至少是我们目前所能理解的生命，准备好一切条件：液态的水、合成生物体所需的各种元素、温度、足够的能量来源等，因此行星的研究对于天体生物学有特别重要的意义。

1.2.1.3 生物学

作为以生命现象和不同类型生物为对象的自然科学，生物学研究不同生物的物理结构、化学过程、分子相互作用、生理机制、发育和进化等许多方面。生命现象具有极端复杂性，且地球现存或曾经存在的生物品种数以亿计，但在这样一个纷乱复杂的局面下，依然存在使所有生命现象得以统一的科学基础：①所有的生物都以细胞为基本单位，或在细胞内进行生命活动。其中多数生物体就是一个单个的细胞；也有众多的生物体是多细胞的，并由不同的细胞构成更复杂的结构；物种是多细胞生物才有的分类概念，已知现有物种有几百万种。②所有生物都存在遗传物质基因，用以作为生物体构造、发育和生理活动的蓝图。③生物具有可变异性，其变异的方向总是朝向对它们所在环境的适应性的提高，这种不断变异的过程即为进化。进化可以创造众多的物种，当特定生物的适应性无法跟上环境的变化时，便出现该生物的灭绝。④生物体是一个开放的系统，与所在环境不断进行物质和能量的交换，以此维持生物体的高度组织性和较低的熵值，保持体内的动态平衡和内稳定。

地球是唯一发现生命的星球，因此，我们对生命的理解是通过对地球生物的研究而得到的，并以地球生物得以存在的环境为标准，去寻找地外天体中生物的宜居场所。天体生物学出现之前，生物学的对象还只是地球生物，至多研究地球生物进入地外世界时的适应性问题。随着天体生物学研究的深入，有别于地球生物的其他生命形式有可能被发现。届时上述有关生命基本特征的描述是否依然成立？是否会加入一些新的特征，简化或略去原有的一些标准，形成更广泛意义上对生命的理解？或许在不久的将来，一门新的生物学将由此诞生。在这门包含了宇宙中不同门类生物的生物学中，地球生物或将成为一个特例。

1.2.1.4 天体生态学

生态学是研究生物体与其周围环境，包括非生物环境和生物环境相互关系的科学。天体生态学（astroecology）也不例外，关注的是地外天体中可能存在的生命与所在空间环境和资源的相互作用。在更大的尺度上，天体生态学还关注银河系、河外星系中不同恒星系统和其他天体的生命可利用的资源，这些资源包括水、土壤、能量等。

以太阳系为例，对来自火星等地的陨石的研究表明，火星和碳质球粒陨石上的土壤可以支持细菌、藻类和植物（如芦笋、土豆）等的生长，具有较高的土壤肥力。这些外星物质可作为未来空间移民时的环境资源。再如，在月球、火星以及木星和土星的卫星上发现的液态或固态水可以作为当地生物，或地球来的殖民生物可资利用的资源。通过对宇宙中能量来源和分布的研究，天体生态学家可以推测生命的潜在数量和多样性水平。

1.2.1.5 天体地质学

天体地质学（astrogeology）也称行星地质学（planetary geology），主要进行行星及其卫星、小行星、彗星和陨石等天体的地质学研究，是行星科学的一个分支。其研究对象包括这些天体的内部结构，还包括火山作用和表面过程，如撞击坑、河流和风成作用等。天体地质学的另一个领域是地质化学（geochemistry），它研究地球和其他行星的化学组成、形成岩石和土壤结构的化学过程和化学反应、物质和能量的循环及其与水圈和大气层的相互作用等。天体地质学所收集的地质信息可以用来评估一颗行星、卫星，或其他星体发展出和维持生命的潜力以及它们的宜居性。对地球上存在的类似于火星或其他星体的地貌的研究，如对西澳大利亚的皮尔巴拉地区和南极洲的麦克默多干谷的探索，有可能为在火星等地上寻找过去生命的迹象提供线索。

1.2.1.6 天体化学

天体化学研究天体和其他宇宙物质的化学组成和化学过程，元素与核素、分子的起源、丰度、空间分布及其随时间的演化过程。这些过程是生命形成和进化的基础。自20世纪30年代在星际首次发现CH和CN分子，已发现许多其他分子，包括OH、甲醛、水、一氧化碳、环氧丙烷，以及更重要的氨基酸等。一些学者因此认为造成地球生命起源的基本分子来自外星资源。若如此，这些星际分子也可以降落在其他行星，它们是否与其他行星或卫星生命的产生或扩散有关是令人感兴趣的问题。

1.2.2 天体生物学的研究领域

1.2.2.1 对太阳系行星、小行星、卫星的生命探测

太阳系的行星具有不同的形态结构，可以大致分成像地球那样具有岩石结构的类地行星和像木星那样的巨行星，巨行星又可以分为木星那样的气态巨星和天王星、海王星那样的冰巨星。在寻找生命时，我们更关注类地行星，但是一些巨行星的卫星，如木卫二、土卫二、土卫六由于发现可能存在液态的地下海洋，因此也是太阳系内寻找生命的重点对象。

火星是继月球之后人类最为关注的地外星体，中国、苏联、美国、欧洲和印度等国已经向火星发射了几十艘无人航天器，包括轨道飞行器、登陆器和火星车等，以研究火星的表面、气候和地质结构。这些火星探测的一个重要目的是寻找火星生命迹象。尽管目前火星表面缺乏大气和液态水，因而生命难以存在，但众多迹象表明火星过去气象条件与今天不同，曾经存在液态水，因而至少在历史上，火星上可能存在过生命，这些生命现在可能仍存在于火星的地下。随着在火星大气中存在微量的、视为一种生命分子的CH_4等的发现，火星是否依然存在生命成为一个活跃话题。

木卫二、土卫二和土卫六等卫星也是研究地外生命的主要目标。木卫二和土卫二目前被认为是太阳系内最有可能出现生命的地方，原因是它们存在地下水海洋，并存在放射性和潮汐加热使液态水得以存在。而在土卫六上则发现了复杂的有机碳。

在小行星上虽然存在生物的可能性较小，但它们通常保存了太阳系诞生早期的物质结构，对它们的研究可以加深对那一时期生命诞生过程的认识。有关内容参见第8、9、10章。

1.2.2.2　太阳系外行星的探测

太阳系外行星的种类则更多，其中有些类型在太阳系中不存在，如超级地球（super earths）、迷你海王星（mini-Neptune）、碳行星（carbon planet）等。目前已经发现的行星达5 000颗以上。天体生物学最感兴趣的是类似于地球那样的行星，在这样的行星上出现生命的概率大一些。为此专门探测系外行星的开普勒空间望远镜被设计成只寻找质量为木星的1/600到1/30的行星（地球质量为木星的1/318），而忽略那些更容易观察到的、但不易产生生命的巨大行星。

目前发展出一些寻找系外行星的方法，其中比较有效的有：①凌星法。其利用的是行星从母星和观测者之间穿过时母星发出的光会稍微变暗这一特征（开普勒空间望远镜就是使用这种方法）。②径向速度法。其利用多普勒频移原理发现行星。此外还有脉冲星计时法、引力微透镜法、天体测量法等。由于行星与恒星相比发出的光过于暗淡，上述方法只能间接地提示行星的存在。目前正在开发一种星光抑制技术，可以通过抑制恒星发出的光来直接观测行星发出的光。通过对行星光谱（spectrum）的分析，就可以得知有关行星大气和表面化学构成等重要信息，这些信息对评估行星是否可能产生生命非常重要（第12章）。

此外，天体生物学还特别关注行星系统的形成方式和过程。一般认为太阳系的行星系统的一些特性对出现生命十分关键。比如木星作为一颗巨行星，尽管本身无法出现生命，但它的存在，对地球形成了一个保护罩，大大提升了地球上出现智能生命的可能性。寻找到类似的行星系统将非常有意义。

1.2.2.3　宜居性

行星宜居性是衡量一颗行星或自然卫星发展和维持适合生命生存潜力的指标。在宇宙中寻找和评估适合生命存活的地点是天体生物学的基本任务。按照现在对生命现象的理解，一般的寻找方向是具有固态地表的行星或自然卫星。生命可以直接在一颗行星或卫星自发产生，也可能通过一种被称为有生源说的假设过程从一个星体转移到另一个星体。对可居住环境的认定并不需要确认那里已经存在生命，也不需要确认那里可以诞生新的生命，只是确定生物可以在那里生存。

由于我们还不知道在地球以外是否存在生命以及何种生命的形式，行星宜居性的判断依据在很大程度上取决于那里的环境是否类似地球的状况，以及那里的恒星环境和特征是否利于生命的存活。

行星宜居性的基本内容包括：①生命可资利用的能源；②具有液态水或其他溶剂；③存在生命所需的其他行星物理、行星化学和天体物理特征，包括具备合成生命的原料、磁场、大气、对宇宙辐射的防护等。在评估一个星体的宜居性潜力时，还需要研究其整体组成、轨道特性、大气成分和产生一些化学作用的可能性等。对于它所围绕的恒星需要知道其质量、光度、演变过程和金属丰度等。

对可宜居对象的探索，目前主要集中在太阳系内的几个天体，包括火星、木星和土星的几颗卫星。随着人类探测的深入，太阳系外行星也逐渐进入人们的视野。系外行星的发现始于20世纪90年代初，此后新的发现不断涌现，为研究可能的外星生命和系外的宜居性（habitability）提供了越来越多的信息。人们尤其希望寻找到可维持复杂的多细胞生物的行星环境。

一个星球是否可宜居是动态变化的。可以在不同的时空尺度上从不可宜居过渡到可宜居，或者反过来，从可宜居变得不可宜居。生物适宜居住的行星环境不一定与那些可促进生命出现的环境相同。例如，当今地球的宜居环境包括大气中的氧气（O_2），但在地球生命诞生时的初始大气是缺乏氧气的，氧气对地球生命的诞生是有害的。因此在探索新的可宜居星球时应牢记，在生命进化的不同阶段，生物对环境的要求是不一样的。这样一个适应性变化的路线在不同星球的生物那里也可能不同。

有关内容在第3章重点介绍。

1.2.2.4　地球生命的形成条件和进化

理解宜居环境的动态过程，对于寻找生命至关重要。对动态宜居性这一概念的认识来自对地球这一唯一有生物存在的行星的研究。对早期地球环境的了解是认识生命发生的关键。对于地球生命如何发生，不应该从现在地球环境去寻找原因，而是要尽量还原原始的地球环境，通过对行星演化、陨石、地层学、同位素构成的变化等线索，认识早期地球环境；再通过模拟实验，了解在那样的环境下生命是如何一步一步地产生，并逐渐复杂化的。

有关的内容参见第 5 章、第 6 章。

1.2.2.5 地球极端环境的生命探测

在地球生命存在的 38 亿年的漫长过程中，地表的特性已经发生非常大的变化。早期的地球和现在的地球相比，在气候、温度、大气构成、地质构造等方面都有相当大的不同。这期间还有许多过渡状态，但不管这些条件怎么演变，总有一些生物在那个条件下生存。这些曾存在的生物或许已经不适合今天的环境条件了，但适合过去的条件；反过来也成立。这就向我们提出一个问题：这些 DNA - 蛋白质类型的生命的适应范围到底有多大？它们适应的边界在哪里？这类问题的解决将有助于我们对地外，以至系外环境宜居性的评估。

解决的方法，一是古生物学的研究，确定那些远古生物生存在什么样的环境中；二是在看起来不适合大部分生物生存的极端环境中寻找它们，并研究它们是如何生存的。这些极端环境包括：①深海，原来认为深海得不到以阳光为形式的能量，生物难以存在。但 1977 年，阿尔文号深海勘探潜水器却在海底火山群的周围发现了大量生物群体，它们与地面生命有着完全不同的能量来源和代谢体系，形成相对独立的生态系统。②极端干燥环境，智利北部的阿塔卡马沙漠是世界最干燥的地区，有些地方在过去 400 年间没降过雨，但这种地方仍有微藻生长，它们可以生长在能积累雾气的洞穴中，表明一些微生物可以在极度缺水的情况下生存。其他极端环境还包括：地球的极地，极度的高温、低温，极端酸碱环境等。

微生物是地球上适应范围最广的生物类群，它们可以在冰、沸水、酸、碱、核反应堆用水、盐晶体、有毒废物中生息繁衍。一些微生物可忍受真空，或耐受强辐射环境，它们在地球上无处不在、无孔不入。这里并不是指一种微生物可以同时适应极冷和极热，极酸和极碱等所有环境，而是说在这些极端环境下，总能找到适应它们的微生物类型。具体的微生物的适应范围不一定宽，比如，只在强酸的环境中存活的微生物，一旦进入中性的水中就难以生存了。但作为整个微生物群体，其总体适应范围是惊人的。对其适应性的产生和进化路径的描述，既可以理解地球生命本身，也为预测天外生命存在和发生过程积累知识。有关内容参见第7章。

1.2.2.6 银河系中的宜居带

宜居带（habitable zone）是根据具有生物的地球在太阳系中所处位置的特点，以这一位置区域所具有的温度、能量、大气压、液态水等作为最适合生命存在的指标，在恒星系统空间划定一个可能适合生物存在和居住的适宜范围。在这一区域，恒星的照射可以维持一定的温度，使水以液态形式存在，如果一颗行星恰好落在这一范围内，那么，它就被认为有更大的机会形成生命或至少具有生命可以生存的环境。在太阳系，宜居带是在金星和火星轨道之间划定的一个球壳范围内，地球被包括其中，并假定为宇宙最适合生命存在的场所。

后来的研究发现，外太阳系中的木星和土星的某些卫星也存在出现生命的环境条件。这些环境条件与地球的不同。比如液态水不是像地球那样形成地表的海洋，而是在地壳的压力之下形成地下海洋；其能量来源主要不是太阳，而是其自身；潮汐加热和放射性衰变是可能导致液态水存在的主要热源。因此，宜居的标准也会根据实际观测结果做一定改变。

依据太阳系的经验，可以在银河系范围内寻找这个推定的适合生物生存的宜居带。首选的是在合适的恒星周围运行的，大小、温度、碳含量、行星性质和轨道与地球类似的系外行星。对不同类型的生物，"宜居"的范围不一定重叠。如热带植物生存的环境就不适合寒带植物的生存。相比之下，各种微生物的适应谱范围是最广的，因此，我们在考虑宇宙中一个行星系统的适应性时，总先考虑是否有某种微生物可以适应这种环境，与之相比，适合人类居住的星球应该少得多。有关内容参见第12章。

1.2.2.7 宇宙生命信号的识别——智慧生命的存在可能

人们假定在推定的宇宙宜居带中，至少有一部分确实有某种生物生存；而在这些有生物生存的星球中，又有一部分进化出类似于人类的智慧生命，可以达到以电磁波的形式发出或接收生命信号的水平。如果这种推论成立，则在人类尚不能亲自前往这些星球考察和接触在那里的生命形式时，就可以借助无线电的手段与在那里的智慧生命进行信息交流。

在20世纪70年代，人们曾试图向其他文明播放地球生命信息，在"旅行者2号"和"旅行者1号"宇宙飞船上各带有一张名片为"地球之音"的铜质镀金激光唱片，承载着人类与宇宙星系生命沟通的使命。通过这样的活动来主动释放地球生命的信息，求得地外文明的解读。

如何探测从地外某处由智慧生命发来的信号是另一大挑战。目前世界各航天大国都在发展宇宙生命信号的识别技术，将这些信号从宇宙噪声背景中挑出来并解读，是极具挑战性的工作。关于在宇宙范围内是否存在智慧生命、这种生命形式有多少、人类发现他们的机会有多少，已经有不同方式的评估，我们将在第12章加以介绍。

1.2.2.8 有关的技术研究

要实现上述天体生物学的研究目标，有关的技术研究和发展是先决条件。天体生物学的研究，除了与各门学科交叉的地球物理、地球化学、天体化学、生物学等研究外，还有自己特定的研究工作，包括实验室研究、实地考察和远程观测等。实验室研究包括各种特殊空间环境的模拟研究，对落入地面样品，如陨石的研究等。实地考察包括对地球上不同地质、地貌上所存在的生物群落的分析和研究；通过航天器到达感兴趣的行星、小行星、卫星和其他星体；进行机器人乃至载人的实地观察、测量、取样和实验研究等。远程观测是在地球上或太空中对不能到达的星体的观察、分析和测量，早期是通过可见光望远镜，后来发展出捕捉不同波段信号的射电望远镜、广域红外测量望远镜（WFIRST）等，同时发展出各种光谱技术对捕捉的信号进行分析。这些望远镜分为陆基的和天基的，陆基望远镜设在地面，如设在我国贵州的500 m口径"天眼"望远镜；后者将望远镜发射到太空，可以克服地面尘埃的干扰，更好地观察太空目标，如2021年发射的詹姆斯·韦布空间望远镜等。

与此有关的技术手段有很多，像可在岩石表面原位检测有机化合物的拉曼光谱；对地表和地下生物信号进行探测的各种遥感技术；有关探测装置携带的照相机、摄像机、多光谱扫描仪、成像光谱仪、微波辐射计、雷达等特定设备。有时候需要发展特殊的技术手段以解决特定的问题。比如前面提到的星光抑制技术观察系外行星，它使用了诸如日冕仪、恒星罩等手段。再如在行星冰面钻探取样技术；由于飞船载荷和能量供给的限制和其任务要求，如钻探机械又不能太大、耗能不能太多、设备尤其是钻头可以消毒、防止不同地域生物的交叉污染、原有栖息地不能被破坏等，因此需要发展出特定的钻探技术。

天体生物学的研究方法的具体介绍参见第4、12章。

1.2.3 空间生命科学

空间生命科学是与天体生物学密切相关的一门学科，它关注的问题是：地球上的生命在向宇宙其他地方扩散时，其适应性如何？将会遇到哪些生理问题和心理问题？如何克服和解决这些问题？人类在探索宇宙的过程中，将不会仅仅满足于发现外星的异类生命，而是会千方百计地设法前往那些地区。人类航天的先驱康斯坦丁·齐奥尔科夫斯基（Konstantin Tsiolkovsky，1857—1935）是首先提出太空移民思想的人。他的墓志铭上有这样一段话："地球是人类的摇篮，但人类不可能永远被束缚在摇篮里，开始时他们将小心翼翼地穿出大气层，然后去征服太阳系。"目前广泛开展的载人航天和其他生物航天的在轨及地面研究正在实践齐奥尔科夫斯基多年前的预言。

人类具有强大的适应力。自人类祖先走出非洲到今天，人类足迹已经遍布地球的每一个角落，南北极、高峰或深海，甚至太空都是人类已经到达并可以生存的环境。如果考察地球上整个生物世界，则适应力的范围就更广了。随着生物的进化，各种生物几乎已经占领地球表面的每一个角落。其中原核生物更是无处不在，在许多人类和其他多细胞生物难以存活的地方茂盛地繁衍着。这就给我们带来以下问题：地球生物是否还可以继续拓展自己的生存空间？地球生物的适应力的极限在哪里？如果地球生物突破空间距离的限度，到达其他天体后是否依旧能生存，并在宇宙间繁衍？

地球外的其他星体上是否存在生命形式，与地球生命是否可以在那些星体上生存是两个不同的问题。生命的存在需要一个进化上的具体过程。如果没有实现这些过程的条件，那么，一个星球即使具备生命存在的条件，也不一定真的有生命存在。举个例子来说明这一点：原来美洲大陆没有马这个物种，但哥伦布发现美洲并把马带到那里后，美洲大陆的马就开始出现并大量繁殖。这就是说，并不是美洲大陆不适于马的生存，而是基于进化路径的原因，那个地方没有出现马而已。

更可能的情况是一个星球缺乏生命存在的一些基本条件，但人类可以把这些条件带到那里，生存下来，并继续利用那里的资源创造出生存条件。目前认为，月球上不存在生命，但这并不意味着生命，包括我们人、动物和植物不可以在月球上生活。"月球村"计划是欧洲航天局在月球上建造一个人类和其他生物的居住地的规划，可以作为空间研究的一个基地和进行深空探测的跳板。类似的"火星村"等也会在将来出现。

地球生物进入太空面临一系列的挑战，会面临一些对生理过程不利的环境，其中主要是失重和辐射。为此人们做了大量有关生物医学的研究，出现了一系列相关学科，包括空间重力生理学、空间辐射生物学、航天医学、航天心理学等，评估这些不利因素，并研究有关对策。

整个生物进化历程表明，生物体可以创造和改变周边环境，使之适应自身的生存。既然人类可以穿着羽绒服进入寒冷的南北极，建造房屋以隔绝风雨，在宇航时代，人类同样可以发展出更新的技术进入那些之前难以进入的地区。人类建造的载人飞船的舱体、航天服、"月球村"等都服务于这一目的。针对空间微重力的问题，将来或许可以设计人工重力，即通过让航天器旋转起来而产生的离心力来模拟重力。总之，依赖于飞速发展的各种技术手段，人类完全可以发展出各种适合太空不同地区的生存方式，并在不久的将来派上用场。有关内容参见第13章。

结束语

天体生物学是一门年轻的科学。一方面，其具体研究内容、内涵和外延还有很多不确定的地方；另一方面，这也使它具有广泛的开放性和包容性。天体生物学汲取人类一切科学和思想成果和业已发展起来的一切适合的技术手段。天体生物学的研究成果必将导致我们对人类自身、对生命、对整个宇宙的认识的飞跃性突破和人类生活方式的根本改变。

生命可以在地球环境中诞生，假如宇宙中存在其他类似地球的环境的星球，是否同样能够诞生生命？这样的星球有多少？可能存在的宇宙生命有多少？这是自哥白尼宣布地球不再是宇宙的中心，而只是其中一角之后人们自然会提出的问题。为了回答这一问题，首先要研究产生生命的条件和生命进化的路径，再根据天文学的观测估算出现这种条件和过程的概率；其次还要有一个对生命的基本定义，看看在什么样的定义条件下讨论宇宙生命才有意义；最后就是设计各种信号发射和接收装置，以便与宇宙其他生命取得联系。

既然地球只是一个普通的星球,地球上的生命就有可能只是宇宙生命家族的一员。但由于地球生命是我们唯一知道的生命形式,要想了解宇宙生命,就必须首先对地球生命有更深入的了解。以地球上的生命作为参照,去理解生命,再通过天体生物学的研究,去延展我们对生命本质的认识。就目前所知,地球上存在的生物有这样一些主要特征:以碳为中心构件元素;需要液态水的存在;是一个远离热力学平衡的自组织耗散结构;通过不断变异和对变异取舍的方式实现进化。那么,到了宇宙尺度,是否必须满足这些条件才能构成生命,或者说我们才称其为生命?有没有更换了构建材料、更换了环境基础,而保持更基本生命特征的物质实体?换句话说,我们是否有更广义的生命定义?例如:

生命是一个能够自我维持的、可以进行达尔文演化的化学系统。

这是一个开放的问题,可以有许许多多的回答,但一切最终答案有待天体生物学为我们带来的观测、分析和研究结果。可以肯定的是,天体生物学不会只满足于在宇宙其他地方发现生命和建立不同生命体系之间的联系。天体生物学应该在对宇宙生命现象取得更多了解后,建立宇宙中生命起源和演化的普适模型。

宇宙的形成已经超过137亿年;银河系的形成大概超过110亿年;太阳系的年龄已超过45亿年;而我们人类成为一个独立的物种只有20万年;人类试图理解宇宙的生命过程则只是区区几十年的时间的事情。这就是我们面临的现实。个体的寿命有限,人类存在的时间在宇宙发展过程中也不值一提,但人类思想和视野将超越光年、超越几乎无限的空间,到达宇宙的每一个角落。

参考文献

[1] BUDISA N, KUBYSHKIN V, SCHMIDT M. Xenobiology: a journey towards parallel life forms[J]. Chem bio chem, 2020, 21 (16): 2228-2231.

[2] CECCHI-PESTELLINI C, HARTQUIST T W, RAWLINGS J M C, et al. Dynamical astrochemistry[M]. London: Royal Society of Chemistry, 2018.

[3] CHELA-FLORES J, LEMARCHAND G A, ORÓ J. Astrobiology, origins from the Big-Bang to civilisation[M]. Dordrecht: Springer, Science + Business Media, 2000.

[4] CHON-TORRES O A. Disciplinary nature of astrobiology and astrobioethic's

epistemic foundations[J]. International journal of astrobiology, 2021, 20(3):186 - 193.

[5] COCKELL C S. Astrobiology, understanding life in the universe [M]. 2nd ed. Hoboken: Wiley Blackwell, 2020.

[6] Committee on Exoplanet Science Strategy, Space Studies Board, Board on Physics and Astronomy et al. Exoplanet science strategy[R]. The National Academies of Sciences, Engineering, Medicine, Washington DC, 2018.

[7] Committee on the Astrobiology Science Strategy for the Search for Life in the Universe, Space Studies Board, Division on Engineering and Physical Sciences, et al. An astrobiology strategy for the search for life in the universe[R]. The National Academics of Sciences, Engineering, Medicine, Washington DC, 2018.

[8] GARGAUD M, IRVINE W M. Encyclopedia of astrobiology[M]. 2nd ed. Berlin, Heidelberg: Springer – Verlag, 2015.

[9] JOHN W. MASON. Exoplanets – detection, formation, properties, habitability [M]. Chichester: Springer, Praxis Publishing Ltd, 2008.

[10] KOLB V M. Handbook of astrobiology[M]. Boca Raton, London, New York: CRC Press, 2019.

[11] KOLB V M. Astrobiology, an evolutionary approach[M]. Boca Raton, London, New York: CRC Press, 2015.

[12] LISSAUER J J, DE PATER I. Fundamental planetary science – physics, chemistry and habitability [M]. Updated Edition. Cambridge: Cambridge University Press, 2019.

[13] LONGSTAFF A. Astrobiology, an introduction [M]. Boca Raton, London, New York: CRC Press, 2014.

[14] MAUTNER M N. Planetary Resources and astroecology. Electrolyte solutions and microbial growth. Implications for space populations and panspermia [J]. Astrobiology, 2002. 2(1):59 - 76.

[15] MAUTNER M N. Planetary bioresources and astroecology[J]. Icarus, 2002, 158 (1):72 - 86.

[16] MIX L J. Life in space, astrobiology for everyone[M]. Cambridge, Massachusetts: Harvard University Press, 2009.

[17] PLAXCO K W, GROSS M. Astrobiology, an introduction[M]. 3rd ed. Baltimore: Johns Hopkins University Press, 2021.

[18] ROSSI A P, VAN GASSELT S. Planetary geology[M]. Cham: Springer International Publishing, 2018.

[19] SCHMITT J R. Searching for life across space and time: proceedings of a workshop[M]. Washington DC: The National Academies of Sciences, Engineering, Medicine, 2017.

[20] SMITH I W M, COCKELL C S, LEACH S. Astrochemistry and astrobiology[M]. Berlin, Heidelberg: Springer–Verlag, 2013.

[21] VAKOCH D A. Astrobiology, history, and society, life beyond Earth and the impact of discover[M]. Berlin, Heidelberg: Springer–Verlag, 2013.

[22] YAMAMOTO S. Introduction to astrochemistry, chemical evolution from interstellar clouds to star and planet (Astronomy and Astrophysics Library) [M]. Tokyo: Formation–Springer, 2017.

[23] 庄逢源, 格尔达. 霍内克. 宇宙生物学[M]. 北京: 中国宇航出版社, 2010.

第 2 章
宇宙的演化和生命存在的基础

■ 2.1 我们所知道的生命形式

迄今为止，人类只是从对地球生命的研究结果来认识生命，并从中归纳出地球生命的共同特点。至于在宇宙的其他地方可能存在的生命是具有与地球生命相似的形式，还是具有完全不同的特征，我们尚不得而知。因此，本章所提到的生命均指地球上的生命。

地球上的生物，在形状、大小、颜色、运动能力、生活的区域分布上存在很大差异。在分类上，可以将它们大致分为古生菌、细菌、真菌、原生生物、植物、动物六大门类；通常又将古生菌、细菌和部分个体微小的真菌称为微生物。微生物尽管肉眼不可见，但数量庞大，占据地球生物量的大部分。它们虽然无处不在，广泛存在于空中、水下、冰层中、地面、地下的岩石中，但除非借助仪器，我们很难感知它们的存在。随便捞取一毫升海水，里面即含有上百万个细菌和上千万个病毒。如果倒拨时钟，返回到20亿年前，尽管那时地球的生物量亦非常可观，但我们难以察觉它们的存在，因为那时所有的生物都是微生物，而人类以及所有其他宏观的动植物都是它们的后代。

尽管地球生物类型众多，外表差异极大，但如果我们深入它们的基本结构，了解它们的基本生理活动，就会发现它们内在的惊人相似性。它们实际属于一个大的生物家庭，地球生物家族有共同的祖先，彼此都是亲属，它们都遵从同样的生物基本规律。

2.1.1 生命的共同特点

2.1.1.1 基本构成单元是细胞

所有生物的基本结构单元都是细胞，有细胞膜隔开生物的内部和外部。所有的细胞膜成分基本一致，都是磷脂分子结合成的双层结构。尽管病毒没有细胞结构，但病毒只有进入细胞后才能表现出生命特征，在细胞外的病毒不表现出生命所具有的代谢、遗传等特征。

细胞可分为两种不同类型：①构成古生菌和细菌的细胞较小，称为原核细胞，大小在 $1 \sim 2$ μm。②另一类细胞较大，通常直径在 $10 \sim 100$ μm。由于细胞较大，由双层磷脂构成的细胞膜向内陷入细胞内部，形成细胞内膜，并将细胞空间分割成不同区域。其中一个通常位于细胞中部的区域存放 DNA，称为细胞核。这种具有细胞核的细胞就称为真核细胞。真菌、原生生物、植物和动物等生物门类的构成细胞都是真核细胞。真核细胞是由古生菌的原核细胞进化而来的。

细胞尽管大小不一，但与不同生物的体型的巨大差别相比，差异还是很有限的。不同生物体型的差异主要不是由细胞大小的差异引起的，而是机体内细胞数目的多少造成的；一只小鼠的细胞和一头巨鲸的细胞大小基本没有差别。只由一个细胞形成的独立生物叫单细胞生物，它们体型的下限就是细胞体积的下限，大约 0.1 μm。细胞再小就无法容下活的生命所必需的各种成分了。由许多细胞构成的生物体是多细胞生物。多细胞生物大小的上限受到各种物理因素的制约，主要是重力的制约（参见第 7 章）。细胞的基本结构如图 2-1 所示。

2.1.1.2 化学基础是碳

生命的第二个共同点是所有的生命都基于碳化学，即与生命相关的绝大部分分子都以碳为基本元素。由于过去一段时间认为与生命相关的这些含碳分子只能够由生命体产生，所以在历史上碳化学被归于有机化学；绝大多数碳的化合物都为有机化合物。现在人们已经知道，即使没有生命体的参与，仍然能够通过非生物途径合成许多有机化合物（有机分子）。碳之所以对于生命重要，源自它非常强大的构建复杂分子的能力。它有四个价位，可以和四个相同或不同的原子或化学基团形成共价键，其中可包括另一个碳原子。在元素周期表中，只有碳族元素

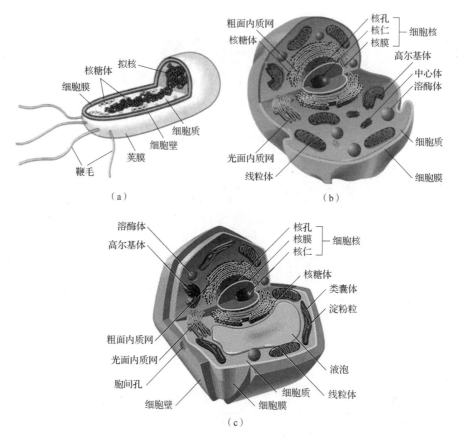

图 2-1 细胞的基本结构

(a) 细菌的基本结构（引自 M. B. Prescott 2003，略有修改）；(b) 动物细胞的结构；
(c) 植物细胞的结构（引自 Bruce Alberts 2008，略有修改）

可形成4个键（图2-2）。在六种碳族元素碳（C）、硅（Si）、锗（Ge）、锡（Sn）、铅（Pb）、铁（Fl）中，只有碳和硅在宇宙中有丰富的含量，其余都是稀有元素，且原子量太大，不适合成为生命元素。硅虽然有和碳相似的四价，但与碳相比，在与丰度较高的其他元素结合形成大分子方面能力明显不足，故在宇宙中，硅化合物的种类比碳化合物少得多（关于硅基生命的探讨参见第12章）。

不同碳原子连接，可以形成种类繁多、分子量非常大的巨大分子。目前确认的非有机化合物不过几十万种，而有机化合物则达数亿种，我们无法得知真实的上限。这样多样的潜在有机分子为自然选择提供了众多的可能，为构建复杂的生物体创造了基本条件。

甲烷　　　　　异丁烷

图 2-2　碳原子与其他原子的共价结合方式

注：碳原子和碳键。黑色圆球代表碳原子。从每个碳原子的 4 个不同方向伸出的棒状代表碳键。白色圆球代表氢原子。碳原子通过碳键既可以与氢等其他原子共价结合，也可以与另一个碳原子共价结合，形成种类繁多的有机分子。

有机化合物的性质主要有以下几种。

（1）碳键的高键能使碳分子具有很高的稳定性，保证了这些分子不易被水和氧破坏。

（2）碳与碳之间可以形成双共价键和三重共价键。

（3）碳键具有的高键能有助于将其他形式的能量用化学能的方式储存起来，需要的时候再释放。

（4）碳原子或碳链通过结合不同电负性的原子或化学基团，形成各种极性分子和离子，增强了它们进行化学反应的活跃性。

碳的不同氧化状态见表 2-1。

表 2-1　碳的不同氧化状态

举例	碳的氧化状态
甲烷	-4
乙烷（H_3CCH_3）	-3
乙烯（H_2CCH_2）	-2
乙炔（HCCH）	-1
甲醛（HCOH），石墨（C）	0
甲酸（HCOOH），一氧化碳（CO）	+2
草酸（HO_2CCO_2H）	+3
二氧化碳（CO_2）	+4

生命分子多是有机化合物。如果一种有机化合物只能在生物体内合成,而很难通过非生物途径合成,则通常就把这种分子称为生命分子,将这种生命分子的合成过程称为生物合成。那些可以通过非生物途径合成的就仍叫有机化合物,所涉及的合成过程称为有机合成或化学合成。"有机化合物"一词在使用中通常会局限于非生物途径合成的那些含碳分子,而一般不将 DNA、蛋白质等高度复杂的生物分子称为有机化合物,尽管它们在本质上没有区别,也很难在它们之间划出一条界限。实际上,早前认为无法通过非生物途径合成的复杂生物分子,后来的实践证明完全可以用化学方法合成。例如,1965 年我国实现的人工合成牛胰岛素。在生物起源的研究上,主要关注那些纯非生物起源的有机化合物是怎么合成的;而在外星生命探索中则关注可能通过生物途径合成的有机分子。

生命分子除了具有如上所述的特点外,还具有以下特点。

(1) 巨大的有机分子可以通过原子间单键的旋转,构成空间结构多样的一个具体的空间结构,称为构象。对于任何较大的有机分子而言,它们具有的构象类型是无限的。

(2) 存在一些相对简单的基本构件,这些构件分子可以非周期性地在一个大分子中反复出现形成主要的生物大分子。主要的构件包括单糖、核苷酸、氨基酸、脂肪酸、甘油等,它们通过脱水聚合结合成较大的分子。

(3) 有机分子存在广泛的同分异构现象,进一步增强了它们的复杂性(图 2-3,图 2-4)。分子中不同原子的连接方式不同造成结构异构;双键的存在形成的异构是几何异构;旋光异构则是指存在互为镜像的两种手性分子。造成手性的原因是碳的 4 个在空间不同指向的键如果结合了 4 种不同的原子或化学基团,就会形成空间排列互为镜像对称的两种分子。几何异构和旋光异构统称为立体异构(图 2-5)。

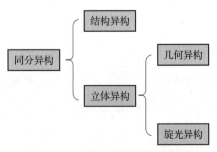

图 2-3　生物分子的异构的种类

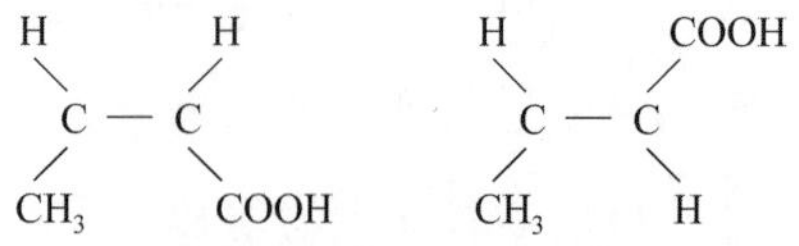

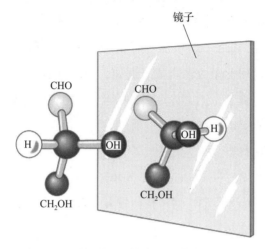

图 2-4 几何异构举例

注：左边为顺-2-丁烯酸，右边为反-2-丁烯酸。

图 2-5 甘油醛互为镜像的两种旋光异构体

2.1.1.3 存在一些通用的生物分子

有机化合物的基本骨架是不同碳原子通过单键、双键和三键彼此串联，其余的键与氢结合形成不同类型的烃链，这些烃链可以是直链、分支或环化的。通过不同的原子或化学基团的取代就会形成更复杂的有机分子，包括各种生命分子。这些生命分子通常为各种地球生物所通用，主要包括以下几种。

（1）脂类（Lipid）。脂类一般指那些不能溶于水的生物分子，主要构件分子有脂肪酸、甘油等。不溶于水的特点赋予它在液态水环境下构成生命所需的某种结构。细胞膜是由双层磷脂分子组成的。为了铺展成膜结构，磷脂分子亲水的一端位于膜的外表，与水接触；疏水端则朝向细胞膜的内部。通过疏水作用形成不溶性的膜结构，用于为生物体划界，并作为与非生物环境进行物质交换的场所。

（2）核酸（nucleic acid）。核酸包括脱氧核糖核酸（DNA）和核糖核酸（RNA），构件分子是核苷酸。它们是由被称为核苷酸的 4 种构件分子连接形成的长链分子。这些串联核苷酸的非周期性重复出现形成了 4 进位制的数码结构，它们可以在细胞内自我复制,成为地球所有生物通用的遗传物质,并通过遗传密码,用于指导蛋白质的合成。

(3) 蛋白质。蛋白质是由构件分子氨基酸通过非周期性排列形成的长链大分子。构成蛋白质的氨基酸有 20 种,尽管自然界其他氨基酸的种类远多于此。

(4) 三磷酸腺苷。其分子内具有高化学能的磷酸键,在生物体内成为储备能量的分子。它的合成和分解分别为需要能量输入和释放能量的过程,为所有生物共有的调配能量使用的分子。

(5) 糖类(carbohydrate,碳水化合物)。这是一类烃由羰基和多羟基取代形成的化合物,也是地球上存在量最大的有机分子,构件分子是单糖。其中一些主要的糖类分子为地球所有生物所共有。

分子手性的选择,地球上组成蛋白质的氨基酸的 α 碳原子均为左旋,糖类分子的倒数第二位碳原子均为右旋(图 2-6)。这是由于氨基酸和糖类的生物合成均依赖于具有一定空间结构的酶的催化。这种生物分子的手性是生命发生时偶然形成,还是暗含着某种物理的或化学的原理?这是一个争议性的话题。其焦点是,非生物合成是否也具有这种偏向性倾向,然后被生物合成所放大?

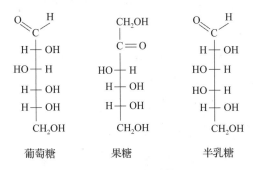

图 2-6 所有单糖

注:其包括葡萄糖、果糖、半乳糖等,从下面数第 2 位碳原子的羟基(-OH)都位于右边(D 型);而其他碳原子上的羟基则可以出现左右对映体。例如,葡萄糖和半乳糖从下面数第 3 位碳原子的羟基即互为旋光异构体。

2.1.1.4 遗传和代谢方式的一致性

上述生物分子在所有生物体内的功能都是高度一致的,并受到基本相同的遗传机制的调控。这种一致性体现在如下方面。

(1) 基因编码方式的一致性。图 2-7 是在 DNA 指导蛋白质合成时，DNA 上的碱基序列与蛋白质氨基酸序列相对应的遗传密码表。这个密码表在地球生物中是通用的，仅有极个别的例外。这些"例外"的生物中使用的遗传密码绝大部分也与这个遗传密码表一致。

	U	C	A	G	
U	UUU ⎤ phe UUC ⎦ UUA ⎤ leu UUG ⎦	UCU ⎤ UCC ⎥ ser UCA ⎥ UCG ⎦	UAU ⎤ phe UAC ⎦ UAA stop UAG stop	UGU ⎤ phe UGC ⎦ UGA stop UGG trp	U C A G
C	CUU ⎤ CUC ⎥ leu CUA ⎥ CUG ⎦	CCU ⎤ CCC ⎥ pro CCA ⎥ CCG ⎦	CAU ⎤ his CAC ⎦ CAA ⎤ gln CAG ⎦	CGU ⎤ CGC ⎥ arg CGA ⎥ CGG ⎦	U C A G
A	AUU ⎤ AUC ⎥ ile AUA ⎦ AUG met	ACU ⎤ ACC ⎥ thr ACA ⎥ ACG ⎦	AAU ⎤ asn AAC ⎦ AAA ⎤ lys AAG ⎦	AGU ⎤ ser AGC ⎦ AGA ⎤ arg AGG ⎦	U C A G
G	GUU ⎤ GUC ⎥ val GUA ⎥ GUG ⎦	GCU ⎤ GCC ⎥ ala GCA ⎥ GCG ⎦	GAU ⎤ asp GAC ⎦ GAA ⎤ glu GAG ⎦	GGU ⎤ GGC ⎥ gly GGA ⎥ GGG ⎦	U C A G

图 2-7 体现 DNA 编码功能的遗传密码表

注：其在地球所有生物中是基本通用的，由四种核酸碱基：腺嘌呤（A）、鸟嘌呤（G）、尿嘧啶（U）和胞嘧啶（C）的三连码组成遗传密码子（genetic code），除了氨基酸的密码子外，还有起始（start）和终止（stop）密码子。

(2) 组成蛋白质的氨基酸类型的一致性。遗传密码决定了合成蛋白质所使用的氨基酸的种类；各生物统一的遗传密码决定了构成蛋白质的氨基酸类型的统一性，尽管在化学上其他氨基酸也可以掺入蛋白质中，但只能通过非生物合成的方式。

(3) DNA 复制和遗传信息的流动的一致性。DNA 的半保留复制是所有生物 DNA 的基本复制方式。DNA 上的数码信息都通过一个被称为转录的过程流向 RNA，再通过翻译的过程流向蛋白质。

(4) 生物体的各种功能活动基本通过蛋白质来完成，包括作为化学催化剂、运动、支撑结构、运输等。其他主要的生物分子——糖类、脂类等在所有生物中的功能均相似。如糖类主要行使能量代谢，脂类主要是能量储存和构成细胞膜等。

2.1.2 造成上述诸多一致性的原因

地球上不同生物的上述高度一致性提示它们实际上是同源的，也就是具有同一起源。达尔文所创立的生物进化论有两个基本观点，除了自然选择外，另一个就是生命共同起源学说。科学家将这种最初形成的、具有细胞结构、使用含碳化合物、有以核酸为物质基础的遗传系统、以蛋白质为核心的代谢系统的原初生物称为露卡（LUCA），这种生物再发生长时间的分歧进化，形成地球上上亿种不同的生物（参见第6章）。

后面可以看到，宇宙中存在非常多的有机化合物，但只有少数存在于生物体内，所发现的核苷酸远不止地球生物 DNA 所使用的 4 种；所发现的氨基酸也远不止蛋白质所使用的 20 种。可以设想一下，假如地外生物同样使用核酸为遗传物质，使用蛋白质为众多其他功能的载体，但构成核酸的是其他类型的核苷酸，构成蛋白质的也是其他类型的氨基酸，那情况会怎样？这种生物可以存在吗？地球上或者宇宙的其他某处是否真实出现过这类"异类"生物？为什么目前地球的生物这样"单一"？一种可能是，在地球生物发生的早期确实存在过由有机物构成的多种多样的生物，它们之间存在着资源竞争，最终由 DNA - RNA - 蛋白质构成的生物 LUCA 取得了胜利，接管了整个地球。然后再通过它们内部的竞争和自然选择，形成了今天这种类型众多、但具有统一生物特征的局面。进一步设想，同样使用碳化合物，但在功能的选择上做些调整。不使用核酸，而是使用其他大分子作为遗传物质；蛋白质的功能也被其他大分子所替代……从地球生物的现状倒推，这类可能的生物在地球早期同样不能竞争过 DNA 生物。但假如换到另一个星球、另一种自然环境、另一些可利用的资源，生物化学进化和生物进化的结果很可能就是两样了。进一步的讨论参见第 12 章。

2.1.3 如何认定一种生命

在进行天体生物学研究时，首先要假定：不同天体上存在的生命形式很可能有程度不同的差异。即便是同样由核苷酸构成决定遗传的大分子，所使用的核苷酸种类也可能不同，何况还可能有其他无数的候选的生物构件分子和生物大分子。再者，尽管可能性不大，但也不能完全排除由碳之外的其他元素主导的复杂化合物构成某种形式的生物。因此我们在宇宙范围内寻找可能的生命时需要适当放宽对生命定义的尺度，承认生物可以使用的材料可能不同、利用的能源不同、存在的环境不同，我们力图在这些不同和多样性当中寻找宇宙中不同生命可能的共同点。

不管是以哪种材料作为构件，生命都应该具有有序的复杂结构，要维持这种结构就需要能量的不断输入以维持它的有序状态（低熵状态）。一旦能量输入停止，或丧失了摄取能量的能力，在热力学第二定律的支配下，有序状态将被瓦解。

生命通过新陈代谢维持自身的稳定，也就是通过变化来求得不变。所谓新陈代谢就是通过不断分解旧的结构，不断用新的结构替代的方式保持其自身的有序性的稳定。一种更广义的新陈代谢应包括繁殖和代次交替，即通过生成新的个体的方式来保持自身有序的不变性，在世代交替中维持其稳定存在。

为了在不稳定的环境中维持其自身的相对稳定，生命和非生命的环境之间应该具有某种隔离方式。地球生物使用细胞膜做到这一点，多细胞生物还使用皮肤和外骨骼来达到这一目的。地外生物或许可使用其他方式。

为了避免自身状态的瓦解，生命具有不断复制自身的倾向以抵消某些个体瓦解造成的损失，并利用复制时出现的变异实现生物的进化。生物通过进化实现对环境的适应，达到尽量高效率地利用外界能量和资源的目的。

以上这些对生命基本的描述超越了细胞、DNA、蛋白质甚至碳元素的限制，而试图把握更一般的生命特征。在实现这些特征时，有可能使用不同的环境提供的材料、采用不同的利用能源的策略，其细节超出我们的想象。

必须承认，由于目前只有地球生物这一类样品可以研究，我们对生命本质的认识肯定有相当的局限。我们暂时只能以目前所理解的生命为基础去寻找地外可能的生命，故我们在初步认定生命所应该具有的上述一些特征后，还应该持更开放的态度，以便在新的生命形式进入视野时有所准备，尽量理解和把握各种新发现的生命科学意义。有关地外生命特征的更多论述参考第12章。

2.2 宇宙演化简史和生命所需元素的形成

任何事物都有一个起源，不论是个体的生命，还是整个的地球生物界，构成生物的分子、原子、构成原子的基本粒子……都有一个起源。整个宇宙起源于从一个"奇点"发生的"大爆炸"（Big Bang）。一般把大爆炸看作我们宇宙的"诞生"。构成整个物理世界乃至宇宙生物界的物质成分在随后的时间陆续诞生；支配的物理世界和生命的物理定律和各种宇宙常数伴随着大爆炸也开始发挥作用。

2.2.1 宇宙的早期演化和星系的形成

2.2.1.1 从大爆炸到原子形成

据推算，宇宙已经有 13.7×10^9 年的历史了。图 2-8 浓缩了宇宙大爆炸以来的历史。宇宙一开始是非常均匀和各向同性的，充满非常高的能量密度和巨大的温度及压力，随后伴随着膨胀而快速冷却。在大爆炸后的 10^{-35} s，宇宙已经将引力从其他力中分离出来。大爆炸后 $10^{-33} \sim 10^{-32}$ s，宇宙暂时停止膨胀，再度升温，导致夸克、胶子等离子体以及所有其他基本粒子的产生。在大爆炸后的 10^{-6} s，夸克和胶子结合形成质子和中子。膨胀几分钟后，一些中子与质子开始结合形成宇宙的氘（D）和氦原子核，但一直等到宇宙诞生约 37.9 万年后，随着自由电子速度变慢而被捕获，电子和原子核才结合成原子（主要是氢）。光子得以发射，宇宙第一次变得透明，但仍然较黑。随后宇宙中由各种元素构造的不同大型结构开始形成。据目前的理论和观测，由原初核合成所构成的物质还不到宇宙组分的 4.3%，剩下的超过 95% 的宇宙组分是我们看不到的，统称为"暗黑的宇宙"，其中大约有 25% 是暗物质，还有 70% 左右是由暗能量组成的。

2.2.1.2 恒星的形成

在很长一段时间内，宇宙中均匀分布的物质开始变得不太均匀。密度稍高的区域在引力作用下吸引附近的物质，从而变得更为密集，最后形成了气体云、恒星、星系和今天可以观测到的其他天文结构。宇宙中的星云是由大量星际尘埃等物质汇聚成的天体。

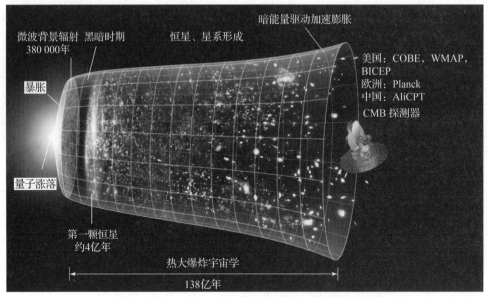

图 2-8　宇宙大爆炸以来的历史过程（来自 NASA）

当星云受到扰动时，星云中的星际尘埃、分子云等星云物质之间的引力平衡被打破，星云物质会因引力汇聚，处于引力中心的尘埃将被逐渐压到一起，这一过程被称为吸积（accrete）。同时引力势能转化的热辐射会延缓这一汇聚过程。但随着汇聚的尘埃越来越厚，热辐射无法有效地散射到宇宙空间中，使得中心部分的温度越来越高，最终达到核聚变的临界温度。核聚变的产生标志着恒星的形成。释放的能量在恒星周围区域产生压力梯度和温度梯度，阻止了原恒星从星云中获得星云物质的过程和本身的塌缩。在大爆炸之后约 1 亿年到 3 亿年，第一颗恒星诞生，从此宇宙出现星光。早期的恒星由氢和氦元素构成，可能非常大，并且寿命短暂。这些巨大的恒星成为生产比氦原子序数高的其他元素的熔炉，再通过超新星爆发等过程将这些合成好的元素投放到宇宙中去，为以后新形成的恒星系所利用，并用于生命的形成。

由超新星爆炸的冲击波的前沿引发的不稳定性，将弥散的尘埃星云变为致密的尘埃星云，星云继而塌陷，形成前恒星星云，进而形成新的恒星-行星体系。在吸积过程中，在前星云的中心形成第 2 代，或更高代次的恒星，然后形成围绕着恒星的行星、小行星体等星体。恒星系的周期见图 2-9。恒星体系的寿命依赖于处于中心位置的恒星质量，质量越大，寿命越短。但是所有的恒星将遵循同样的循环（图2-10）。

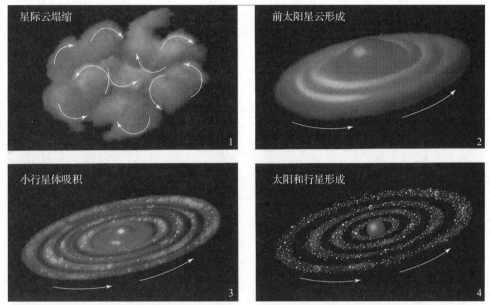

图2-9 超新星爆炸冲击波冲击后由星际介质（ISM）形成星系的过程

注：以太阳系形成为例（M. Grady 惠供）。

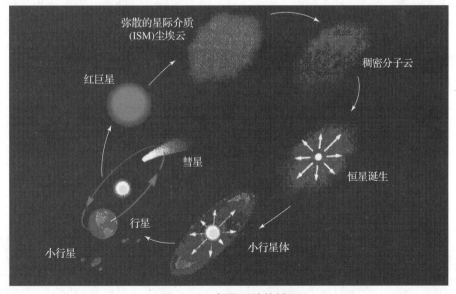

图2-10 恒星系统的循环

注：从弥散的星际介质尘埃云到稠密分子云，到恒星体系的诞生，再重新弥散为星际介质（ISM）。

第一个星系大概是在宇宙大爆炸以后 1×10^9 年后形成的，最后在宇宙中间产生了 100×10^9 个银河系，每一个银河系通常有几十亿个恒星。由于构造生物体需要较重的元素的积累，生命的诞生至少要在第二代恒星及其行星系统出现后才有可能，大约是在宇宙爆炸后 10×10^9 年以后。只有到那时才有合成生物体所需的序数较高的元素，如碳、氧、氮等的普遍存在。这之后在宇宙中有很多可居住的地方，至少有一个是我们知道的地球，它在 38 亿年前诞生了生命。在宇宙的其他地方，生命可能开始得更早，也可能更晚，或在将来某时才会诞生。但是它都是在第二代以上的恒星诞生之后，才能获得生命形成所需要的足够量基本元素和恒星提供的能量。

2.2.1.3 行星的形成

行星是伴随恒星的形成而形成的。在恒星的形成过程中，星云中的物质尘埃为原恒星的引力吸引，随着原恒星的旋转方向沿螺线向中心运动。由于形成原恒星的分子云具有初始角动量，角动量守恒导致星云缩小的同时，自转速度亦加快。这种旋转导致云气逐渐扁平，形成盘状，称为原行星盘。在星盘中的密度相对较大的区域由尘埃颗粒开始，也产生引力收缩。行星盘塌缩破裂，在盘的不同区域聚集众多化学成分不同的气体和尘埃，这些尘埃和气体通过吸收原恒星的辐射而获得能量，加快随机运动的速度而发生频繁的相互碰撞，然后黏合而逐渐长大，形成星子（微行星）。许多星子会因为剧烈的撞击而破碎，但是一些大的微行星可能经历这个阶段后仍存在并继续增长成为原行星。

因汇聚形成的这些新天体会继续吸引其轨道附近的其他分子云和尘埃，从而变得越来越大，直到其轨道附近再无物质可以供其成长为止，然后成为行星。在天文学成为行星的标准中，有一条就是"清空其轨道附近区域"。在太阳系，有八个星体可以满足这一要求，形成太阳系的八大行星。

以上行星的形成过程会在原行星盘中不同区域同时发生（间隔不超过几十万年），从而在原行星盘中产生多颗大小不等的行星，以及众多晋升行星失败、但仍围绕恒星做轨道运动的矮行星、小行星和彗星等。原行星盘剩余的物质最终要么作为行星成长的原料，陆续被吸入行星中，要么被年轻恒星强烈的恒星风吹出星系。在太阳系，一般认为行星盘的基本清空是在约 38 亿年前。在经历了后期重轰炸期的阶段之后（参见第 5 章），大部分在太阳系内的微行星不是完全被抛出太阳系外，就是进入距离异常遥远的轨道，如欧特云，或是被来自类木行星的引力推送而与更大的天体碰撞。少数的微行星可能被捕获成为卫星，如火卫一和火卫二，以及类木行星的高倾角的卫星。

2.2.1.4 行星系统的形成

行星系统是指受到某恒星吸引，围绕该恒星运行的各种天体组成的系统，包括行星、卫星、小行星、流星体、彗星和宇宙尘埃等。目前我们只对太阳系的行星系统有深入了解，因此下面的描述主要以太阳系为例说明。

恒星辐射产生的热量可以在其周围一定范围内融化冰，使其成为水蒸气。这一范围的外界称为冰冻线（雪线，frost line）。太阳系冰冻线位于距太阳大约 2.7 AU 处，在火星和木星之间。雪线内外侧行星的形成机理和最终的行星类型不同。其中一个主要的区别是雪线内侧的水是以气体状态存在的。它和氢等其他挥发性物质会被恒星产生的辐射压力推向远处，进入雪线之外。而在雪线外，这些挥发性物质可以凝结，进而被吸积到形成的行星中。因此，在雪线之外常形成大行星。

在太阳系雪线外的原行星质量达到约 10 个地球质量时，就会快速吸积原行星盘中残留的气体，形成气态巨行星，并使附近原行星盘的气体逐渐消散掉。内太阳系的不同原行星在相互引力及外部气态巨行星的引力摄动下，轨道偏心率加大，增加相邻原行星相互碰撞的机会，合并成更大的行星，形成雪线内的类地行星。由于低熔点的挥发性物质被吹到雪线之外，类地行星主要由高熔点物质组成，如铁、镍和硅酸盐等，这些物质在星云中含量很小，只占 0.6% 左右。因此，类地行星的质量有限，远小于雪线之外的气态巨行星，气态巨行星以木星为代表，因此也称类木行星。

并不是所有星子和小行星都可以并入行星中。在较大行星的引力摄动下，一些小天体会产生较大的偏心率和飞行速度，进而提高碰撞概率。由于速度过快，相互碰撞的结果不是凝结成更大的星体，而是相互弹开，或被撞碎成更小的天体。在太阳系中的小行星带就是这样形成的，起因主要是它们的外侧存在气态巨行星木星。

在行星形成后，有些行星的轨道会发生迁移。如天王星和海王星就可能是在更靠近太阳的地方诞生的，后来才向外迁移到目前的位置。

我们虽然看不见太阳系行星系统的形成过程,但通过天文望远镜却可以观察到遥远天体中正在形成的行星系统。图2-11显示阿塔卡马大型毫米/亚毫米波望远镜拍摄的一个原行星盘,可以看到星盘已出现环形缝隙,一个新的行星系统正在形成中。

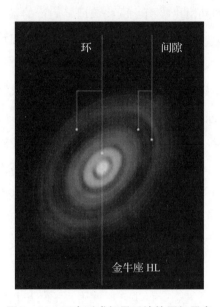

图2-11 正在形成行星系统的原行星盘

注:金牛座HL(HL Tauri)及图像是在毫米波段收集的,该波段对尘埃的热辐射非常敏感。据估计,其质量约为中心恒星的1/10。恒星的大小与太阳相似,据估计,这颗恒星只有10万年的历史。(由Atacama大型毫米波/亚毫米波阵列/ESO/NAOJ/NRAO提供)

2.2.2 与生命有关的元素的形成

在恒星开始形成之前,宇宙中基本上只存在氢和氦两种元素。只有当质子的动能(即温度)足够高、足以克服它们之间的静电斥力时,才能发生以质子为起点的核聚变。随着恒星的形成,较重的原子才通过由氢和氦为起点的核聚变在恒星内部逐步形成,核聚变有许多类型,是分步骤发生的系列反应,它们发生的机会依赖于恒星的质量、恒星核心的压力和温度。

2.2.2.1 氢燃烧

氢聚合成氦的过程称为氢燃烧,发生在主序星中。氢燃烧有两种方式。

一种是太阳内部产生的质子－质子反应链（PP 链，the proton–proton chain reaction），它的第一步是两个质子形成氘核，第二步是氘核和另外一个质子形成氦-3，第三步是两个氦-3 的聚变反应产生氦和两个质子，整个反应式如下：

$$^1H^+ + {^1H^+} \rightarrow {^2D^+} + e^+ + v_e + 能量$$

$$^2D^+ + {^1H^+} \rightarrow {^3He^{2+}} + \gamma + 能量$$

$$^3He^{2+} + {^3He^{2+}} \rightarrow {^4He^{2+}} + 2{^1H^+} + 能量$$

这里 ^2D 是重氢，也叫氘，e^+ 是正电子，v_e 是中微子，γ 是光子。

上述过程总的反应是：$4{^1H^+} + 2e^- \rightarrow {^4He^{2+}} + 2v_e$

另一种氢转化为氦的反应称为 CNO（碳－氮－氧）循环，它的产生需要更高的温度。2020 年首次在实验上检测到太阳中 CNO 循环产生的中微子。在太阳中通过 CNO 循环形成的氦只占 1.7%。在比太阳更重的恒星中 CNO 循环才占主导地位（图 2-12）。在太阳中的碳、氮、氧，以及可能产生的氟只是中间产物，在稳定状态下，它们不会在恒星中积累。

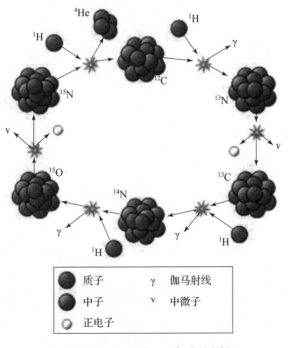

图 2-12　CNO 循环（书后附彩插）

2.2.2.2 较重元素的形成

当恒星中热核反应的燃料氢逐渐转化为氦时,恒星就度过了主序,进入下一个阶段。氦核心在引力作用下收缩,同时变热;紧挨核心的氢包层因温度上升而加速聚变,进一步增加热量。

(1) 当核心的温度达到 10^8 K 时,就开始发生氦聚变(氦燃烧):两个氦-4原子核(α粒子)的核聚变产生高度不稳定的铍-8,铍-8原子核会快速衰变回较小的原子核,如果在衰变之前,第三个 α 粒子与铍-8原子核融合,就会有一定概率变成稳定的碳-12,这一过程称为三 α 过程(triple-alpha process)。一些碳核可与氦融合,产生稳定的氧元素。氧和碳是氦燃烧主要的产物。此时恒星处于红巨星时期。不同温度下发生的 PP 链、CNO 循环和三 α 聚变产生的相对能量输出参见图 2-13。

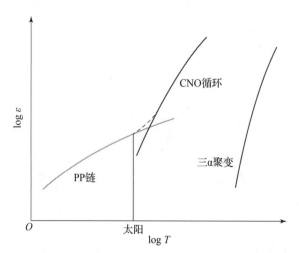

图 2-13 不同温度(T,取对数)下质子-质子反应链、
CNO 循环和三 α 聚变的相对能量输出(ε,取对数)

注:虚线显示了恒星内 PP 和 CNO 过程的联合能量产生。太阳核心温度下主要发生质子-质子反应。

(2) 当温度达到 5×10^8 K 以上时,碳开始燃烧,发生下述核反应:

① $^{12}C + ^{12}C \rightarrow ^{20}Ne + ^4He +$ 能量

② $^{12}C + ^{12}C \rightarrow ^{23}Na + ^1H +$ 能量

③ $^{12}C + ^{12}C \rightarrow ^{23}Mg + ^1n -$ 能量

④ $^{12}C + ^{12}C \rightarrow ^{24}Mg + \gamma +$ 能量

⑤ $^{12}C + ^{12}C \rightarrow ^{16}O + 2^4He -$ 能量

其中第③反应是需要能量的，通过这一反应可产生中子。这些中子可以与重核结合，形成更重的同位素。碳燃烧的最终结果主要是形成氧、氖、钠和镁的混合物。

（3）温度达到 1.2×10^9 K 时，开始发生氖燃烧。氖燃烧发生在至少 8 个太阳质量的大质量恒星中：

$$^{20}Ne + \gamma \rightarrow ^{16}O + ^4He$$

$$^{20}Ne + ^4He \rightarrow ^{24}Mg + \gamma$$

在氖燃烧过程中，氧和镁在中心积聚，而氖被消耗。

（4）恒星继续增加其密度和温度，温度升到 $1.5 \times 10^9 \sim 2.6 \times 10^9$ K 时，氧开始燃烧。由于氦燃烧、碳燃烧和氖燃烧都产生氧，因此，氧燃烧开始时在恒星核心氧含量是丰富的，主要反应有：

$$^{16}O + ^{16}O \rightarrow ^{28}Si + ^4He + 能量$$

$$^{16}O + ^{16}O \rightarrow ^{31}P + ^1H + 能量$$

$$^{16}O + ^{16}O \rightarrow ^{31}S + n + 能量$$

$$^{16}O + ^{16}O \rightarrow ^{30}Si + 2^1H + 能量$$

$$^{16}O + ^{16}O \rightarrow ^{30}P + ^2D - 能量$$

$$^{16}O + ^{16}O \rightarrow ^{32}S + \gamma + 能量$$

$$^{16}O + ^{16}O \rightarrow ^{24}Mg + 2^4He - 能量$$

最终形成镁、硅、磷、硫等元素，此外还有氯、氩、钾和钙等元素，其中大部分成分是硅和硫。在氧燃烧过程中，恒星从内向外排布，先是氧燃烧壳层，接着是氖壳层、碳壳层、氦壳层，最外层是氢壳层。

（5）当温度达到 $2.7 \times 10^9 \sim 3.5 \times 10^9$ K 时，硅开始燃烧。在这样的温度下，硅、镁原子核等元素可以发生光解重排，发射质子、中子或 α 粒子。通过每个步骤捕获一个被释放的 α 粒子，形成新的较重元素，包括氯、氩、钙、钛、铬、铁等元素。铁的比结合能最大，这意味着铁无论是向更重元素变化还是向更轻元素变化，都要吸收能量而不是放出能量。因此，铁的形成标志着恒星（大质量恒星）的生命接近结束。

（6）比铁还重的元素是由质量大于太阳11倍以上的恒星的超新星大爆炸所产生的。超新星在恒星结束的很短的时间内发生中心的崩溃，崩溃的反弹将产生一个向外传播的冲击波，从而形成大爆炸，通过这个过程将恒星的物质散布到星际介质中去。超新星爆炸时释放出大量中子，通过r过程的快速中子俘获序列，合成出比铁重的各种元素进入宇宙空间。

地球生命使用最多的元素是碳、氢、氧、氮、硫、磷，它们被称为生命元素，缩写为CHONSP，都是在上述核反应过程中形成的。形成它们的恒星都比较重，其核心的温度和压力都很高。这样的恒星寿命较短，但却可以合成生命所需的元素；而太阳相反，因为质量相对小，其内部热量无法合成生命所需的重元素，但寿命长，其持续的时间足以保证它的行星系统产生生命。因此，对于生命的产生，较大的恒星和较小的恒星（如太阳）的存在都是需要的。

在恒星中由核聚变过程生成生物所需元素的过程可以概括如下。

（1）宇宙大爆炸几秒钟后的质子形成。

（2）从第一代恒星开始通过氢燃烧形成氦，那时较重的生命元素很少，不足以支撑生命的存在。

（3）C、O、N、S、P和原子量一直到铁的其他元素是较重的恒星在离开主序后的核聚变中产生的。

（4）比铁元素还重的元素是在超新星爆炸中形成的。

（5）随着时间的推移，恒星所产生的较重元素会逐渐积累，在宇宙中的丰度渐增，故几代后的恒星系统中更容易产生生命。

2.2.3 各种元素在宇宙中和生命体中的丰度

图2-14显示了不同元素在宇宙的相对丰度。这些数据是由元素在宇宙射线中的分布推论出来的。在宇宙中间丰度最大的是氢和氦，它们占总量的99%。其他元素的丰度大致随着原子序数的增加而下降。但也有例外，如轻元素锂、铍、硼的含量就不高。它们的低含量可能导致生物并不利用这些元素构造身体或行使某些功能。再如铁在其附近的元素中丰度最高，这与铁的比结合能最大有关。再有双数序号的元素丰度一般比单数序号的元素丰度高些，这与它们在核聚变过程中的形成方式有关。

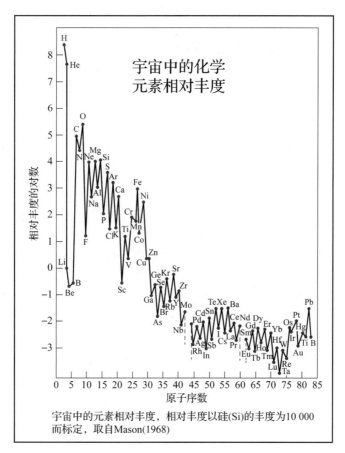

图 2-14 从宇宙射线的元素分析中得到的宇宙中元素的相对丰度

表 2-2 比较了在宇宙和地球上不同的生命体——微生物、植物和动物中的元素的丰度。氢在宇宙中占了总量的 87%，但在生物体中没这么大的量。生物体中丰度最大的元素依次是氧、碳、氢、氮，然后是原子量更高的元素，如磷和硫等。它们都属于宇宙中丰度比较大的元素，但与宇宙范围内各元素的丰度占比有相当的不同。究其原因应该与生物诞生和进化所处的具体环境有关。如果将人体不同元素的含量与人能直接接触到的地球地壳中的元素丰度相比，差距就没有这么大了（表 2-3）。尽管如此，地壳中元素的丰度和生物体内还是有一定的差别的，这表明形成生命的元素在生物体内具有选择富集性。例如，磷在生物体中是占第 6 位的重要元素，但在宇宙中，磷的丰度仅占第 18 位，地壳中磷的含量也只是人体的 1/8，显然，磷具有的某些特性为地球生物所必需。

表 2-2　从宇宙到微生物、植物和动物组织化学元素的丰度

元素	宇宙% (Ref. 1) 空间	微生物% (Ref. 2) 组织	植物% Ref. 1/2 │ 3 组织	动物% Ref. 2 组织
H	87	9.9	16/8.7	9.3
He	12	—	—	—
Li	—	—	—	—
B	—	—	— │ 0.002	—
C	0.03	12.1	21/11	19.4
N	0.008	3.0	—/0.8 │ 2	5.1
O	0.06	73.7	59/78	62.8
F	—	—	—	—
Ne	0.02	—	—	—
Na	0.0001	—	0.01	—
Mg	0.0003	—	0.04 │ 0.2	—
Al	0.0002	—	0.001	—
Si	0.003	—	0.1	—
P	0.00003	0.6	0.03/0.7 │ 0.2	0.6
S	0.002	0.3	0.02/0.1	0.6
Cl	—	—	— │ 0.01	—
K	0.000007	—	0.1 │ 1	—
Ca	0.0001	—	0.1 │ 1	—
Cr	—	—	—	—
Mn	0.0002	—	0.001	—
Fe	0.003	—	0.1	—
Ni	0.00003	0.6	0.03/0.7 │ 0.2	0.6
Cu	0.002	0.3	0.02/0.1	0.6

续表

元素	宇宙% (Ref. 1)	微生物% (Ref. 2)	植物% Ref. 1/2 | 3	动物% Ref. 2
Zn	—	—	— | 0.01	—
	0.000 007	—	0.1 | 1	—
	0.000 1	—	0.1 | 1	—
	—		—	.

Ref. 1 Encyclopedia Britannica; Ref. 2 Curtis & Barnes: Biology. 1989. Worth Publ. Plant: alphalpha; animal: human; microorg: bacterium; Ref. 3 Larcher, W: Physiological plant ecology. 1980. Springer V. % by weight dried matter. Plants averaged over many groups.

表 2-3 人体体内元素和环境含量的比较

元素	元素符号	占人体中的百分比/%	占地壳中的百分比/%
氧	O	65	46.6
碳	C	19	0.03
氢	H	10	0.14
氮	N	2.7	0.005
钙	Ca	1.3	3.6
磷	P	1.0	0.12
钾	K	0.35	2.6
硫	S	0.25	0.05
氯	Cl	0.15	1.9
钠	Na	0.15	2.8
镁	Mg	0.05	2.1
铁	Fe	<0.01	5.0
碘	I	<0.000 1	痕量
硅	Si	—	27.2
铝	Al	—	8.1

生物体中存在一些含量很少的元素，称为微量元素。有些微量元素对生物体的功能很重要，如碘、锌、硒等对人体就非常重要。但有些微量元素很可能只是生物体的过客，通过偶然的途径进出体内。它们有些或许有未知的生理作用，有些则可能只是有害，如铅、汞等。这些重金属在土壤中往往含量就不低。

2.3 分子、有机分子和水

地球生物是由各种大小各异的分子，主要是水分子和有机分子构建的复杂结构。在具备了上述各种生成元素后，它们之间便可能通过各种化学键缔结成各种分子，其中对生命最重要的是以碳原子为中心形成的有机分子。有机分子的结构高度复杂，所涉及的原子可高达几十亿个（DNA分子）。这样复杂的有机分子只能在生物体内合成，但一些相对简单的有机分子既可以在生物体内合成，也可以在生物体外通过非生物途径合成。非生物途径合成的有机分子一方面可以为生物体所吸收利用；另一方面，在生命诞生的早期，生物体内的合成途径尚未建立或尚未完善，在构建生物体时起到非常关键的作用。探察宇宙中存在的有机分子，既可以作为生命存在的可能信号，对探索宇宙各处生命的起源也非常重要。

2.3.1 星周和星际的分子和有机分子

2.3.1.1 发现方法

太空中存在的各种星际分子，除了可通过对落入地球的陨石以及就位采集的材料的化学分析而得知外，还可以通过天文光谱学探测到。它们的光谱特征源于分子在两个分子能级之间转换时吸收或发射了光子。光子的能量与所涉及的能级之间的能量差一致。因此不同的分子会发出各自特征性的光谱。一些分子的光谱很简单，易于识别；而另一些分子的光谱则极其复杂。原子核和电子之间的相互作用有时会导致谱线的进一步超精细化。如果分子包含不同同位素，光谱会因同位素位移而变得更加复杂（参见第4章）。

限于检测手段的偏差，所能检测到的分子高度偏向于某些更容易检测的类型，例如，射电天文学对具有高分子偶极子的线性小分子最为敏感。而宇宙中最常见的分子 H_2 则因为没有偶极子，用射电望远镜就完全看不到。因此，探测 H_2

需要使用空间望远镜进行紫外观测。有些谱线为一类分子所具有，缺乏特异性，只能用于一般类别的识别。例如，多环芳烃（PAHs）在太空中很常见，它们的振动谱线在中红外波段被广泛观察到，但还不能准确地确定分子结构。

从 20 世纪 70 年代早期开始，越来越多的证据表明星际尘埃上存在大量有机分子。这些星际分子是在非常稀疏的星际或星周尘埃和气体云中进行的化学反应所形成的。在宇宙的不同区域，有机分子的丰度不同。星际分子最丰富的来源之一是人马座 B2（Sgr B2），它是银河系中心附近的一个巨大分子云。大约有半数的分子是在 Sgr B2 中首次发现的，其他许多分子也随后在那里被发现。

就位取样分析是更准确、更直接的方法，只是费用高、耗时长、技术复杂。目前人们已经在小行星和火星上进行取样，其中小行星的样品已经运回地球实验室。再有就是对"送来的样品"陨石进行化学分析，这方面已经取得了显著的成果。

2.3.1.2　形成过程

天体化学是研究和理解这些分子是如何形成的，并进一步解释它们的丰度的学科。如果非生物过程难以解释它们的丰度或变化过程，则生物化学将参与其中。

早期的宇宙是热的，只存在氢和氦两种元素，最早的分子很可能就是这两者的结合：氦氢化物。由于氦的惰性，在地球上很难合成这种化合物。但是到 2016 年，NASA 的 SOFIA 红外平流层望远镜在距离地球 3 000 光年之外的天鹅座附近的 NGC 7027 星云中发现了氦氢化物，它应该是宇宙最早形成的化合物，来自老化恒星的紫外线辐射和热量为氦氢化物的形成创造了条件。一旦宇宙冷却开始，氢原子可以与氦氢化物相互作用，从而产生分子氢：第一批恒星形成时的主要分子。

在星际介质中，有机分子可以在宇宙尘埃中合成。尘埃粒子大小从几个分子到零点几 μm 不等。宇宙射线是合成能量的主要来源。在宇宙射线的作用下，分子被电离，带正电的分子通过静电吸引附近分子的电子而形成更大的分子；中性原子和分子之间也可以发生反应产生分子，只是效率会低一些。在宇宙射线的照射下，二氧化碳等简单含碳化合物可形成如甲烷或乙烷等多种有机化合物。宇宙射线既用于合成分子，也会对已形成的分子产生破坏作用。例如，高紫外线辐射就可通过光化学将分子破坏掉。观测到的星际分子丰度是分子形成和破坏速率之间的平衡，以及不同分子间转化效率的结果。星际尘埃可以保护形成的分子免受恒星发出的紫外线辐射的破坏作用。

图2-15显示在尘埃颗粒中有机分子合成的循环过程。约0.5 μm的尘埃颗粒以铁、硅酸盐和石墨为核心，由CO_2、H_2O和NH_3组成冰状的覆盖物，冰状覆盖物的表面积聚了很多分子。由于被宇宙射线和来自邻近恒星的紫外光的辐射所激活，尘埃颗粒的表面即使温度降至4~10 K仍可以发生复杂的化学反应。第一步，在弥散云中，尘埃由含碳的颗粒和多环芳香族碳氢化合物所组成。第二步，这种尘埃进入稠密云，分子和气体凝结在尘埃的表面。第三步，辐射的作用引发尘埃表面的复杂化学反应，形成了更复杂的有机分子。第四步，当星云收缩形成恒星时，这些颗粒汇聚在一起形成彗星的核。然而大部分的颗粒散布到浩瀚的空间。第五步，这些颗粒又回到弥散云，在非常严酷的辐射下冰外层气化，进一步产生有机物质，从这里颗粒又重新回到了第一步。每个尘埃颗粒可经过达50次的循环过程。

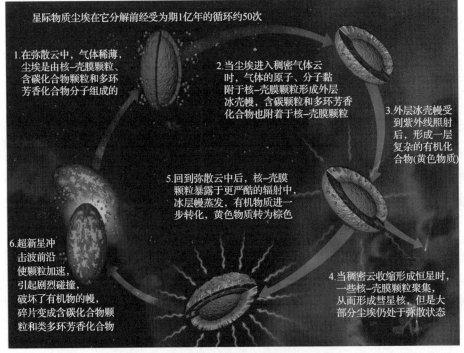

图2-15　星际介质的尘埃颗粒循环图（Greenberg惠供）（书后附彩插）

包含有机分子在内的星际物质有可能保存在彗星中。彗星在我们太阳系的外层形成，那里的低温足以保存在太阳系形成前合成的有机物质。彗星的研究可能提供给我们关于前太阳星云组成的信息，包括有机分子形成的信息。彗星中存在有机物质这一事实已由欧洲航天局于 1986 年 Giotto 哈雷彗星的探索任务所确认，为在彗星的尾部发现的氰化氢（HCN）。美国 NASA Stardust 探索彗星 Wild 2 的任务于 1999 年 2 月发射，2004 年 2 月接近彗星收集到了彗星尾部的尘埃，并于 2006 年 1 月带回地球做进一步的分析。对这些尘埃的分析结果显示，它们富含各种有机分子，但主要是来自邻近太阳位置的物质，几乎没有包含早期太阳星云和 ISM 的物质。这和之前的推测不同，所以人们需要进一步探索其他的彗星来确认彗星物质来源和组成。欧洲航天局 Rosetta 的任务于 2014 年登陆彗星 67P/Churyumov – Gerasimenko 并提供了初步的关于该彗星的信息（详见第 8 章）。

北海道大学的小叶康弘等在三种不同的富碳陨石中发现了一种名为六亚甲基四胺（HMT）的有机分子。实验模型也表明，使用水、氨（NH_3）和甲醇（H_2CO）的组合，当受到外星环境中常见的光化学和热条件的影响时，会产生一些有机化合物，其中最常见的就是 HMT。在太阳系形成的早期，许多小行星可能因碰撞或放射性元素的衰变而被加热。当温度足够高，并且有液态水时，HMT 就可能被分解，其分解产物进而在陨石中生成包括氨基酸在内的其他生物分子，或用来加速和调节化学反应。

太空中形成分子的条件与地球表面不同，合成的分子类型也有很大差别，其中一些很不寻常，它们不容易在地球上形成。反过来一些常见的地球分子也不易在太空找到。

2.3.1.3 使用天文光谱分析发现的分子

迄今为止，使用天文光谱分析技术已经在星际物质和环恒星云中发现 200 种以上的分子，包括一些有机离子（表 2 – 4）。在 ISM 的冷而致密的区域，物质主要以分子形式存在；在 ISM 的热而弥漫的地区，物质主要呈电离形态。碳是这些分子中最常见的元素，多数是有机化合物。迄今观察到的最大的分子是由 70 个碳原子所组成的富勒烯（C_{70}），相对分子质量达到 840。

表2-4 通过天文光谱学在星际介质中检测到的分子

分子或离子	相对分子质量	分子或离子	相对分子质量
由2个原子组成（43种，包括离子）		HNCS（异硫氰酸）	59
AlCl	62.5	NH_3	17
AlF	46	HSCN（硫氰酸）	59
AlO	43	SiC_3	64
ArH^+	37	HMgNC	51.3
C_2	24	HNO_2（亚硝酸）	47
CF^+	31	由5个原子组成（22种，包括离子）	
CH，CH^+	13	NH_4^+（铵离子）	18
CN，CN^+，CN^-	26	CH_4	16
CO，CO^+	28	CH_3O	31
CP	43	$c-C_3H_2$	38
CS	44	$l-H_2C_3$	38
FeO	82	H_2CCN	40
HeH^+	5	H_2C_2O	42
H_2	2	H_2CNH	29
HCl，HCl^+	36.5	HNCNH	42
HF	20	H_2COH^+	31
HO，OH^+	17	C_4H，C_4H^-	49
KCl	75.5	HC_3N	51
NH	15	HCC-NC	51
N_2	28	HCOOH	46
NO，NO^+	30	NH_2CN	42
NS	46	NH_2OH	37
NaCl	58.5	$NCCNH^+$	53
MgH^+	25.3	HC(O)CN	55

续表

分子或离子	相对分子质量	分子或离子	相对分子质量
O_2	32	C_5	60
PN	45	SiC_4	92
PO	47	SiH_4	32
SH,SH^+	33	由6个原子组成(16种,包括离子)	
SO,SO^+	48	$c-H_2C_3O$	54
SiC	40	E-HNCHCN	54
SiN	42	C_2H_4(乙烯)	28
SiO	44	CH_3CN	40
SiS	60	CH_3NC	40
TiO	63.9	CH_3OH	32
由3个原子组成(44种,包括离子)		CH_3SH(甲硫醇)	48
AlNC	53	$l-H_2C_4$	50
AlOH	44	HC_3NH^+	52
C_3	36	$HCONH_2$(甲酰胺)	44
C_2H	25	C_5H	61
CCN	38	C_5N	74
C_2O	40	HC_2CHO(丙二醛)	54
C_2S	56	HC_4N	63
C_2P	55	CH_2CNH	40
CO_2	44	C_5S	92
CaNC	92	由7个原子组成(13种,包括离子)	
FeCN	82	$c-C_2H_4O$(环氧乙烷)	44
H_3^+	3	CH_3C_2H	40
H_2C	14	H_3CNH_2(甲胺)	31
H_2Cl^+	37.5	CH_2CHCN	53

续表

分子或离子	相对分子质量	分子或离子	相对分子质量
H_2O, H_2O^+	18	H_2CHCOH	44
HO_2	33	C_6H, C_6H^-	73
H_2S	34	HC_4CN	75
HCN	27	HC_4NC	75
HNC	27	HC_5O	77
HCO, HCO^+	29	CH_3CHO（乙醛）	44
HCP	44	CH_3NCO	57
HCS, HCS^+	45	$HOCH_2CN$	57
HN_2^+	29	由8个原子组成（12种）	
HNO	31	H_3CC_2CN	65
HOC^+	29	HC_3H_2CN	65
HSC	45	$H_2COHCHO$	60
KCN	65	$HCOOCH_3$	60
$MgCN$	50	CH_3COOH	60
$MgNC$	50	H_2C_6	74
NH_2	16	CH_2CHCHO	56
N_2O	44	CH_2CCHCN	65
$NaCN$（氰化钠）	49	CH_3CHNH	43
$NaOH$（氢氧化钠）	40	C_7H	85
OCS	60	NH_2CH_2CN	56
O_3（臭氧）	48	$(NH_2)_2CO$（尿素）	60
SO_2（二氧化硫）	64	由9个原子组成（11种，包括离子）	
c-SiC_2	52	CH_3C_4H	64
$SiCSi$	68	CH_3OCH_3	46
$SiCN$	54	CH_3CH_2CN	55

续表

分子或离子	相对分子质量	分子或离子	相对分子质量
SiNC	54	CH_3CONH_2（乙酰胺）	59
TiO_2	79.9	CH_3CH_2OH（乙醇）	46
由4个原子组成（28种，包括离子）		C_8H，C_8H^-	97
CH_3	15	HC_7N	99
$l-C_3H$，$l-C_3H^+$	37	CH_3CHCH_2（丙烯）	42
$c-C_3H$	37	CH_3CH_2SH	62
C_3N，C_3N^-	50	CH_3NHCHO	59
C_3O	52	由≥10个原子组成（18种，包括离子）	
C_3S	68	$(CH_3)_2CO$（丙酮）	58
H_3O^+（氢化物）	19	$(CH_2OH)_2$（乙二醇）	62
C_2H_2	26	CH_3CH_2CHO（丙醛）	58
H_2CN，H_2CN^+	28	CH_3OCH_2OH	62
H_2CO（甲醛）	30	CH_3C_5N	89
H_2CS	46	CH_3CHCH_2O（环氧丙烷）	58
HCCN	39	HC_8CN	123
HCCO	41	C_2H_5OCHO	74
$HCNH^+$	28	CH_3COOCH_3（醋酸甲酯）	74
$HOCO^+$	45	CH_3C_6H	88
HCNO	43	C_6H_6（苯）	78
HOCN（氰酸）	43	C_3H_7CN	69
CNCN	52	$(CH_3)_2CHCN$	69
HOOH（过氧化氢）	34	C_6H_5CN	104
HNCO	43	$HC_{10}CN$	147
		C_{60}，C_{60}^+（富勒烯）	720
		C_{70}（富勒烯）	840

表 2-5 为发现的含有氢同位素氘的分子。

表 2-5　发现的含有氢同位素氘的分子

名称	原子数	分子构成
氘化氢	2	HD
三氢阳离子	3	H_2D^+，HD_2^+
重水	3	HDO，D_2O
氰化氢（HCN）	3	DCN
甲酰基	3	DCO
异氰氢	3	DNC
基态自由基	3	N_2D^+
氨基	3	NHD，ND_2
氨	4	NH_2D，NHD_2，ND_3
甲醛	4	HDCO，D_2CO
异氰酸	4	DNCO
铵离子	5	NH_3D^+
甲酰胺	6	NH_2CDO；NHDCHO
甲基乙炔	7	CH_2DCCH，CH_3CCD

这些有机分子中有一些在地球的生物体内具有重要的生理作用，如氰化氢、甲酸、甲醛、氨、尿素等。这几种分子在前生物学化学反应中是非常活跃的成分，也是合成更复杂的生命分子的前体。例如，5 个氰化氢分子可以形成一个腺嘌呤，后者是核酸碱基的一个成员。2013 年，阿塔卡马大型毫米波阵列（ALMA）在距离地球 25 000 光年的星际空间的冰粒子中发现一种被称为氰基甲亚胺的分子，该分子可能用于合成腺嘌呤和氨基酸。这一新的发现表明这些分子不是在气体状态下，而是在星际空间的冰粒表面上合成的。

多环芳香族碳氢化合物（polycyclic aromatic hydrocarbon，PAH）是复杂的含碳化合物，也是星际介质中常见的有机物。2012 年 9 月，美国航空航天局的科学家报告说，在星际介质条件下，多环芳烃通过氢化、氧化和羟基化等过程，可转化为更复杂的有机物。这是通向氨基酸和核苷酸的一步。这些转变可能是造成在星际冰粒中，特别是在寒冷、稠密云层的外部区域，或原行星盘的上层分子层中多环芳烃减少的原因。宇宙中超过 20% 的碳可能与多环芳烃有关，多环芳烃作为生命形成的可能起始物质，似乎在大爆炸后不久就能形成，并广泛分布于整个宇宙。嘧啶作为核苷酸的前体，可能和多环芳烃一样，在红巨星、星际尘埃或气体云中形成。

2012 年，哥本哈根大学的天文学家在距离地球 400 光年的原恒星双星 IRAS 16293-2422 附近发现了乙醇醛，这是一种糖类分子，可用于合成 RNA。这一发现表明，在行星形成之前，复杂的有机分子可能就已经形成了，然后在行星形成时进入行星。

2.3.1.4 陨石、小行星和彗星中存在的有机分子

除了使用天文光谱分析发现遥远天体和星际的分子外，还可以通过太空探测器就位取样或对落入地球的陨石样品进行化学分析发现在地外空间存在的有机分子。陨石来自太阳系形成时未能形成较大行星的小天体，仍然保留太阳系早期的化学成分。有些陨石成分的形成时间甚至早于太阳系诞生的时间。对陨石内分子的检测的优点不言而喻，它可以更直接地运用各种化学手段检测到更多的、更微量的分子；缺点是容易受到地球物质的污染，尤其是地球生物合成有机分子的污染。如果不仔细辨认出，就会造成种种误判。

迄今对陨石有机分子的主要认识来自 1969 年在澳大利亚发现的默奇森 (Murchison) 陨石（图 2-16）。默奇森陨石属于 CM 群碳质球粒陨石（一种含水量和有机化合物高的石质陨石），含有丰富的富钙铝包裹体。它的碳化硅颗粒是在地球上发现的最古老的物质，估计形成时间在 70 亿年前，比地球和太阳系的形成时间还要早 25 亿年左右。使用包括光谱学在内的高分辨率分析工具，在陨石样本中已鉴定了 14 000 种分子化合物，包括 80 多种氨基酸。这些氨基酸分为 α、β、γ 和 δ 等类型，碳原子数在 C_2 和 C_9 之间，还包括二羧基和二氨基的氨基酸，甘氨酸、丙氨酸和谷氨酸等为用于合成蛋白质的氨基酸，更多的是不用于蛋白质合成的其他氨基酸。其他有机分子还包括脂肪烃、芳香烃、富勒烯、羧酸、碱基等。表 2-6 对默奇森陨石中发现的有机物类型和浓度做了一个归纳。

图 2-16　默奇森陨石

表 2-6　默奇森陨石上发现的有机化合物

化合物类型	浓度/ppm
氨基酸	17~60
脂肪烃	>35
芳香烃	3 319
富勒烯	>100
羧酸	>300
氢酸	15
嘌呤和嘧啶	1.3
醇	11
磺酸	68
磷酸	2
总计	>3 911.3

由于构成蛋白质的氨基酸都是左旋的（L构型），因此人们对太空中合成的氨基酸的手性感兴趣。最初的报告指出氨基酸是外消旋的，但后来发现，丙氨酸、异缬氨酸等L构型居多。前者是构成蛋白质的氨基酸，而后者不是，表明地外来源的分子手性不对称性。有理论认为，氨基酸在星际空间中对称合成后，D-氨基酸可能容易被破坏，还有理论认为，这与小行星上的特殊水化学有关。

在陨石上，不同化合物含量分布的变化可以反映陨石的母小行星的理化环境和变化过程。例如，较低的 pH 和氨浓度可能导致乳酸等羟基酸的产生，它们由醛类和氰化氢等合成；如果 pH 和氨浓度较高，则转而产生较高浓度的氨基酸。羟基/氨基酸丰度值表明，陨石的母小行星的 pH 在 6~8，接近纯水的 pH。经历了水蚀变的陨石含有更高浓度的挥发性芳香分子；而经历了热变质作用的高岩相类型的陨石则相反，这是因为有机物的水降解和石墨化。某些芳香烃的结构反映了母小行星热环境的变化。随着温度的升高，芳香烃侧链被重新定位到更稳定的位置；稳定的分子构型与不稳定分子构型之比反映了温度的变化过程。另一种可以作为远古小行星演化温度的是环酰胺，如焦谷氨酸的存在。氨基酸可以通过热聚合反应转化为环状形式。彗星 Hale Bopp 中不同化合物的丰度见表 2-7。

表 2-7 彗星 Hale Bopp 中不同化合物的丰度（设水为 100）

化合物	丰度
H_2O	100
CO	23
CO_2	6
CH_3OH	2.4
H_2CO	1.1
NH_3	0.7
CH_4	0.6
HCN	0.25
H_2NCHO	0.02
CH_3CHO	0.02

2.3.1.5 对陨石中发现的化合物来源的鉴定

陨石在降落到地表的过程中和随后的时间里，与地球物质尤其是地球生物发生接触，产生了对所发现的有机物质来源的疑问，需要综合运用科学理论、所发现的位置、对化学过程和生物过程的分析来确认。假如在陨石表面发现某种化合物，而内部的类似组分不含这种化合物，则该化合物有来源于地球的可能。稳定同位素的分析是辨别分子起源的有力工具。

陨石有机质的氢同位素 D/H 和氮同位素 ^{15}N/^{14}N 比值的显著升高通常意味着星际分子的存在。在星际云中已观察到的 D 的富集，通常被认为是由于在星际空间极低温度下的反应过程中 D/H 的分馏。大多数默奇森陨石中有机物的 ^{15}N/^{14}N 比值较高，暗示它们的星际起源。此外，默奇森陨石中甲基磺酸的 ^{33}S 相对富集，只有当磺酸前体在气相中并且在星际空间受到紫外线照射时才能造成这种现象。

陨石中的有机分子与溅落地周围环境丰度的比较也可作为判定的依据。例如，在南极大陆的陨石中发现了嘌呤和嘧啶等核碱基类似物，而在周围冰层中发现的碱基数量远低于陨石，且没有检测到任何类似的核碱基类似物。另外，所发现的尿嘧啶和黄嘌呤的碳同位素比值分析也表明这两种化合物是非地球来源的。这些核碱基类似物常与 DNA 或 RNA 使用的碱基不同，故不大可能来源于地球生物的污染。

一些化合物的结构特征也反映了它的可能来源。在默奇森陨石中发现了一套与萜烯相关的化合物。但这些化合物所具有的结构特异性不太可能由非生物反应产生，因此也很难被认为产生于地外。

以上有机分子的发现，将地球上生命起源的化学演化历史提前到原始星云的演化时；而碳的起源和丰度则要追溯到可以形成高碳丰度的恒星的核合成时。

2.3.2 水分子

生命活动离不开水的存在。在地球上，生命总是出现在有水存在的地方，这一规律在宇宙的其他星体上很可能也是适用的。人体中的水分占体重的 65% 左右。机体脱水时功能将出现异常。水的重要性和水分子本身的特性有关。

2.3.2.1 水与生命有关的特点

水具有的如下基本特性使地球生命过程不能离开水的环境。

(1) 水分子的特性使它可以在地球温度下以液态形式存在。水分子作为只带有两个氢原子和一个氧原子的简单分子，本身具有一定的极性，就像一块磁铁带有两极那样，这可以使不同水分子的正负极之间产生只相当于共价键 5%~10% 强度的氢键连接。不同水分子之间形成的氢键连接微弱又短暂，可以使一个水分子在周围水分子之间不断滑动移位，造成了水常温下在宏观上的液态特征。

(2) 水作为很好的溶剂，形成生命活动的场所。水分子形成氢键的能力使它可以很容易地包绕在其他带电的或具有极性的分子周围，使它们溶于水中（图 2 - 17）。存在于水中的生命分子可以比较自由、快速地移动并相互作用，为以新陈代谢为重要特征的生命的存在和发展创造了条件。如果生命分子存在的环境是固态的，并与周围的固态物质形成很强的共价键或离子键，那么，生命分子就会深陷其中，无法产生有效的新陈代谢活动，假如处于气态环境，则各个分子相互逃逸的可能性就比较大。

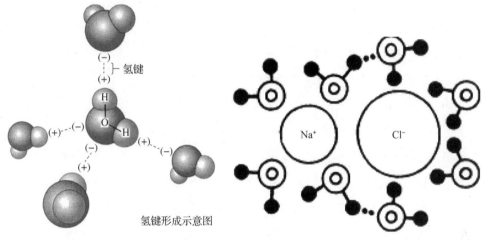

图 2 - 17　氢键形成示意图

注：水分子之间的氢键连接（左），极性溶质在液态水中的情况

（以氯化钠为例，空心圆代表氧原子，实心圆代表氢原子）（右）。

（3）水环境有助于生物大分子的形成。生物体中存在大量非极性的生命大分子，或在生命大分子中存在非极性的结构。周围的水分子会迫使这些非极性分子或大分子中的非极性的结构聚在一起，这种效应称为疏水排斥。这种疏水排斥效应会促使这些分子呈现一定的形态，而这些形态与它们的功能有密切的关系。例如，很多形成蛋白质的多肽链上有很多疏水的氨基酸，疏水排斥作用会将这些氨基酸赶到一起，形成蛋白质的核心区域，而多肽链上极性的氨基酸则会聚集在蛋白质的表面，客观上造成了该蛋白质形成球状或类似球状，进而行使特定的功能。如果没有这种疏水排斥，那么，所有的蛋白质都将是缺乏空间结构的，成为散开的长链状分子。

（4）水分子具有稳定温度的作用。由于水分子之间形成大量的氢键，要想使水分子更自由地移动，也就是具有更高的温度，就要输入大量的热能来破坏这些氢键，所以水具有高比热的特征，使得加热或冷却水需要吸收或释放大量热量。这一特定可以使生活在水中的生物，或以水为主要身体成分的生物体在很大程度上易于保持体温的恒定，使生物体物质不会因出现高温而遭到破坏，或因低温而使生命活动停滞。

（5）水的固体状态（冰）的密度小于液体状态。温度下降时从水面开始结冰，而不是从水底开始，这样一来，当星球表面温度降到零下之后，在冰层之下仍然存在液态的水，它们依赖地热和其他能源维持液态水温，使生物得以存在。在外太阳系的某些卫星上即存在这种情况（参见第8章）。

2.3.2.2　生物分子的水可溶性和不可溶性

构成生物体的其他成分按其水溶性可分为可溶于水的和不可溶于水的两种，前者需要溶于水中以便运输和发生生物化学反应，而后者则可在水中形成具有一定形态的结构，如相变膜、细胞壁等。

为了以水为溶剂，开展生命活动，许多有机分子需要加上一些极性的化学基团以便溶解在水中。比如，氨基酸存在氨基和羧基，糖类带有多羟基，核酸带有磷酸基团等；另一些有机化合物不带有这些极性基团，它们不能溶于水，如各种脂类，因此可以在水中形成不溶性的结构，如细胞膜、细胞骨架、表皮角质层等。这些结构起到维持生物体的特定形态、为不同的生命活动提供不同的空间、防止水分的丢失等作用。但是当这类化合物参与代谢，如合成和分解时，则需要连接极性的亲水基团，以便在液态水中完成化学反应。例如，脂肪酸在合成甘油三酯时就需要连接辅酶A。

2.3.2.3　宇宙中的水的形成和分布

水是宇宙中最丰富的分子之一，它覆盖大部分地球表面，也是众多行星、卫星和彗星的主要组成部分，并广泛存在于星际介质中。

在宇宙大爆炸之后形成的原子只有氢和氦，在随后形成的星系和短寿恒星在塌陷过程中产生核聚变。一旦这样的恒星耗尽了核燃料，其核心就会坍塌，外层则作为行星状星云被排出，质量超过太阳8倍的恒星还会发生超新星爆炸。恒星物质在这些恒星生命结束时喷射出来，形成巨大的星际气体和尘埃云。宇宙中第一个水分子可能是在第一代大质量恒星生命末期产生的星际云中出现的，以后不断在大的恒星循环中产生。银河系中有大量的星际云，包括太阳系在内的各种后代恒星和行星都是由这些星际云收缩形成的，水分子因此被带入太阳系的各个星体中。

2.3.2.4 水的相变条件

物质的相变条件与温度和压力有关。水分子的结构特点允许它在相对宽泛的温度下保持液态。

水的三相点位于 610.75 Pa 处（图 2-18），只有高于这一压力的环境才允许液态水的存在。低于这一压力时，水分子在达到相变温度时会直接由固态转变为气态。在 610.75 Pa 之上的一定范围内，随着压力的升高，使水处于液态的温度范围也就增大。地球表面的平均气压为 101.325 kPa（1 个大气压），水可以在 0 ℃ 和 100 ℃ 之间保持液态。但在其他压力下，熔点和沸点将发生变化。比如，当大气压减少一半时，水在 80 ℃ 左右即可沸腾；而当达到 5 个大气压时，水的沸点提高到 150 ℃ 左右。

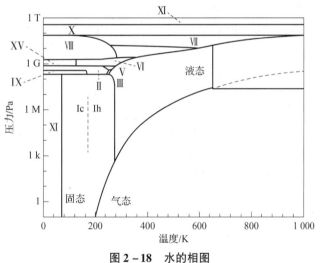

图 2-18 水的相图

因此，如果一个星球上存在水，是否处于液态要视压强而定。产生这种压强的情况有两种：①大气压，只有给予星球表面足够的压力，其表面才可能出现液态水。②固体压力，可造成某些星球地下液态水的产生。在强大的压力下，水甚至在 300 ℃ 条件下仍可保持液态。

小结

本章提出了生命体的前体是如何以及在何地形成的概念,这个过程与在 13.7×10^9 年前产生的宇宙的进化密切相关。我们的地球没有什么特殊之处,它仅仅是一个普通的行星,在一个普通的银河系中围绕着一个普通的恒星旋转。宇宙有几十亿个这样的银河系,每个银河系有几十亿颗恒星。在银河系的内外存在可以居住的星球的概率是很大的。研究在行星上发生生命起源和进化过程是宇宙生物学的主要目标,这需要从天体物理、化学到生物学的跨学科科学家联合起来,这样才能更好地实现这一最终目标。

参考文献

[1] AGOSTINI M, ALTENMÜLLER K, APPEL S, et al. Experimental evidence of neutrinos produced in the CNO fusion cycle in the Sun[J]. Nature, 2020, 587(7835):577-582.

[2] BARBER E M. The chemical evolution of phosphorus, an interdisciplinary approach to astrobiology[M]. Palm Bay: Apple Academic Press, 2020.

[3] BROWN L M, PAIS A, PIPPARD A B. The physics of the interstellar medium. Twentieth Century Physics[M]. 2nd ed. Boca Raton, London, New York: CRC Press, 1995.

[4] CALLAHAN M P, SMITH K E, CLEAVES H J, et al. Carbonaceous meteorites contain a wide range of extraterrestrial nucleobases[J]. Proceedings of the National Academy of Sciences, 2011, 108(34):13995-13998.

[5] CARROLL B W, OSTLIE D A. An Introduction to modern astrophysics[M]. 2nd ed. Cambridge: Cambridge University Press, 2017.

[6] CHELA-FLORES J, LEMARCHAND G A, ORÓ J. Astrobiology-origins from the Big-Bang to civilization[M]. Dordrecht: Springer Science + Business Media, 2000.

[7] CRANFORD J L. From dying stars to the birth of life, the new science of astrobiology and the search for life in the universe[M]. Nottingham: Nottingham University Press, 2011.

[8] DALGARNO A. The galactic cosmic ray ionization rate[J]. Proceedings of the National Academy of Sciences. 2006, 103(33): 12269-12273.

[9] GARGAUD M, MARTIN H, LÓPEZ-GARCÍA P, et al. Young Sun, early Earth and the origins of life[M]. Berlin, Heidelberg: Springer-Verlag, 2012.

[10] LEHTO H H J. From the Big Bang to the molecules of life HORNECK G, RETTBERG P. Complete course in astrobiology[M]//Weinheim: Wiley-VCH, 2007: 23-53.

[11] COTTIN H. Basic prebiotic chemistry[M]//HORNECK G, RETTBERG P. Complete course in astrobiology. Weinheim: Wiley-VCH, 2007: 55-83.

[12] HORNECK G, BAUMSTARK-KHAN C. Astrobiology-the quest for the conditions of life[M]. Berlin, Heidelberg, New York: Springer, 2002.

[13] MARTINS Z, BOTTA O, FOGEL M, et al. Extraterrestrial nucleobases in the Murchison meteorite[J]. Earth and planetary science letters, 2008, 270(1-2): 130-136.

[14] MAURETTE M. Micrometeorites and the mysteries of our origins[M]. Berlin, Heidelberg: Springer-Verlag, 2006.

[15] MEIERHENRICH U. Amino acids and the asymmetry of life, caught in the act of formation[M]. Berlin, Heidelberg: Springer-Verlag, 2008.

[16] PLAXCO K W, GROSS M. Astrobiology, an introduction[M]. 3rd ed. Baltimore: Johns Hopkins University Press, 2021.

[17] PUDRITZ R, HIGGS P, STONE J. Planetary systems and the origins of life[M]. Cambridge: Cambridge University Press, 2007.

[18] RAUCHFUSS H. Chemical evolution and the origin of life[M]. Berlin, Heidelberg: Springer, 2008.

[19] REHDER D. Chemistry in space: from interstellar matter to the origin of life[M]. Weinheim: Wiley-VCH Verlag & Co. KGaA, 2010.

[20] RYAN S G, NORTON A J. Stellar evolution and nucleosynthesis[M]. Cambridge: Cambridge University Press, 2010.

[21] SCHMITT-KOPPLIN P, GABELICA Z, et al. High molecular diversity of extraterrestrial organic matter in Murchison meteorite revealed 40 years after its fall [J]. PNAS, 2010, 107(7): 2763-2768.

[22] SCHRODINGER E. What is life? The physical aspect of the living cell[M]. Cambridge: Cambridge University Press, 1944.

[23] SMITH IWM, COCKELL CS, LEACH S. Astrochemistry and astrobiology[M]. Berlin, Heidelberg: Springer-Verlag, 2013.

[24] THOMPSON J M T. Advances in astronomy, from the Big Bang to the solar system [M]. London: Imperial College Press, 2005.

[25] WICKRAMASINGHE J T, WICKRAMASINGHE N C, NAPIER W M. Comets and the origin of life[M]. Singapore: World Scientific Publishing Company, 2009.

[26] WONG J T F, LAZCANO A. Prebiotic evolution and astrobiology[M]. Austin: Landes Bioscience, 2009.

[27] YAMAMOTO S. Introduction to astrochemistry, chemical evolution from interstellar clouds to star and planet (Astronomy and Astrophysics Library)[M]. Tokyo: Formation-Springer, 2017.

第 3 章 宜居性

3.1 宜居性的概念

3.1.1 基本概念

宜居性是地球科学、行星科学和天体生物学广泛使用的一个概念，是指环境支持生命的能力。这个环境必须使生命不仅能够生存，而且允许活跃存在和繁殖。如果生命不繁殖，除非它是不朽的，否则它将灭绝。

在天体生物学所使用的宜居性概念与有关人类居住标准的法律规定完全不同，后者一般是用于购置房产、租赁契约，或开发居住规划时使用的标准；而前者作为一个科学概念，是广义上的适合各种生物生存其中的环境条件，更被扩展为在外星中与地球的生物本质不同的异类生命可以生存的条件。

不同生物的宜居性范围是不同的，有的区域可能适合许多生物生存，有的区域只适合少数生物生存，有的区域甚至只适合某类特定生物的生存。当我们讨论某一个行星的宜居性时，往往是取所有已知生物宜居性区域的并集（借用集合论的术语），即只要存在适合任何一类生物存在的环境，都可以认为这颗行星是宜居的。实际使用时可能还更宽泛，即使没有人真的实际证明那个环境确实可以让某种生物生存，只要它具备了生命产生和进化的一些基本条件，就可以认为其是潜在宜居性的。另外还要注意的是，确定外星宜居性的标准时，依据的是地球的经验，参照的是地球现有的和曾经存在的生物的环境标准，这是因为目前只在地球上发现过生命。将来如果在其他星球发现了新的生命形式，宜居性的范围将随之扩大。在地球上，如果在之前被认为是不可宜居的环境条件下，如在高压或高温下发现了某种微生物生存，那么，宜居性的限度将放宽到包含这样的条件。

虽然宜居性是一个宽泛的概念，但在使用时还是需要一些基本的判定标准，下面将具体地说明。

3.1.2 组成宜居性的一般要素

3.1.2.1 液态水

液态水是地球上所有生命繁衍生息的必要条件。就地球上所能考察到的地区，生物的存在总是与液态水高度相关联的。一些在人看起来的生命禁区，如高盐、强酸强碱、高压、过冷或过热、缺氧等地区，都发现有生物存在，但这些地方无一例外地存在水。而在缺水的地区，尽管其他方面可能对生命友好，也不会出现生命。液态水对地球生命可否存在起到一票否决的作用。生命无法在没有水的环境中进化出来，但已经存在的生物如果被带入干旱环境，有些微生物可以转变成代谢停滞的休眠状态，并存在很长时间，直到液态水重新出现。

水是否保持液态与温度和压力有关，在地表 1 个大气压下，0 ℃~100 ℃的水保持液态。在其他压力下，如深层的地下，水在多大温度范围内为液态视那里的压力而定（参见第 2 章）。

在其他行星，液态水能否被其他溶剂所替换，成为生命分子的基本溶剂，是一个充满争议的有趣话题。地外的特定环境中可利用的元素和分子类型如与地球不同，进化出的生命可能用其他液体代替水，溶解与之匹配的生物分子。候选溶剂包括氨、硫酸、甲酰胺、甲烷等，使用不同于地球生物化学的替代生物化学。但在确定这些溶剂可行之前，水仍为寻找生命的主要宜居标志之一（参见第 12 章）。

3.1.2.2 生物的基本化学构件

复杂的生物体由构成它们的生物分子通过逐级构建而形成。在宇宙中，一些有机分子或生物小分子，如氨基酸、核苷酸、甲烷、氨等是普遍存在的。如果某些星系有这些有机分子的较多富集，就为生命的形成创造了条件。形成这些分子前提是，环境中具有构成它们的基本元素。对于地球生物体来说，常见的元素有碳、氢、氧、氮、硫、磷、氯、钙、钾、钠、镁 11 种，其中公认最基本的是六种：碳、氢、氮、氧、磷和硫。这些元素在地球上很常见，但在宇宙中分布很不均一，有些区域富集，有些区域缺乏。

这些元素都是在一代代恒星的形成和崩解（超新星）的过程中逐渐积累起来的（参见第 2 章）。我们可以根据对银河系演化过程的了解，估计这些元素富集的区域，进而估计宜居的区域。

在上述所有的元素中，碳元素是最重要的。地球生命是以碳为基础的，所有的生物大分子都具有碳骨架。尽管地外生命不一定如此，但是一个碳元素比较丰富的区域宜居的可能也比较大。

3.1.2.3 可资利用的能源

将上述生物构件拼装成生物大分子，进而逐步组合成生物个体需要能量的输入。生物的新陈代谢和生殖活动也需要能量，因此具有充沛的、可利用的能量也是宜居性的要素。对于地球生物来说，其主要能量源自太阳的核聚变；对于其他可宜居的行星来说多半也是如此，能量来自它们各自的主体恒星。其他的一些次要能量来源包括：①放射性元素的衰变。超新星爆发所形成的较重的放射性元素在行星形成时整合进行星的核心，在随后的行星演化中通过衰变持续释放能量，有可能在某种情况下传输到地面，如在火山爆发时，由此为某些生物所利用。②潮汐带来的能量。两星相互旋转时可造成潮汐运动。潮汐摩擦形成的热量可能维持液态水，成为生命诞生的前提。③其他化学物质蕴藏的能量，一些含能化合物储存在岩石中，用于支撑某个生态系统。这些能量通过不同方式被生物体转变为化学能，储存或在新陈代谢中使用。

总结：对宜居性有很多因素需要考虑，但是最关键的是以下这三个要素：①液态水（或替代溶剂）；②构件元素，其中最重要的是碳元素；③可利用的能源。

3.1.3 宜居性与生物的出现

宜居性与生物的关系，并不是可宜居 = 生物存在，不可宜居 = 生物不存在这样简单。它们之间受到各种错综复杂因素的制约。宜居性只是一个大前提，具体生物的实际存在、繁衍和进化要视具体情况而定。

3.1.3.1 可宜居的区域不一定真有生物生存

一颗行星或卫星被认为是可居住的，并不能说明那里一定有生命，只意味着那里的条件与某些生命形式是相容的，可能存在或还没存在生命。如果有外来生物进入，是有可能生存并繁衍的。第 7 章将谈到生物的出现和进化是有一定的路径限制的。假定某行星的某时期存在可宜居的地区，但适合这一区域的生物在之前并没有进化出来，则这一区域就不会存在这种生物。举个简单的例子，在澳大利亚原来是没有兔子的，但这并不意味着兔子不能在这个大陆生存，只是没有提供兔子在澳大利亚进化出来的路径。后来欧洲人将兔子带入澳大利亚，兔子很快就在那里繁衍并成为优势物种，这说明澳大利亚其实对兔子是非常宜居的。假如将来发现了某些宜居的星球，但没有发现其上面有生物，那也是很可能的事。因此，对可宜居的环境要求中不包含现存生命。

3.1.3.2 宜居性随时间而变化

随着一个星球的地质和气候的变化，宜居性也可能发生变化。一颗现在不适合居住的行星，并不一定意味着它一直是不宜居的，也不一定意味着它在未来不适合居住。例如，火星就被认为在过去的某段时间是宜居的（参见 3.3 节和第 9 章）。

3.1.3.3 对于正在进化的生物来说，不同阶段的宜居需求不同

以地球环境的演变来说明这一点：现在地球的大气中有 21% 的氧气。如果没有这些氧气，包括人类在内的大部分动物是无法生存的。但在地球生物进化之初情况不是这样的。那时的大气无氧，属于还原性大气，只有这种大气环境才有利于生物分子和生物大分子的合成和积累，促使生物的诞生和进化。这说明生命起源所需的条件与生物充分进化后的环境需求大不相同。生命诞生的条件与当今生物的宜居性是两回事。如果地球诞生之初，大气中便充满氧气，地球生物就没有机会进化出来。不过，当生物已经在地球上存在后，大气中的氧气再升高时，只要过程不太剧烈，已存的生物就可以逐渐适应这种大气变化，出现需氧生物而继续进化至今。

3.1.3.4 宜居性的存在并不能保证生物出现和进化

生物的出现和进化需要很苛刻的条件，因为生物进化是一个缓慢的过程，不但要求可宜居的环境，还要求在相当长的时间内保持这种环境，至少环境变化的过程相对缓慢。持续的行星宜居性是指行星体在地质时间尺度上维持其表面或内部某些区域宜居条件的能力。宜居环境允许发生改变，但不能过于剧烈，如果其改变超过了生物的进化速率的限度，已存的生物就会灭绝。在一颗恒星的演化过程中，恒星的亮度和辐射的能量发生动态变化，恒星周围宜居带的位置也随之移动，一颗正处于移动的可居住窗口中的行星允许出现生命。如果窗口期过短，就有可能错过机会，或使已经产生的生物灭绝。

3.1.3.5 环境与生物的共同作用形成某些类型的宜居性

环境不能独立于它所支持的生命。生物的存在可反过来影响和改变它所存在的环境，同时不断适应被它所改变的环境。地球大气中的氧含量几乎完全是由生命的活动，即光合作用产生的。然后地球生物再适应这种大气氧含量的变化，出现了依赖氧气生存的物种，包括我们人类。现在人类的活动正在增加地球大气中CO_2的含量，这将导致整个地球变暖，则地球生物重新面临变暖的地球环境。对于部分生物来说，地球可能就此失去了宜居性而造成了它们的灭绝。这些地球的经验又反过来告诉我们，如果在地外行星中没有发现适合现代地球生物生存的氧气等宜居元素，不能轻易将这颗行星排除在可宜居的范畴，可能有适合那里环境的特定类型的生物正在产生和进化。

3.1.3.6 在不可宜居的地方不一定不存在生命

一些生物，主要是微生物，在真空、高辐射、缺水等不利的环境中无法进行新陈代谢的情况下，可以进入某种"静止"的状态并保持许多年，一旦宜居的环境再次出现就又转入活跃的状态，生长繁殖。真核生物的细胞也可以在 $-196\ ℃$ 的液氮中停止代谢，但维持自身结构；等温度上升后再度复苏。一些休眠的细菌或其他生物是否有可能借助某些运载体，通过太空中的非宜居区，到达另一个宜居星球再次繁殖？这是一个仍在争议的问题。但就目前人类对这些微生物特性的了解，这种可能是存在的（参见第 11 章）。

3.1.4 特殊环境的宜居性

这里所指的特殊环境是站在人类的立场上而言的，我们探索的地外星球与地球会有很大的不同，其环境可能是"极端的"。为了评估那里是否具有宜居性，一个可行的做法是在地球上寻找与那些星球环境类似的环境，然后以这一环境为试验场，测验那里的宜居性。这些环境包括以下几类。

地球上最冷的地方，即南极洲。那里已经发现微生物和小的动植物在冬天存活，在夏天成长。

地球上最热的地方，在深海热液喷口，由于存在很大的压力，水温会超过100 ℃。在那里已经发现了一些古生菌的存在。由此将它们命名为专性嗜热菌。

高压，在海洋水压是海面几百倍的深海中发现生物的存在（见3.4节）。

其他被称为极端环境的地区还包括强酸或强碱、高盐浓度、强辐射或无光，这些地方都发现有生物的存在（见3.4节和第7章）。通过对这些环境生物的考察发现，宜居性的范围也在不断改变。总之，在探讨宜居性时应跳开以人类为中心的惯性思维，从一般生物适应性的原理出发，在人类无法生存的地方去找生物宜居性的边界。

地外星球的环境对我们来讲也属于特殊环境，在那里寻找宜居性时，目前的重点是寻找与我们自己的星球类似的地方。其逻辑出发点是，如果有其他的行星像地球一样，那么也可能有与我们类似的其他生命。这种想法有一定的合理性，考虑到宇宙中有几十万亿颗恒星，其中大多数都有行星。所以有可能存在与地球非常类似的行星。但也可能有其他类型的生命，对这些异类生物来说，其宜居性的标准和范围会明显不同。

3.2 太阳系外行星的宜居性

地球以外是否存在生命？这是个大家都关心的问题。人们已经发现数千颗太阳系以外的行星，其中相当部分是类似于地球大小的行星——类地行星的普遍存在性已经得到证明。与此同时，由于地球生命的基础元素是碳，而人类对碳基生命以外的生命形式一无所知，因此，当前以科学的方法和态度来研究地外生命这个问题的第一步就是基于地球碳基生命的特点来理解行星的宜居性。系外行星距离遥远，几个世纪的时间范畴内难以开展就位观测（比邻星是个例外），因此隐藏在行星表面之下的可能的宜居环境（如地下海洋等）暂时不属于系外行星宜居性科学讨论的范围。

地球的碳基生命需要液态水，因此一般认为地表液态水（海洋）的存在是生命的必要条件，而非充分条件。从这个角度讲，影响系外行星宜居性的主要因素是行星质量、行星轨道和宿主恒星的特性（如光度、年龄、紫外线和星风活动性等）。当行星在这些方面的条件满足目前对行星宜居性的认识时，这些行星可以被称为疑似宜居系外行星——其宜居性的确认最终要靠对行星大气成分或行星表面的观测来确定。

基于目前系外行星的统计数据，疑似宜居行星出现在太阳类型恒星周围的概率为5%~20%，出现在红矮星（质量为太阳质量的一半以下）周围的概率为20%~50%。由于红矮星的数目远远超过太阳类型恒星，目前搜寻宜居系外行星的努力（如TESS）主要针对红矮星。潮汐锁定机制使环红矮星类地行星比较可能一面永远面向恒星。由于阳面的能量可以被大气和海洋传输到阴面，因此能够有效避免行星大气和海洋在阴面凝结，只要有一定的大气和海洋存在，环红矮星类地行星的大气和海洋在一定范围内就是稳定的。从气候角度研究系外行星宜居性的主要课题是环恒星的宜居带的范围。

恒星早期演化历史和恒星活动性对环红矮星类地行星的宜居性有关键影响。多组独立理论研究工作显示红矮星在其进入主序前的近1亿年时间尺度内光度降低近一个量级，造成其周围宜居带向内迁移，因此一颗成年红矮星周围宜居带内的类地行星可能经历过快速大气逃逸和脱水。

上述行星气候和行星大气圈/水圈稳定性方面的理论工作对未来的宜居系外行星探测有指导作用，只有知道大致的目标搜寻区域才能够有目的地设计并实施探测方案。另外，未来宜居系外行星探测和大气观测将为行星宜居性的理论提供关键的验证。

地球是如何出现生命的？地球之外还有生命吗？随着宜居系外行星的发现，人们对自身演化历史的理解会逐渐加深，与此同时，人类对自己在宇宙中所处的位置也将有新的认识。

3.3 动态宜居性

3.3.1 动态宜居性的基本概念

动态宜居性是指环境是否适宜生物居住，并非是与否那样简单，而是一个随时间不断发展和进化的连续动态过程。

在 2018 年 10 月美国国家科学院、工程院和医学院发布的《寻找宇宙生命的天体生物学策略》报告给出的九条建议中，第一条便是加强动态宜居性研究。

天体生物学试图理解在行星上发生的随时间变化的过程——动态的物理过程和化学过程。它们交织在一起导致最初的生物化学反应和自组织，最终导致生命的出现和发展。天体生物学通常被定义为对宇宙中生命的起源、进化、分布和未来的研究。然而，采用系统方法表明，天体生物学系统科学可以被定义为物理、化学、生物、地质、行星与天体物理系统内部和之间相互作用的综合研究，因为它们与理解一个环境如何从无生命转变为有生命以及生命和它的宿主环境如何共同进化密切相关。

动态宜居性的概念促使人们认识到，宜居性更适合被视为一个连续体——环境可能在不同的空间和时间尺度上从非宜居过渡到宜居，这是行星和环境演化、生命的存在以及相关复杂的物理、化学和生物参数与过程之间的反馈的函数。今天或过去适合居住的行星环境不一定与那些可能孕育生命出现的环境相同。从早期地球到今天环境条件的重大转变的证据，以及对它们是如何发生的理解，对于寻找生命是至关重要的。

为了对动态宜居性这一新概念有更好的理解，我们可以从目前已知有人类居住的地球环境着手进行研究。但目前我们所知仍十分有限，因为这需要我们对早期的地球环境进行探测。这一探测任务需要我们了解生命诞生前的化学环境、生命起源的研究和早期地球条件，以理解它们在多个参数（包括温度、压力和酸碱度条件）的背景下在一系列空间和时间尺度上的共同进化。未来，对动态宜居性以及生命和环境如何在地球上共同进化的进一步理解，将有助于解决关于哪些行星进化要素是可预测的和独立于生物圈进化的问题。

看似合理的早期地球环境导致了生命出现所必需的分子，但是这一领域的研究是"自上而下"的，集中于现存生命的最基本方面，如遗传密码和原始酶的组装。我们不能只关注生命本身，与此同时还应该关注生命在进化的过程中扮演的角色，以及这些过程如何反过来影响生命的进化。例如，通过提供进入化学循环的途径来消散行星尺度、热、焓和熵的随时间变化（即热力学不平衡）。此外，为了将生命起源的研究扩展到地球以外的天体，这些观点需要仔细地与假定的生命可能出现的时间、地外天体上可能存在的环境和条件的推论相结合。

《2013—2022年行星科学的愿景与旅程》中给出了理解并定义太阳系的无数化学、物理过程的必要性，特别是行星的形成，以及随着时间的推移如何演变以影响宜居性和生命的潜力。系统科学是一种解决问题的整体方法，它尽可能多地考虑系统的组成部分和动态。为了研究生命的起源，这种方法从预先存在的条件、行星和化学环境的相互作用以及随后的生命和环境的共同进化中获得信息。例如，评估一个环境如何在长时间尺度上维持生命，并在岩石记录中收集生命的证据。对于系外行星，这种方法能够评估给定的大气特征如何与行星和潜在的生物圈相关，考虑到可能产生该气体的多种潜在来源。例如，甲烷是由地质过程和生物系统产生的，氧气可以在没有生物氧源的大气中由光化学产生。

《天体生物学战略2015》强调天体生物学的进化，将"天体"和"生命"更有效地联系起来。也就是说，生命和环境的交汇是行星体适于居住的原因。生命和物理化学环境的共同进化是天体生物学的核心特征。

3.3.2　动态适应性

地球是当前我们人类居住世界的唯一参照点。天体生物学试图区分地球上生命的特殊需求和其他星球上可能促成或促进生命出现和延续的条件。因此，天体生物学将我们所知的人类生命及其在早期地球上的起源提炼为广泛的行星条件，这对研究生命的出现以及其生物特征的兴起和进化是必要的。理想情况下，这些条件足够普遍，可以应用于各种类型的天体（如岩石行星、冰卫星、小天体或外行星），但也足够具体，可以提供有用的搜索和发现工具。

地球上的所有生命使用各种能源（如太阳能、地热能或化学能）来维持自身的热力学不平衡状态。人类的生命以碳为基础，且很容易保持共价键。在地球上，水是促进生化反应和营养物质运输的液体介质。因此，美国航空航天局在寻找生命和可居住环境时采取了"跟随水"的策略。

然而，将地球上的生命特征应用于寻找其他地方的生命，意味着不仅要识别人类生命的需求，还要识别生命的基本特征。通常引用的一组通用标准（按确定性递减顺序）如下：

维持热力学不平衡的手段；

能够保持共价键的环境，尤其是碳、氢和其他原子之间的共价键；

液体环境；

能够支持达尔文进化的自我复制分子系统。

太阳系其他地方或更远的地方的生命是否与人类的生命相似还有待确定。此外，关于生命是否可以基于除碳以外的元素，使用除水以外的溶剂，或者使用不同类型的分子系统来编码遗传信息和促进进化的推测也有许多。

《天体生物学战略2015》以一种可以追溯到一个世纪前的被称为奥帕林－霍尔丹假说的方式探讨了生命的起源。这一假说主要关注生命是如何出现的，并特别假设生命是从相对简单的分子的一系列化学反应开始的。例如，在大气中由闪电或光化学产生的分子，在地壳中由水岩反应产生的分子，或由碳质陨石母体上的水的变化产生的分子。该假说假设这些分子随后在水－大气－矿物界面反应，产生更复杂的分子，聚合物（小分子单元的共价键链；例如，核苷酸聚合形成核酸，氨基酸聚合形成蛋白质）或代谢循环最终导致自组织、自催化的原细胞。

近年来，讨论的焦点转移到了调查在一个星球上是否有自然发生的、在正确的环境下导致生命出现的可概括的力量。史密斯和莫罗维茨认为，这样的行星条件可能更好地解释生命产生的原因。他们假设地球的生物圈，特别是它的新陈代谢，是作为行星尺度热力学不平衡的松弛路径出现的，这种不平衡是由行星形成后期的缓慢松弛时间尺度造成的。因此，年轻的地球在其大气圈、水圈和岩石圈中表现出的热力学不平衡导致了生物圈形式的生命出现，他们将其命名为"第四个地圈"。他们认为，在第四个地圈中，生态系统，而非个体有机体，是层级控制发生的组织层次。这些系统级的控制使生命的出现和人类生物圈的持续存在成为可能，尽管这是一个动态进化的生物圈——时间超过40亿年。

史密斯和莫罗维茨假说的优点在于其提出了支配生命出现和进化的普遍规

律，这种规律超越了个体基因组（genome）和物种的表现形式。当然，这并不能保证它是正确的，但它代表了一个可检验的假设。

在生命孕育之后，热力学不平衡也是维持生命所必需的。所有已知的生命都利用了热力学不平衡，这种不平衡是由太阳辐射或地球内部的辐射热驱动产生的。因此，热力学不平衡是生命的必要输入。同时，它也是生命的潜在副产品，随着行星和生物圈条件的变化而演变。例如，地球大气中 O_2 的积累是有氧光合作用的副产品。在现代大气中，O_2 和 CH_4 的共存会产生热力学不平衡，这通常被视为行星生物信号。

3.3.3 动态的早期地球和生命的出现

在对宜居条件进行探索时，地球的宜居性是一个不可避免的问题——地球是唯一一个生命确实在其上产生和进化的星球，因此也是天体生物学研究的一个重要支柱。虽然地球上的生命范围几乎没有界限，而且几乎存在于所有已知的极端环境中，但尚不清楚地球上的生命起源是否也同样普遍。

3.3.4 动态可居住性

宜居性是指一系列能够维持生命的环境条件。在全球范围内，这通常包括液态水的存在、一种能源和生命基本元素的可用性——通常被认为是碳、氢、氮、氧、磷和硫。在较小的空间尺度上，宜居性由温度（T）、压力（P）、酸碱度、盐度以及最低能量需求的范围决定。宜居性的极限通常是通过研究我们所知的生命来定义的，目前主要是通过实验和模型来探索的，这些实验和模型一次只研究几个参数，或者通过对地球极端环境的经验研究来探索。然而，宜居性也意味着环境条件是可持续的，这样生命才得以维持。

动态可居住性扩展了这一概念框架。首先，动态可居住性使人们认识到，多个参数（如温度、磷、盐度、酸碱度）的组合效应决定了生命是否能够出现和持续，并且尽管一个或多个参数可能在生命的典型极限之外变化，但正是它们的组合效应导致环境是否可居住。其次，环境和有机体随着时间的推移而共同进化。

在行星尺度上，动态可居住性的特征包括恒星演化及其对液态水存在的影响；行星内部不断演变的结构影响着磁场、板块构造和大气状况，这可能会重新分配代谢能源。在局部尺度，动态可居住性包括变化的环境条件，这不仅由行星尺度的动力学驱动，也由流体流动、混合或水岩反应等更局部的过程驱动。通过营养消耗、能量转化、细胞生产和来自代谢活动的产物的添加，生命活动必然改变局部动态可居住性的条件。在地球上，生命改变了全球宜居性的条件，最深刻的例子是氧光合作用的进化。

具体而言，生命起源的研究主要集中在非生物反应上，这些非生物反应导致最初将 CO_2 还原为简单的有机化合物，将其合成为更复杂的单体（如核苷酸、氨基酸）和/或代谢前体（如丙酮酸、乙酸），以及聚合成功能性聚合物或测序成前生物代谢途径的反应。证明这些过程的实验室实验在理想条件下取得的成功有限，因此这种实验对早期地球的适用性通常仅限于单一的环境参数（如矿物学、温度等），而不是对全系统共同变化的情况进行全面核算。

此外，当时的环境和条件的后续影响还有待探索，尽管有人试图从早期太古代环境推断这一信息。在生命起源和可能在其他行星和卫星上测试的生命前化学要求的背景下，我们需要的和我们可以寻找的东西的时间、空间尺度甚至更加不同。

3.3.5 从"生命在哪里出现？"到"生命会在哪里出现？"

史密斯和莫罗维茨认为，地球上行星级不平衡的化学潜力集中在"岩石/水界面以及地壳内部和附近的流体和挥发物的混合化学的极端程度上"，因此这些环境最有可能是生命的起源——这一见解与海洋世界的天体生物学探索关联最大。然而，对于地球生命的出现是否需要一个与大气和入射紫外线直接接触的严格的地表环境，或者地下热液系统是否为生命的起源提供了必要的不平衡，仍然存在广泛的争论。显而易见的是，尽管行星规模的不平衡可能是生命出现的驱动力，但不平衡的局部规模表现决定了前生物合成和生命与行星共同进化的结果。行星尺度和局部尺度的不平衡对于前生物合成和生命与行星的共同进化都很重要，因此，考虑行星尺度的宜居性和局部环境对于设计成功的地球以外的生命搜索策略很重要。

已知的早期地球生命出现的必要行星条件适用于在其他世界寻找生命。对于太阳系外的海洋世界来说，将整个系统整合到对宜居性的讨论和对生命的探索中，可以让对这些世界的探索得到优先考虑和规划。在过去的20年里，人们对这些系统的理解日益深入。整个系统的知识转移了焦点：从寻找水到寻找维持生命所需的许多参数，如化学能和地质活动。基于对陆地形成过程的理解，任何类型的地质活动，包括但不限于板块构造、表面重建、地热活动或流体循环都是宜居性公式的一部分。此外，虽然地球上生命起源的时间还不清楚，但大概有一个特征性的时间，在这个时间里，生命开始需要环境稳定性与化学和热力学的平衡。我们需要考虑这样一个系统是否以及何时可能存在于海洋世界，需要全面了解化学、地质学、行星结构、内源能源和外源能源的相互作用，从而理解这些世界如何作为系统运行。

虽然今天或过去宜居的行星条件不一定与那些可能孕育生命的条件相同，但是两者对寻找地外生命都十分重要。由于物理、化学和生物参数和过程之间相互作用的复杂性，所以宜居性并不是二元属性，而是时间与宜居程度动态变化的连续统一体。行星和生命的动态宜居性与共同进化提供了一个强大的基础，在此基础上，我们可以整合不同的天体生物学分支，寻找地外生物。

3.4 地下宜居性

在《寻找宇宙生命的天体生物学策略》报告给出的九条建议中，第二条即为关注地下宜居性研究。

宜居性的定义是环境支持生命的能力或无能，这可能被误解为一个简单的是/否命题。动态宜居性的最新进展模糊了这种黑白分明的定义。首先，动态宜居性包括环境从非生物或生物前体向生物的转变，或从生物向非生物的转变（例如，由于大规模撞击或恒星耀斑等导致的灾难性事件）。其次，动态宜居性解决了可居住环境和不可居住环境在空间和时间上的交叉问题。越来越多的天体生物学家通过研究生活在地球上极端且通常与世隔绝的环境中的生命来审视这些交叉点。这种环境是在基本上被认为不适宜居住的条件下出现的，居住在这些专门的生态位上的孤立社区表明了宜居在空间和时间上都是一种局部现象。在其他情况下，极端条件更适用于地表条件，但会推动被理解为"可居住"条件的边界。

地下宜居性是在动态宜居性方面研究取得重大进展的领域之一，这得益于对以前未知的地下生物群落的发现。虽然生物在行星表面可以从其宿主恒星的光中获得大量能量，但也可能遭受巨大撞击和恒星耀斑等潜在的毁灭事件。地下环境则有可能受到保护，免受此类破坏性事件的影响。在地球表面，阳光驱动着光合生态系统——那些基于光合作用产物的生态系统。然而，在地下生存的生物群落越来越多地被发现可以完全由化学能维持——化学合成群落。

这种群落的例子包括地球深处、地下蓄水层、洞穴中的生命，以及海底乃至海底之下的生命。尽管许多这样的生物在早期地球上可能是常见的，但由于许多这样的地下生态系统是在现代地球上首次被发现，所以当时它们在地表和大气中的存在形式仍然是未知的。对这些领域的研究可以帮助我们更好地理解生态系统的热力学驱动因素——是否有充足的能量可用，以及生命是否表现出活跃、缓慢甚至休眠的代谢过程。随着对其他行星上的极端地表和地下环境的兴趣日益增加，理解这些系统的作用及其对行星演化和生命探测的影响越发显得至关重要，也使它们成为天体生物学研究的前沿。

3.4.1 避难所和临时栖息地

生物生态系统在特定的生态位中茁壮成长。考虑到今天地球表面普遍温和的条件，通常认为生态位的表现为空间巨大、相互联系紧密、时间跨度长。但这并不一定是普遍的情况，智利阿塔卡马沙漠的微生物生活就是一个很好的例子。在极度干旱的沙漠核心，光合作用微生物群落存在于半透明岩石的下侧。岩石为太阳紫外线辐射提供保护，而它们的半透明性让微生物获得足够的光进行光合作用。这些群落很罕见，出现在被微生物贫乏的土壤包围的孤立小岛上。类似地，人们还发现在岩屑内群落稀疏地分布在整个陆地温泉系统中。这些例子强调了在可居住的（尽管是极端的）环境中寻找生命需要理解环境及它们与空间整合的生物过程的相互作用。

这些地球上的例子扩大了寻找火星表面灭绝或现存生命迹象的可能生态位的范围。搜寻的对象不仅包括那些在生命出现时或出现后可能已经有人居住的栖息地，还包括那些尽管地表宜居性普遍丧失，但生命或灭绝生命迹象可能依然存在的地方。目前对前诺阿坎时期和早期诺阿坎时期火星表面的研究表明，火星上可能已经出现生命。然而，生命不可能无处不在，那些本应具备合适条件来孕育生命的地方在空间和时间上都是孤立的。

此外，虽然在任何已知的火星地表环境中，今天似乎都不可能孕育生命，然而，火星上的活细胞有可能存活下来，并在地表的孤立、短暂的可居住生态位中短期繁殖。除了提出一个假设，即一个地外物体的整个表面不一定适合生命的出现或持续生存，这个例子还证明了环境控制的整合及其与生物过程的相互作用不仅发生在空间上，也发生在时间上。

古代火星表面的视图，点缀着可居住的表面环境，如湖泊和沼泽。含水层和热液系统已经被着陆的结果验证，包括海盗号、火星探路者号、凤凰号、火星探测漫游者号和火星科学实验室，以及火星全球探测器、火星奥德赛号、火星快车号、火星侦察轨道器和火星大气和挥发性进化任务（MAVEN）。

火星科学实验室任务的发现记录了古盖尔环形山沉积物为生命提供营养和能量的潜力。此外，再加上水的存在，陨石坑可能成为生命短暂的栖息地。自《天体生物学战略 2015》发表以来，人们的注意力越来越多地转向现代火星表面是一个存在于宜居性边缘的想法。火星表面短暂栖息地的识别是一个越来越令人感兴趣的领域。这种兴趣部分是由对火星冰冻圈的快速发展的理解所驱动的。南极冰层的雷达探测揭示了 CO_2 冰的体积，如果以气体的形式释放，可能会使其大气压力增加 1 倍。这将使更多的火星表面温度高于水的三相点，这种情况甚至可能出现过多次。与此同时，近地表水冰库的存量——包括但不限于浮土中的孔隙填充冰、中纬度冰川和中纬度冰原毗连都很大，而且在增加。与大气压力周期性增加的可能性相一致，近地表水冰沉积的广泛性质提升了形成短暂地表水的可能性，从而增强了倾角变化时间尺度上的宜居性。

在过去的 15 年里，在轨道上的航天器和在火星上着陆的航天器的发现引发了我们对地球上成岩流体和地下水的性质及其在长期宜居性中的作用的思考的重大修正。关于火星大气中 CH_4 本底水平的强烈季节性变化的报告，以及由此产生的对 CH_4 来源的调查，强调了同时考虑地表过程和地下过程的必要性。即使在认识到进入非地体地下系统的挑战的同时，将从陆地类似物中获得的关于地下宜居性、流体历史和水岩反应、岩石承载的生命和保存的经验教训扩展到其他空间探索目标，如火星，也是有价值的。

世界各地的地表和地下都有盐水栖息地。例如，南极洲的"血瀑布"，地中海深海泥火山上的盐水池。此外，在这两个地方都发现了在盐水中生长旺盛的微生物。

此外，对地球和火星的研究表明，也可能存在其他方法来形成短暂的可居住的水环境。例如，盐扩大了液态水可能存在的环境条件范围。当考虑到在其他星球上存在生命的可能性时，盐对液态水有以下三种效应。

（1）它们降低了水的冻结温度，使其在 0 ℃以下保持液态。

（2）它们降低了与水溶液平衡的水蒸气分压，降低了稀薄干燥大气中的蒸发速率。

（3）它们在液体表面形成硬壳，进一步抑制蒸发。

这三种效应扩大了卤水稳定的条件范围。

在地球上，多种多样的陆地微生物在盐水形成的高盐生境中茁壮成长。这些环境包括地下咸水层、深海卤水池、古冰下卤水储层等。研究这些环境中的生物群落扩展了已知的生命极限。例如，硫和铁循环微生物的发现。

南极干河谷泰勒冰川附带排放的冰下盐水中的群落与理解其他世界的宜居性特别相关。在缺乏阳光的高盐生境中，硫、甲烷和铁的循环强调了极端微生物的代谢灵活性。在类似的盐水通道中生长的微生物和海冰中的盐水包裹体浓缩了营养物和有机物，使它们易于被微生物消耗，也可能适用于海洋环境。在另一个例子中，从死海样品中分离的嗜盐古菌表明其在含盐环境中死亡率低（甚至高达20%的盐含量）。值得注意的是，在生命之树的许多分支中都发现了类似的嗜盐菌，包括古细菌和细菌，这表明其要么是对盐环境的适应发生了多次，要么是在进化过程中发生了横向基因转移。

3.4.2　大陆地下

深海化学合成生物一直备受关注。对这类种群的调查正在扩大，包括地下大陆环境。对前寒武纪克拉通的研究已经改变我们对地球表面下裂缝水中宜居性的理解，这些裂缝位于几十亿年前的结晶岩石深处。前寒武纪（特别是太古代）环境一直是许多火星模拟研究的焦点。年龄超过 30 亿的岩石中的深层地下水显示了流体的存在，时间从数百万年到数十亿年不等。蛇纹石化将地壳中的氧化亚

铁与 H_2 的生产联系起来。水-岩反应产生富含氢、甲烷和硫酸盐的压裂液的其他中低温过程包括放射性分解和一系列作用于镁铁质、超镁铁质矿物的其他水合反应。对地球表面下宜居性的进一步理解对在火星上寻找生命具有重要影响，在火星上，电离辐射和 1.5~3 m 高空的氧化对地表生命的存在构成了巨大挑战。对深层地下水或屏蔽熔岩管或洞穴中的生命潜在宜居性的推测激发了对该行星地下生命的探索。为此，俄罗斯宇航局和欧洲航天局联合推出了火星漫游车计划，携带一个能够到达地球表面 2 m 以下的钻头，使用探测车的仪器套件检索和分析从深处采集的样本，以寻找过去和现在的生物迹象。

在火星上，风成磨损是目前最重要的风化过程之一。风成过程引发的化学反应也可能对生命和宜居性产生重要影响。盐晶体在冰裂缝和岩石孔隙中的生长是另一个重要的风化过程。还有证据表明，这一过程目前在火星上很活跃。盐有可能在火星的浅层地下形成湿盐水包。风化层湿度的综合测量和盐水的可能探测不仅可以阐明火星上的宜居性和含水风化过程，还可以阐明其他潜在的可居住世界。对干燥风化过程的测量，如由移动的沙粒造成的磨损，可以阐明维持浅行星亚表层微生物生命所必需的营养供应。研究风成过程、风化和风化层湿度的小型高效仪器将有助于收集和分析与天体生物学最相关的区域的样本。

3.4.3　海洋地下世界和海洋世界

深海海底绿洲，如热液喷口，突出了在高度动态的构造环境中广泛生态系统的潜力。活跃的微生物群落也在更广泛、更不活跃的结晶和沉积洋壳中被发现。这些微生物群落是基于化学合成和光合作用的，由各种能量和碳源支持，并在广泛的温度、盐度、酸碱度和氧化还原条件下增殖。然而，基本的问题仍然没有答案：这些地下群落代表了地球生物总量的多少？原核生物扩散和运输的机制是什么？生物多样性和总生物量如何随地表以下的深度而变化？温度、酸碱度、氧化还原条件和压力的综合效应在微生物适应和存活中起什么作用？

几个高压或嗜压微生物菌株的分离以及实验表明，嗜压菌的减压导致细胞死亡，强调了在考虑宜居性和生命探测时需要考虑压力的影响。在地球上，亲压电体已经从陆地深井和矿井、深海盆地和深海热液喷口中分离出来。了解高压生物圈的研究将高压增长的界限推到了 140 MPa，高压存活的界限推到了 2 000 MPa。

此外，在高压下的生长还将已知的高温寿命极限延长至122 ℃。高压和高温生物之间的联系，通过相互关联的环境参数，说明了评估宜居性的重要性。

随着人们对地球上极端海洋生物的理解不断加深，发现太阳系外的海洋相对来说也越来越普遍。对许多这样的世界来说，最有可能的栖息地是在地表以下。在欧罗巴，海底代谢过程的能量可能来自潮汐活动、辐射加热和持续的蛇行化，这些现象都释放能量，并可能导致断裂，从而允许海底发生主动改变。木卫二冰壳内可能还存在其他栖息地。这些范围从沿着颗粒边界的矿脉，如在地球上的冰川和积冰中看到的，到部分融化的分布较少的盐水带，到由潮汐对流或底辟作用或共晶熔化引起的更大的次表层熔体口袋。冰栖环境可能与冰下海洋过程有关。间接报告的木卫二羽流活动的检测结果与水蒸气的释放过程一致，该过程不一定取决于潮汐作用力，潮汐作用力不足以破坏木卫二的冰壳。因此，这些羽流可能来自冰壳内部，而不是海洋。这表明理解地表、海洋和地下的相互作用对于理解天体生物学的含义是至关重要的。恩克拉多斯也可能拥有一个地下海洋，该海洋是由许多单独的喷流组成的南极羽流释放的。尽管卡西尼号的数据并没有清楚地阐明现今活动的其他区域，但解释的陨石坑松弛和卡西尼号的热红外测量结果表明存在高热流。冰壳、海洋和海底都可能提供可居住的环境，特别是考虑到羽流化学的观测结果表明热液活动和氢的产生，这可以作为能量转换和生物合成的电子供体。此外，海底蛇纹石化可能通过产生甲烷和分子氢形式的化学能使生命成为可能。

从土卫二（可能还有木卫二）发出的羽流提供了相对强烈的低温活动的证据，重塑了它们的冰壳，并且模拟表明，地下海洋已经导致人们对这两颗卫星潜在的宜居性越来越感兴趣。由天然放射性能量推动的新陈代谢（即地壳深处硫酸盐还原细菌使用的岩石-水界面的水的放射性分解）可能发生在冰冷的物体上。土卫六表面的液态碳氢化合物储层是天体生物学界感兴趣的，但土卫六有一个深层地下全球海洋。木卫三和木卫四也有地下全球海洋，这些卫星冰壳的极端厚度阻碍了地表和地下的相互作用，这对宜居性有其自身的含义。关于地球上蛇形系统的知识正在推动人们对海洋世界中海底相互作用的兴趣。对这些海洋特性的测量虽然具有挑战性，但人们已经开始讨论如何解释水岩反应的化学特征。在土卫二的羽流中观察到的小二氧化硅颗粒被解释为通过持续的热液活动可居住的证据，分子氢的检测强化了这一假设，因为存在可用于微生物代谢的产物。尽管这些氢的存在可能表明它们并未被积极消耗，但在地球表面下发现现存的利用氢的硫酸盐还原细菌微生物群落（环境氢浓度为毫摩尔水平）强调了考虑电子供体和受体的相对产生和储存速率（受孔隙度和渗透率以及水－岩反应速率控制）与地下环境中代谢消耗的潜在缓慢速率之间的影响的必要性。

关于极端生命及其与相应的地球环境如何相互作用的研究，使对于动态宜居性的理解进一步发展。需要认识的事实是，地球上存在于孤立的避难所或短暂栖息地（如阿塔卡马沙漠）中的生命，其宜居性并不是因为生命的多样性，而是其在跨越不同时空之后经历连续发展形成的宜居状态。随着对盐性和高盐环境的宜居性认识的加深、极端环境中生命形式的极端性以及火星上潜在盐性环境的发现，人们对于盐流体环境中生命的适应性兴趣回升。人们发现，存在于海底和大陆岩石圈地下的群落可以不受太阳能量的影响。这种地下生态圈通常存在于能源有限的环境中，与能源丰富的环境中的生命体形成鲜明的对比，从而为其他星球上同样可能存在以岩石为寄宿环境的生命的化学合成模式提供了思路。

常规的"快速"生命形式因为信号高，常常可以被检测到。然而这种几乎无法存在于严峻环境中的、生存缓慢的生命形式，却由于噪声水平低，同样可以被检测到。在特定的环境背景中评估每种类型的种群的相对信噪比，有助于识别与其信号最相关和最有特色的相应的生物特征。研究发现，在高温高速的环境和低温低速的环境中，水和岩石的相互作用都会产生必要的电子供体和电子受体（如氢、甲烷硫酸盐等），这使人们重新重视起寻找地下生命迹象。这也为天体生物学研究其他环境的生命形式提供了信息，如岩石行星（如火星）、海洋、冰川世界甚至太阳系外的行星。

总之，对地下环境的宜居性、化学合成生物的盐水稳定性以及生命对盐水流体的适应性的深入理解，对寻找太阳系中的生命有着广泛的意义。

3.5 辐射与生命起源

天然氨基酸几乎都是左旋结构，而构成 RNA 和 DNA 的天然糖几乎都是右旋结构。人们认为手性可能是生命出现的必要条件，但我们并不知道它最初是如何形成的，以及为什么会出现。科学家提出一种可能性解释，即生命是由来自外太空的强大力量塑造的，与太空辐射有密切联系。更具体地讲，其与宇宙射线对地球大气层轰击有关，宇宙射线是以高能粒子的形式辐射的。例如，原子核和质子，它们以接近光速在银河系中不断涌动（图3-1）。

图3-1　蟹状星云

注：被认为是宇宙射线的起源区域由哈勃望远镜获得的合成图（ESA提供）。

高能天体物理学家诺米尔·格洛布斯（Noémie Globus）是美国斯坦福大学凯维利天体物理粒子和宇宙学研究所客座教授，他说：我们认为地球上生物偏手性特征与磁性极化辐射进化有关，辐射导致生物的一个细微差别的突变可能促进基于DNA的生命进化，而不是它的镜像。

宇宙辐射就像其他形式的辐射一样，增大了生物体的细胞突变率，在地球上，我们受到大气层和磁场的保护，这就是宇航员进入太空会增大癌症风险率的原因。地球磁场使大量宇宙辐射偏转，没有发生偏转的物质，在进入大气层后会衰变为基本粒子，当这些粒子到达地面时，大多数宇宙辐射只能以介子的形式存在。

介子的寿命比许多基本粒子更长，平均为2.2 μs，因为它们以接近光速移动，可以在地下几百米快速移动，然后衰变为电子，介子和衰变形成的电子也会以相同的方向被极化。这对当前的生命形式影响并不大，但是研究人员表示，早期生命作为自我复制分子出现的时候，会比当前脆弱许多。这些早期分子看起来更像是实验室里制造的分子——两种手性特征数量均衡，持续的磁性极化介子可能引起一个非常小但非常持久的手性偏差。随着时间的推移，在很长的一段时间里，历经数十亿代生物繁衍，这种影响可能会以一种手性形式首次突破，然后占据主导地位，剩下的另一种形式越来越少。现在科学家无法追溯至几十亿年前分析当时的生物分子进化，但我们可以从很多方面判断手性特征是否合理。例如，我们可以将细菌浸泡在磁极化辐射中，并测量突变率。该试验可以告诉我们极化是否真的会引起手性偏向。

如果是这样，就意味着生命中具有重要意义的同手性特征并不是地球独有的，因为宇宙射线在整个宇宙中无处不在，那么，这种同手性特征可能也存在于其他地外生物。

西雅图蓝宝石空间科学研究所宇宙生物学家迪米特拉-阿特里博士发现地球上的一种生物，这种杆状细菌学名为金矿菌，生活在地下 1.8 英里（约 2.9 km）深处，那里不存在光、碳、氧，该细菌靠矿石中的放射性铀获得能量。

比邻星 b 距地球只有 4.24 光年，它受到 X 射线辐射是地球的 250 倍，在其表面可能会经历致命的紫外线辐射。康奈尔大学的天文学家丽莎·卡尔特内格（Lisa Kaltenegger）和杰克·奥马利-詹姆斯（Jack O'Malley-James）在发表于《皇家天文学会月刊》上的一篇论文中提出了他们的证据观点，即生命可能已经在这种猛烈的辐射下存活下来。今天地球上所有的生命都是由那些在比邻星 b 和其他附近系外行星目前承受的更强紫外线攻击下繁衍生息的生物进化而来的。40 亿年前的地球是一片混乱、辐射、炽热的混沌。然而，尽管如此，生命还是在某种程度上得以生存。卡尔特内格和奥马利-詹姆斯认为，有理由相信同样的事情正在一些离我们最近的系外行星上发生。

参考文献

[1] ARNEY G N, MEADOWS V S, DOMAGAL - GOLDMAN S D, et al. Pale orange dots: the impact of organic haze on the habitability and detectability of Earthlike exoplanets[J]. The astrophysical journal, 2017, 836(1): 49.

[2] DE VERA JP, SECKBACH J. Habitability of other planets and satellites (Cellular origin, life in extreme habitats and astrobiology 28) [M]. Berlin: Springer, 2013.

[3] EHLMANN B L, ANDERSON F S, ANDREWS – HANNA J, et al. The sustainability of habitability on terrestrial planets: insights, questions, and needed measurements from Mars for understanding the evolution of Earth – like worlds[J]. Journal of geophysical research, 2016, 121(10): 1927 – 1961.

[4] FISHBAUGH K E, LOGNONNÉ P, RAULIN F, et al. Geology and habitability of terrestrial planets[M]. Dordrecht: Springer Science + Business Media, 2007.

[5] HÄUPLIK – MEUSBURGER S, BISHOP S. Space habitats and habitability, designing for isolated and confined environments on Earth and in space[M]. Cham: Springer Nature Switzerland AG, 2021.

[6] LAMMER H. Origin and evolution of planetary atmospheres. Implications for habitability(Springer briefs in astronomy)[M]. Berlin, Heidelberg: Springer – Verlag, 2013.

[7] HORNECK G, KLAUS D M, MANCINELLI R L. Space microbiology[J]. Microbiology and molecular biology review, 2010, 74(1): 121 – 156.

[8] LISSAUER J J. Fundamental planetary science—physics, chemistry and habitability [M]. Cambridge: Cambridge University Press, 2019.

[9] MENOU K. Climate stability of habitable Earth – like planets[J]. Earth planet science letters, 2015, 429: 20 – 24.

[10] SEAGER S. Exoplanet habitability[J]. Science, 2013, 340(6132): 577 – 581.

[11] SECKBACH J. Algae and Cyanobacteria in extreme environments (Cellular origin, life in extreme habitats and astrobiology V11)[M]. Berlin: Springer, 2007.

第 4 章
天体生物学的研究方法

4.1 天文望远镜、空间望远镜和光谱分析

4.1.1 天文望远镜

天文望远镜是观测天体、捕捉天体信息的主要工具。从 1609 年伽利略制作第一台望远镜开始，望远镜就不断发展，从光学波段到全波段，从地面望远镜到空间望远镜，观测能力越来越强，可捕捉的天体信息也越来越多。目前人类已经设计和制造各种不同的望远镜，用于捕捉电磁波、中微子、引力波、宇宙射线等不同信号，其中很多信号可用于宇宙生命现象的寻找和解读。

4.1.1.1 天文望远镜的发展和类型

1. 折射望远镜

1608 年，荷兰眼镜制造商汉斯·利帕希（Hans Lippershey）的一个学徒偶然发现将两块透镜叠在一起可以清楚地看到远处的东西。次年，意大利科学家伽利略使用这一方法制作了世界上第一台望远镜，并且用来观测星空。伽利略凭借这个望远镜观测到了太阳黑子、月球环形山、伽利略卫星、金星的盈亏等现象。这些现象有力地支持了哥白尼的日心说，也促进了天文学的发展。伽利略的望远镜利用的是光的折射原理。因此，这种望远镜被称为折射望远镜。

2. 反射望远镜

1663 年，苏格兰天文学家格里高利利用光的反射原理制成格里高利式反射

镜。1667年，英国科学家牛顿做了改进，制成了牛顿式反射镜，与折射望远镜相比，反射镜的优点是消除了色差、造价低、可以大口径等。这种望远镜自诞生以来不断发展，做出了许多重要的天文学发现，常用的系统包括牛顿系统、卡塞格林系统、格雷戈里系统等。著名的哈勃望远镜就是采用卡塞格林系统的反射望远镜。

3. 折反射望远镜

这种望远镜兼有折射镜和反射镜的结构。1931年，德国光学家施密特以卡塞格林式望远镜为基础，用一块接近于平行板的非球面薄透镜作为改正透镜，与球面反射镜配合，制成了可以消除球差和轴外像差的施密特式望远镜。这种望远镜光力强、视场大、像差小，适合拍摄大面积的天区照片，尤其是对暗弱星云的拍摄效果非常突出。施密特 - 卡塞格林式望远镜已经成了天文观测的重要工具。

4.1.1.2 不同波段电磁波的观察

在近现代和现代，天文望远镜已经不局限于光学波段。1932年，美国无线电工程师探测到了来自银河系中心的无线电辐射，标志着射电天文学的诞生。1957年人造地球卫星的发射成功，带动了空间天文望远镜的发展，更多波段的电磁波可被检测到。

来自宇宙不同波长的电磁波在穿过地球大气层时，很多波段都被大气分子吸收掉了。这种大气屏蔽在客观上形成了对地球生物的保护层。没有这些屏蔽，地球生物将受到射线的严重威胁。但是这对于天体观测来说却成了一种障碍，使我们在地面上观察不到很多波段的电磁波，只幸存了两个透明的窗口：光学窗口和射电窗口，它们可以部分透过大气到达地表，成为人类天文学观测的重要信息通道（图4-1），这类窗口称为大气窗口。

通过大气窗口的地外电磁波较少被大气层反射、吸收和散射，因而透射率高，可以在地面接收到。光学窗口的波段波长在 $0.35 \sim 22~\mu m$，包含可见光和一部分红外线。其中，$17 \sim 22~\mu m$ 是半透明的；$1.1 \sim 17~\mu m$ 是间断性窗口，即有若干小缝能通过辐射。射电窗口是波长在 1 mm 至 30 m 的无线电波段，其中 $1 \sim 40$ mm 的一部分微波是半透明窗口。与这两个窗口相对应的地面望远镜就是光学望远镜和射电望远镜，分别观察这两个窗口的电磁波信号。目前世界上最大的地面射电望远镜是位于我国贵州省的 500 m 口径球面射电望远镜（FAST），如图4-2所示。

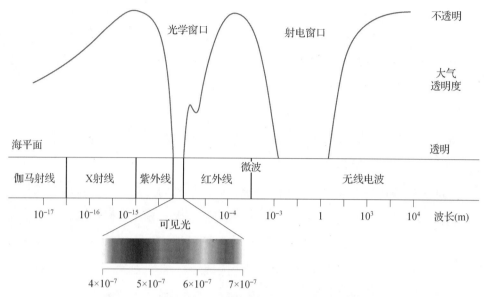

图 4-1　不同波长的电磁波和大气窗口（书后附彩插）

图 4-2　500 m 口径的球面射电望远镜

对其他波段的电磁波的捕获观察就得依靠空间望远镜了。

4.1.1.3　电磁波之外的天体信息的捕捉

目前人类能认识到的来自宇宙的信息除了电磁波外，还包括宇宙射线、中微子、引力波等，为此发展出中微子望远镜、引力波望远镜等观测仪器，用于捕捉这些天文信息。根据捕获信号的类型，这些望远镜或探测器可以设置在地球表面或地下。

4.1.2 空间望远镜

由于大气层的存在,很多电磁辐射到达不了地球表面,因而不能被设置在地表的天体观测设施所观测到,或者由于折射而失真。地面天文望远镜也受到气象和周围许多人造环境,如光污染的干扰。为了避免这些干扰,天文望远镜应尽量建在地势高、晴天多、远离城市或其他人造设施、避免无线电干扰、水汽含量少、尘埃少、大气宁静度高的地方。

更彻底的解决方案是将天文望远镜放到大气层外的太空当中,称为空间望远镜。这种望远镜在地面建成后,由航天运载器送至太空预定的轨道上。

4.1.2.1 空间望远镜的特点

空间望远镜除了避免了地面上各种干扰因素外,最主要的是排除了大气层对电磁辐射的过滤和失真,能够接收到在地表接收不到的、大气窗口之外的宇宙电磁辐射。理论上讲,空间望远镜可以接收所有波段的电磁辐射。可以根据希望接收的电磁辐射的波长设计各种空间望远镜,这些电磁辐射的波长包括伽马射线、X射线、紫外线、可见光、红外线、微波和无线电等。一些空间望远镜的性能见表4-1。

表4-1 一些空间望远镜的性能

名称	年份	波长/μm	孔径/m
人眼	—	0.39~0.75	0.01
Spitzer	2003	3~180	0.85
Hubble STIS	1997	0.115~1.03	2.4
Hubble WFC3	2009	0.2~1.7	2.4
Herschel	2009	55~672	3.5
JWST	已计划	0.6~28.5	6.5

第一个可运行的空间望远镜发射于20世纪60年代,包括美国轨道天文台OAO-2、苏联Salyut 1号空间站上的猎户座1号紫外望远镜等。空间天文台可以绘制整个天空地图,也可聚焦于特定天体或天空某一区域。

建造空间望远镜比建造地面望远镜要昂贵得多。由于位置遥远，空间望远镜极难维护。像哈勃空间望远镜是由航天飞机维修的，但大多数空间望远镜难以做到维修。空间望远镜的角度分辨率通常比具有类似孔径的地面望远镜高得多。不过，地面望远镜可以做得更大，许多较大的地面望远镜也可通过自适应光学技术降低大气效应而得到较好的图像。

4.1.2.2 空间望远镜的种类

1. 可见光望远镜

这类望远镜观测波长范围在 400~700 nm 的可见光，也就是肉眼也能观察到的光线。将光学望远镜放置在太空中，可以消除地面光学望远镜所面对的光线扭曲、污染和地面环境条件的限制，提供更高分辨率的图像。

2. 空间红外望远镜

由于地球大气层会吸收部分红外线，而且地球本身也会因黑体辐射而发出红外线，所以在地球表面无法获得准确的红外波段的天文资料，需要将红外望远镜发射到太空中才能让其充分地工作。红外辐射的优点是穿透力强，可以穿透太空中大范围的、厚厚的云团和尘埃而为空间红外望远镜观测到。红外光的能量比可见光低，可用于观察来自较冷的光源发射，或者以高速远离观察者（地球）的光源，因此在红外波段可以观察到包括褐矮星在内的冷恒星、用可见光观测时非常暗淡的小行星、星云和红移星系。空间许多云团的特性也能在红外光下显示出来。

3. X 线空间望远镜

X 射线不能在大气层中传播很远的距离，意味着它们只能通过空间望远镜被观测到。宇宙中辐射 X 射线的天体包括 X 射线双星、脉冲星、伽马射线暴、超新星遗迹、活动星系核、太阳活动区，以及星系团周围的高温气体等。

4. 紫外望远镜

紫外望远镜对 10~320 nm 的紫外线波长范围的电磁波进行观测。这种观测也必须在上层大气或空间进行。发出紫外线辐射的物体包括太阳、其他恒星和星系等。分析紫外线光谱可用来了解星际介质的化学成分、密度和温度，以及高温年轻恒星的温度与组成、星系演化等。

5. 伽马射线望远镜

太空的伽马射线也被大气吸收,需要在太空中进行观测。伽马射线望远镜收集和测量来自某些天体的高能伽马射线,这些天体包括超新星、中子星、脉冲星和黑洞等。伽马射线爆发具有极高的能量,会对生命产生有害甚至破坏性的影响。在整个宇宙尺度中,在伽马射线爆发和恒星的致密性很高的地区不适合存在生命。只有在大星系外围密度低的区域才是适宜生命存在的场所。因此,使用伽马射线望远镜进行的研究对评估宇宙中生命存在的场所也具有重要意义。

6. 其他望远镜

其他还有微波空间望远镜、空间射电望远镜和宇宙射线望远镜。微波空间望远镜:主要用于测量宇宙微波背景下的宇宙学参数,还测量同步辐射、自由辐射和银河系的旋转尘埃等。空间射电望远镜:可以克服地面的各种不利条件,得到较好的图像。空间射电望远镜可和地面望远镜同时观测一个目标,并将它们的信号关联起来,共同组成干涉阵列,用以确定射电源的精确方位,这种方法大大扩展了射电望远镜的总口径,提高了成像的分辨力;典型的观测目标包括超新星遗迹、脉泽、引力透镜和星暴星系等。宇宙射线望远镜:目标是捕捉那些只有在宇宙空间内才能获得的超高能粒子。有的空间望远镜可以设计成兼有检测不同波段范围信号的能力的望远镜。

4.1.2.3 目前在轨的和计划发射的空间望远镜

自20世纪60年代将空间望远镜送入太空以来,已有数以百计的空间望远镜发射并在太空工作。目前在轨的空间望远镜和设施见表4-2,计划发射的空间望远镜见表4-3。

表4-2 目前在轨的空间望远镜和设施

名称	所属机构	发射日期	位置
Hubble Space Telescope	NASA & ESA	1990年4月24日	地球轨道 (586.47~610.44 km)
Chandra X-ray Observatory	NASA	1999年7月23日	地球轨道 (9 942~140 000 km)

续表

名称	所属机构	发射日期	位置
XMM – Newton	ESA	1999年12月10日	地球轨道（7 365~114 000 km）
Odin	瑞典空间研究中心（Swedish Space Corporation）	2001年2月20日	地球轨道（622 km）
International Gamma Ray Astrophysics Laboratory（INTEGRAL）	ESA	2002年10月17日	地球轨道（639~153 000 km）
Neil Gehrels Swift Observatory	NASA	2004年11月20日	地球轨道（585~604 km）
Fermi Gamma – ray Space Telescope	NASA	2008年6月11日	地球轨道（555 km）
IBEX	NASA	2008年10月19日	地球轨道（86 000~259 000 km）
Gamma – Ray Burst Polarimeter（GAP）	JAXA	2010年5月21日	日心轨道
Alpha Magnetic Spectrometer 02（AMS – 02）	NASA	2011年5月16日	地球轨道（353 km）在ISS上
Nuclear Spectroscopic Telescope Array（NuSTAR）	NASA	2012年6月13日	地球轨道（603.5 km）
Near Earth Object Surveillance Satellite（NEOSSat）	CSA，DRDC（加拿大国防研究和发展中心）	2013年2月25日	太阳同步地球轨道（776~792 km）
BRITE constellation	ASA（奥地利航天局）、CSA（加拿大航天局）、SPC（波兰科学院空间研究中心）	2013年2月25日至2014年8月19日	地球轨道

续表

名称	所属机构	发射日期	位置
Hisaki（SPRINT-A）	JAXA	2013年9月14日	—
Lunar-based ultraviolet telescope（LUT）	CNSA	2013年12月1日	月球表面
Gaia（astrometry）	ESA	2013年12月19日	太阳-地球L_2拉格朗日点
Astrosat	ISRO（印度空间研究组织）	2015年9月28日	地球轨道（600~650 km）
Dark Matter Particle Explorer（DAMPE）	CNSA & CAS	2015年12月17日	地球轨道（500 km）
Hard X-ray Modulation Telescope（HXMT）	CNSA & CAS（中国国家航天局和中国科学院）	2017年6月14日	低地球轨道（545~554.1 km）
Transiting Exoplanet Survey Satellite（TESS）	NASA	2018年4月18日	高地球轨道
Spektr-RG	RSRI（俄罗斯太空研究所）、MPE（马克斯-普朗克太空物理学研究所）	2019年7月13日	太阳-地球L_2
CHEOPS	ESA	2019年12月18日	太阳同步轨道
IXPE	NASA	2021年12月9日	低地球轨道
James Webb Space Telescope（JWST）	NASA/ESA/CSA	2021年12月25日	太阳-地球L_2拉格朗日点

续表

名称	所属机构	发射日期	位置
Euclid	ESA	2023年7月1日	太阳-地球 L_2 拉格朗日点
Aditya – L1	ISRO/IUCAA（印度国际天文与天体物理中心）/IIA（印度天体科学研究院）	2023年9月2日	Halo轨道（太阳-地球 L_1 拉格朗日点）
X – Ray Imaging and Spectroscopy Mission（XRISM）	JAXA	2023年9月6日	低地球轨道
X – ray Polarimeter Satellite（XPoSat）	ISRO/RRI	2024年1月1日	低地球轨道
International Lunar Observatory Precursor（ILO – X）	International Lunar Observatory Association	2024年2月15日	南极-艾特肯盆地

表4-3 计划发射的空间望远镜

名称	所属机构	发射日期	位置
Advanced Telescope for High Energy Astrophysics（Athena）	ESA/NASA/JAXA	2035年	太阳-地球 L2 拉格朗日点
ARIEL	ESA	2029年	太阳-地球 L2 拉格朗日点
Laser Interferometer Space Antenna（LISA）	ESA	2037年	日心轨道

续表

名称	所属机构	发射日期	位置
Nancy Grace Roman Space Telescope	NASA	2027 年	太阳-地球 L2 拉格朗日点
PLATO	ESA	2026 年	地球同步轨道
SPHEREx	NASA	2025 年	地球轨道
Taiji	CNSA/CAS（中国国家航天局/中国科学院）	2033 年	日心轨道
ULTRASAT	Israel Space Agency（以色列航天局）	2026 年	太阳-地球 L2 拉格朗日点
Xuntian	CNSA/CAS（中国国家航天局/中国科学院）	2026 年	近地轨道

4.1.3 光谱分析

光谱全称光学频谱，是复色光经过色散系统（如棱镜、光栅等）后，按波长或频率的大小分开，形成依次排列的图案。不同波长的光经过棱镜后的折射率不同，波长越大，折射率越小，故经过棱镜后，具有不同波长光线的复色光按其波长分开排列形成光谱。在可见光范围内，红光的波长最大，紫光的波长最小，因此可见光光谱的一端为红光，另一端为紫光。比红光波长更长的光线和比紫光波长更短的光线不能被人眼察觉到，但它们也按照通过棱镜各自的折射率分布在可见光谱的两个外侧，分别称为红外线和紫外线。它们也可以被仪器观测到。

光线的波长与发射它们的物质形态有关，不同物质的原子内部电子的运动情况不同，所以它们发射的波长也不同。研究分析一束光的光谱，就可以得知发出这束光物质的化学构成和相对含量,这就是光谱分析的原理。根据分析对象,光谱分析可分为发射光谱分析与吸收光谱分析两种。发射光谱是指物质直接发出的光线构成的光谱;而吸收光谱是指从高温光源发出的白光,通过温度较低的气体时某些波长的光线被吸收,则在光谱中出现暗的谱线。分析这些吸收光线,就可得知通过的低温气体中的物质组成。每种元素所发射的光频与其吸收光谱所吸收的部分是相同的。被测成分是原子的称为原子光谱,被测成分是分子的则称为分子光谱。历史上曾通过光谱分析发现了许多新的元素,如铷、铯、氦等。1868年,法国天文学家皮埃尔·让森(Pierre Janssen)在太阳光谱中观察到一条强黄色谱线,推测是一种未知元素,称之为氦,直到25年之后才在地球上发现了氦元素。

4.1.3.1 天体光谱分析的原理和历史

天体光谱学(astrospectroscopy;astronomical spectroscopy)是运用光谱学技术研究来自恒星和其他天体的包括可见光在内的电磁辐射光谱。通过光谱分析可以推出远距离恒星和星系的许多性质,如它们的温度、化学组成、金属丰度等。这些都是推测各天体中是否存在生命现象的重要依据,也可以从多普勒红移测量它们的运动等。

天体光谱学起始于牛顿使用散色的三棱镜观测太阳光,他看见了彩虹的颜色。之后,约瑟夫·冯·夫琅和费(Joseph von Fraunhofer)首次详细地描述了太阳光谱中的暗线(吸收线),即在连续光谱中存在着许多分散的吸收线(图4-3)。根据吸收光谱的原理,夫琅和费在1817年指出了太阳光谱中吸收线所代表的不同元素(表4-4)。

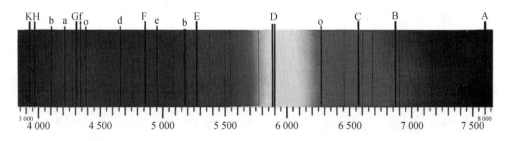

图4-3 在可见光范围内的太阳光谱与夫琅和费谱线(书后附彩插)

注:夫琅和费谱线是太阳中不同的物质的吸收光谱,可通过对夫琅禾费谱线的分析得知其化学元素组成。

表 4-4 太阳光谱中的吸收线及所代表的元素

字母	波长/nm	化学来源	颜色范围
A	759.37	大气中的 O_2	暗红色
B	686.72	大气中的 O_2	红色
C	656.28	$H\alpha$	红色
D1	589.59	中性钠	橘红色
D2	589.00	中性钠	黄色
E	526.96	中性铁	绿色
F	486.13	$H\beta$	青色
G	431.42	CH 分子	蓝色
H	396.85	离子钙	暗紫色
K	393.37	离子钙	暗紫色

其他恒星的光谱类型和吸收线各不相同,反映了各个恒星的化学成分和温度的变化。每个元素在光谱中对应于一组不同波长的光谱,可以在实验中非常准确地测定这些吸收谱线,进而确定这种元素的存在。氢的吸收谱线几乎在所有恒星的大气层中都能发现,在可见光范围内的谱线被称为巴尔末线。

恒星光谱可以用来确定恒星的许多属性:距离、年龄、光度和质量损失比。对多普勒红移的研究还可以找出隐藏的天体,如黑洞和系外行星等。

4.1.3.2 一些天体光谱分析实例

(1) Nebulium (星云)。星云是稀薄的气体或尘埃构成的一种天体,主要成分是氢,其次是氦,还含有一定比例的金属元素、非金属元素以及有机分子等。星云的光谱与恒星的连续光谱很不一样,其中有几条明显的谱线并不对应于任何已知的元素。有天文学家认为这些谱线来自一种新元素,并将其命名为 nebulium。但到 1927 年,艾拉·斯普拉格·鲍恩 (Ira Sprague Bowen) 证明这些谱线来自双电离氧 (O^{2+}),而不是一种新的元素。

(2) 星系光谱。星系光谱看起来有点类似具体恒星的光谱,它们实际是由成千上万颗恒星光谱结合成的。星系光谱研究导致的一个重要发现是,所有的星系都远离地球而去，成为推出宇宙起源于一个点的大爆炸学说的重要论据。后来弗里茨·兹威基（Fritz Zwicky）发现大多数星系的移动速度似乎都比星系团的质量提供的速度快，因此假设在星系团中还有大量不发光的物质，这些物质被称为暗物质。

（3）类星体。类星体是一些很强的无线电源但很暗的天体，它们的所有吸收谱线都与已知元素不符。后来人们认识到这实际就是普通的星系光谱，但存在高度的红移。依据哈伯定律，这意味着这些天体离我们的距离非常遥远。现在人们认为类星体是形成中的星系，它们极端的能量输出来自超大质量黑洞。

（4）行星和小行星。行星和小行星只反射母恒星的光，但是这些反射光还包含岩石天体的矿物质，或是气体巨行星存在于大气层中的元素和分子造成的吸收线，因此，通过光谱分析可以探知这些行星或小行星的化学组成。依据小行星的光谱特征可将其分为三种主要的类型：C-型是由碳物质构成的，S-型包含许多硅酸盐，M-型是含有金属的。C-型和S-型的小行星是最常见的。这些信息对探索地外生命非常重要。

（5）彗星。彗星的光谱包括彗星周围的尘埃反射的阳光，以及气体的原子和分子被阳光激发出的荧光。当太阳风（solar wind）的离子吹过中性的彗发时，邻近地球的彗星还会发射出X射线。已知彗星中有许多有机物。通过对彗星成分的分析，彗星的撞击为地球带来大量的水和形成生命所需的化学物质的理论得以形成。

4.2 就位观测、着陆取样和陨石分析

载人的或非载人的航天器如果抵近、甚至着陆感兴趣的天体，可以得到比使用地表望远镜和空间望远镜所能得到的更多天体信息，包括物质样品，便于更深入地研究天体对象，掌握其中有关的生命迹象，了解行星生命演化的过程。即便没有着陆或采集到大气样品，航天器的抵近观察依然可以得到比地球轨道上的各种空间望远镜更加清晰的图像，获取诸如磁场、辐射情况及星体背面（如月球背面）等重要数据。有时宇宙物质可以通过陨石等形式进入地球，认真分析这些太空样品，可以获知外星空的情况，包括生命分子和与生命有关的物理、

化学信息。

目前所发射的天体探索航天器绝大多数都是无人的,是由人类在地球遥控的探测器。这类探测器节约成本,可到达的范围更大,大多数是单程的,永远不会返回地球,但通过无线电通信会将探测到的数据发回地球。如果要将样品带回地球做进一步分析,则往往需要相当长的时间。

4.2.1 无人探测器的种类和作用

人类已经向太阳系所有的八大行星以及许多卫星、小行星和彗星发射了无人探测器。这些探测器中装载着用于科研的各种专业设备,包括太阳能电池等能源系统、动力推进系统、摄影装置、精确定位设备、无线电通信设备,以及控制这些设备的计算机。其主要的指令是预先编好的,但可以接受来自地球的补充指令。可以将无人探测器分成以下四类。

4.2.1.1 近飞探测器

这种飞行器只在某个星球附近掠过一次,然后继续航行。它的优点是需要的燃料少,所携带的燃料只用于航天器升空进入轨道,而不要或很少需要着陆、改变轨道及返回所需要的燃料,如果仔细设计,还可以利用所接近的行星的引力来完成轨道的改变和加速。图4-4是旅行者2号的路径,在它经过木星和土星时,运行轨道都发生了改变,这种改变是借助引力,而不是消耗燃料来使轨迹发生弯曲。轨道改变的同时还产生了航天器的加速,称为引力助推。新地平线号冥王星航天器在2007年2月飞越木星时,速度大约增加了20%,使航天器飞到冥王星的时间减少了3年。近飞探测器(flyby)上配有小型望远镜、照相机和光谱仪,飞近星球时可以得到比当前最大的地基望远镜的分辨率高得多的图像和光谱。此外,近飞探测器还可提供在地面观测难以得到的信息,如旅行者2号飞船发现的木星环、得到木星背向太阳的图像、测量了当地磁场强度等;还可以收集行星附近的尘埃,测量行星及卫星对飞船上的引力作用等。后者可提供行星及卫星的质量和密度等信息。目前大部分有关太阳系行星的卫星的质量和组成等信息都来自飞掠时所获得的资料。近飞探测器的缺点是观测时间短,但通过巧妙的变道和加速,近飞探测器可以相继飞掠许多目标,如旅行者2号就先后飞过了木星、土星、天王星和海王星。

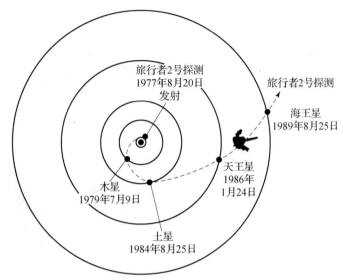

图 4-4 旅行者 2 号的飞行路径（NASA 绘制，
https://en.wikipedia.org/wiki/Voyager_2#/media/File:Voyager_2_path.svg）

4.2.1.2 轨道探测器

这种飞船环绕其所要探测的星球，并且在轨道上周期性地重复飞行，便于长期进行观测。轨道探测器（orbitor）除了携带照相机、光谱仪及测量磁场强度的仪器外，还常携带雷达设备。通过测量从星球表面反射回来的无线电信号，可以精确得到星球表面的起伏信息。在对金星和土卫六进行观测时，雷达信号就穿越了厚厚的云层，得到在云层下的地貌信息。由于轨道探测器从星际轨道转变为环绕目标星球运行的环绕轨道时需要额外的动力，须携带更多的燃料，故发射成本比近飞探测器高。可以使用逐渐转换轨道的方法降低成本，例如，火星轨道探测器可以先进入环绕火星的椭圆轨道。在飞船每次通过近地点时掠过火星的稀薄的大气层而逐渐减速，使椭圆轨道慢慢变圆，这种技术称为高空大气制动，其减速需要几个月的时间。目前轨道探测器已经发送到除天王星和海王星之外的所有太阳系行星及某些小行星。

4.2.1.3 着陆器或探测器

这类飞行器通过在行星表面着陆，或穿越它们的大气层以做进一步探测。例如，1995 年，环绕木星运行了 5 年多的伽利略号的飞船就将一个探测器发送到木星的大气，该探测器在木星的大气中坠落了大约 1 h 后，被高温和木星大体内的压力所摧毁。探测器在摧毁前采集了木星大气的温度、压力、成分及辐射等方面的数据。对于具有固体表面的行星就可以使用着陆器（lander），收集行星表面的图像并进行各种测量。一些着陆器还会携带太空车，以探索地面更广泛的区域。着陆器一般需要携带燃料，靠发动机反推以做到适当减速、避免坠毁。

4.2.1.4 返回式航天器

这种航天器会将所获取的样品带回地球，进行更多的在航天器上难以完成的实验研究。采样返回常需要很多时间和步骤，目前返回式航天器已经带回许多取自月球和小行星的岩石样品。对火星的样品也已经采集到，但还没有被带回地球（参见4.2.2节）。

4.2.2 就位观测和登陆

让航天器直接登陆地外星球，可以直接对目标星体进行取样，并进行各种物理、化学和生命探索研究。目前实现载人登陆的星体只有月球，不载人的航天器登陆的星体除了月球外，还包括火星和某些小行星。

4.2.2.1 登陆月球

美国的阿波罗载人登月工程始于1961年5月，最终阿波罗11号飞船于1969年7月实现人类登月。随后美国又相继6次发射阿波罗飞船，其中5次登月成功，总共有12名航天员登上月球。整个工程历时约11年，到1972年12月结束，耗资255亿美元。为了完成阿波罗飞船登月，NASA还为登月任务准备了四项辅助任务，分别是：①1961—1965年的徘徊者号探测器计划，这项计划共发射9个探测器，在不同的月球轨道上拍摄月球表面状况的照片1.8万张，以了解飞船在月面着陆的可能性。②1966—1968年的勘测者号探测器计划共发射5个自动探测器在月球表面软着陆，发回8.6万张月面照片，并探测了月球土壤的理化特性。③1966—1967年的月球轨道环行器计划共发射3个绕月飞行的探测器，对40多个预选着陆区拍摄高分辨率照片，据此选出约10个计划的登月点。④1965—1966年的双子星座号飞船计划先后发射10艘各载2名宇航员的飞船，进行医学-生物学研究和操纵飞船机动飞行、对接和进行舱外活动的训练。

阿波罗计划首次揭示了月球表面特性、物质化学成分、光学特性，探测了月球重力、磁场、月震等，并带回样品返回地球做进一步研究。后来的天空实验室计划和美国、苏联联合的阿波罗-联盟测试计划也使用了原来为阿波罗计划建造的设备,经常被认为是阿波罗计划的一部分。

阿波罗计划之后,迄今人类未再重返月球,但在人类登月前后有许多人类航天器登陆月球进行有关的探索工作。比较重要的如表 4-5 所示。

表 4-5 重要的登月活动

名称	国家/机构	抵达时间	类别	成就
月球 2 号	苏联	1959 年 9 月 13 日	撞击	第一次撞击月球表面
徘徊者 7 号	美国	1964 年 7 月 31 日	撞击	第一次拍摄了月球表面
徘徊者 8 号	美国	1965 年 2 月 20 日	撞击	拍摄了 7 137 张质量优良的照片
月球 9 号	苏联	1966 年 2 月 3 日	着陆器	第一次在月球表面软着陆
探测者 1 号	美国	1966 年 6 月 2 日	着陆器	测量了月球表面的雷达反射率
月球 13 号	苏联	1966 年 12 月 24 日	着陆器	成功使用了机械化土壤探测器
探测者 3 号	美国	1967 年 4 月 20 日	着陆器	拍摄了月球 12 号的着陆点
阿波罗 11 号	美国	1969 年 7 月 20 日	载人登月	宇航员第一次登月
阿波罗 12 号	美国	1969 年 11 月 19 日	载人登月	第一次精确定点着陆
月球 16 号	苏联	1970 年 9 月 20 日	着陆器	第一次自动返回月球样本
月球 17 号	苏联	1970 年 11 月 17 日	车载撞击	携带有第一辆月面车
阿波罗 14 号	美国	1971 年 2 月 5 日	载人登月	携带有用于采样的"月球人力车"
阿波罗 15 号	美国	1971 年 7 月 30 日	载人登月	携带有第一辆载人月面车
月球 20 号	苏联	1972 年 2 月 21 日	着陆器	自动返回月球样本
阿波罗 16 号	美国	1972 年 4 月 21 日	载人登月	探索了中部高原
阿波罗 17 号	美国	1972 年 12 月 11 日	载人登月	在月球上停留最长时间(75 h)
月球 21 号	苏联	1973 年 1 月 15 日	车载撞击	探索了波希多尼(Posidonius)环形山

续表

名称	国家/机构	抵达时间	类别	成就
月球24号	苏联	1976年8月14日	着陆器	从危海带回了样本
飞天号	日本	1993年4月10日	撞击	在弗内留斯（Furnerius）地区撞月
月球勘探者号	美国	1999年7月31日	撞击	轨道器在南极附近受控撞月，以搜寻水存在的证据
SMART-1	欧洲空间局	2006年11月14日	撞击	撞月时模拟了一次陨星撞击
月船1号	印度	2008年11月14日	撞击	找到了水分存在的证据
嫦娥1号	中国	2009年3月1日	撞击	绘制了月球表面的三维图
月球陨坑与遥感卫星	美国	2009年10月9日	撞击	找到了水分存在的证据
嫦娥3号	中国	2013年12月14日	软着陆	是中国第一个月球软着陆的无人登月探测器
嫦娥4号	中国	2019年01月03日	软着陆	实现了人类探测器首次月背软着陆，首次月背与地球的中继通信

4.2.2.2 登陆火星

从登月实践可以看到，登陆地外星体的大致步骤有：人造探测器先飞抵目标星体，进入轨道进行探查，以了解飞船在表面着陆的可能性并选择登陆地点；不载人的探测器在星体表面软着陆，随后通过星球车等设备探测了星球表面和地下的理化特性，取得样品和数据，设法送回地球。这些任务完成后，再考虑人类的登陆，为此还要进行人类宇航员的相关训练、人类对目标星体的环绕飞行等，最终实现人类着陆。

人类登陆火星大致是按照这些步骤有条不紊地进行。从1960年起，苏联相继向火星发射探测器，但均没有成功。1964年，美国发射的水手4号成为第一个掠过火星并发回火星数据的探测器。1971年，水手9号成为第一个进入环绕火星轨道的探测器；同年苏联发射的火星 3 号成为第一个在火星表面着陆的人类探测器，但很快失效。第一部火星车是 1997 年美国"火星探路者"投放的索杰纳火星车。2020 年 7 月 23 日，中国首个火星探测器"天问一号"升空；2021 年 2 月进入火星轨道实现环绕火星飞行，同年 5 月 15 日，"祝融号"火星车成功在火星表面着陆，并开展火星巡视考察的工作，使中国成为继美国之后世界上第二个将人类探测器在火星着陆的国家，并且实现了一个火星探测器一次性完成"环绕、着陆和巡视"三大任务。到目前为止，火星是除了地球以外人类了解最多的行星，已经有超过 30 个探测器到达过火星，对火星进行了较为详细的考察，并向地球发回了大量数据，随后的任务将是把火星样品送回地球和人类在火星登陆。

火星的公转周期为 687 个地球日。火星大约每隔 26 个月相距地球最近，即发生火星冲日。这天前后为火星探测的最好时机，可以使用较小花费和时间将探测器送往火星。

4.2.2.3 就位观察和登陆小行星

小行星主要位于火星轨道和木星轨道之间，因此飞抵和登陆小行星将需要更多的时间、飞行更长的距离，但由于小行星直径不大，所产生的重力较小，因此容易实现软着陆。航天器甚至不需要助力即可登陆或飞离小行星，造成探测器损害的可能也较小。

人类也已经开始进行有关探索，主要包括：NASA 探索小行星的黎明任务 1 对谷神星的抵近观测；JAXA 的隼鸟小行星探测器（Hayabusa）2 号着陆龙宫星并采集到含有水化物质的样品。2016 年，美国发射小行星探测器 OSIRIS – Rex，2020 年接近小行星本努（Bennu）并抓取小行星样品，于 2023 年 9 月把小行星样品带回地球分析。详细内容见第 8 章。

4.2.2.4 飞抵彗星

作为在椭圆形轨道运行的天体，彗星有时会飞到距离地球较近的位置，方便人类对其进行观测和取样。因此，人类对彗星的抵近研究早于对小行星的研究。

早在 1985 年和 1986 年，美国的"国际日地探险者"3 号即分别探测了贾可比尼彗星和哈雷彗星。苏联、欧洲航天局和日本的探测器也都在哈雷彗星回归时分别在不同的位置掠过哈雷彗星。欧洲航天局于 2004 年发射的罗塞塔号彗星探测器于 2014 年 8 月飞抵楚留莫夫 – 格拉希门克彗星（Churyumov – Gerasimenko）进行观测，于11月释放登陆器成功登陆在该彗星表面，进行了取样。

4.2.3 取样、储存和带回地球

样本返回任务作为一项航天器任务，需要从外星地点收集样本并返回地球进行分析。样本返回任务可能只带回一些分子，也可能带回松散物质（如土壤）和岩石等复杂化合物。这些样品可以通过多种方式获得。

4.2.3.1 取样

对靠近和着陆的星体进行取样的方式视目标星体重力、表面特征和试图获取的对象而定。对于缺乏重力、质地松软的小行星表面可在靠近后用着陆器的机械手进行抓取。较大星体比较深层的土壤和岩石可进行挖掘和钻取。用收集器捕获太阳风或彗星原子、分子和细碎片等，设计不同的收集器以收集各种尺寸的粒子。飞船要收集的尘埃粒子的撞击速度常达到 6 km/s，为了防止在这种速度下与致密固体的碰撞改变其化学成分或蒸发，可以使用一种具有海绵状结构的硅基多孔的气凝胶捕获粒子。气凝胶的99.8%是空的，非常细小的颗粒在气凝胶受到阻力后会缓慢地停下来，然后嵌入其中。粒子穿越时会留下痕迹，可以很容易找到并取回它们。

4.2.3.2 样品的储存

对于从遥远星体，如火星和小行星获得的样品，很难将其马上带回地球，就需要先用合适的方式保存起来，等待时机或由另一个航天器带回。下面以火星车为例加以说明。

（1）采集和封存样本，火星车的腹部装有采集样本所需的设备，包含不同种类钻头的轮子。通过挖掘和钻取，火星车得到火星岩石和土壤样本。取样过程必须采取严格措施防止来自地球物质的污染，这些物质包括可能从探测器上不同材料释放的气体、着陆推进系统点火产生的化学残留物、任何可能随火星车抵达火星的地球有机物质或无机物质等。为此需设置对照管，它与样品管相似，但对可能的地球污染物开放，而不放入采集的样品，返回地球后可以与样品管进行比较分析，进而确定哪些是真正的火星样品。

（2）采集样本后，这些样本将被密封在样品管中，并留在火星表面一个或多个地点，将精确坐标记录在案，提供给未来任何可能前往火星的探测器，后者

提取样品并返回地球。整个过程称为"样本缓存"。

迄今为止,来自月球土壤和岩石的样本已经由机器人和载人航天器收集和带回。彗星和小行星的样品也已由机器人航天器返回地球。太阳风样本已经由机器人创世纪项目带回。本努 101955 号小行星的样本已返回地球。

4.2.4 陨石分析

飞落地球的陨石为我们带来了地外的物质信息。来自较大天体的陨石一般需要彗星和小行星对它们进行撞击,使其表面的物质以碎屑的形式飞溅到太空,有一些被吸入地球。比如 HED 陨石[古铜钙长无球粒陨石(Howardites)、钙长辉长无球粒陨石(Eucrites)和古铜无球粒陨石(Diogenites)]来自小行星灶神星的地壳。2 亿~1 亿年前灶神星曾经被撞击,产生了许多碎片,并留下两个巨大的撞击坑,这次事件的一些碎片坠落到地球,成为 HED 陨石。

4.2.4.1 陨石的鉴定

鉴定一块样品是否为陨石,可以从以下几方面考虑:①外表熔壳:陨石在陨落地面以前要穿越稠密的大气层,摩擦产生的高温使其表面发生熔融而形成一层薄的熔壳。新形成的陨石表面黑色的熔壳厚度约为 1 mm。有两种熔壳,一种是在太空中小行星相互撞击产生的熔壳,另一种是进入地球大气层与空气摩擦产生的熔壳。②表面气印:由于陨石与大气流之间的相互作用,陨石表面还会留下许多气印。③内部金属:铁陨石和石铁陨石内部是由金属铁组成的,这些铁的镍含量很高(5%~10%)。球粒陨石内部也有金属颗粒,在新鲜断裂面上能看到细小的金属颗粒。④磁性:因为大多数陨石含有铁,所以 95% 的陨石都能被磁铁吸住。⑤球粒:约 90% 的陨石中有大量毫米大小的硅酸盐球体,称作球粒。在球粒陨石的新鲜断裂面上能看到圆形的球粒。⑥比重:铁陨石的比重为 8 g/cm^3,远远大于地球上一般岩石的比重。球粒陨石由于含有少量金属,其比重也较大。

4.2.4.2 陨石成分的分析

陨石的前体在空间运行时虽会直接受到各种宇宙射线的辐射,但其本身个体小,放射性加热不能使它有较大的改变,所以与大的星体相比,它们更能保留太阳系形成早期的化学结构。通过对其岩石的类型、放射性同位素等分析,可以确认这些陨石的来源。已经发现火星和月球来源的陨石,便于在地面上进行火星和月球等的结构研究。

对于它的分析涉及相当广泛的领域，像高能物理、天体演变、地球化学、生命的起源等。在含碳量高的陨石中已发现大量的氨、核酸碱基、脂肪酸、核糖、氨基酸等有机物。因此，地球生命的起源被认为与陨石可能相关。

落入地面的陨石容易受到地球环境的影响，有关因素包括水、盐和氧气等，都会改变陨石的结构。陨石在陆地上的变化称为风化作用。研究者用风化指数量化陨石经历的变化程度，分成 W0（原始状态）到 W6（重蚀变）等不同等级。在分析其化学组成时需要考虑这些因素的影响。

4.3 地面模拟研究

对包括人在内的地球生物在地外环境、其他星球生存状态的研究，尽管有少数是在地外空间实施的，但更多是在地球的实验室中创造的模拟环境中进行的，这一方面是基于成本的考虑，另一方面也是因为地球实验室研究设施齐全、研究手段众多、可以反复实验等。此外，进行空间在轨实验时很难做到研究因素单一，而彻底排除其他因素的干扰。比如在飞船上进行微重力效应研究时，在飞船升空阶段，实验动物或人首先要经历一段时间的超重，如果将空中样品带回地面进行研究，在卫星回收后常需一段时间才能开展实验室分析，微重力的效应可能已经消失等。在空间除了微重力，空间辐射也会产生一定的生物效应，因此不易进行单因素分析。空间在轨研究和地面模拟研究常是相辅相成的。一般是在大量地面模拟研究取得结果的基础上，再到空间对其关键结果做一定的验证，也可以在取得在轨研究成果后，回到地面进行更深入的或范围更大的研究。

4.3.1 模拟微重力研究方法

地球的巨大质量是产生重力的原因，在地球表面进行的研究很难摆脱这一作用。目前在地面所使用的微重力模拟器材都只能模拟微重力效应的某一个方面，无法做到完全模拟。主要的模拟方式有以下几种。

4.3.1.1 落塔实验和抛物线飞行

落塔或落管是一种能产生短暂微重力的实验装置，其原理是让实验样品从一定高度自由下落,从而产生短暂的失重。为了克服空气阻力,落塔实验被安排在低气压的管子中。落塔实验常用于物理学和材料科学研究中,也可以用于微重力的生物学效应研究。但其作用时间过短,即使是使用非常高的落塔,如美国航空航天局格伦研究中心的垂直落管延伸到地下深达 155 m,落体时也只产生不到 5 s 的失重,对多数生物实验来说难以产生满意的效果。

抛物线飞行是另一种产生失重的方法。当飞机做向下抛物线飞行时,可产生失重效应。尽管效应时间也只有半分钟左右,但失重飞机在重新爬升后可反复做抛物线飞行,从而使成员反复进入失重状态。抛物线飞行可用于宇航员的失重体验训练,也可以用于某些微重力生物效应的研究。

4.3.1.2 回转器

回转器是地面模拟微重力的常用装置,其工作原理是:当生物体或生物样本被固定在回转仪上,并按一定速度做纵向旋转时,虽然生物体仍处于地球的重力场中,受到向下的重力作用,但由于回转仪的转动,作用于机体的重力方向会不断变化,这就使机体在一段时间内感知重力的矢量和趋于零,因此可以模拟出微重力环境。回转器本身容纳样品的大小有限,主要用于细胞、组织或植物的微重力实验。研究微重力对细胞、组织或植物的代谢、生长、黏附性、结构变化等的作用。目前广泛应用的包括二维回转仪和三维回转仪等。三维回转仪通过控制两个轴的旋转,可以产生多种方向的重力,使回转器中心力的矢量之和为零(图 4-5)。

图 4-5 三维回转仪

注:右侧为控制器,左侧为具有两个旋转轴的回转仪,
用于细胞的微重力培养,培养时将回转仪放入细胞培养箱中。

4.3.1.3 动物悬吊实验

微重力对动物体的一个重要效应是造成动物体液在体内的重新分配。对于人体来讲是体液在微重力环境下从下肢向躯干、头部和上肢聚集，造成下肢骨和肌肉的废用性变化，包括骨丢失和肌萎缩，同时影响心血管系统、消化系统、免疫系统和神经系统等。这种体液分配效应在大鼠、小鼠等实验动物身上可用悬吊实验来模拟，将尾巴提拉悬吊起来，头向下，使其前肢着地、后肢处于悬空状态（图4-6），可造成体液，包括血液向头部方向移动，以此模拟失重的类似效应。一段时间后，获取动物的细胞、组织、器官、分子等进行分析研究，可以了解微重力对动物体的生理效应。鼠尾吊后出现的系列生理生化指标变化与空间微重力下对实验动物的影响基本一致。

图4-6 悬吊实验

注：大鼠在吊尾状态下在笼中饲养，模拟微重力造成的体液分配改变和废用性改变。

4.3.1.4 头低位卧床实验

人体地面模拟失重实验采用的卧床、浸水和下身正压等方法，也属于模拟微重力造成的体液流动改变的方法。其中头低位卧床是应用最广泛的人体模拟失重的方法。研究时被测试者头部处于-6°低位卧床。此时沿身体 Z 轴走向的大血管内流体静压部分或全部消除，产生血液头向的分布。同时低位卧床减轻了骨骼和肌肉的负荷，造成与失重时相似的废用性骨丢失和肌萎缩，与航天时的生理变化十分接近。这种操作简单的实验常用于考察人体在空间状态下可能产生的各种效应，包括对运动系统、身体平衡系统、神经系统、消化系统、感觉系统、免疫系统等的影响。

4.3.1.5 磁悬浮技术

磁悬浮技术的基本原理是从外界施加一个与重力方向相反的磁场力，这个磁场力能够部分或者完全抵消重力，使抗磁性物质处于悬浮状态，从而使物体实现功能性静止，达到模拟微重力的效果。由于生物体过大，一般很难使其悬浮，并且强磁场本身会有其他的生物学影响，所以该技术主要用于研究微重力对生物大分子，如蛋白质、多糖、DNA 等的影响。

4.3.2 模拟空间辐射研究方法

空间辐射是比微重力对地球生物威胁更大的环境因素。在地球生物进入太空之前，人们必须通过研究对这种危害性进行透彻的评估，并制订有效的防护措施。空间辐射与地面通常接触的有害辐射源有很大的不同，研究时要做到对其的恰当模拟，就要对空间辐射的内容和强度有深入的了解。

在宇宙空间的不同区域，根据与不同辐射源的距离、磁场强度、大气、太阳风等因素，辐射的构成和强度都有差别。在载人航天的过程中，航天器可能穿过具有不同辐射强度的地带。航天员的活动范围已部分超出大气层的保护圈，但仍位于地球磁场的保护范围内；国际空间站的轨道只在地球上空的 400 km 左右。这样一个活动范围尚未到达较强的辐射区域。在将来更远的深空探测中，人类和地球生物将经受强度更大、成分改变大的太空辐射，其生物学效应的知识必须事先在地面的研究中获得。

空间辐射的种类包括：来源于太阳的主要由电子和质子组成的常规辐射，以及由质子、α 粒子、重离子及电子所组成的太阳粒子事件；来源于宇宙其他地方的质子、α 粒子、重元素的银河宇宙辐射；这些辐射与地球磁场相互作用形成的地球辐射场，又出现了中子、电子和其他小的粒子。这些都需要在地面进行相应的模拟射线研究。

4.3.2.1 模拟辐射源

放射性同位素是经常用到的辐射源。不同的同位素可以放出不同的射线，如钴60可以发出β射线和γ射线。用天然金属钴（^{59}Co）或含钴的其他材料制成靶子，在高中子注量率反应堆中辐照，即可获得钴60。而要产生质子射线就要使用氢原子作为原料，通过加速器高能加速，成为穿透力很强的质子射线。我们可以根据研究的需要选择不同的辐射源，也可以通过不同放射源的组合来模拟某一区域的空间辐射。NASA空间辐射实验室（NSRL）为布鲁克海文国家实验室对撞机加速器部门的一部分，是一个重离子束线研究设施。它的主要任务是利用产生的各种离子束来模拟宇宙射线辐射场，尤其是在地球大气层之外的辐射场。这里的空间辐射模拟器采用了新技术，能够一次测试多种离子束，以准确模拟宇航员在航天器中暴露的辐射环境。

4.3.2.2 空间辐射生物学效应的研究

LET是研究辐射的生物学效应时常用的一个指标。LET是指电离辐射贯穿物质时，因碰撞而发生的能量转移。一般情况下，在相同吸收剂量下，射线LET值越大，其生物效应越大。X射线、β射线、γ射线等为低LET辐射。α粒子、中子和π介子等为高LET辐射。空间环境既有低LET辐射，也存在高LET辐射。在生物学效应研究中要分别研究它们的辐射效应、这些效应与剂量的关系等。

辐射除了对接受辐射的组织细胞产生直接效应外，还可能对没有受到辐射的旁组织产生间接效应，称为旁效应，包括DNA损伤、细胞凋亡等。如要进行旁效应的研究，就要使用诸如微束照射技术等，使射线局限于某些细胞，然后观察未被照射的旁细胞发生的变化；或使用被照射细胞的培养液去培养未被照射的细胞，然后观察后者可能出现的变化。

4.4 地球极端环境生物体研究

"极端环境"一般是指生物所适应的某一个环境指标的边界。例如，对于酸碱度这一环境指标而言，我们在pH2~pH11这样一个范围内都发现有不同生物体生存，则认为位于这一范围的边界，即pH2或pH11的环境为极端环境。在这些环境存在的物种明显少于"温和"环境中的物种。

4.4.1 研究地球生物的极端栖息地的意义

到目前为止，只在地球发现了各种生物，要想在整体上研究生物的环境适应性就只能以这些生物为对象，寻找生物适应性的边界，然后暂以由此所得到的环境适应性范围为依据，在宇宙范围内寻找处于这样一个环境许可范围内的地区，优先在这些地区寻找生命迹象。将来如果在地外发现新的生命形式，则生物的环境适应性范围可能改变。因此，研究极端环境下生物的生存实际是为寻找地外生命制定临时的标准，随着对地球极端环境生物了解的深入，甚至发现某些地外生命，则这一标准会不断改变。

地球上常见的极端环境地区包括：

（1）极地地区：主要是寒冷以及极地冰盖造成的光照不足和土壤空间不够。

（2）沙漠：主要是缺水和过热。

（3）深海：造成水压过大、光照不足、低温等。

（4）一些酸碱度和盐分明显偏于常态的地区，如位于加利福尼亚的东部山脉的莫诺湖（Mono Lake）的碱性和高盐，黄石国家公园的章鱼泉（Octopus Spring）的碱性，西班牙南部的力拓河（Río Tinto）的强酸性等。

需要在这样一些环境中寻找活的生物种群和群落，或者在这样的环境中可以以休眠的方式存留的生物。实际上目前在这些极端栖息地都有发现生物繁衍（详见第7章）。

4.4.2 生命的繁衍和存留

当生物处于适宜环境下时，可以生长、发育、代谢、繁殖；超出了适宜范围则可能造成生物体的死亡，但有时生物在不利环境下并不一定死亡，而是停止代谢，进入休眠状态，并在这种状态下存活很长时间。比如真核细胞在特定溶液下持续降温，可以在 $-196\ ℃$ 的液氮中停止生长代谢、长期存活，回到常温环境下再恢复生长。这就是实验室常用的冻存细胞的原理。

因此，在讨论生物的适应性范围时要注意生命的代谢、生长、繁衍和生命力的保存所需的条件范围是不同的。前者环境条件的限制相对严格，后者则放宽很多。一般来说，虽然小型生物和微生物就个体来讲生命力比较差，如单个细菌是很容易死亡的，但作为种群，它们反而更容易在长期的逆境中存留下来。

一些微生物在不利于生长、代谢的环境中可以形成名为芽孢的休眠形式，从而在这种状态下存在数百年，回到适宜条件时再恢复生长繁殖。芽孢状态的细菌对不利条件的抗性增强，能够杀死生长细菌的各种因素，如高温、紫外线、干燥、电离辐射和很多有毒的化学物质都无法使其失活，甚至沸水也不能杀死一些芽孢。

在宇宙空间绝大部分区域都超出地球生物所能承受的极端环境范围，但这并不能阻止地球生物尤其是微生物在太空中的旅行和搬运，或在环境不利的星球上长期休眠。宇宙普遍存在的低温环境有助于地球生物的存留和通过，但宇宙射线则是生物存活和旅行的主要障碍。

4.4.3 研究方法

对极端环境生物群落的考察需要深入这些环境进行观察、取样，并带回实验室分析，包括活体生物的确定和某些生命迹象的考察，这常需要多学科的配合，并使用一些特定的技术方法。

4.4.3.1 寻找和取得生物样品

有些环境，研究者容易到达并直接对生物样品取样，使用常规的生物学方法进行研究分析；但有许多极端环境，研究者常难以到达，或难以直接取得样品，需要一些特殊的技术手段，如在极地冰层之下的取样。

发现和考察位于极地冰层之下的生物及其环境因素时，需要通过局部融化的方法穿透冰层。使用熔化探测器是一种可行的技术途径，其基本原理是在一个包含各种科学组件的细长器械的顶部装有一个加热的熔化头。与传统钻探技术相比，这种探头可以消毒，造成的生物污染小。熔化通道在探头通过后立即冻结，防止了因深层与表层大气的交换而导致的原有栖息地的破坏。为了了解冰层的物理和化学性质，以及分析下面的水体，融化探测器需要配备一套科学仪器，例如，由能够确定切入或溶解物质的化学和同位素组成的分析仪器。

熔化探测器在将来探测太阳系其他行星和卫星上的冰下水中的生物和生化环境时也将发挥作用，不过由于那些地方存在与地球环境的明显不同，如更寒冷、缺乏大气压、能量供给困难等，这些都需要对现有的设计加以改进。图4-7所示为熔化探测实验装置。

图 4-7　熔化探测实验装置,德国空间中心（DLR）

其他极端栖息地的取样同样需要各自的特殊器械和工具,如深海探测需要潜水器材,地下或岩石层的探测需要一定的挖掘设备等。

4.4.3.2　卫星微波遥感技术

为了寻找在极端环境下生长的微生物,首先需要确定在地球什么地方存在极端环境,然后再前往探测取样。可以用卫星遥感技术先进行监测和探查那些人类难以进入的地区,如极地或污染地区。微波传感器可以提供有关海面的各种信息,包括温度、颜色、盐浓度、海冰厚度、海面污染地区、电磁辐射等,这些信息有助于确定对极端微生物进行取样的潜在地点。其中有些指标直接提示生物的存在,如藻类色素浓度的测定等。另一些有助于寻找一些特定的极端微生物。例如,确定海洋高盐度地区以寻找嗜盐菌等;确定温度高于 60 ℃ 或低于 15 ℃ 的环境,以寻找嗜热和嗜冷菌等。例如,用卫星遥感技术确定具有极端温度值的海域,也就是最有希望对嗜热菌和超嗜热菌进行采样的地点,包括墨西哥的太平洋海岸、墨西哥湾和加勒比海、红海和亚丁湾、印度海岸、阿拉伯海等。

4.4.3.3 极端环境微生物的培养和鉴定

样品中的微生物肉眼看不到，如果数量稀少，显微镜下也难以找到，因此，常需要一个微生物培养的环节以扩增其数量。其培养条件也有助于确定微生物的生长环境和生理特性。目前大部分环境微生物还难以进行实验室培养。极端微生物具有特殊的生长条件，在常规的培养条件下更难以生长，为此需要研究适合各种极端微生物生长的培养基。研究人员为此经常调整在普通生物学中使用的方法。

有时只要给予某些特殊条件，就可以把在这种条件下适合生长的微生物挑选出来。比如使用高盐的培养基可以杀死那些普通细菌，而嗜盐菌则可分裂繁殖，从而将其选择扩增出来，并进一步研究。同样，可以用过热或过冷、过酸或过碱、强辐射等条件选择出嗜热或嗜冷菌、嗜酸或嗜碱菌和抗辐射菌等。

4.4.3.4 宏基因组学的使用

很多时候，即使穷尽了现有的培养手段，很多极端微生物还是不能培养出来，为了克服这种依赖培养方法的局限，可以采用间接的方法去研究它们。宏基因组学是迄今发展很快的基因组研究技术。它的研究基础是采用广泛的、无差别的核酸测序技术，对样品中的所有核酸进行测序并进行基因组的比对分析和生物信息学研究，来确定大量未知的微生物。即使看不到或培养不出这些微生物，我们仍可通过核酸检测知道它们的存在并研究其特性和生物学起源。结合取样地点，便可推测这种微生物对特殊环境的适应性。比如在高盐湖泊中取样并通过宏基因组分析得到的微生物基因组很可能是一种嗜盐菌。

在过去的几十年里，人们逐渐认识到，地球上有液态水的地方，实际上无论物质条件如何，都可能存在生命。之前认为的那些生命无法逾越的物理或化学环境，后来却发现是某一类极端微生物占据的生态位。这些地球极端生物的发现和生物学特性的研究，将有助于对地外生命的探索。

4.5 宇宙中生命信号的辨析

天文望远镜、空间望远镜和光谱分析、就位观测等给我们带来各种各样的来自宇宙的信号，这些信号中哪些可以是生命的信息？我们如何将这些信息从庞杂的背景信息中提取出来？这对天体生物学是一个巨大的挑战。

4.5.1 生命信号的来源

4.5.1.1 生命信号的类型

Des Marais 等在 2008 年提出如下情况可视为生命信号：①细胞和细胞外的形态特征；②起源于生物的岩石结构；③生物来源的有机分子结构；④有机分子具有手性；⑤生物来源的矿物；⑥在矿物和有机化合物中存在生物来源的稳定同位素模式；⑦大气气体成分；⑧行星表面的可远程探测的特征；⑨行星性质随时间的改变。

这些信息可以分为两类：①原位生物信号，例如，保存在岩石或冰中的生物信号，可以在火星或欧罗巴等星体表面搜索。原位搜索多是寻找微生物生命，因为微生物比多细胞生物更普遍存在。②使用遥感技术、运用望远镜来观测地外行星的大气特征或表面特征，以寻找生命迹象，这种观察对于遥远的行星通常是以整个星体尺度范围进行的，也可通过探测器飞临目标行星做抵近探测。

在新的扩展研究中，还应注意以下几点：①在外星探测中注意寻找那些分子组成和代谢类型与地球生命有所不同甚至完全不同的生物信号；这些生物可能造成行星整体环境的系统变化，或保有足够的复杂的分子结构。②在确定这些生命信号的同时，还要排除它们由非生命过程形成，但模拟了生物信号的可能性。③了解哪些生物标志有可能在环境中存留，以及保存的时间长度；了解哪些生物信号难以长期留存。④建立一个综合各种生物信息，合理解释潜在的生物信号、非生物特征、假阳性和假阴性的系统框架。

4.5.1.2 利用地球观测确认遥感技术检测生命信号的可行性

用于探测生命现象的遥感技术应该首先应用于地球，以便确定技术的可靠性。1990 年 12 月，伽利略号飞船在前往木星探测的途中，首先利用遥感技术在飞越地球时搜寻生物信号。据称在地球上发现的生命迹象包括：CH_4 和 O_2 处于强烈的热力学不平衡中，这意味着两种气体的连续的和很大的地表通量的变化。其他生物信号包括植被造成的地表反射信号和窄带脉冲调制无线电信号（Sagan et al.，1993）。虽然非生物过程也可以产生热力学不平衡和窄带无线电信号（Renno et al.，2012），但伽利略号所识别的特征强烈提示有生物的存在。

目前地球继续作为对照研究对象以确定各种新的生物标志的性质和可探测

性，包括更好地了解冰冻世界、地下生物和化学自养微生物所发出的生物信号，以支持未来在太阳系及系外行星生物标志识别和解释方面的工作。

4.5.2 生命信号分子的检测

4.5.2.1 原位检测

在就位观测和着陆取样时，如果使用光谱技术对样品进行原位分析，或在空间实验室进行分析，则不但节省时间，免去将样品带回地球的支出，也可以防止样品在长期储存和搬运过程中的损坏。伴随着生物技术的发展，人们已经研制出许多小型的检测仪，可以在空间站等空间实验室使用。例如，用于快速样品分析的小型质谱仪、DNA 测序仪、空间微流控芯片技术、拉曼显微光谱法等。此外，近年来开发的特殊计算方法允许在航天器上对这些样本进行快速分析。总之，这些进展越来越有助于原位样品分析。

4.5.2.2 有机化合物的鉴定

有机化合物可以使用质谱法、气相色谱－质谱法、逸出气体分析法、拉曼显微光谱法和基于培养的方法进行测量。但这些分子的存在并不能证明生命的存在，因为有些复杂的含碳分子很容易以非生物方式生成。除了查到这些分子信号外，这些化合物还需要以特定的丰度模式存在，而这些模式通常不会在非生命的热力学驱动的反应中偶然发生。

拉曼显微光谱法非常适合有机物质和相关矿物的原位检测（e.g., Wang et al., 2006）。它的优点是不需要大量的样品制备，而且它对样品是无损的。拉曼光谱可用于识别变质岩石中固有的有机物，区分变质后所产生的有机物。根据碳质材料的拉曼光谱特性可对地温计进行校对，这项技术已被广泛用于估算不同岩性和年龄的碳质材料所经历的峰值温度，包括早太古代的岩石（Flannery et al., 2018）。

采用质谱技术有可能实现的物质检测主要包括两种情况：基质辅助激光解析电离质谱（MALDI－MS）可用于相对较纯的化合物进行检测，液相色谱串联质谱（LC－MS）适合复杂混合物的检测。

4.5.2.3 生物大分子的检测

大多数核酸检测都需要预先将核酸样品扩增，采用的方法是聚合酶链式反应

(PCR)。DNA 或 RNA 的样品如果足够多，也可以通过杂交方法直接检测，但这些传统方法都需要事先知道被检测的序列。一些新技术可对单个核酸分子进行测序，且无须事先扩增步骤或知道所要检测的序列（Jain et al.，2016）。其中一个新技术是纳米孔测序，例如，牛津纳米孔技术公司的 MinION 装置，当 DNA 被拉过纳米孔时，MinION 装置可检测到离子电流的变化。它可以检测标准碱基和修饰碱基，原则上也可以用于检测其他杂多聚合物中的亚单位。这一装置已在国际空间站成功地运行（Castro-Wallace et al.，2017）。不过在非地球环境中寻找核酸和其他信息生物聚合物还需要更多的技术，不仅需要考虑测序装置，还需要考虑样品的采集和处理所需的技术。已经有原理性实验证明：可以使用纳米孔技术对多肽进行测序（Nivala et al.，2013），但在方法上尚未成熟。

4.5.2.4 遥感生物标志的探测

发现了一些可用于外行星观测的新遥感生物标志，包括：①在缺氧环境中生成的 CH_4 远远高于地质过程所预期的水平（Arney et al.，2018）。②一系列可能作为生物标志的挥发性分子（Seager et al.，2016）。③一些气体丰度随季节性发生改变（Olson et al.，2018）。④不寻常的行星表面的含量和分布的不平衡。例如，同时存在 O_2（或 O_3）和 CH_4（或 N_2O）是一种较为可信的远程生物信号。虽然热力学不平衡可以由非生物因素，如火山爆发而产生，但它们很难持续存在。所以如果它们的含量持续增高，就有可能是生物来源。例如，地球微生物产生的 CH_4 比地球上水岩反应所能产生的高 60 倍以上（e.g., Etiope et al., 2013）；光合作用生成的 O_2 比光化学反应产生的 O_2 高许多数量级。⑤其他可能提示生命存在的分子组合，包括：在 H_2 主导的环境中存在 NH_3；O_2 和 N_2 以及海洋的存在；同时存在 N_2、CH_4、CO_2 和液态 H_2O，或 CH_4 混合比大于 10^{-3}。虽然非生物过程也能产生 CH_4，但在缺氧环境中很难产生和维持较高的 CH_4 水平（Krissansen-Totton et al., 2016, 2018）。

4.5.2.5 对未知生物分子和生物结构的探测

目前对生物信号识别主要是根据我们熟知的地球生命的结构，包括分子类型、同位素特征、分子手性等。对于其他生命的形式，如何用更通用的方法检测未知生命信息分子是一个挑战。未知生物信号（agnostic biosignatures）研究的目标是探索符合更广泛的生命定义的未知分子来扩大寻找生命的能力。

对于可能发现的各种复杂分子,需要研究这些复杂分子的合成所涉及的物质和能量的输入过程,这样一个过程如果没有生物因素的参与就能完成的概率有多大?这需要进行统计分析和组合化学研究,包括机器学习和计算模型与算法,来估计出现的概率(Goodwin et al.,2015)。如果未知大分子是含有多种亚基的,"非周期性"的杂多聚合物则有很大可能属于生命分子。对生命分子的定义不能简单地根据分子的大小或类型,而是基于自然形成的不可能性,这是这类研究的关键。

4.5.2.6 未知遗传信号的共性

生物系统的一个特征是遗传信息的持久性,它反映了这一系统的环境适应性过程的历史。对于地球生物来说,遗传信息存储在核酸分子中,核酸是长链的多聚物,在其他行星上的遗传分子可能与此不同,但使用相似的构成原理。

由亚基聚合形成的链状多聚物如果包含至少两类亚基(R=0,1),则强烈提示可能是一种生物分子。在地球生命中,这种多聚物分子可以是 RNA(R=A、C、G、U)、DNA(R=A、C、G、T)或蛋白质(R=Ala、Arg、Asn、Asp 等 20 种氨基酸),其信息储藏在亚基的排列顺序中。在实验室已合成的类似分子包括 GNA(乙二醇核酸)、TNA(苏糖核酸)和 PNA(肽核酸),还有更多携带信息的多聚体在化学上是可以实现的(图 4-8)。这类分子不能使用常用的,如 PCR 等方法扩增来发现,需要寻求新的检测技术,例如,使用质谱法完成检测(Arevalo et al.,2015)(参见第 12 章)。

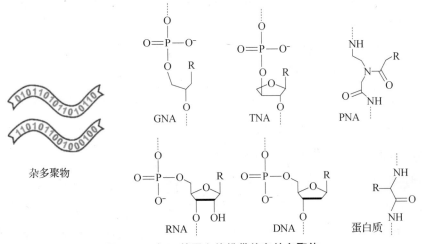

图 4-8 在 R 基团上能携带信息的多聚体

4.5.2.7 对同位素不平衡的分析

对不同元素同位素分布的检测可以提供过去的生物信息。C、H、N、O、P、S是组成地球的生命大分子的六种主要生物元素。生物体的新陈代谢排出的废物或死亡后所产生的废物会与矿物质结合，成为过去生命的标志物。它们的同位素组成可能与非生物的构成不同。例如，^{14}C 是一种碳的放射性同位素，它是通过宇宙射线撞击空气中的 ^{14}N 而形成的，^{14}C 通过 β 衰变又转变为 ^{14}N。由于 ^{14}C 的产生和衰变的平衡，地球环境中 ^{14}C 的丰度基本保持不变。活的生物体中 $^{14}C/^{12}C$ 与环境中是一样的。但如果生物体死亡，则生物遗骸或化石（fossil）中的 ^{14}C 会逐渐衰变减少，可以根据死亡生物体内残余 ^{14}C 的含量推断它的存活年代，也可以用于推断碳进入岩石的时间，这就是 ^{14}C 年代测定法的原理。

^{14}C 的半衰期短，无法成为长时期的历史记录，但还有其他同位素不平衡的分析技术。地球地质样品的碳酸盐中稳定碳同位素的记录，已经被用来推断这个星球的氧化状态。硫同位素的模式也同样随着地球地质时期的变化而改变，并被用来推断地球大气层何时含有臭氧，而臭氧是一种在没有分子氧的行星大气中不可能存在的气体。干酪根中氮同位素的长期变化可以用来推断水生系统中的氧化状态。这些都可以用于还原一个行星的历史。

4.5.3 形态学信息的取得

除了行星X射线岩石化学仪器（PIXL）和拉曼光谱仪可以用于原位寻找和定位各种化合物和有机物外，光学显微镜的观察也十分重要，它可以用来检测现存的和已灭绝的生命。使用透射光显微镜需要把岩石切得足够薄（几十微米），以允许光的透射和显微镜的观察。目前正在开发新的方法来制备薄片，可用于地外样品的原位研究（Foucher et al.，2017），并且无须用水。这种仪器可以与拉曼光谱和激光诱导击穿光谱（LIBS）相结合，提供有机物和元素分析。进展表明，高分辨率显微镜能够安装在行星着陆器或火星车并自主操作。全息显微镜能够对较大的体积进行成像，不需要聚焦，无须染色，这对于空间飞行仪器是十分重要的。另一种很有前景的方法是使用荧光染料标记，然后进行高分辨率光显微成像（Nadeau et al.，2018）。荧光成像也提高了有效的空间分辨率。

生命的原位探测最好是通过集成的成套仪器或可以使用多种分析技术的单个

仪器来进行，这需要新的仪器的研制。

4.5.4 对模拟生命的非生物现象的识别

在寻找生物信号的过程中，还应识别生物信号的假阳性，即非生物过程产生的对生物过程的模拟。为此需加强识别非生物过程的研究和检测方法。

4.5.4.1 非生物过程产生的 O_2

大气中的 O_2 可能由非生物过程产生。2015 年以后，多个研究小组已经发现在系外行星的大气中，特别是在围绕 M 矮星运行的系外行星的大气中，可能有产生非生物 O_2 和 O_3 的机制。这些机制包括：①水分子进入行星的平流层，在那里被光解。产生的氢原子逸散到太空中，由此导致行星高层大气中氧气的积聚。而水进入平流层可能是由于失控的温室导致海洋的蒸发和消失（Luger et al.，2015），这一机制适用于质量较小的 M 矮星。②一些行星大气中可能缺乏不凝性气体，这些气体的逃逸可能会造成大气中氧气含量的相对增加，甚至达到 15%左右。③有人提出，通过表面二氧化钛的光催化分解液态水，可以产生类地球含量的 O_2。④存在 CO_2 光解，和抑制 CO 和 O_2 重结合成 CO_2 的环境（Harman et al.，2015）。

如果没有大气逃逸，光化学产生的 O_2 丰度预计达 0.2% 至 6%；如果没有 O_2 的下沉，O_2 含量还会更高。O_3 也可存在于行星大气中。当海洋消失后，大量富含 O_2 的大气中可能会积聚非生物的 O_3（Meadows et al.，2018），在围绕 M 矮星运行的行星中可探测的 O_3 丰度约为现代地球丰度的 10%。

4.5.4.2 比较行星学用于识别假阳性生物信号

假阳性生物信号的产生与所处的行星环境有关。比较行星学可以帮助确定行星环境中可能导致假阳性生物信号或假阴性生物信号的相关物理、化学过程。确定各系外行星的大气和入射辐射通量有助于确定行星生物信号的可靠性。例如，GJ 1132b 是一个与地球密度相似的行星，但接收的恒星辐射相当于地球的 19 倍，通过对它的研究可以更好地理解行星海洋流失的过程，或行星大气光解失水所产生的非生物 O_2 的情况对类地行星水资源存量的影响。金星催化化学，以及类火星天体上 CO_2 光解过程的稳定性等研究都有助于理解潜在假阳性的可能性和性质。不同行星的交叉比较以及多个证据线的建模对排除假阳性也很有价值。

参考文献

[1] AREVALO R, BRINKERHOFF W, VAN AMEROM F, et al. Design and demonstration of the Mars Organic Molecule Analyzer (MOMA) on the ExoMars 2018 Rover[C]//Aerospace Conference 2015 IEEE,2015:1-11.

[2] ARNEY G N, DOMAGAL-GOLDMAN S D, MEADOWS V S. Organic haze as a biosignature in anoxic Earth-like atmospheres[J]. Astrobiology,2018,18:311-329.

[3] CASTRO-WALLACE S L, CHIU C Y, JOHN K K, et al. Nanopore DNA sequencing and genome assembly on the International Space Station[J]. Scientific reports,2017,7:18022.

[4] CAVALAZZI B, WESTALL F. Biosignatures for astrobiology[M]. Cham:Springer International Publishing Switzerland,2019.

[5] Committee on Exoplanet Science Strategy, Space Studies Board, Board on Physics and Astronomy, et al. Exoplanet science strategy[R]. Washington, DC: The National Academies Press,2018.

[6] Committee on the Astrobiology Science Strategy for the Search for Life in the Universe, Space Studies Board, Division on Engineering and Physical Sciences, et al. An Astrobiology strategy for the search for life in the universe[R]. Washington,DC:The National Academies Press,2018.

[7] CRONIN L, WALKER S I. Beyond prebiotic chemistry[J]. Science, 2016, 352(6290):1174-1175.

[8] DE VERA J P. Astrobiology on the International Space Station[M]. Cham:Springer Nature Switzerland AG,2020.

[9] DES MARAIS D J, NUTH III J A, ALLAMANDOLA L J, et al. The NASA astrobiology roadmap[J]. Astrobiology,2008,8(4):715-730.

[10] ETIOPE G, LOLLAR B S. Abiotic methane on Earth[J]. Reviews of geophysics,

2013,51(2):276-299.

[11] FLANNERY D T, ALLWOOD A C, SUMMONS R E, et al. Spatially - resolved isotopic study of carbon trapped in ~3.43 Ga Strelley Pool formation stromatolites [J]. Geochimica et cosmochimica acta,2018,223:21-35.

[12] FOUCHER F, GUIMBRETIÈRE G, BOST N, et al. Petrographical and mineralogical applications of Raman Mapping[M]//MAAZ K. Raman spectroscopy and applications. London: Intech Open,2017:163-180.

[13] GOODWIN S, GADE A M, BYROM M, et al. Next - generation sequencing as input for chemometrics in differential sensing routines[J]. Angewandte chemie,2015,127:6437-6440.

[14] HARMAN C E, SCHWIETERMAN E W, SCHOTTELKOTTE J C, et al. Abiotic O_2 levels on planets around F, G, K, and M stars: possible false positives for life? [J]. The astrophysical journal,2015,812(2):137.

[15] HAYS L, et al. NASA Astrobiology Strategy 2015[R]. National Aeronautics and Space Administration, USA 2015.

[16] JAIN S, WHEELER J R, WALTERS R, et al. ATPase - modulated stress granules contain a diverse proteome and substructure[J]. Cell,2016,164(3):487-498.

[17] KAROUIA F, PEYVAN K, POHORILLE A. Toward biotechnology in space: high - throughput instruments for in situ biological research beyond Earth [J]. Biotechnology advances,2017,35(7):905-932.

[18] KRISSANSEN - TOTTON J, BERGSMAN D S, CATLING D C. On detecting biospheres from chemical thermodynamic disequilibrium in planetary atmospheres [J]. Astrobiology,2016,16(1):39-67.

[19] KRISSANSEN - TOTTON J, OLSON S, CATLING D C. Disequilibrium biosignatures over Earth history and implications for detecting exoplanet life[J]. Science advances,2018,4(1):eaao5747.

[20] LUGER R, BARNES R. Extreme water loss and abiotic O-2 buildup on planets throughout the habitable zones of M dwarfs[J]. Astrobiology,2015,15(2):119-143.

[21] MEADOWS V S, ARNEY G N, SCHWEITERMAN E W, et al. The habitability of

Proxima Centauri b: environmental states and observational discriminants[J]. Astrobiology,2018,18(2):133-189.

[22] NADEAU J,LINDENSMITH C,FINK W,et al. Just look! White paper submitted to the Committee on an Astrobiology Science Strategy for the Search for Life in the Universe[R]. Washington,DC:National Research Council,2018.

[23] NIVALA J,MARKS D B,AKESON M. Unfoldase-mediated protein translocation through an α-hemolysin nanopore[J]. Nature biotechnology,2013,31(3):247-250.

[24] OLSON S L,SCHWIETERMAN E W,REINHARD C T,et al. Atmospheric seasonality as an exoplanet biosignature[J]. The astrophysical journal letters, 2018,858(2):L14.

[25] RENNO N O, RUF C S. Comments on the search for electrostatic discharges on Mars[J]. The astrophysical journal,2012,761(2):88.

[26] SAGAN C,THOMPSON W R,CARLSON R,et al. A search for life on Earth from the Galileo spacecraft[J]. Nature,1993,365(6448):715.

[27] SCHMITT J R. Searching for life across space and time:proceedings of a Workshop [R]. Washington, DC: The National Academies of Sciences, Engineering, Medicine,2017.

[28] SEAGER S,BAINS W,PETKOWSKI J J. Toward a list of molecules as potential biosignature gases for the search for life on exoplanets and applications to terrestrial biochemistry[J]. Astrobiology,2016,16(6):465-495.

[29] SECKBACH J, RUBIN E. The new avenues in bioinformatics[C]//Cellular Origin,Life in Extreme Habitats and Astrobiology V8. Dordrecht, Boston,London: Kluwer Academic Publishers, 2004.

[30] SIMONSEN L C,SLABA T C,GUIDA P,et al. NASA's first ground-based Galactic Cosmic Ray Simulator:enabling a new era in space radiobiology research [J]. PLOS Biology,2020,18(5):e3000669.

[31] WANG A,FREEMAN J J,JOLLIFF B L,et al. Sulfates on Mars:a systematic Raman spectroscopic study of hydration states of magnesium sulfates[J]. Geochimica et cosmochimica acta,2006,70(24):6118-6135.

第2编

地球上的生命

引 言

地球是唯一已知存在生命的星球。我们首先需了解地球生命的性质、形成和发展过程，才能以此为基础进一步探讨地外生命。第 1 编论述了生命的物质基础：生命元素、分子和水，本编以此为支撑，进一步论述地球生命形成的条件、过程和进化。本编有三章。

第 5 章论述了有利于生命形成和进化的地球理化、气候和地质特征的形成过程。这些特征包括地壳、大气和海洋、地月系统、地球磁场、木星的存在等，以及陨石带来的形成生命的必要成分。这些条件的组合成为在地球上出现和进化生命的天赐良机。

第 6 章进一步讲述了地球生命的诞生和进化的机制及过程。本章首先描述了人类对生命产生方式的认识过程；随后从科学界的基本共识出发，论述从化学进化到生物进化的演变，生物进化过程的科学证据，包括化石和分子生物学记录等；再进一步阐明地球生物进化的一些关键内容，包括代谢、遗传系统和结构的演化过程，以及人类的出现；最后论述生物界与地球环境相互作用、协同进化的过程和机制。

第 7 章换了一个角度思考，提出的问题是：生物进化是一个无限膨胀的过程，还是有一定的自限性？自限的原因和界限在哪儿？讨论的方面包括：地球资源量的限度，由热力学所决定的生命复杂程度的限度，生物对环境条件适应的边界，超出边界所造成的生物灭绝，地球生物进入地外环境时的适应性等。这一话题的延伸就是能否通过重塑生命进一步提高生物体的能力和适应性。本章最后探讨地球生命的最终结局。

第 5 章
地球生命形成的条件

纵观太阳系的不同天体，行星、矮行星、小行星、卫星、彗星……只有地球的环境才适合生命的存在，其他星球，要么太冷，要么太热，要么缺乏大气，最关键的是，缺乏地表的液态水。只有地球是"一切都恰好"的星球。早期地球经历过哪些变化，造成了有利于生命演化的条件？这是本章要探讨的问题。

5.1 地壳、大气和海洋的形成

5.1.1 地壳

地壳表面是地球生物生活的场所，也是生物和非生物进行物质交换的基本界面之一，其基本构造和地质过程是理解生命诞生和进化的基础。

5.1.1.1 地壳的形成和组成

地球在大约 46 亿年前由围绕新形成的太阳运行的尘埃和气体盘通过吸积作用形成。地球通过引力的作用将来自周围太空的各种小行星、较小的岩石和其他物质拉向自己，逐渐成长为一颗行星。这一过程中地球不断遭到小天体的撞击，在地球表面转化成大量的热量；同时地球内部的放射性元素的衰变也释放大量的热量，从内部给地球加温。这导致早期地球非常灼热，地球表面岩石中的铁和镍等金属处于熔化状态。地球表面也处于熔融状态，这使地球的不同的化学成分发生分层，较重的铁等沉入地球的中心，形成地核；较轻的元素和其化合物，像碳、水等则上浮到地球的表面。在随后的生命诞生过程中，生物主要摄取地壳中较轻的元素构造自己的身体。像蛋白质、核酸、糖类等重要的生命分子都是由地表较丰富的轻元素构成的（图5-1）。

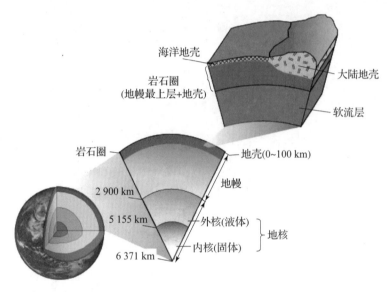

图5-1 地球的分层

(https：//cimss.ssec.wisc.edu/sage/geology/lesson1/concepts.html)

随着地球引力将周围小星体逐渐清空，地表撞击减少，地球开始冷却。原始地幔通过化学分层，逐渐分成相对较重的下地幔和较轻的上地幔。在上地幔的表面又冷却形成质量更轻的原始地壳。现在地壳的平均厚度为 30～40 km，在其下是厚约 2 000 km 的地幔。地壳由固态岩石所组成，包括岩浆岩、沉积岩和变质岩等类型。①岩浆岩由火山喷发的岩浆冷却形成。②在常温常压条件下，先形成的岩石遭受风化剥蚀作用、生物作用等形成的碎屑产物在原地，或经过水流等外力搬运到他处沉积下来，形成沉积层。地质年代的划分就是根据对这些沉积岩层的辨认来达到的。一般来讲，沉积岩位于岩浆岩的上层（图5-2）。③原有的岩石在环境的作用下，其矿物成分、化学成分以及结构进一步变化而形成变质岩。

图 5–2 沉积岩

注：可以看到许多沉积层。

地壳中原子数最多的化学元素是氧，其次是硅，以下是铝、铁、钙、钠、钾、镁。上述 8 种元素占地壳总质量的 98.04%，其余 80 多种元素总共只占 1.96%。地壳中这些元素成为生物体可资利用的资源。一些元素在生物体内的干重含量与地壳中处于同一数量级。比如人体中氧占 65%，在地壳中则占 46%；钙在人体中占 1.3%，在地壳中占 3.6% 等。一些元素虽然在生物体内和地壳中含量差别较大，如碳在人体中占比为 19%，而在地壳中只占 0.03%；氢在人体中占比为 10%，在地壳中占 0.14%，但如考虑到这些元素的获得方式和易获得性，就不难理解这种差别。比如碳元素主要来自空气中的 CO_2，这是生物体相对容易摄取的资源；氢则主要来源于水，同样容易获得。

5.1.1.2 岩石年龄的测定

岩石的地质年代可通过放射性元素的衰变而产生不同核素的比值而确定。锆石在放射性年龄测定中有重要的作用。采用铀铅（U–Pb）、裂变径迹进行锆石的年代测定的原理是：锆石在熔岩冷却时结晶。锆石第一次结晶时含有放射性铀，铀会慢慢衰变为铅，但在岩石形成之前铅是不存在的。铀与铅的比值反映了锆石形成后的时间，也就是火成岩冷却后的时间。沉积岩中的锆石可以识别沉积的来源。

此外，一些锆石的氧同位素组成被解读为在 44 亿年前地球表面已经有水了。

5.1.1.3 地壳的演变

原始地壳在形成后继续发生演变：地表不断被大大小小的陨石撞击，破坏原有的地壳结构；火山爆发形成新的岩浆岩；冰川不断重塑地表结构，水流不断带来新的沉积岩。在过去几十亿年里,所有的地壳都被侵蚀、撞击和板块构造破坏过,因此地球的原始地壳基本不能幸存至今。所幸在距离地球相对较近的火星和木星之间存在一个小行星带,其中无数的小行星中的岩石没有经历与地壳相似的地质变化,还保留着几十亿年前的结构和化学成分。这些小行星偶尔以陨石的形式掉到地球表面。另外,月球表面也保留着古老的岩石,对它们的研究可以还原地球早期的物质面貌。

海洋地壳的结构与大陆地壳有所不同。次生地壳形成于洋中扩张中心,部分熔融的地幔成分产生玄武岩浆喷出地表,形成新的海洋地壳,其成分接近上地幔。这种作用是板块构造的驱动力之一,大陆则只是随着海底的扩张而移动,造成大陆的漂移。新的海洋地壳不断地创造,意味着旧地壳必须在某个地方被破坏,所以在扩张中心的对面,通常有一个俯冲带:一个海沟,使海洋板块被推回地幔(图5-3)。这种不断产生新的海洋地壳和破坏旧的海洋地壳的过程,意味着地球上最古老的海洋地壳只有2亿年的历史。相比之下,大部分大陆地壳要古老得多。地球上最古老的大陆地壳岩石的年龄为37亿~42.8亿年,发现于西澳大利亚的纳雷尔片麻岩地体、加拿大地盾西北地区的阿卡斯塔片麻岩,以及芬诺坎迪安地盾等其他克拉通地区。据估计,现今大陆地壳的平均年龄约为20亿年。新的大陆地壳的形成与强烈的造山作用有关。

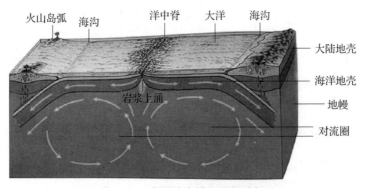

图5-3 海洋地壳的新生与破坏

(改自 https://www.wendangwang.com/doc/4d68557b8822b4ae0f52420810d19a270c1c6e5c/13)

总的来说,大陆地壳较厚,一般为30~50 km,但密度低。高山、高原地区的地壳更厚,像青藏高原地区厚度可达70 km,主要由密度较低的长英质岩石组成,如花岗岩。海洋地壳比大陆地壳薄,厚度为 5~10 km,主要由密度更大的镁铁质岩组成,如玄武岩、辉绿岩和辉长岩等。

地壳的形成是生命诞生的前提,目前所发现的最古老的岩石说明至少在 43 亿年前地壳就已经开始形成。目前已知最早含有有机碳的岩石是存在了 38 亿年的沉积岩,可以推断在地壳形成之初就已经为生命进化提供了舞台,并开始了化学进化过程。

5.1.1.4 对岩石的研究可揭示地球不同时期、不同地点的地质事件

每一种岩石都有自己的形成条件,当我们发现了某一种岩石,就意味着在岩石形成的那个时间存在这样的物理条件。根据岩石形成的时间,就可以推知那个年代所发生的地质事件。比如金刚石只有在相当高的压力和温度下才能形成。它的出现意味着这些岩石来自地球深处,因此,可用于推测当时发生的地质事件。

5.1.2 大气

5.1.2.1 地球大气的演变过程

地球大气的演变过程包括三个阶段。

1. 原始大气

随着地球的诞生,原始大气也形成。在原始地球物质开始聚集时,其周围已经包围了大气成分,主要是一些宇宙中含量丰富的轻物质,如氢、氦和一氧化碳等。地球形成之后,因为地球内部放射性物质的衰变和大量陨石对地球的高速碰撞所产生的能量造成地球升温,太阳风的强烈作用可以将原始大气吹离原始地球,加上新生的地球引力较小,这些因素造成原始大气逐渐向宇宙空间膨胀并逃逸散失。在 45 亿年前或晚些时候,估计地球上是没有大气的。

2. 次生大气

地球诞生之后,随着地表温度下降,地壳形成,但地球内部的温度仍然较高,且初期形成的地壳较薄,这造成火山活动频繁。火山爆发形成的挥发气体逐渐替代了原始大气,成为次生大气。次生大气的主要成分有二氧化碳、甲烷、硫化氢、氦和氨等相对分子质量较大的气体。随着地球磁场的形成,地球有能力防止大气被太阳风吹走,这些气体成分得以保留。次生大气是还原性大气,它的出现为原始生命的形成创造了条件(参见第 6 章)。

3. 现存的大气

现存的大气是大气形成的第三个阶段,也就是形成我们今天所呼吸到的大气。随着生物的进化,出现了光合作用。生物体可以直接利用太阳能光解水分子,产生氢离子(质子)和电子用于能量的传递和储存,而将氧气释放到大气之中。氧气的出现改变了大气的成分,造成地球生物类型的大更替。大量在还原性大气条件下出现和进化的厌氧型生物遭到灭绝,而需氧型生物得以出现和进化。动物作为典型的需氧型生物,是在大气中氧气成分上升之后出现的。

大气中的氧气在太阳光中波长小于 185 nm 的紫外线的作用下形成臭氧,在大气层的平流层形成臭氧层。臭氧层有吸收阳光中紫外辐射的作用,可以保护地球上的生物免受远紫外辐射的伤害,使生物的遗传物质 DNA 保持稳定,最易受紫外线伤害的陆生生物得以发展和进化。地球大气成分随时间的变化如图 5-4 所示。

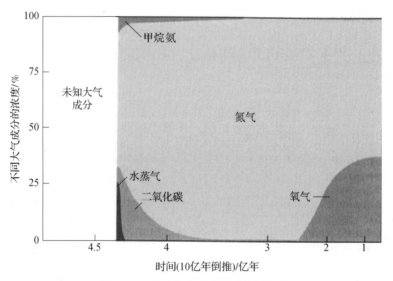

图 5-4 地球大气成分随时间的变化

5.1.2.2 大气的组成

现有大气主要是多种气体组成的混合气体,还包括悬浮其中的液态和固态杂质成分。气体成分中,氮气(N_2)占 78%,氧气占 21%,氩气(Ar)占 1%,其他气体含量甚微,其中 CO_2 占 0.033%。O_2 和 CO_2 对生命最重要。CO_2 含量虽低,却是生物碳元素的最主要来源,CO_2 主要通过光合作用进入生物体内,在 O_2

的帮助下，通过呼吸作用，分解生物体内的碳化合物，产生 CO_2 释放回大气中。

除了上述成分外，大气中还含有水汽，水汽主要位于大气的下层。3/4 的水汽集中在 4 km 以下；99% 的水汽存在于 12 km 的高度之下。水汽含量很少，且变化很大，变化范围为 0~4%，是天气变化的主要原因，水汽能强烈吸收地表发出的长波辐射，也能放出长波辐射，水汽在蒸发和凝结的过程中可以吸收和放出潜热，影响到地面和空气的温度和湿度，从而影响到大气的运动和变化。云、雾、雨、雪、霜、露等都是水汽的各种形态。

5.1.2.3 大气的分层

按照大气的物理性质，整个地球大气层可以分为五层，自下而上依次是：①对流层。对流层是地球大气中最低的一层。云、雾、雨、雪等主要大气现象都出现在这一层。对流层是对地球生物影响最大的一层，也是气象学、气候学研究的重点。由于对流层主要是从地面得到热量，因此对流层的气温随高度增加而降低。平均而言，高度每增加 100 m，气温则下降约 0.65 ℃。②平流层。自对流层顶部到 55 km 左右为平流层。平流层因为吸收了来自太阳的紫外线而被加热，其气温随着高度的上升而升高。平流层顶部的气温大约为 270 K，接近地面的气温。臭氧即形成于平流层。③中间层。自平流层顶到 85 km 左右的大气为中间层。该层的特点是气温随高度增加而迅速下降，并有相当强烈的垂直运动。④热层。其又称暖层，这一层的气温又随着高度的增加而增高。在 300 km 以上的高空，空气可达 1 000 ℃ 以上，原因是波长小于 0.175 μm 的太阳紫外辐射被该层中的大气物质，主要是原子氧所吸收而产生热量。当太阳活动加强时，温度随之升高；反之温度下降。在热层中，空气处于高度电离状态，这是由于受到强太阳辐射的作用，气体原子产生电离，形成带电离子和自由电子，使高层大气中产生电流和磁场，并反射无线电波。因此，该层又被称为电离层，电离层的存在使人类可以收到很远地方发出的无线电信号。地球两极的极光也产生于这一层。⑤散逸层。其又称外层，为大气的最高层。这一层中气体温度高，空气稀薄，使空气粒子运动速度快，又因地心引力相对较小，所以大气粒子经常散逸至太空中。到 2 000~3 000 km 的高空，空气的密度接近星际空间，被认为到达地球大气层的上界（图 5-5）。

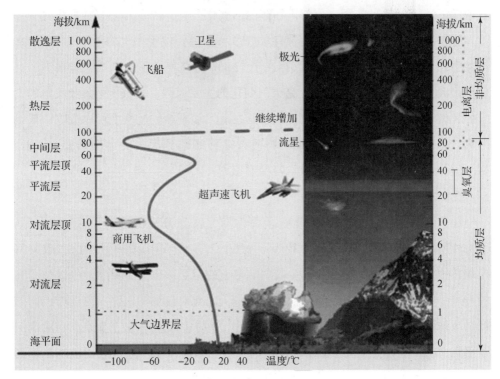

图 5-5 地球大气的分层

5.1.2.4 大气促进地球生物的进化，并提供对生物的保护

大气的存在对生命活动至关重要。大气均匀地包裹地球，维持地表环境的稳定，是生物稳定存在和进化的前提之一。

（1）大气挡住了来自太阳和宇宙的大量有害射线，保护地球生物不受伤害。

（2）维持地球气温的稳定，白天大气层可挡住部分过强的太阳辐射，防止地表温度过高；夜晚地球表面以长波辐射的方式向外辐射热量，而长波辐射是不能透过大气层的，故地表热量不会丧失太多，夜间温度也不会降得太低。由此大气层就起到了调节地球表面温度的作用，使之不至于过高或过低。这就是大气的保温作用。

（3）大气保护地球免受过多的其他小天体的伤害。如果我们观看了月球上伤痕累累的陨石坑，而地球则是一片郁郁葱葱，就能明白大气层对地球的保护作用了，绝大多数飞向地球的陨石在到达地面之前就在与大气摩擦生热中焚毁了。大气使地球经受的撞击明显减少，维护了生物的持续性。

(4) 大气所形成的大气压可以使水在适当温度下保持液态。如果没有大气，在地表温度达到 0 ℃ 以上时，水冰不是融化成液态水，而是直接升华为气态，就像在火星上发生的那样，挥发到太空当中。大气的存在使蒸发的水蒸气在大气底层形成云，然后再通过降水过程回到地面，形成了水在地球生物圈内部的循环，就此保存住了地球的水。

(5) 大气中的 O_2 和 CO_2 提供了生物体所需的氧和碳原子，参与了生物圈氧和碳的循环过程。

5.1.3 原始海洋的形成

5.1.3.1 地表水的来源

在太阳系的岩石行星中，地球是唯一在其表面有液态水海洋的行星。地球离太阳的距离足够远，不会因失控的温室效应而失去水分，但又不是太远，如果太远，低温会导致地球上所有的水结冰。液态水存在于地球表面是生命活动所必需的。

早期的内太阳系太热，地球原有的水无法凝结，会被逸散到太空中。因此地球表面的液态水不大可能从原始地球形成时就有。水和其他可挥发成分应该是在地球史的晚些时期从外太阳系输送到地球，或由地球深处喷发到地球表面的。水中氘和氢的比值为其来源提供了独特的"化学指纹"。大多数氘是在大爆炸或超新星中产生的。在太阳系形成的早期，它在整个太阳星云中的不均匀分布即被有效地锁定，成为追踪水的来源的指标。我们可以通过研究地球和太阳系其他冰体的不同同位素比率来研究地球水的可能来源。

这种研究表明，地球上的水具有与陨石中发现的水相似的氘氢同位素比值。因此这部分水是由一些带冰的星子通过撞击而输送到地球上的。这些水的成分类似于现代小行星带外缘的小行星的水。在原始地球开始冷却后，火山活动频繁，从火山喷出的气体有大量的水蒸气，形成原始大气的一部分。这可能是地球水的另一来源。

5.1.3.2 地球能存住水的机制

金星是地球的近邻，在早期地球上重新聚集水的情况，很可能也在金星上发生过。为什么金星最终失去了水分，而地球显然没有？问题的答案可能源于这两颗行星精确位置的差异。由于温室效应，地球表面的平均温度为15 ℃，使水处于液态。但在海平面以上10 km处，也就是大部分温室气体的上方，大气温度下降到-50 ℃。向上层大气扩散的水蒸气被凝结，并以雨或雪的形式回落。相比之下，金星更热，在其地表上方几十千米的平均温度高于水的冰点，因此水蒸气可以在金星大气中扩散得更高，最终受到太阳紫外线的强力照射，水分子被分解成氢和氧。氧气向下漂移，通过氧化金星表面的岩石而沉淀下来，而非常轻的氢逃逸速度快，消失在太空中。在过去的45亿年中，这一机制除去了金星最初储存的水。由于水的缺乏，金星不能吸收大气过多的CO_2，后者形成强烈的温室效应，进一步提高金星表面的温度（图5-6）。

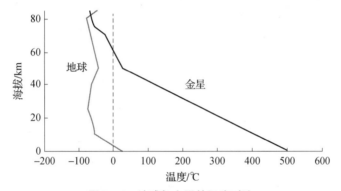

图5-6 地球与金星的温度对比

注：地球大气层足够冷，水在相对较低的高度凝结并造成降水，使上层大气相当干燥；而在温暖的金星大气中，水很容易扩散到超过60 km的高度，在那里太阳紫外线将水分解为氧和氢，而氢则消失在太空中。（Plaxco and Gross，2021）

5.1.3.3 原始海洋的形成

水是原始大气的主要成分，原始地球的地表温度高于水的沸点，所以当时的水都以水蒸气的形态存在于大气之中。随着地表不断散热和地球内部温度逐渐降低，地表降到沸点以下时，水蒸气被冷却凝结成水，原始地球出现降雨。在地球表面低凹的地方，就形成了江河、湖泊，并不断向更低洼的地带流动形成海洋。

在地壳形成时，大陆地壳和海洋地壳的密度都低于地幔，这两种地壳都"漂浮"在地幔上。地壳的密度随地形高度的增加而减小，称为地壳均衡（isostasy）。大陆密度较低，所以"漂得"较高，是大陆地壳高于海洋的原因之一。结果导致水在海洋地壳上方聚集，形成原始海洋（图5-7）。

图 5-7　大陆地壳与海洋地壳的区别

注：大陆地壳较厚、密度低；而海洋地壳较薄、密度高，故它们漂在地幔上时，位置更下沉（Steven Earle, Physical Geology, 2nd 2019。https：//rwu.pressbooks.pub/webboceanography/chapter/3-2-structure-of-earth）

原始海洋盐分较低，现代海洋海水中的无机盐主要是通过自然界周而复始的水循环由陆地带入海洋而逐年增加的，而有机物质却异常丰富。当时由于高空中没有臭氧层阻挡，不能吸收太阳辐射的紫外线，所以，紫外线能直射到地球表面，成为合成有机物的重要能源。此外，天空放电、火山爆发所放出的能量、宇宙间的宇宙射线，以及陨星穿过大气层时所引起的冲击波等，也都有助于有机物的合成。天空放电提供的能量所合成的有机物质容易被雨水冲淋到原始海洋之中，使原始海洋富含有机物质。据推测，在原始海洋中有机分子含量可达到 1%，这为生命的诞生创造了必要的条件。

5.2　地月系统的形成对生命形成的影响

月球作为地球的卫星，直径大约是地球的 1/4，质量大约是地球的 1/81，平均密度是地球的 60%，与地球互相绕着旋转，形成地月系统。除了太阳外，月球是影响地球最大的天体。它的存在对地球生命的诞生和发展起到至关重要的作用。

5.2.1　月球的起源

月球形成于 45.1 亿年前，距离太阳系起源约 6 000 万年，因此月球几乎在地球形成伊始就与地球伴随存在了。曾经存在过许多有关月球起源的学说，包括：从地球分离的分裂说，由地球引力吸引过来的小行星的俘获说，地球和月球在太阳系同一区域同时形成的同源说，一个原始天体与地球前身撞击后形成的碰撞说等。目前碰撞说得到了较多的支持。这里只介绍这个假说。

该假说认为，在太阳系演化早期，空间曾存在大量的星子，星子之间通过引力相互吸引碰撞，体积逐渐扩大，形成一些原始的行星。地球前身就是其中的一个。另有一个火星大小的行星被称为 Theia（忒伊亚），直径约 6 km，距离地球不远，沿着与地球前身很近的轨道围绕太阳公转。在木星和/或金星的引力作用下轨道偏转，接近地球前身的轨道，与地球前身相互吸引，最终发生碰撞（图 5 – 8）。剧烈的碰撞对两者都造成了巨大的改变。Theia 被撞破，硅酸盐的壳和幔受热蒸发，膨胀的气体以极大的速度携带大量碎屑四散开来。受到巨大撞击的地球，地幔和地壳物质也受热蒸发，膨胀的气体同样以极大的速度携带大量粉碎了的尘埃飞离地球。飞散的气体和尘埃并没有完全脱离引力控制，一部分返回地球，另一部分通过相互吸积而结合起来，形成几乎熔融的月球，或者是先形成一个环，再逐渐吸积形成一个部分熔融的月球。撞击释放了大量的能量，这会融化地球的外壳，从而形成一个岩浆海洋。同样，新形成的月球也会形成自己的岩浆海洋；其深度估计从大约 500 km 到 1 700 km，最后分别冷却成为地球和月球，冷却的地球开始形成自己的海洋。

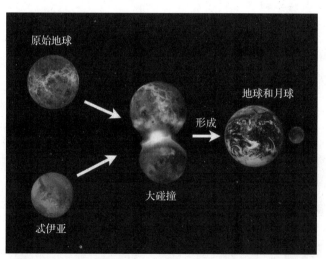

图 5 – 8　月球起源的碰撞说（源自 http://k.sina.com.cn/article_1886484850_70717972027001ncv.html?from=science&display=0&retcode=0）

大撞击造成两者之间的物质交换，使两者之间的物质构成相对趋同。比如太阳系内的其他天体的氧和钨同位素的组成与地球非常不同，而地球和月球的氧和钨同位素组成几乎相同，月球岩石样本成分也与地壳非常相似。由于地球引力较大，原来位于忒伊亚核心的铁等重金属，很多被转移到地球，造成新形成的月球相对贫铁，平均密度也较低。这些发现都是对碰撞说的有力支持。忒伊亚假说也解释了为什么地球的核心比相似大小的行星要大，这是由于忒伊亚的部分核心和月幔混入地球。

由于月球地质活动不像地球那样活跃，因而可以保存更古老的岩石。月球最古老的岩石已有44亿年。如果撞击学说正确，由此推算地球至少有44亿年的历史。再通过对陨石岩石形成时间的确定，就可以对地球的形成时间有较精确的估计。

5.2.2 地月系统的形成

5.2.2.1 月球的相对大小

月球是一颗非常大的天然卫星，它对于地球的相对直径和质量超过太阳系其他行星的卫星。因此地月系统形成后，月球对地球的发展影响很大。两星互相绕着旋转，地球和月球共同的质量中心位于地球表面以下1 700 km，约为地球半径的1/4处。

5.2.2.2 潮汐效应

在地月系统中，受距离影响，月球对地球不同质点的吸引力不同，就会产生潮汐力。这种力会造成地球作为一个整体的形变，主要影响到其液体和气体的部分，其中最主要的效应是海洋的潮汐现象。月球对地球海水的潮汐力造成了面向月球的一侧和相反的一侧的海平面上升，称为海洋潮汐。地球自转时，海平面上升（涨潮）的部分随之移动，其高潮位置永远在地球－月球连线及延长线上。在地球的一个具体位置，每日发生两次涨潮，一次是最靠近月球时，另一次是最远离月球时。太阳对地球同样存在潮汐效应，但它的潮汐力只占月球的40%；太阳和月球的潮汐效应在某一时刻叠加，就会产生大潮；如果相互抵消，就只形成小潮（图5-9）。海洋潮汐的大小还受到地球各种地貌的影响。潮水的位移与大洋底部产生的摩擦力、水运动的惯性、在陆地附近变浅的海床等都会对海洋潮汐的大小产生影响。

潮汐力同样作用于地球的大气，造成地球不同位置大气厚薄的差别，其原理和海洋潮汐类似。

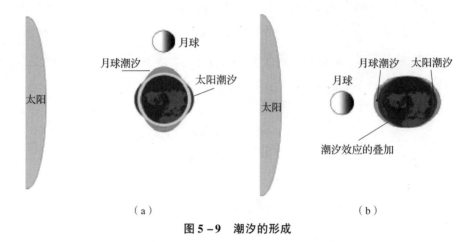

图 5–9 潮汐的形成

(a) 太阳、地球和月亮呈 90°角时，形成小潮；(b) 太阳、地球和月亮排成一列时，太阳和月亮的潮汐效应将叠加，形成大潮

(改自 https://rwu.pressbooks.pub/webboceanography/chapter/11-1-tidal-forces)

5.2.2.3 潮汐锁定

潮汐力对星球的固体成分同样会起作用，造成在两个相互吸引的天体连线位置的固体部分的弹性膨起，这种潮汐隆起称为固体潮。对于不存在水、大气等流体的星球，如对于月球来说，固体潮就成为唯一的潮汐效应。随着星体自身的旋转，隆起和质量中心也在不断改变位置，造成星体内部物质成分的摩擦。潮汐摩擦力导致转动动能不断变成摩擦热，最终减缓星体的自转速度。在地月系统中，地球和月球都会受这种效应的影响。

月球在最初形成时，其自转速度远快于现在，在潮汐摩擦力的作用下，自转速度不断减慢，直到月球自转速度减慢到其围绕地球公转的水平。在月球的一面永远正对地球后，月球内部的应变停止，内部岩石不再摩擦，自转速度才稳定下来，这一结果称为潮汐锁定。月球潮汐锁定的结果使我们在地球上永远只能看到月球的一面。受地球引力的长期作用，月球的质量中心已经不在其几何中心位置，而是在靠近地球的一边。2016 年，行星科学家利用 NASA 早期探月任务收集的数据，在月球对面发现了两个富含氢的区域（很可能是之前的水冰）。据推测，这些碎片是数十亿年前月球被潮汐锁定之前的两极。

地球在潮汐摩擦力的作用下同样减慢自身的旋转速度，自从 40 多亿年前得到月球这个伴侣后，自转的速度开始减慢，自转一周所需要的时间从 4 h 逐渐增加至今天的 24 h。由于地球比月球的质量大得多，是后者的 81 倍，在相同距离下，单位质量月球所受到的地球潮汐力大约 20 倍于地球受到的月球潮汐力。因此，地球自转减慢的速度较月球慢得多。月球已经达到潮汐锁定，即每自转一周用一个月时间。地球还需将自转时间减慢几十倍，才能达到对月球的潮汐锁定。这还需要至少几十亿年的时间。如果我们站在月球上观望地球，将见不到地球升起和降落的现象，但可以看到地球的自转。每天都可以既看到地球的正面，也看到地球的背面。

无论是月球减慢自转速度达到潮汐锁定还是地球自转的减慢，部分自转的角动量转变为月球绕地球公转的角动量，其结果是月球以每年约 38 mm 的速度远离地球。月球远离地球的结果是其绕地球一圈需要更多的时间，也就是每月的时间在逐渐延长。同时地球的自转越来越慢，一天的长度每年变长 15 μs。在地球和月球达到相互锁定时，地球和月球的自转周期都会变成 47 天。

地球的自转导致太阳-地球系统也存在潮汐摩擦力，同样会缩短地球的自转周期，由于太阳-地球系统的潮汐力比地月系统弱得多，因此要达到太阳对地球的潮汐锁定，也就是地球自转速度减慢，达到用一年时间完成一次自转将需要更长时间。在约 75 亿年后，太阳会演变为红巨星，此时地球如果仍存在，则与火星都将会被太阳的潮汐锁定，地球的一侧将始终被太阳照射，而另一侧则会一直陷于黑暗之中。

太阳-地球系统的潮汐摩擦力也会转变为地球绕太阳的轨道角动量，增加其距离并降低其角速度。这会造成在 5 亿年内地球与太阳的距离增加 1%。地球现存的一些地质记录可以证实地球自转周期在逐渐变长。叠层石是蓝细菌的代谢和沉积作用共同作用形成的结构，其上面的条纹反映了在形成时每年的天数。对一些叠层石研究发现，这些蓝细菌生存的年代一年约有 470 天，一个月约有 40 天。在大约 4 亿年前的泥盆纪，一年降至 400 天，每天存在 21.8 h。

潮汐锁定在行星（矮行星）-卫星系统中是常见现象，有一些可到达相互锁定。比如冥王星和其卫星卡戎之间就已形成互相潮汐锁定：只以一个面朝向对方相对旋转。

5.2.3 月球对地球生命形成和发展的影响

忒伊亚与地球前体的碰撞对地球结构和运动所起的作用对生命起源和发展具有重大影响，主要表现在如下几个方面。

（1）一方面，大碰撞使忒伊亚的铁质内核被地球所吞噬，地球质量增加，从而更容易吸引住大气。另一方面，沉到地核的铁有利于地球磁场的形成，而地球磁场有助于抵抗太阳风，保护地球大气不被吹散（见5.3节）。

（2）与忒伊亚的碰撞使地球自转角度偏转了约25°，造成了地球的四季现象，减小了地球不同地区的温度差。

（3）月球引起地球海洋的潮汐对生命形成十分重要，潮汐坑的干湿变化有助于生物大分子的形成（见第6章），在细胞诞生后，潮汐帮助海陆生命物质的交换和循环，促进先期生活在海洋的生物登上大陆，扩大生物的栖息地。潮汐作用也有利于地球运转的稳定，避免抖动和大范围的气候变化。潮汐力有助于洋流，洋流通过向两极输送，平衡和调节全球温度。

（4）水是生命之源，前面提到地表的水主要来自外太阳系的小行星和彗星。有研究表明，忒伊亚可能形成于外太阳系，而不是内太阳系，因此带有大量的水。忒伊亚在与地球前体碰撞时也带给地球大量的水。

（5）月球绕地球转动，使地球的引力场、磁场发生了变化。在月球引力所形成的晃动作用下，地球的外球发生了旋转，形成磁极的移动。

5.3 地球磁场的作用

磁场是由运动电荷或电场的变化，即在不同的电荷做相对运动时产生的，对场内的磁体和电荷能产生磁力的场。磁场存在于电流、运动电荷、磁体或变化电场周围的空间，在数学上被描述为一个向量场。

磁感应强度是用来表示磁场的强弱和方向的物理量，用符号 B 表示，单位为 T（特斯拉），$1\,T = 1\,N/A \cdot m$。高斯（Gs）为 T 的 0.0001。另一个描述磁场的物理量是磁场强度。在国际单位制中，磁场强度用每米安培（A/m）来测量。两者的区别是：磁感应强度反映的是相互作用力，是两个参考点甲与乙之间的应力关系，而磁场强度是主体单方的量，不管乙方有没有参与，这个量是不变的。

5.3.1 地球磁场的形成理论

地球拥有磁场。早期的地球处于熔融状态，铁、镍等较重的元素在重力的作用下沉向地心，较轻的元素浮向地表。随着地球温度的下降，位于地核内核的铁、镍在较大的压力下变成固态，而地核外核的铁、镍仍处于液态。

磁场产生于电流，发电机理论（Dynamo Theory）提出了一种机制，认为一个处于旋转、对流的和能导电的流体可维持磁场的存在。这一理论被用来解释天体中持续存在的磁场。通过这种机制，地球和恒星等天体可以产生磁场。地球发电机中的电流是由地球外核中熔融的铁和镍的混合物的对流运动而产生的。而太阳发电机中的导电流体则是转速线上的电离气体。发电机也是水星和木星磁场的来源（图5-10）。

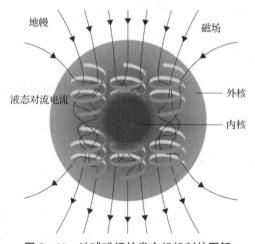

图5-10 地球磁场的发电机机制的图解

注：地球外核中的流体金属由来自内核的热流驱动而产生对流，通过科里奥利力组织成卷，产生循环电流，从而产生磁场。（改自Andrew Z. Colvin，美国地质调查局）

行星发电机的运行需要三个必要条件。

（1）导电流体介质。

（2）行星自转提供的动能。

（3）驱动流体内对流运动的内部能源。

在地球，磁场是由外核液态铁的对流引起并维持的。外核的自转是由地球自转引起的科里奥利效应（Coriolis effect）提供的。科里奥利力倾向于将流体运动和电流组织成与地球旋转轴平行的柱［即泰勒柱（Taylor column）］，可比拟为一个条形磁铁。磁场的产生由如下感应方程所描述：

$$\frac{\partial \boldsymbol{B}}{\partial t} = \eta \nabla^2 \boldsymbol{B} + \nabla \times (\boldsymbol{v} \times \boldsymbol{B})$$

式中，v 是速度；B 是磁场；t 是时间；$\eta = 1/(\sigma\mu)$ 是磁扩散率，其中 σ 是电导率，μ 是磁导率。右边第二项与第一项的比值给出了磁雷诺数，即磁场平流与扩散的无量纲比值。

在地球表面，地磁的大小为 25~65 μT。它可近似地看作一个相对于地球旋转轴倾斜了约 11°的磁偶极磁场，就好像有一块巨大的条形磁铁，以这个角度穿过地球的中心。这一角度称为磁偏角。位于北半球加拿大努纳武特埃尔斯米尔岛的北地磁极实际上是地球磁场的南极，与之相对的是北极。

尽管南北磁极通常位于地球两极附近，但它们在地质时间尺度上缓慢而连续地移动，在平均几十万年的不规则的时间尺度内，地球磁场可能发生反转，南北磁极转换位置。这些地磁极的倒转在岩石中留下了记录，古磁力学家据此估算过去的地磁状态。这些信息有助于研究板块构造过程中大陆和洋底的运动。

5.3.2 太阳风、日冕物质抛射对地球磁场的影响

5.3.2.1 太阳风和日冕物质抛射的基本概念和形成过程

太阳风是指从太阳上层大气射出的等离子体带电粒子流，产生于日冕。太阳作为一个高温等离子球体，其最外层大气为日冕。日冕的物质稀薄，平时无法直接看见。只有在日全食月亮遮盖了太阳主体后，人们才可观察到日轮周围呈现着血色的光区，这就是日冕。由于日冕具有高温，气体的动能较大，因此可克服太阳的引力向星际空间膨胀，形成不断发射的一种较稳定的粒子流，这就是太阳风（图 5-11）。这些挣脱了太阳引力的粒子沿着日冕的磁力线飞向星际空间。在太阳附近，太阳风基本沿径向行进；在远离太阳的区域，太阳光线由于受太阳自转的影响，形成阿基米德螺线，太阳风就是沿着这些螺线射向太空。太阳风的成分不是气体分子，而是由简单的质子和电子等组成的，其速度为 200~800 km/s。太阳风持续存在，但其强度受到太阳活动的影响。其他恒星也可以发出这种带电

粒子流，称为"恒星风"。

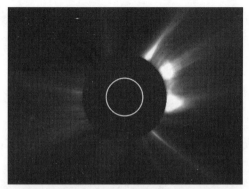

图 5–11　由欧洲航天局/美国航空航天局太阳和日光层天文台 1999 年 6 月 15 日拍摄的图像
注：其显示从太阳流出的物质。使用日冕仪将太阳主体光线遮挡（图像来源：NASA/SOHO）。

与太阳风的恒定存在不同，日冕物质抛射（coronal mass ejection）是短时间内快速的等离子体的爆发，是太阳程度剧烈的能量释放。它们有时与太阳耀斑的发生有关。抛射出来的物质除了主要的电子和质子外，还有少量的重元素，如氦、氧和铁等。出现日冕物质抛射时，巨大的、携带磁力线的泡样气体，在几分钟至几小时内从太阳向外抛射一团日冕物质，速度从每秒几十千米到超过每秒 1 000 km 不等，使很大范围的日冕受到扰动，从而剧烈地改变了白光日冕的宏观形态和磁场位形（图 5–12）。日冕物质抛射破坏了太阳风原有的流动，产生的干扰会影响到地球，暂时改变地球磁场，甚至引发灾难。

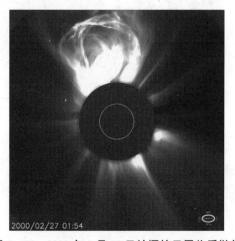

图 5–12　2000 年 2 月 27 日拍摄的日冕物质抛射
注：使用日冕仪将太阳主体光线遮挡。（SOHO 拍摄）

5.3.2.2 太阳风和日冕物质抛射作用于地球

太阳风的密度与地球上风的密度相比非常稀薄而微不足道，但十分强劲。在地球上，最快的风速也只是每秒几十米，而太阳风的速度却经常保持在每秒几百千米。太阳风虽然猛烈，但绝大部分却不会吹到地球表面。这是因为围绕地球的磁场就像一个保护层，促使大部分太阳风沿着地球磁场的磁力线发生偏转而绕过地球。

尽管有地球磁场的保护，但太阳风还是会对地球产生一定的效应，主要有以下几种。

（1）干扰地球的磁场，使地球磁场形态发生明显的变动。太阳风作为一种等离子体，也有磁场。在太阳风的作用下，地球磁场原有的磁力线会被压缩在一个有限的空间，形成了一个被太阳风包围的、彗星状的地球磁场区域，称为磁层，位于地球周围。太阳风则一般绕过磁层飞离地球。

在日地连心线向阳的一侧，磁层顶端通常距地心约为 10 个地球半径。当太阳激烈活动时，则磁层顶被太阳风压缩到 6~7 个地球半径。在日地连心线背阳的一侧，磁层形成一个圆柱状的长尾，即磁尾，其长度可达几百个地球半径（图 5–13）。

图 5–13 太阳风和地球磁场

（2）影响地球的高层大气，破坏地球电离层的结构。尤其是日冕物质抛射会形成地磁风暴，使地磁丧失反射无线电波的能力，造成无线电通信中断，并可影响地面输电、输油、输气管线系统的安全。

(3) 对运行的卫星产生影响。

(4) 影响大气臭氧层的化学变化，使地球的气候发生反常的变化。

(5) 在地球两极的极光是太阳风和地球磁场作用所发出的光线。

5.3.3 地球磁场对生命的保护作用

地球磁场对生命的存在意义巨大。在第 3 章谈到了辐射与生命的形成关系密切，辐射作为一种意外的能量输入，经常会破坏生物体原有的分子结构，尤其是核酸的结构，导致生物体的不稳定甚至死亡。所幸地球已经有多种机制应对来自太阳和宇宙的辐射，上面提到的大气层在很大程度上形成了阻挡辐射的屏障，地球磁场则进一步加强和维护这方面的作用。

5.3.3.1 直接作用

地球磁场可以直接挡住射向地球的各种射线。如果没有地磁，穿透进来的太阳风的辐射量就很容易达到多次 X 线检查量的水平，导致遗传物质损伤、动物免疫力的下降，可能引起癌症发病率增大等。

大气层也可以保护在地面的人类免受宇宙辐射的伤害，但如果乘坐飞机等航天器上升至高空，则这种保护效果就会下降，地磁的保护作用就会突出。人类航天员的活动范围已部分超出大气层的保护圈，但由于地球磁场的存在，尚未经历完全剂量的太空辐射，即使在长期工作的国际空间站。由于空间站的轨道只在地球上空的 400 km 左右，有 1/3 的太空辐射在磁场的作用下改变方向，从地球的两极绕过；高层大气也使宇宙射线在到达国际空间站之前发生折射，可截掉最具危险的 1/3 的粒子，只有很少部分的宇宙射线打到了航天员身上。但如果人类离开地球磁场的保护，继续向深空探测，太空辐射的效应将会是严重的问题。比起微重力，太空辐射是对进入太空的地球生物更大的威胁。

5.3.3.2 间接作用

(1) 保护大气。从太阳射出的太阳风会吹走地球大气和水蒸气，让地球变得像火星一样干燥。地磁场可以把太阳风阻挡在地球之外，使之从地球两极绕过地球，从而保护地球的大气和水分，使之在重力的作用下，牢牢地吸在地球表面。目前推测太阳风将火星早期大气中的 CO_2 吹走，导致了火星大气的几乎完全损失。这与火星磁场的消失有直接关系。地磁保护了大气层，躲开了各种宇宙射线，维持液态水的存在，从而保证地球生命的平稳进化。

（2）保护臭氧层。地球的磁场可进一步保护后来形成的臭氧层，使之免遭太阳风吹散，否则太阳风的带电粒子会剥去保护地球免受有害紫外线辐射的臭氧层。

5.3.3.3 地球磁场影响宇宙射线在空间的分布

受大气结构和地球磁场结构的影响，宇宙射线的强度在不同区域有所不同。

（1）高度效应。从 160 km 到 50 km，射线强度基本不变；在 50 km 以下时，由于大量次级粒子的形成，强度逐渐加大，在 20 km 处达到极值。高度继续下降，辐射强度又急剧下降，到地面时达到最低。在距离地球更远的地方出现的辐射带称为范艾伦带（Van Allen belt），它又分为内辐射带和外辐射带，如图 5–14 所示。内辐射带离地面较近，位于地面以上 1 000～6 000 km 的高度延伸，主要由高能电子和质子组成，来源于银河宇宙射线。外辐射带距地球 13 000～65 000 km，由比内层电子带能量更高的电子组成。这些能量电子是由太阳风扩散进入或者由磁层电子加速而来。这些电子和离子受磁场作用，在地球外围做往返运动，并在不同的磁力线间漂移，形成围绕地球的运动。

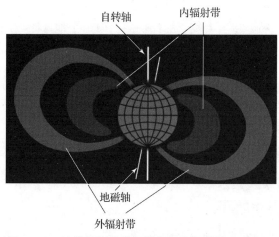

图 5–14　地球周围的内辐射带和外辐射带（NASA）

（2）纬度效应。由于地球磁场的作用，大量辐射绕地球两极而过，故赤道较两极的辐射弱。

5.3.4 地球磁场与生物的其他关系

经过在地球环境下的进化，一些生物已经学会利用地球磁场信号进行生命活动，出现磁感受器，包括鸟类和海龟在内的动物可以感知到地球的磁场，并在迁徙过程中利用磁场导航。

研究发现，非常微弱的电磁场可以干扰欧洲知更鸟和其他鸣禽利用地球磁场导航的能力。这种干扰电波的频率为 2 kHz~5 MHz，其中包括 AM 无线电信号和一些普通电子设备的信号。

目前已知一些甲壳动物、昆虫、硬骨鱼和哺乳动物是提取磁偏角信息进行定向和导航的，而两栖类、爬行类和鸟类是基于磁倾角的信息进行定向和导航的。

从公元 11 世纪，人类就开始使用罗盘进行测向，从 12 世纪开始使用罗盘进行导航。尽管磁偏角会随时间而变化，但这种漂移的速度足够慢，一个简单的罗盘仍然可以用于导航。

5.4 陨石、木星与生命起源

地球能够诞生生命得益于它的许多得天独厚的条件，除了上面列举的具有水分、大气、地磁、地月系统，以及处于适宜带之外，太阳系内还有一些其他因素间接促进或影响了地球生命的形成。

5.4.1 陨石与太阳系内物质的搬运

地球与其他任何天体一样，从来都不是一个孤立系统，除了接受太阳能、微粒子流、宇宙辐射，受到其他天体的引力影响而产生运动外，与其他天体还存在广泛的物质交换。交换形式包括不同天体之间的撞击，主要效应是小天体因撞击而融入大天体。这种交换主要在太阳系范围内进行，但偶尔也会有系外物质进入太阳系，或太阳系物质逃逸出去。一般来讲，太阳系的不同天体围绕太阳或其他引力中心运行的轨道不交叉，客观上造成不同天体物质交换的屏障，但也有少数类型的天体，如彗星的运行轨道为椭圆形，与其他天体的运行轨道存在交叉，则两天体相遇的可能性较大。一些较小的天体，如小行星带的各种小行星本身质量较小，易受到大天体的引力吸引而偏离原来的轨道，最终通过撞击进入大天体。

太阳系起源于一个巨大的达几光年跨度的分子云。在引力、气体压力、磁场力和转动惯量的相互作用下，星云逐渐收缩，扁平化成了一个直径约 200 AU 的原行星盘。星盘的中心的超密度区域塌陷，形成一个热致密的原恒星，最终导致太阳的形成。剩下的气体和尘埃形成的圆盘状云继续收缩，较大的星子产生的重力场吸引更多的星际物质，清扫其轨道上的尘埃和较小星子。质量的增加使其在公转轨道上运行变得稳定，最终形成行星或小行星。可以想象，在太阳系形成的早期，星际物质之间的撞击、融合频率比后期大得多。地球上的许多物种成分都是在早期由其他天体运输到地球上的。太阳系的早期这种物质频繁交换的时期称为大轰击期（heavy bombardment），在 38 亿年前结束。

5.4.1.1　陨石

陨石是脱离原有运行轨道的宇宙流星或碎块散落到地球或其他行星表面的未燃尽的石质、铁质或是石铁混合的物质。地球上大多数陨石来自火星和木星间的小行星带，也有的来自经过地球轨道的彗星，很少部分来自月球、火星，或其他天体。受引力吸引奔向地球的小行星，在进入大气层时，与之摩擦生热，大多数被焚毁，形成流星。只有极少数可以到达地面变成陨石。可以通过陨石内同位素含量的分析确认陨石形成的时间。

剖析陨石的化学成分，可以了解陨石母小行星的组成和变化过程。小行星因体积较小，未经历过像地球这样较大的行星所经历的地质变化，其物理结构和化学组成在很大程度上还保留着太阳系诞生早期的状况，为我们带来太阳系早期的信息。从其中发现的水、氨基酸和其他有机化合物提示这些生命物质或生命所需的物质成分也存在于地外星空，在星际物质运输过程中不断到达地球，可能对早期地球生命的形成起到作用。

5.4.1.2　由陨石搬运到地球的与生命有关的物质

目前已经确认地球的水大多来自早期的陨石。地球属于内太阳系。在地球形成过程中，内太阳系过于温暖的环境使易挥发的物质，如水和甲烷等分子难以聚集，所以在那里形成的微行星只能由高熔点的物质，如铁、镍、铝和石状硅酸盐等所组成。这些石质天体进一步结合成为包括地球在内的类地行星。因此早期地球含水量少。

在太阳系雪线之外，水分子凝结成冰，并进入各个类木行星、它们的卫星、彗星，以及火星和木星之间的小行星中。这些小行星和含冰的彗星在星际旅行中有时进入内太阳系，有一些撞入地球，将水分带入地球表面。地球上多数的水是在地球已形成后依靠星际搬运从其他小天体带来的，少部分的水为火山爆发时从地下带出。如果没有这些过程，生命将很难诞生。有关内容还可参见 5.1 节。

基于同样的理由，其他挥发性小分子物质，如氢、氦、氖、氮和甲烷等，即使在地球形成时被整合进地球，也会在地球的早期通过挥发而离开地球。它们同样容易在外太阳系星际空间保持固态，然后通过陨石又带回地球。在对落入地球的陨石成分的分析中，已发现多种分子和有机化合物，这些分子和有机化合物在太阳系形成之初，已经存在于恒星间气体和尘埃云中。地球上产生的有机分子的化学进化发生在地表出现水和还原性大气形成之后，由地壳中原有的较轻的生命元素合成，也可能来自彗星和小行星带，通过陨石带入地球表面（参见第 11 章）。

5.4.1.3 陨石对地球生物的危害

如果陨石尤其是大的陨石频繁地落入地球，也会对地球生命的发展造成不利影响。它们使地表不稳定，产生的热效应可能使海水蒸发，造成气候的改变，使不能适应环境变化的生物死亡。地球上的生物是在晚期大轰击结束后才开始持续进化的。几次较大的生物灭绝可能与大的陨石有关。关于超过 40 亿年的轻碳同位素石墨的发现暗示地球上的早期生命可能会随着数次足以完全蒸发地球海洋的陨石撞击而产生和毁灭多次。

5.4.1.4 来自月球和火星的陨石

有些陨石来自比较大的天体，如月球、火星等，带来了这些天体的物理、化学和生物信息。这些陨石与来自小行星、彗星的陨石的不同之处是其还需挣脱较大的引力。最好的解释是其他彗星和小行星对它们的撞击，使其表面的物质以碎屑的形式飞溅到太空，然后在自己的惯性轨道旅行，直到被地球捕获。

一些火星陨石被发现含有一些被认为是火星生物化石的证据。火星岩石中含有的碳酸盐物质被认为是在 40 亿～36 亿年前存在地下水的证明。对火星的陨石生命迹象的研究引起地球生命可能来自像火星这样的岩石行星的猜想，造成一种被称为有生源说的理论的复活（见第 9、11 章）。

5.4.2　木星与地球生命的起源

在地球的早期，陨石带来了生命诞生所需要的物质。但到生命和生物圈已经形成时，过多的陨石尤其是巨大陨石轰击地表又会改变地表结构，造成气候变化，对已形成的生物形成损害。所幸此时地球已经基本上将自身轨道附近的小天体通过引力作用而清除干净；地球大气也形成一个保护层，焚毁掉绝大多数侵入地球的小行星。此外，还有一个机制：木星的存在，进一步保护了地球免受小天体的伤害。

作为一个气态巨行星，木星主要由氢和氦组成。在木星的大气层中只有少量的水，可能的固体位于压力极大的区域，且有强烈的垂直风，因此被认为不可能存在任何类似地球的生命。但这颗巨大行星的存在对几亿千米之外的地球生命的发展至关重要。

5.4.2.1　木星对太阳系行星系统的影响

木星的引力作用对太阳系的形成产生了很大的影响。行星系中大多数行星的轨道都比太阳的赤道面更靠近木星的轨道面，只有水星是唯一的轨道面离太阳赤道更近的行星。木星的运动影响着包括小行星在内的行星系统。2011年提出的大迁移假说（grand tack hypothesis）认为，木星在距太阳3.5 AU形成后，向内迁移到1.5 AU处。在土星向内迁移，并与木星建立了2∶3的平均运动共振之后，木星逆转方向，最终进入5.2 AU处的当前轨道。由于木星的巨大引力，它在穿越小行星带的过程中影响了小行星的运动。木星的引力加快了这些小行星运动的速度，导致它们在与其他物体碰撞时碎裂，而不是吸积，使得在火星和木星之间出现了小行星带。这又改变了许多小行星原有的轨迹，使之偏斜进入内太阳系，大约在40亿年前引发了晚期大轰击，许多小行星物质因此进入地球。这种轰击到38亿年前停止（图5-15）。

另一个"尼斯"模型解释了海王星和天王星的位置改变。这个形成于2005年的理论认为木星和土星的共振产生了对外行星的引力推动，可能导致海王星和天王星向远离太阳的位置移动，进入古老的柯伊伯带，这改变了许多冰体的轨道，使之成为短周期彗星，其轨道划过内太阳系时，为地球带来了可观的水。

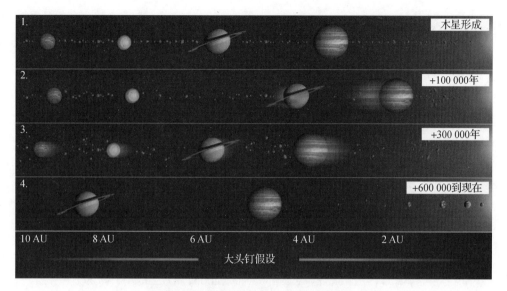

图 5-15 类木行星运行的大迁移假说

注：依时间顺序分别为 1、2、3、4 阶段（Carroll M 2016）

木星等外行星的活动将小天体和彗星带入内太阳系，所导致的晚期大轰击为地球带来了水分和一些有机物，随后地球开始了生命的产生和进化。天体的撞击可能同时给地表带来丰富的过渡金属，而这些金属可能在催化简单有机物的合成中扮演重要角色。

5.4.2.2 木星使形成生命的地球免受更多的陨石攻击

木星被称为太阳系的真空吸尘器，它拥有巨大引力且位置靠近太阳系内部，因此可吸进内太阳系大量的小天体和陨石，木星遭受的小天体和彗星撞击的频率大约是地球的 200 倍，使太空显得更加空荡和干净，这大大降低了这些小行星和彗星撞击地球的可能性。小行星和大的陨石撞击地球严重影响生命的存在和发展，甚至造成大的物种灭绝。6 500 万年前恐龙的灭绝就与一个巨大的陨石撞击地球有关。据估计，这种大的撞击几千万年发生一次。假如没有木星这个太阳系巨大行星的存在，造成地球生物大灭绝的小行星和陨石撞击地球的概率将大大增加。

参考文献

[1] BARBONI M, BOEHNKE P, KELLER C B, et al. Early formation of the Moon 4.51 billion years ago[J]. Science advances, 2017, 3(1): e1602365.

[2] CAMPBELL W H. Introduction to geomagnetic fields[M]. 2nd ed. New York: Cambridge University Press, 2003.

[3] CARROLL M. Picture this! Grasping the dimensions of time and space[M]. Cham: Springer International Publishing Switzerland, 2016.

[4] CHAPRONT J, CHAPRONT-TOUZE M, FRANCOU G. A new determination of lunar orbital parameters, precession constant and tidal acceleration from LLR measurements[J]. Astronomy & astrophysics, 2002, 387(2): 700-709.

[5] CHELA-FLORES J, LEMARCHAND G A, ORÓ J. Astrobiology-origins from the big-bang to civilisation[C]. Dordrecht: Springer, 2000.

[6] CLAEYS P, MORBIDELLI A. Late heavy bombardment[C]//GARGAUD M, AMILS R, QUINTANILLA J C, et al. Encyclopedia of astrobiology. Berlin, Heidelberg: Springer, 2011: 909-912.

[7] GARGAUD M, MARTIN H, LÓPEZ-GARCÍA P, et al. Young Sun, Early Earth and the Origins of life[M]. Heidelberg, Dordrecht, London, New York: Springer, 2012.

[8] MARSCH E, TU C. Solar wind origin in coronal funnels[J]. Science, 2005, 308(5721): 519-523.

[9] MAURETTE M. Micrometeorites and the mysteries of our origins[M]. Dordrecht: Springer Netherlands, 2006.

[10] PALLÉ E. The Earth as a Distant Planet: A Rosetta Stone for the search of Earth-like worlds (Astronomy and Astrophysics Library)[M]. Berlin: Springer, 2010.

[11] PIERENS A, RAYMOND S N, NESVORNY D, et al. Outward migration of Jupiter and Saturn in 3:2 or 2:1 resonance in radiative disks: implications for the Grand Tack and Nice models[J]. The astrophysical journal letters, 2014, 795(1): L11.

[12] PLAXCO K W, GROSS M. Astrobiology: an introduction[M]. 3rd ed. Baltimore:

Johns Hopkins University Press,2021.

[13] PUDRITZ R,HIGGS P,STONE J. Planetary systems and the origins of life[M]. Cambridge:Cambridge University Press,2007.

[14] REHDER D. Chemistry in space:from interstellar matter to the origin of life[M]. Weinheim:Wiley – VCH Verlag & Co. KGaA,2010.

[15] SANCHEZ – LAVEGA A. An introduction to planetary atmospheres[M]. Boca Raton:Taylor and Francis Group,2010.

[16] THOMPSO J M T. Advances in astronomy:from the big bang in the Solar System[C]. London:Imperial College Press,2005.

[17] TOUMA J,WISDOM J. Evolution of the Earth – Moon system[J]. The astronomical journal,1994,108(5):1943 – 1961.

[18] WILLIAMS J G,NEWHALL X X,DICKEY J O. Lunar moments,tides,orientation, and coordinate frames[J]. Planetary and space science,1996,44(10):1077 – 1080.

[19] WITZE A. Earth's magnetic field is acting up and geologists don't know why[J]. Nature,2019,565(7738):143 – 144.

[20] ZAHNLE K,SCHAEFER L,FEGLEY B. Earth's earliest atmospheres[J]. Cold Spring Harbor Perspectives in Biology,2010,2(10):a004895. doi:10.1101/cshperspect. a004895.

第 6 章
地球生命的进化

在第 5 章谈到，太阳系的演化使地球恰好具备了生物产生和进化的条件，包括大气、液态水、磁场、较大的自然卫星、木星的存在，或许还包括有机物的输入等。这些条件的存在是否必然导致生命的出现？生命出现的具体过程是怎样的？复杂的生命不是一蹴而就的，而是经过了漫长的过程。

从表面上看，今天的地球环境，有成分适宜的大气、有海洋、有大陆、有适宜的温度，这些简直就是给生命的存在做准备的，并与其他类地行星的现实拉开了很大的距离。但实际上，在太阳系诞生伊始，这些岩石行星之间并没有这么显著的差别，尽管某些差别确实是关键的。事实上，早期生命诞生的环境与今天大不相同，而且只有在那样的环境下才能产生化学进化。生命自诞生伊始，就参与了对其周围环境的改造，改变的环境又反过来对生命施加影响，促使生命不断改变自身。生物体系与地球环境共同进化，相互改变对方，形成今天的生物圈。如果我们想理解现在地球的环境和生物，应该从了解早期地球生物进化开始。

■ 6.1 有关地球生命发生的假说

生命具有延续性，但生命是一个无始无终的过程，还是存在一个起源？如果有，这一起源是如何发生的？从无生命到生命的鸿沟是怎么被跨越的？最原始的生命应该是什么样子的？这类问题就像"第一推动力"困扰着牛顿等物理学家那样，对人类智慧构成了巨大的挑战，也给了人们广阔的想象空间，自古以来，无数思想家试图填补这一空间。

6.1.1 自然发生说

自然发生说（Spontaneous Generation）是一种很古老的观点，主要产生于古希腊。生命来源于非生命，这是现代生物学家的共识，自然发生说虽然也持类似观点，但却把事情简单化了，它把生命看成随时可以产生的东西。古希腊的亚里士多德就认为生命随时可以发生，从非生命到生命之间存在一些界限模糊的过渡，然后进入生命等级，即存在一个从无生命、低等生命，到植物、动物的发生序列。到了19世纪，虽然很多观察和实验证明大的生物不太可能从非生命直接产生，但是那时已经发现了微生物，这种微小的生物无处不在，经常不招自来，使很多人相信至少微生物是可以自然产生的。

若想否定微小生物的自然发生说，就必须证明如果没有原有微生物的传播，本来不存在微生物的地方就不会自发地出现微生物。法国微生物学家路易斯·巴斯德（Louis Pasteur，1822—1895）令人信服地证明微生物不会自发地产生，他做了这样一个实验。

首先，巴斯德将肉汤装入带有细管的烧瓶中，然后加热烧瓶，将肉汤中的微生物全部杀死。但是如果将这个装有无菌肉汤的烧瓶放置一段时间，不久肉汤就又会充满微生物。为了证明这些微生物不是由肉汤自发产生的，而是由外界带入的，巴斯德在放入肉汤并加热灭菌后，用火将烧瓶的细管烧弯。此时弯管虽仍和外界相通，空气可以进入瓶中，但久置后，肉汤不再腐败，烧瓶中不再出现微生物。造成这种情况的解释是：弯曲的细管尽管允许空气通过，但却会沉淀空气中的微生物，使其不能自由进入烧瓶中。可见，微生物不是从肉汤中自发产生的，而是从外界借助空气传播来的。巴斯德的曲颈烧瓶实验（图6-1）否定了自然发生说，支持生命来源于早期存在的生命假说。

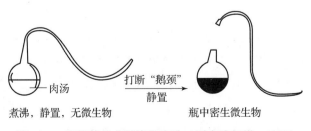

图6-1 巴斯德的曲颈烧瓶实验（引自陈阅增，2005）

到1870年，托马斯·亨利·赫胥黎（Thomas Henry Huxley）提出了生源说（Biogenesis），断言生命来自先前已经存在的生命。而在此之前，德国病理学家鲁道夫·威尔肖（Rudolf Virchow）在总结细胞学说时已经指出：所有的细胞都来源于先前存在的细胞。这样自然发生说逐渐地被巴斯德等人否定，生命是如何起源的问题需要其他学说来解释。

6.1.2 化学进化说

苏联生物化学家奥巴林和印度遗传学家霍尔丹等人陆续提出，在极其漫长的时间内，地球上的生命由非生命物质经过复杂的化学演变逐渐形成，并最终导致具有遗传系统和生物化学系统的细胞出现。地球早期的环境有利于小分子物质聚合成大分子物质，最终形成生物分子和多分子复合体。

化学进化说（Chemical Evolution Theory）与自然发生说不同，自然发生说认为生命在当代随时可以发生，而化学进化说则将生命的产生推向非常久远的过去，并需要漫长的时间，经过化学进化出原始的细胞之后，才有生命的延续过程，即威尔肖所说的"生命来自先前已经存在的生命"。早期的地球环境是否支持化学进化，这要从早期地球物理和地球化学的研究中寻找答案。

6.1.2.1 产生化学进化的原始地球环境

早期地球的环境与现今有很大的不同。表面上看，那时的地球环境很不利于当今生物的生存，地表温度太高、火山爆发频繁、缺乏氧气……但恰恰是那种环境有利于与产生生命有关的化学进化发生。

对生命的化学进化有利的环境包括以下几个方面。

（1）能量和温度。第5章讲到早期地球的温度很高，过热本不利于细胞生命的稳定代谢活动，但却可为有机分子的非生物合成提供能量。地球有机分子的合成所需能量的来源包括太阳能和来自地球内部的地热。现在地球生命主要依赖于太阳能，而早期有机分子合成的重要能源却包含地热，今天这些地热资源可见于海洋深处的海底，尤其是海底热泉喷口附近和火山周围。由于地表常经受大量的陨石撞击和频发的海洋蒸发，不利于生命物质的积累，海底就成为稳定的、有利于生物物质持续存在的场所。这里存在的大量硫化物可以为早期生物提供能源，热泉生态系统不仅温度高，且存在的 CH_4、H_2 和 CO_2 等为合成有机分子提供了原料。现今发现许多古生菌仍然生活在这种高温、缺氧、含硫和偏酸的环境中，这些改变不大的环境维持了这一古老生物分支。后来出现的某些动物，也将生境扩展到这一环境，如巨型管虫（Riftia Pachyptila）等（图6-2）。

图6-2 巨型管虫

注：巨型管虫生活在太平洋海底1英里（约1.61 km）深的热液喷口附近，形似巨大的唇膏，它们可能长到3 m长。

雷电和火花放电也是能量利用的重要方式。在火山爆发时，被喷射到高空的高温气体可产生雷电和火花放电，造成局部高温，并产生紫外线。放电形成了电流、高温和紫外线的混合能源，用于生命分子的合成。由于放电发生在地表附近，可把生成物直接运到海洋中去。

(2) 大气。原始的大气构成与现今很不相同，它缺乏氧气，而充满 CO_2、CH_4、N_2、水蒸气、H_2S 和 NH_3 等成分。这些气体成分有利于分子的还原合成作用，而不利于氧化分解，因此被称为还原性大气。在还原性大气的帮助下，有机分子逐渐积累，而不至于被很快氧化分解掉。此时的氧主要以氧化物的形式存在，生物氧化还是将来的事情。

在这种大气的作用下，地球表面岩石的风化作用可能与现在完全不同。在水蒸气的作用下，铁、镁、镍、钼等金属的氧化物以及硫化物、氢氧化物和富含这些金属的黏土矿物在地球表面大量产生，积累了大量的类似古土壤的风化矿物物质，其颗粒大小处于微米至纳米尺度，具有很高的表面化学活性。在当时较高的温度下，大量的 CO_2 被还原成 CO，从而使以 CO 为基础的大量的生命有机化学反应进行。大气中足够的 CO 可以保证在海洋形成之后甚至最初的生命形成之后有足够的碳源存在。

(3) 水。地表的水来自火山喷发出的水蒸气和彗星带来的水分。当地球表面温度降至 100 ℃ 以下时，水蒸气便形成雨水降到地面，形成海洋、河流和湖泊。相比气态环境，液态水可以带来更高密度的可溶性的有机分子，同时不失去其流动性，液态水环境的作用主要有：①更有利于有机分子之间发生频繁的化学反应，聚合成更高分子的化合物，为更复杂的生物物质合成打下基础。②阻止强烈的紫外线对原始生命分子的破坏作用，也有利于原始生命物质的积累。③水较高的比热容可以维持生物体温度的相对恒定，这对有机化合物成分的稳定和积累也是有益的。因此，原始海洋成为生命化学演化的中心，原始生命分子与水的结合构成了地球上所有生命的基础。

在当今地球上，仍然可以找到与生命诞生之初相似的环境，而且在这样的环境中照样可以生存现代生物。20世纪70年代末，科学家在达尔文曾驻足的加拉帕戈斯群岛附近发现几处深海热泉里生活着众多的生物类群，包括管栖蠕虫、蛤类和古生菌等。一些自养型细菌从热泉喷出的硫化物中获取能量去还原CO_2而产生有机物，其他动物以这些细菌为食物而生存。这些生物能够生活在高温、高压、缺氧和无光的环境中，说明除了原始原核生物等"原住民"外，进化出的相对高等生物仍可能适应在生命诞生之初的自然环境。

6.1.2.2　产生原始有机分子的模拟实验

苏联生物化学家奥巴林和印度遗传学家霍尔丹在20世纪20年代分别推测，在早期地球的还原性大气中含有的大量CH_4、NH_3、H_2S、HCN之类的化合物，以及水蒸气等，在紫外线、宇宙射线、闪电及局部高温等高能作用下，有可能合成氨基酸、核苷酸、单糖等有机化合物。为了验证这一点，美国芝加哥大学研究生米勒在导师尤里的指导下于1953年进行了著名的米勒实验。米勒设计了一个密闭的循环装置，在其中充以CH_4、NH_3、H_2等气体用来模拟原始大气；用一个烧瓶装水并加热，用来模拟原始炽热的海洋，水可以变为水蒸气进入模拟的原始大气中，然后在装置中制造电火花以模拟在那一时期常出现的天空闪电放能，提供模拟气体发生化学反应所需的能量；再设计一个冷凝装置使反应物随水蒸气液化而凝集于管底。一个星期后，米勒在收集的水中发现了氨基酸、尿素、乙酸和乳酸等多种有机化合物，包括甘氨酸、谷氨酸、天冬氨酸、丙氨酸等构成蛋白质的氨基酸（图6-3）。在此后，其他人进行的类似实验中，又获得了合成蛋白质所需的所有20种氨基酸、几种单糖，包括磷脂等脂质，还有嘌呤、嘧啶、核糖、脱氧核糖、核苷酸，甚至ATP等生命分子，证明在所设想的原始地球环境下，有可能合成原始生命分子并开启化学进化的历程。现在人们已经知道，各种非生物合成包括氨基酸在内的不同生命分子的化学反应过程（图6-4）。

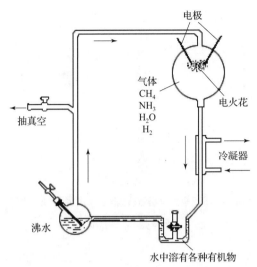

图 6-3 米勒设计的有机小分子非生物合成的模拟实验（引自米勒）

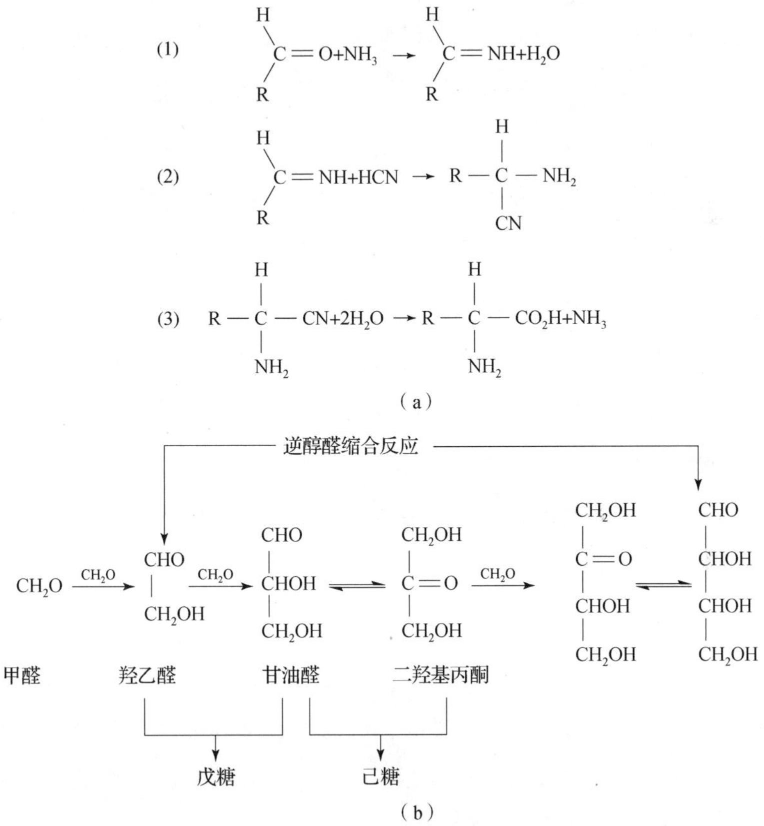

(1) $\underset{R}{\overset{H}{|}}C=O+NH_3 \rightarrow \underset{R}{\overset{H}{|}}C=NH+H_2O$

(2) $\underset{R}{\overset{H}{|}}C=NH+HCN \rightarrow R-\underset{CN}{\overset{\overset{H}{|}}{C}}-NH_2$

(3) $R-\underset{NH_2}{\overset{\overset{H}{|}}{C}}-CN+2H_2O \rightarrow R-\underset{NH_2}{\overset{\overset{H}{|}}{C}}-CO_2H+NH_3$

(a)

(b)

图 6-4 一些生命分子的非生物途径合成

（a）通过 Strecker 反应非生物合成氨基酸；（b）通过醛反应非生物合成糖

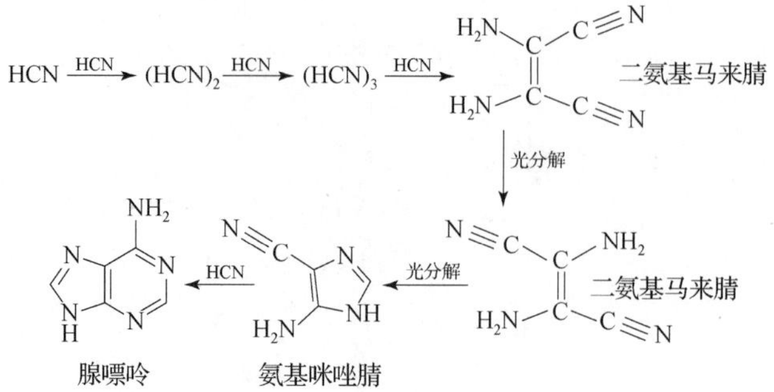

$$HCN \xrightarrow{HCN} (HCN)_2 \xrightarrow{HCN} (HCN)_3 \xrightarrow{HCN} \text{二氨基马来腈}$$

$$\downarrow \text{光分解}$$

腺嘌呤 ← 氨基咪唑腈 ← 光分解 ← 二氨基马来腈

（c）

图 6-4　一些生命分子的非生物途径合成（续）

（c）由氰化氢非生物合成腺嘌呤

6.1.3　宇宙胚种说

这一学说认为地球上的早期生命可能来自宇宙的其他星体。支持这一想法的证据有：①有利于诞生原始生命的早期地球的还原性大气也见于其他行星。对土星、木星等的大气分析表明：这些大气也包含 NH_3、CH_4 等气体，星云中也有类似的成分，这些环境也有可能如同米勒实验所表明的那样合成生命分子。事实上，对陨石成分的分析表明，一些陨石确实携带着氨基酸、嘌呤、嘧啶等生命小分子，甚至在月球上也可检测到氨基酸等物质。②宇宙间生命分子的运输并非难事，可以借助彗星、陨石等实现生命物质在星际的搬运。地球在诞生之初曾饱受陨石的撞击，据估计，有大量的有机化合物因此被送入地球。有人推断一颗或数颗穿越地球的彗星将"生命的胚胎"留在了刚诞生不久的地球上，从而出现了地球生命，既然地球上大量的水是彗星带来的，那么，生命分子也有可能随之而来（参见第 2 章、第 11 章）。

当然，生命分子的存在和生命本身的诞生还是两码事，有人认为像细胞这样的生命基本形式也可以通过某种宇宙运输到达地球，成为地球生命的种子，不过这类说法争议很大。一般认为，氨基酸、嘌呤、嘧啶等生命小分子在宇宙当中并不罕见。这些分子发源于地球本身或来自宇宙其他地方都是可能的，但由氨基酸聚合成蛋白质，或由核糖、嘌呤、嘧啶等聚合成核酸则应是在地球完成的，随后开始更复杂的进化。

6.2 从化学进化到生物进化

从地球诞生的早期,生物进化就开始了。在最终形成生命的基本形式细胞之前,还经过了漫长的化学进化过程,逐步形成生物分子和生物大分子,建立遗传机制。这方面的资料主要是根据早期的地球化学研究、化石记录和实验室的环境模拟等研究获得的。

6.2.1 与生命有关的有机分子

生命的复杂性以生物分子的复杂性为基础。构成地球生命的分子虽然种类繁多、结构千变万化,但一个明显的共同点是它们基本都含有碳元素。带有碳原子的复杂化合物称为有机化合物,只有极个别的简单含碳化合物,如 CO_2、CO 等,不属于有机化合物,这是历史的原因造成的。

6.2.1.1 碳链骨架和官能团

碳原子作为一种容易与其他原子,包括碳原子通过共价键结合成分子的元素,在生物分子中具有举足轻重的作用,故而地球上以碳为基本元素的生物被称为"碳基生物"。一个碳原子可以形成 4 个共价键,不同的碳原子可借助共价键彼此串联起来,形成称为烃的生物分子骨架。在烃上再连接包括碳、氧、氮、硫、氯等原子形成的化学基团,就构成了多样的有机分子。有机分子的特性决定于这些化学基团的结构和特性,因此它们也被称为官能团。有机化合物主要的官能团包括羟基(—OH)、氨基(—NH_2)、羧基(—COOH)、巯基(—SH)、羰基(—C=O)、甲基(—CH_3)等。这些官能团和它们的不同组合赋予这些分子以特定的生物功能。这些链状、分支、环状的烃骨架分子,再加上各种官能团,所形成的变换无穷的组合,构成了天文数字的潜在生物分子。但真实存在的生物分子数量远远少于潜在数量,这些实际存在的生物分子是自然选择和进化的产物。

6.2.1.2 糖类

糖类是单糖、寡糖、多糖以及它们的衍生物的总称。基本的糖类由 C、H、O 三种元素组成,比例一般为 1:2:1,恰好是一分子水加上一个碳原子的原子数比例，因此又称碳水化合物。但后来发现，许多糖类化合物中的这三个元素并不符合 1∶2∶1 的比例，如鼠李糖（$C_6H_{12}O_5$）、脱氧核糖（$C_5H_{10}O_4$）等；而由 C、H、O 组成且符合这一比例的化合物又不一定是糖类，如乙酸（$C_2H_4O_2$）。

糖类的基本构件称为单糖，其化学构成是多羟醇或多羟酮。单糖之间脱水缩合，就形成多糖。植物界的纤维素和淀粉，动物体内的糖原和黏多糖，血液中的葡萄糖等都属于糖类。在自养型生物生命物质的合成过程中，糖类也是首先合成，然后再通过糖类提供的能量和分子改造，合成其他的生命分子。

糖类的功能众多，其主要功能包括：在植物中，糖类提供了自身的构件，植物体中的纤维素是地球上含量最大的有机化合物；在动物中，糖类是能量的主要提供者，用于合成 ATP，或转化成其他生物分子。

6.2.1.3 脂类

脂类是一大类化学性质不同的有机化合物的总称，它们的共同点是不溶于水，但溶于乙醚、氯仿、苯等有机溶剂；脂类的一些构件分子，像短链脂肪酸、甘油等是溶于水的。脂类的功能多种多样，可以用来做生物膜的成分、水和热的绝缘体、能量的集中储存等。重要的脂类有脂肪、磷脂、胆固醇等。

6.2.1.4 蛋白质和氨基酸

蛋白质是含氮的生物大分子，是生物体中品种最多、功能最复杂的高分子物质，生命活动的几乎所有环节都需要蛋白质的参与。蛋白质的基本单位是氨基酸。

氨基酸是含有氨基和羧基官能团，及特定侧链基团（R 基团）的有机分子。在已知 500 余种天然氨基酸中，只有 20 种参与构建蛋白质。它们之间脱水缩合，形成长链状的肽，长链状分子再通过非共价键构成具有三维结构的蛋白质。

蛋白质的功能几乎涵盖了生命活动的所有方面，主要有：①结构和支持作用。细胞内的细胞骨架等蛋白质结构，细胞外的胶原等都属于这类蛋白质。②传递和运输作用。许多生命分子和气体都需要和蛋白质结合才能在体内实现运输，尤其是难溶于水的那些分子，血红蛋白、载脂蛋白就属于这类蛋白质。③化学催化剂。一些蛋白质具有酶的活性，可加速生物体内的化学反应。④调节作用，一些蛋白质有改变其他蛋白质的功能，或者改变非蛋白质生物分子的功能。各种受体、信号传递分子、激素属于此类蛋白质。⑤通过收缩产生运动。如肌动蛋白、肌球蛋白等的功能运动产生宏观的肌肉运动。⑥防御作用。参与免疫反应的抗体、补体、干扰素等都是这类蛋白质。⑦遗传调控。DNA 的活动，包括复制、转录等都与特定蛋白质的控制有关。⑧营养作用。一些蛋白质作为营养物质加以储存和利用。例如，植物种子和动物卵中的蛋白质是生物幼体早期发育的主要营养和能量来源，成体有时也需要蛋白质作为营养物质使用。

6.2.1.5 核酸

核酸也是含氮的生物大分子，此外还常规地含有磷。它的基本构件是核苷酸，核苷酸是一类含有核糖、碱基和磷酸的生物分子，也有许多种，其中有八种是核酸的构成元件。腺嘌呤核苷酸（A）、鸟嘌呤核苷酸（G）、胞嘧啶核苷酸（C）和尿嘧啶核苷酸（U）通过脱水缩合构成核糖核酸；腺嘌呤脱氧核苷酸（A）、鸟嘌呤脱氧核苷酸（G）、胞嘧啶脱氧核苷酸（C）和胸腺嘧啶脱氧核苷酸（T）则是脱氧核糖核酸的构成元件。

核酸是遗传物质的载体，用于保存、复制和传递遗传信息，这些信息用于对蛋白质合成的指导；而蛋白质执行生命活动所需的各种功能，又反过来控制核酸的复制和转录等功能。两者是最重要的两种生物大分子。

除了遗传信息载体外，核苷酸还有一些其他功能：①某些核苷酸为化学能的携带者。其中三磷酸腺苷存储于磷脂键中的化学能是机体内生物化学反应主要的能量直接提供者。生物体中的其他有机分子，包括糖类、脂类、氨基酸等通过分解代谢，将化学能转移到 ATP 上，再通过 ATP 供能。②信号传递分子，例如，环–一磷酸腺苷（c–AMP）和环–一磷酸鸟苷（c–GMP）是常见的信号分子，负责将到达细胞膜的生物信号传递到细胞内。③某些核苷酸是某些辅酶的成分，用于调节酶的活性。

生物体内不同物质成分的占比参见图 6–5。

6.2.2 生物大分子的形成

在化学进化过程中，需要完成四个基本步骤才能到达形成生命的基本单位——细胞的阶段，这包括：①小的含碳分子在还原性环境下，通过能量的输入，自发地合成氨基酸、核苷酸等生命小分子。②这些生命小分子聚合成蛋白质、核酸等生命大分子。③出现可以自我复制的生命分子，通过遗传以稳定地保持生命分子

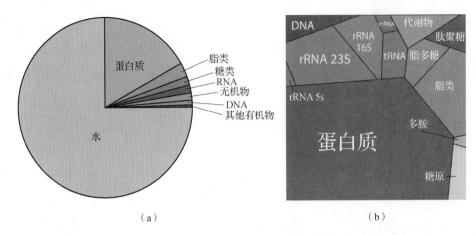

图 6-5 人体和大肠杆菌不同物质成分的占比

(a) 人类体内包括水在内的不同成分的占比；(b) 大肠杆菌干重（除去水）中不同成分的占比。

（来源：http://bionumbers.hms.harvard.edu）

的持续存在。④上述这些生命分子以膜为界组合到一起，形成生命分子之间分工合作的体系，即细胞。

通过米勒实验，人们相信生命小分子在非生命条件下可以自发完成，这是化学进化的第一步。与米勒实验类似的自然合成方式可能有：①在地球表面通过还原大气合成；②在地外星际空间合成，再经由陨石和彗星等带入地球；③深海热泉中硫化物的催化而合成。但是从第二步开始的过程依然没那么简单，需要有一些条件得到满足。

6.2.2.1 生物大分子的形成机制

由生物小分子合成大分子的反应属于缩合反应，需要不断地脱去水分子。满足脱水缩合的方式有以下两种。

（1）在生物小分子浓度较高的地方，水分的蒸发可以造成氨基酸等生物小分子发生脱水缩合反应，形成类似蛋白质的聚合物。美国科学家希妮·W. 福克斯（Sidney W. Fox）在实验室中最早做到了这一点。有学者认为，在原始火山周围可以满足脱水缩合的条件。

（2）如果有缩合剂的存在，也可以在常温条件下发生脱水缩合反应。例如，氨基氰就是一种脱水缩合剂。铝硅酸盐等黏土矿物即使在水中也可以催化缩合反应。带有负电的黏土可以吸附带有正电的金属离子，而一些金属离子可以促进缩合反应。据此,"黏土假说"认为在生物进化的早期缺乏生物催化剂酶的情况下,黏土很可能起到了催化缩合反应的作用,促进了蛋白质和核酸的产生。

因此,实际的过程可能是,地球上氨基酸、核苷酸等生物小分子物质经过长期积累,互相作用,在火山、深海热水喷口(深海"烟囱")、无机矿物黏土等环境下,通过浓缩作用而形成原始的蛋白质分子和核酸分子。

6.2.2.2 蛋白质和核酸的起源地点

根据原始地球环境,对蛋白质和核酸起源的条件和地点,有 3 种不同的学说。

1. 陆相起源说

该学说认为核酸和蛋白质形成的缩合反应是在大陆火山附近进行的。大陆无氧干燥的环境是脱水缩合的良好条件,在火山的局部高温地区形成生物大分子,再经雨水冲刷汇集到原始海洋。

模拟实验显示,把一定比例的氨基酸混合物在干燥无氧的条件下,加热到 $160 \sim 170 \, ℃$,可得到相对分子质量很高的肽聚合物。同样,把核苷酸和多聚偏磷酸一起加热到 $50 \sim 60 \, ℃$,也可得到相对分子质量大于 10^4 数量级的高聚物。

2. 海相起源说

该学说认为在原始海洋中,相对分子质量低的氨基酸和核苷酸经过长期的积累和浓缩,可以被吸附在黏土、蒙脱石一类物质的活性表面,在适当的缩合剂(如羟胺类化合物等)存在时,可以发生脱水,缩合成相对分子质量高的聚合物。

黏土矿物是一种微小的晶体,其中存在一种有趣的结构,这种结构可能决定晶体生长的取向和构型。M. P. Horowitz 用甘氨酸和 ATP 水溶液进行缩合反应,发现在弱碱性条件下,在蒙脱石的活性表面产生类蛋白物质的多聚甘氨酸。

3. 深海"烟囱"起源说

这是现在广受重视的学说。1979 年,美国的阿尔文号载人潜艇在东太平洋洋脊上发现了硫化物烟囱(水热喷口)特殊生态系统,从而使学者们相信,这种特殊的水热环境的生态系统在地球早期化学进化和生命起源过程中起重要作用。1985 年,美国霍普金斯大学的地质古生物学家 S. M. 斯坦利(S. M. Stanly)提出深海"烟囱"起源说。

海水和洋脊下的岩浆体之间有物质和能量的交换,与热水一起喷出的有各种气体、金属及非金属,如 CH_4、H_2、He、Ar、CO、CO_2、H_2S、Fe、Mg、Cu、

Zn、Mn 及 Si 等。金属与 H_2S 反应生成硫化物沉淀于喷口周围，逐渐堆积成黑色烟囱状构造（图 6-6）。"烟囱"底部的岩浆温度达 1 000 ℃，"烟囱"口的热水温度达 350 ℃，于是形成一个温度逐渐降低的梯度；在烟囱口的热水与周围海水热交换后形成了一个温度由 350 ℃ 到 0 ℃ 的温度渐变梯度。同样地，喷出的物质浓度也从喷口向外逐渐降低，形成一个化学渐变梯度。在基岩的裂缝中含有被加热的水，水热系统就像一个流动的反应器，这里有非生物合成有机分子所需的原料（各种气体）、催化物（重金属）以及反应所需的热能，由底部喷出的 H_2、CH_4、NH_3、H_2S、CO 等，经高温化合形成氨基酸，继而形成含硫的复杂化合物，进一步形成多肽、多核苷酸链，最后形成类似细胞体的化学合成物。世界热液喷口的分布（红点）和它们与板块边界的关系如图 6-7 所示。

图 6-6 海底热泉和黑"烟囱"

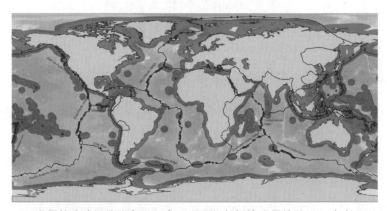

图 6-7 世界热液喷口的分布（红点）和它们与板块边界的关系（来自 DeDuijn. https://rwu.pressbooks.pub/webboceanography/chapter/4-11-hydrothermal-vents）（书后附彩插）

1992年，美国加利福尼亚大学洛杉矶分校的分子生物学家詹姆斯·莱克（James Lake）在大洋底"烟囱"附近找到了与在公园热泉里生存的相似的嗜硫细菌，说明了深海"烟囱"热泉生命起源理论的可取性。这一系列发现使目前倾向于认为地球上的前生命有机化学过程是在高温、高压和有水的条件下进行的。

6.2.2.3 核酸和蛋白质起源的先后

在究竟是蛋白质首先起源还是核酸首先起源的问题上，有3种不同的看法。

1. 蛋白质首先起源

以奥巴林和原田馨为代表的部分学者，认为生命起源的化学演化的实质是蛋白质的形成和演化，认为蛋白质首先起源，在功能上是先有代谢，后有复制。支持这一看法的事实依据是有些蛋白质的合成并不需要核酸为其编码，推测生命诞生之初也是这样。

2. 核酸首先起源

以里奇和奥格尔为代表的部分学者，认为生命起源的化学演化实质是核酸分子的形成和演化，认为核酸首先起源，在功能上是先有复制，后有代谢，因为核酸是遗传信息的载体，它控制着蛋白质的合成。同样有一系列的实验依据支持这种观点，如有些RNA本身就具有酶的活性等。

3. 核酸和蛋白质共同起源

以迪肯森为代表的部分学者，认为核酸和蛋白质共同起源，复制与代谢两者相互促进、共同进化。支持这一看法的事实是蛋白质合成的中间产物氨基酸腺苷酸盐可以使氨基酸缩合成多肽，又因为它含有碱基，故而可以形成多核苷酸。我国科学家赵玉芳院士等对此进行了大量的研究，获得了很多有意义的结果。他们认为磷酰化氨基酸是核酸和蛋白质最小单元的结合体，它既含有氨基酸，又含有碱基，既可以参与肽的合成，又可以参与核酸的形成。目前，人们的观点比较倾向于第3种看法，即核酸和蛋白质共同起源。

6.2.3 多分子体系的出现

在化学进化早期所形成的大小生物分子彼此不归属于任何个体或细胞，它们共存于被称为"原始汤"的早期海洋或水池中，聚集在原初形成地附近，共同发生化学和遗传系统的进化,直到多分子体系和细胞膜的出现,分割出生命与非生命的界线,才形成我们所熟悉的生命形态。我们所定义的地球生命形态通常需要这样一些前提:①生命和非生命之间具有明显的边界,使生物体自成体系,并在体系内部发生代谢和进化。出现了生命和外界环境的差别。细胞膜的产生满足了这一前提。②它是一个半开放体系,允许生物体和非生物体(环境)之间发生物质和能量的交换,通过这种交换造成新陈代谢所需的营养物质的输入和废物的排出,维持生命系统的稳定。细胞膜所具有的选择透过性满足了这一需要。酶的出现规范和促进了新陈代谢的进行。③遗传物质的出现,造成了生命系统的相对稳定性,并使适应环境的生物性状得以稳定地保留。首先看一看多分子体系的形成。

多分子体系是指包括蛋白质、核酸、糖类等不同生物分子的复合系统。这些复合体系可以逐渐显示出生命现象来,这是化学进化的第三步。奥巴林和福克斯等对此做了许多实验,说明在一定条件下可以形成多分子体系。

6.2.3.1 团聚体

20世纪50年代,奥巴林将蛋白质水溶液和糖溶液混合,发现混合后液体变浑浊,这是因为液体内生物分子出现团聚,所形成的聚合物称为团聚体,后来的实验显示蛋白质与蛋白质、蛋白质与核酸混合,均可能形成团聚体。团聚体直径 $1 \sim 500 \mu m$,其外围增厚形成膜样结构。如果放入酶,酶也可以进入团聚体并产生生物化学反应;如果团聚体大到一定程度,还可能发生"分裂",形成两个或多个团聚体,这说明"团聚体"已具有代谢和繁殖的功能(图6-8)。

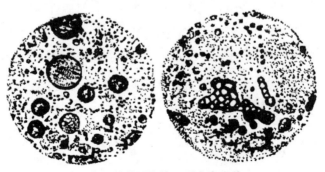

图6-8 奥巴林的团聚体(引自奥巴林,1957)

6.2.3.2 微球体

美国科学家福克斯将其用脱水缩合得来的、溶解在稀薄的盐溶液中的类蛋白质冷却,这些类蛋白质就会聚合在一起,形成微球体(proteinoid microspheres)。有研究者在其中放入磷脂,发现它们可以自动形成磷脂双分子层结构,在包绕微球体后就会形成原始的细胞结构,也能进行简单的生物化学反应和分裂(图6-9)。微球体外表存在的磷脂膜可以实现微球体内外的选择性物质交换。微球体的原料不是现成的蛋白质,而是在非生命体系中形成的,更能够说明早期生命形态的形成机制。

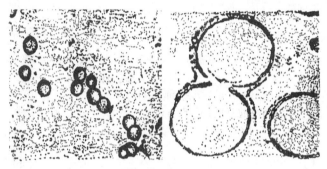

图6-9 类蛋白微球体(引自福克斯)

在生命形成早期,可能存在实验室模拟的环境,生物大分子可以以类似的形式形成多分子体系,进而形成细胞。

6.2.4 原始细胞的出现

细胞作为生命的基本单位,需要一个屏障将自身和外界环境隔开。水之所以作为生命存在的基本前提,一个重要的原因是水可以溶解大多数有机分子。处于溶解状态下的各种有机分子在水环境中发生各种生物化学反应,形成新陈代谢。我们所熟知的蛋白质、核酸、糖类等都可溶于水中。但是如果要构建隔开生命与非生命的屏障,所使用的生物材料就不能是水溶性的,这种生物材料必须在水中形成膜性二维结构,进而形成囊泡一类的密闭空间,为生命活动提供场所。地球生命为此使用的生物材料是脂类,主要是磷脂,其次是胆固醇。

6.1.2.2 一节提到的在实验室中产生原始有机分子的模拟实验可以得到包括磷脂在内的各种脂质,这为构成原始细胞膜提供了原料。这些脂类分子具有像羧基、磷酸基团等亲水基团和烃链等疏水基团。与氨基酸缩合成蛋白质，或核苷酸缩合成核酸的脱水过程不同，一些脂类的单体化合物很容易在水中自我组装形成膜性结构或球状结构。构成这些结构的低分子脂肪酸或磷脂的亲水基团在外侧与水分子接触，疏水的烃链在内部，从而构成脂滴或双层脂膜，后者可闭合成囊泡。这种特性最早是在20世纪60年代A. D. 班加姆（A. D. Bangham）等在用磷脂进行实验时发现的，由此产生的囊泡被称为脂质体（liposome）。几年后，Gebicki和Hicks发现不饱和脂肪酸也能产生称为ufasomes的囊泡。通过这种成膜过程，蛋白质和核酸等大分子便可被包裹起来，形成类似细胞的结构。随后又证明了在囊泡中可以发生酶催化的聚合反应，发生核酸的复制、翻译和PCR等过程。在生命起源的早期很可能发生了相似的过程。由于膜组装最容易发生在低离子强度溶液中，有人提出细胞生命开始于与火山岛有关的淡水池，而不是海底热液喷口。

在早期化学进化的某个阶段，由于细胞膜的出现，作为生命基本形式的细胞得以形成。细胞膜构成隔绝生命和环境的半隔离屏障，一方面，在细胞内造成生命物质的聚集，防止生命物质尤其是生命大分子的散失，与细胞膜外自然的熵增过程隔绝，有利于生物系统的结构化构建；另一方面，细胞膜在一定程度上允许某些元素、离子、分子，主要是小分子有机物的进出，实现细胞内外的物质交换，并通过这种交换实现在细胞内物质的稳定和动态平衡。代谢体系和遗传物质得以建立并发挥作用。生物进化由此从化学进化阶段转向为达尔文式的进化阶段。

6.3 生物进化的历史记录

当今世界的生物面貌与生命诞生之初已经有很大的不同。一方面，最开始的细胞生命需要不断地进化，通过改变自身的结构、遗传和代谢方式，向地球上不同的栖息环境进军，逐渐占据地球上的不同区域：两极、赤道、陆地、海洋、高低海拔、不同的湿度和温度等。另一方面，地球的环境本身也在不断变化，这种变化既基于地球地质变化本身，也是由于地球生物的出现逐渐改变地球环境；环境的改变又需要生物体不断通过进化来增强自身的适应性。时至今日，在地球环境和生物都发生了巨大改变的情况下，如何还原生物进化的历史，还原不同时期生物和地质环境的原貌就成为研究者的巨大挑战。

可以借助几种方式来研究生物的进化过程：地质学和与之相关的生物地理学研究、生物化石研究以及核酸和蛋白质的分子进化研究等。基于地球上过去长达 35 亿年的历史大大地改变了地球上的岩石圈、水圈和大气圈的事实，探索生命的非直接证据也很重要，这包括：石油、煤化石类的沉积，贝壳石灰石的沉积，成层的含铁构造的沉积（banded iron formation），生物矿化物、生物风化、水和大气的动力学循环和组成，CO_2 循环、氮循环，反照率、大气中的氧气、紫外线保护层臭氧的建立，具有明确晶体学结构和形态学的生物矿物和同位素定量等方面的研究等。

6.3.1 化石记录

化石是指任何保存下来的、过去地质时代曾经存在的生物的痕迹，如骨头、贝壳、外骨骼、动物或微生物的印记、保存在琥珀中的物体、毛发、石化的木质、石油、煤炭和 DNA 残留物，以及保留的各种生物分子等。研究不同地层的化石可以揭示生物进化的过程。化石的研究深刻地影响了人类的生物史观，促成了达尔文进化论的提出。

化石的大小不一，从只有 $1\mu m$ 的细菌到巨大的恐龙和树木。它们一般只保存死亡的有机体的一部分，通常是生命中发生矿化的部分，如脊椎动物的骨骼和牙齿，或无脊椎动物的几丁质、钙质外骨骼等。化石也包括生物体活着时留下的痕迹，如动物的足迹或粪便等。这些类型的化石被称为遗迹化石，而不是身体化石。有些化石已经改变了原有形态，但保留原有的化学成分，被称为化学化石或生物信号。通过发现岩石中的一些生物标志物确认生物的存在。

6.3.1.1 地层层序律和化石层序律（生物地层学）

生物化石主要存在于沉积岩中。各种松散的沉积物掩埋着各种生物遗迹，经过漫长的时代，上覆沉积物越来越厚，下边沉积物越埋越深，经过压固、脱水、胶结等成岩作用，逐渐变成坚固的成层岩石。生物遗迹也就变成其中的化石。

在沉积岩层的序列中，先形成的岩石位于下面，后形成的岩石位于上面。可以根据沉积岩所在的位置得知其形成的地质年代。整个分层的沉积岩如同天然的历史教科书，每一页都展现了当时的自然风貌，包括当时存在的各种生物品种，这一规律称为地层层序律（law of superposition），是丹麦地质学家尼古拉斯·斯太诺（Nicolas Steno）于 1669 年提出来的。1791 年，英国科学家威廉·史密斯（William Smith）注意到化石和地层之间的关系，认为每一岩层都可根据其含有的特殊化石确定，并可预测同一岩层存在的同时代的其他化石，这就是化石层序律（principle of faunal succession）。例如，煤仅出现在前寒武纪以后，也就是多细胞生物形成之后，所以出现煤炭的地层应该属于前寒武纪之后。对各层沉积岩的研究可以还原古地理面貌并说明不同古生物是如何形成和生活的。

6.3.1.2 化石的种类和形成过程

化石种类繁多，其中肉眼能够观察的化石为大化石，肉眼难以辨认的化石为微化石（microfossil），有的甚至只能在电子显微镜下观察，称为超微化石。若化石保存原有的部分化学结构，就称为化学化石或分子化石。导致化石形成的过程有很多，主要有以下几种。

1. 矿物充填作用（permineralization）

这是成岩作用的一种形式。石化作用是有机体被掩埋后发生的过程。生物体内原有的有机质散失后，余下的载有液体或气体的空间充满富含矿物质的地下水。矿物从地下水中沉淀出来，占据了这些空间。这一过程可以发生在非常小的空间，如植物细胞的细胞壁内。这种小规模的石化作用可以记录下较细致的生物结构。为了使石化作用发生，生物体必须在死亡后很快被沉积物覆盖，否则发生的腐烂过程会使生物体被分解掉。当生物体被覆盖时，其腐烂程度决定了之后形成的化石的细节。有些化石仅由骨骼遗骸或牙齿组成；另一些化石则含有皮肤、羽毛甚至软组织的痕迹。

2. 模铸化石（casts and molds）

在某些情况下，有机体的原始残骸完全溶解或以其他方式被破坏。岩石上剩下的有机体形状的空洞称为外模。如果这个空洞后来被其他矿物填满，就形成一个铸件。当沉淀物或矿物填满生物体的内腔，如双壳类、蜗牛或颅骨的内部时，就会形成内铸件或内模。

3. 自生矿化（authigenic mineralization）

这是一种特殊的铸造和模具成型方式。在化学条件允许时，有机体或有机体的碎片可以充当矿物沉淀的核心，从而在其周围形成一种结构。如果这种情况在有机组织显著腐烂之前快速发生，就可以保留三维形态的细节。

4. 置换与再结晶（replacement and recrystallization）

置换是指贝壳、骨头或其他生物组织被一种矿物所取代。在某些情况下，如果原组织分解的速度与矿物替换的速度相当，即使原始材料完全被置换，微观结构特征也得以保留。当原始的骨架化合物仍然存在，但以不同的晶体形式存在时，称为再结晶。

5. 压印化石（adpression）或压缩印迹（compression–impression）

压缩化石是保存在经过物理压缩的沉积岩中的化石，常见于植物化石，如保存在沉积物中的树叶化石，它们在垂直于沉积物平面的方向被压缩。由于树叶基本上是平的，因此产生的变形较小，而植物的茎和其他三维植物结构在压缩下难以良好保存。化石可由原始的生物材料变化而来，通常剩下一层被称为植物质膜的碳质薄膜，此时的化石被称为压缩印迹。但剩下的可能只是岩石中有机体的印记化石。在许多情况下，压迫和印记同时存在，这些化石可以在埋藏它们的沉积岩基质上进行研究，也可以通过剥离或转移技术从基质中取出。

6. 软组织、细胞和分子的保存

在化石形成过程中，在极偶尔的情况下，一些软组织可能保留了下来。近年来，不断在恐龙化石中发现一些软组织，包括血管、分离到的蛋白质和 DNA 存在的证明等。2014 年，玛丽·史怀哲（Mary Schweitzer）和她的同事报告了从恐龙化石中发现的软组织存在铁颗粒。在用实验方法研究了血红蛋白中的铁与血管组织的相互作用后，他们提出缺氧与铁螯合作用相结合可以增强软组织的稳定性和可保存性，为解释软组织化石的保存提供依据。对泥盆纪到侏罗纪的 8 个分类群进行的一项稍早的研究发现，所有这些化石中都保存着相对完好的纤维，有可能是胶原，其保存的质量主要取决于胶原纤维的排列，质地紧密有利于保存。

7. 碳化或煤化

碳化或煤化的化石主要由还原为化学元素碳的有机残余物组成。化石由一层薄膜组成，形成了原始生物的轮廓，原始的有机遗迹通常是软组织。例如，以几丁质成分为主的笔石和以糖类为主的植物叶片，在氢、氮、氧等挥发散失后，留下碳化薄膜形成化石。煤化化石主要由煤构成，而原始的有机遗迹通常是木本成分。

8. 化石树脂

树脂，俗称琥珀，一种天然聚合物，是某些植物排出物，分布在世界各地，包括北极地区的许多地层中。化石树脂是指树脂中含捕获的其他生物化石，包括细菌、真菌、其他植物或动物。动物通常是一些小型的无脊椎动物，主要是节肢动物，如昆虫和蜘蛛，只有极少数是脊椎动物，如小蜥蜴。有时可能包括 DNA 的小片段。最古老的树脂化石可追溯到三叠纪。

9. 化学化石

化学化石是在岩石和化石燃料（石油、煤炭和天然气）中发现的化学物质，成为古代生命特征信号。分子化石和同位素比值代表了两类化学化石。地球上最古老的生命痕迹就是这类化石。在锆石中，碳同位素比值的分析将生命存在的时间提前至 41 亿年前。类脂物是存在最广泛的化学化石。

6.3.1.3　化石年代的估计

一个化石可以根据保存这个化石的地层来确定年代，而确定地层年代最好的方法是放射性同位素测定，其基本原理是各种放射性元素的衰变率已知，因此放射性元素与其衰变产物的比值可显示这种放射性元素在多久以前被并入岩石中。放射性元素只在由火山形成的岩石中普遍存在，因此能进行放射性年代测定的是火山灰层形成的岩石和其内所含化石。20 世纪初放射性测年技术的发展，使科学家能够定量地测量岩石及其所在化石的绝对年龄。

对于那些无法确定年代的地层中出现的化石，可以通过那里的某种索引化石来间接确定年代。这种索引化石所代表的物种应有明确的生存年代，且存活时间相对较短。例如，牙形刺东鳄生存在中奥陶世时期，并且只生存在这一时期。如果未知年龄的岩石有它的踪迹，则可以确定它形成于中奥陶世。这样的索引化石必须是独特的，最好是全球性分布。

6.3.2　早期生物的化石证据

6.3.2.1　通过生物学同位素效应探测生物的存在

同位素效应是指同一元素的不同核素，由于质量或自旋等核性质的不同而造成的物理、化学性质差异的现象。尽管核电荷决定了元素基本的化学性质，但同一元素不同同位素间仍存在一定的可觉察的差异，可分为同位素质量差异所导致的第一类同位素效应和同位素核性质上的差异引起的第二类同位素效应。

碳有三种天然存在的同位素：^{12}C、^{13}C 和 ^{14}C，其中 ^{12}C、^{13}C 是稳定的，以大约

93∶1 的自然比例出现，^{14}C 是由高层大气中宇宙辐射产生的热中子参与形成的不稳定同位素，具有放射性，半衰期为 5 700 年。^{14}C 在古岩石中几乎不存在。

地球所有生物均含有碳元素，在同位素效应的作用下，较轻的 ^{12}C 更容易被生物体吸收，造成生物体内 $^{13}C/^{12}C$ 的比值低于非生物碳化合物，有机碳和无机碳的差别为 2.5‰。据此可以探知沉积岩中那些与有机质有关的碳元素，进而发现生命存在的痕迹。

根据这一原理，目前发现的年代最悠久的含有有机碳的岩石来自格陵兰，距今 38 亿年，说明地球生物固碳的历史可能已有 38 亿年了，而最早的沉积岩也只出现在 38 亿年前。地球的年龄是 45 亿年，表明在地球的很早阶段，随着地表温度的降低，早期生命就已经进化出来，并随着沉积作用，永久地留在了岩石记录当中。在随后不同地质年代的岩石中，有机碳的含量近乎恒定。

另外，对 ^{14}C 的测定也可以作为追踪生物年代的手段。空气中的 ^{14}C 由于宇宙射线的持续作用而保持基本恒定的比例，活的生物由于持续的新陈代谢，其 ^{14}C 的含量与空气中的相同。但生物死后，碳元素不再进入体内，在衰变的作用下，生物残骸内的 ^{14}C 逐渐减少，通过放射性测定 ^{14}C 的含量可以计算出生物遗骸存在的年代。但由于 ^{14}C 的半衰期只有 5 700 年，故用这种方法无法推断更久远的生物存在。

6.3.2.2 叠层石

叠层石（stromatolite）是主要由蓝细菌参与的生物作用和沉积作用的相互影响而形成的一种生物沉积结构，也是一种微生物化石。蓝细菌是一种能进行光合作用的原核生物。它们通过光合作用将大气的 CO_2 中的碳以碳酸岩的形式转移到岩石圈中，同时释放氧气，造成大气氧含量的上升。因此，叠层石的存在意味着能进行光合作用生物的存在。2016 年，人们在格陵兰岛的岩石中发现了最古老的叠层石，距今已有 37 亿年，算是目前发现的地球上最古老的化石了。

叠层石的特征是具有由一系列的碳酸盐纹层堆积而形成的各种不同形态，而纹层的形成与蓝细菌的生长周期有关。古代叠层石的截面几乎与现代被微生物群落寄居形成的石垫的截面完全相同，后者被称为活的叠层石。在活的叠层岩靠近顶端的微生物通过光合作用获取能量，而处在下一层的微生物则利用上面的光合微生物产生的有机物获取能量。在沉淀物沉积在石头表面后，微生物会向上迁移以保证它们能量和食物的获取，这样的逐渐迁移过程就形成了岩石的层状结构（图 6-10）。

图 6-10　来自西澳大利亚的叠层石

注：形成于 34.3 亿年前（https://www.fossilera.com/fossils/strelley-pool-stromatolite-oldest-known-life-3-43-billion-years--8）。

对叠层石的形状和这些纹路的分析，可以得到早期地球的信息。例如，在显微镜下可以看到叠层石明显的亮暗分层，这些分层与四季和白昼的变化有关。研究者发现有的 S 形叠层石包含至少 470 个纹层的周期，推断当时一年至少有 470 天。由于潮汐作用，可产生纹层周期性的厚度变化，如果相邻两个厚度峰值之间相隔 40 个纹层，就说明该叠层石形成时一个月至少有 40 天。潮汐作用造成地球自转变慢，使月球逐渐远离地球，并使月球绕地球公转的速度不断减慢。对叠层石的研究证实了这一点。

第 5 章提到，在地壳和上地幔的岩石按成因分为岩浆岩、沉积岩和变质岩，其中沉积岩按重量计只占地壳的 5%，但因沉积岩覆盖于地壳表层，分布十分广泛。在大陆部分有 75% 的面积覆盖着沉积岩，在大洋底则几乎全部为新老沉积层所覆盖。各种沉积岩都记录下了沉积时的地理环境信息，因此，沉积岩是追溯地球历史和恢复古地理环境的重要依据。地球上最早的沉积岩出现在 38 亿年前，说明在沉积岩出现的年代，生命就已经形成。考虑到细胞形成前的化学进化阶段，可以推断在地壳开始形成不久，生物就可能出现了，生物的进化成为地球进化的一部分。

6.3.2.3　微化石

微化石是指肉眼难以观察到的化石，通常指 1 mm 之下的化石。最小的微化石可以达到细胞水平。在南非巴伯顿绿岩带的古海底热液脉系统沉积物中发现的保存非常完好、约 34.2 亿年的微生物微化石，具有一些微小的细丝状结构，平均长度在 42 μm，直径 0.77 μm，被认为是所发现的最古老的产甲烷菌（图 6-11）。这一微化石有一个富含碳的外鞘和一个在化学和结构上具特征性的核心，对应于细胞的内部和周围的细胞壁或细胞膜。这一结构内含有生命所需的大部分主要元素，所含有的镍有助于原始的代谢活动，并与现代微生物中发现的镍含量一致。这些微生物可能属于古生菌，生活在缺氧的环境中，利用甲烷进行新陈代谢。这一发现证实了早期对微生物在热液脉中进行甲烷循环的新陈代谢模式的推测。

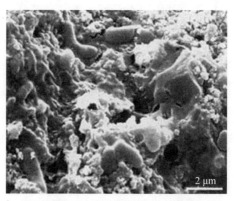

图 6 – 11　有着 3.5×10^9 年历史的南非 Barberton 的 Josefdal Chert 微化石的电镜扫描照片

注：显示在矿物质上附着有杆状菌和弧菌。

6.3.3　分子生物学研究

基因组是指一个研究对象的全套 DNA 序列，包含了它的全部遗传信息。在不同的语境下，这一词汇所包含的范围不同。广义的基因组是指一个物种的全部 DNA 序列及携带的遗传信息，包括该物种全套的常染色体、性染色体、线粒体、叶绿体（如果有）所带有的全部 DNA 序列；狭义的基因组是指某一个体，如一个人的基因组。由于同一物种不同个体间基因组序列的高度相似性，因此常寻找少数个体作为一个物种的样品进行基因组的研究。有时也会将整个基因组拆开成核基因组、线粒体基因组、叶绿体基因组等。对地球上不同生物的基因组序列和特性研究的学科称为基因组学（genomics）。蛋白质是在基因的指导下形成的大分子，因此对蛋白质结构的分析，也可以反过来推断用于指导其合成的基因情况。

基因组学从高通量、大数据入手，广泛使用生物信息技术，对一个物种或其中一个个体的遗传系统特征进行全方位的分析、综合，寻找关联、构建模型、建立数据库。基因组学研究的一个重要方面是比较基因组学：比较不同个体、不同物种之间基因组的结构和功能的差异，确定不同个体体质差异的遗传原因、不同物种之间的亲缘关系和在进化过程中的位置等。对不同生物的蛋白质的比较也可以达到类似的效果。据此可还原在历史上的进化过程。

6.3.3.1 分子钟

使用基因组，或其指导合成的产物蛋白质研究得到的数据之所以可以还原生物进化的历程，其根本原理是基因组本身就在不断地变化，通过基因突变改变自己。表面上看，由于基因突变，我们无法根据对现有基因组和蛋白质的检测直接得知过去基因组和蛋白质的结构和功能，但可以通过比较基因组学的方法去了解过去基因组的变化过程，并建立不同生物之间的系统关系。

核酸和蛋白质都是由各自的单体聚合形成的线性大分子，其中 DNA 链上 4 种碱基 A、G、C、T 的排列方式决定了它的结构和功能；而蛋白质的 20 种氨基酸的排列方式决定了它的结构和功能。蛋白质中氨基酸的排列方式取决于 DNA 上碱基的排列顺序。核酸和蛋白质中这种单体的排列顺序称为它们的一级结构。随着时间的推移，碱基排列会发生一定的改变，包括某些碱基的丢失或添加以及碱基的替换，如 A 被换成 G、C、T 中任意的一个等，这些改变称为基因突变。DNA 的一级结构的改变可以造成它所决定的蛋白质一级结构的改变。基因突变一旦发生，一般就不会再变回去，而是传给下一代，使突变个体的后代都带有这一突变基因。基因突变的积累就造成基因组的进化。核酸和蛋白质上一级结构的改变统称为分子进化。

研究发现，在进化的长河中，单位长度 DNA 上发生的基因突变率具有相当的稳定性，很少受到自然选择的影响。这种不受自然选择影响的基因突变称为中性突变。中性突变一旦发生，就会在生物群体中发生随机漂变，漂变中一些会在生物群体中最终替代原有的碱基序列，发生随机的固定，另一些会随机消失。基因突变率的相对恒定造成一个物种碱基替换率的相对恒定，因此，根据碱基替换率，通过统计单位长度 DNA 中的碱基替换数，就可以得知这一进化过程所经历的时间长度。

同样，由于中性突变造成的蛋白质一级结构中氨基酸替换率也是相对恒定的，故也可以通过统计单位长度多肽序列中氨基酸的替换数来推算蛋白质分子的进化时间。这样，我们实际上是利用碱基或氨基酸的替换率的相对恒定性设计了一种钟，用来计算分子进化以及物种进化的时间，这种钟称为分子钟（molecular clock）。

碱基和氨基酸替换率计算的时间依据是化石记录。找到通过分歧形成的两个物种的化石，测定这些化石存在的年代，就可以得知两者从共同祖先产生分歧的时间；然后统计这段时间以来碱基或氨基酸发生了多少变化，就可以算出置换一个碱基或氨基酸所需要的时间，由此标定一个分子钟。实际标定一个分子钟时只需要检测少量物种之间分歧的化石记录，然后画出回归曲线即可。图 6-12 显示了根据不同生物血红蛋白中氨基酸序列的差异构建的分子钟。

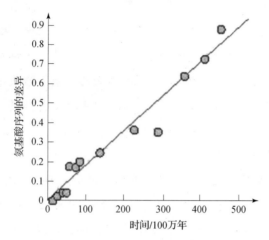

图 6-12　根据不同生物血红蛋白中氨基酸序列的差异构建的分子钟（书后附彩插）

注：分子钟的构建，先测定已知分歧时间的物种之间的氨基酸差异，标定在坐标中，然后构建回归曲线，由此标定分子钟。其他未知生物之间的分歧时间可由分子钟确定。

有了分子钟，我们就可以通过比较任意两个物种的碱基或氨基酸的差异来确定它们分家的时间。例如，人和鲨鱼血红蛋白 α 链氨基酸的差异数是 74 个，其氨基酸有 75.8% 的不同。已知血红蛋白 α 链的氨基酸的替换率为每年 0.9×10^{-9}，则造成 75.8% 氨基酸替换百分比所需的年代为

$$75.8^{-2} \div 0.9 \times 10^{-9} \div 2 \approx 4.2 \times 10^{8} 年$$

也就是 4.2 亿年。这里之所以要除以 2，是因为两者分家后沿着两条不同路线进化，两序列氨基酸的差异是两条不同进化路线过程中氨基酸替换累加的结果。

再如人和马的血红蛋白 α 链有 18 个氨基酸的差异，同样计算，结果是人和马大约在 8 000 万年前分家。这一结果说明人和马之间的亲缘关系比人和鲨鱼近得多。4.2 亿年前，人和鲨鱼有一个共同的祖先，随后分成不同的物种；8 000 万年前，人和马由一个物种分家，分别形成了人和马的祖先等。

6.3.3.2 分子进化树

对地球上现存的不同的生物都可以提取出核酸或蛋白质进行这种序列的比较,以得知它们之间在进化上的关系。如果比较大量物种之间碱基或氨基酸的替换数并得到了很多物种分叉图,了解它们之间的亲缘关系,就可以构建出不同物种关系的进化树,这种进化树称为分子进化树。

生物有许多 DNA 分子或蛋白质分子可以当作分子钟使用,从而计算进化时间,但不同分子钟的走动速度不同。RNA 病毒中 RNA 的突变率最高,进化速度最快,用作分子钟时,检测的时间跨度最短,可比喻为分子钟的秒针;比如造成新冠肺炎的病毒 SARS-CoV-2 在短短半年时间就出现了数以千计的突变。线粒体 DNA 的突变率低于病毒,但高于核 DNA,其同义置换的频率比核 DNA 快 7 倍,可以比喻为分子钟的分针;核 DNA 突变率最低,可比喻为分子钟的时针,用于计算较长时间跨度的进化事件。

可以使用任意碱基或氨基酸的替换率相对恒定的 DNA 或蛋白质分子构建分子进化树,前提是所涉及的物种必须具有同源的 DNA 或蛋白质分子,因此使用那些在多数生物中普遍存在的保守碱基或氨基酸序列是构建涵盖生物类型比较多的分子进化树的前提。已知地球上所有生物都需要借助核糖体来合成所需的蛋白质,构成核糖体的 rRNA 在所有生物中都存在,因此可以通过比较 rRNA 序列差异得知地球上任意物种在进化树上的位置。图 6-13 就是 rRNA 进化树,它涵盖了地球上已知的所有生物门类。

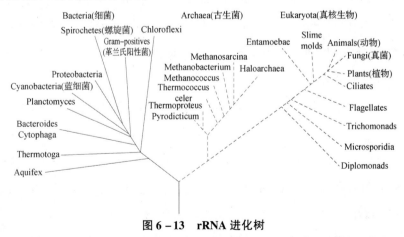

图 6-13 rRNA 进化树

注:树根是 LUCA——假定的地球所有生物的共同祖先,向上分出三个主干(来自维基百科:Phylogenetic tree)

6.4 生命体代谢、遗传系统和结构的演化

前面提到，作为生命体系的基本条件是具有细胞膜等隔离系统、促进生化反应的酶、遗传物质等。在描述整个生物进化过程时可以从这几个方面引申论述。

6.4.1 生命体代谢方式的演化

6.4.1.1 铁-硫世界和锌世界假说

20世纪80年代，Günter Wächtershäuser提出了铁-硫世界假说（Iron-Sulfur World），系统地阐述了从简单原始化合物合成各种有机构件的途径。铁和其他矿物的硫化物可通过自催化反应释放能量用于生化合成。在它们的表面可通过吸引反应物并使它们彼此适当排列来促进原始的聚合反应。有关反应举例如下：

能源：$FeS + H_2S \rightarrow FeS_2 + 2H^+ + 2e^-$

表面结合：阴离子分子（$-COO^-$，$-PO_3^{2-}$，S^-）结合到黄铁矿

生物分子的合成：$6CO_2 + 24H^+ + 24e^- \rightarrow C_6H_{12}O_6 + 6H_2O$

在实验室中可以在100 ℃的水环境中使用此类硫化物产生少量二肽和三肽。Mulkidjanian的锌世界理论（Zn-World Hypothesis）延伸了铁-硫世界假说。这一学说认为在富含H_2S的热液与冷的原始流体相互作用下形成金属硫化物颗粒在海水中沉淀下来，成为硫化物矿床。含量丰富的有FeS_2、$CuFeS_2$、ZnS、PbS、MnS等化合物。ZnS和MnS可将来自紫外光的辐射能量储存起来，这样由它们介导提供了适当的能量，用于信息分子和代谢分子的合成。

锌世界理论已经得到实验和理论的支持。地球化学重建表明，有利于细胞起源的离子成分与今天的海洋环境不符，更类似内陆地热系统的蒸汽排放成分。在原始大气条件下，地热附近的化学性质类似于现代细胞的内部环境。因此，细胞前的进化阶段可能发生在浅的"达尔文池塘"中，该池塘由多孔硅酸盐矿物和金属硫化物组成，富含K^+、Zn^{2+}和磷化合物。

6.4.1.2 细胞的营养方式类型

最初的细胞可以直接消耗外部的非生命合成的有机分子，获取所需的碳元素

和其他元素，产生所需的能量。随着地球生物量的增多，非生命合成的有机分子不能满足生物营养需要，周围有机分子日趋减少，直到进化出自养型的原核生物，即通过生物自身的代谢活动合成有机化合物。自养型的原核生物包括光能自养型或化能自养型，它们都以 CO_2 为碳源，但前者能够利用光能促使 CO_2 合成有机化合物，如蓝细菌；后者则从某些无机化合物，如 H_2S、NH_3 等汲取能量，如生活在深海热水喷口的古生菌。与自养型相对的异养型生物的营养来源也发生变化，从摄取外界非生命合成的有机物质转为摄取由其他自养型生物所合成的有机物，形成食草、食肉、食腐、寄生等营养方式。这几种营养方式进化至今，成为地球上所有生物的主要营养方式。

前面讲了蓝细菌作为最早进行光合作用的生物，在代谢过程中产生氧气并作为废物释放到大气中，使大气不再保持还原性，这促使生物发生适应性变化，一些生物也因此灭绝了。其他的厌氧型生物只能生活在接触不到氧气的环境中。例如，一些感染深度伤口的细菌就是厌氧型的。另一些生物发展出新的代谢类型，即产生能够利用氧气的酶系统，通过氧化磷酸化有目的地将一些有机化合物彻底分解，利用由此释放出的能量。因此，自大气中出现氧气，地球上有机物的量不再持续攀高，而是形成合成和降解的相对平衡。那些以合成有机物为主要代谢过程的生物，如植物，需要将多余的氧气排出体外，避免体内物质的过度分解；而以分解代谢为主的动物，则需要吸入氧气完成对有机物的分解，利用其中的化学能（图 6-14）。

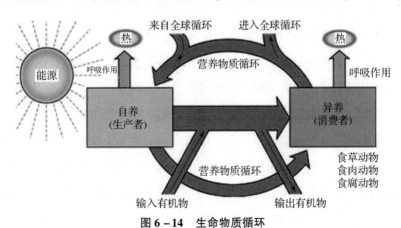

图 6-14　生命物质循环

在目前的微生物世界，自养型和异养型的、需氧和厌氧的微生物都存在。在多细胞大型生物中，植物是自养型的，动物则是异养型的。

6.4.2 遗传系统的演化

6.4.2.1 RNA 世界的存在

为了实现生命活动所需的基本功能，生物体需要一系列生物大分子的参与和协同，其中 DNA 为主要的遗传物质，蛋白质负责执行酶的功能，RNA 则负责翻译以传递遗传信息……但在生命形成的早期，要使这么多生物大分子有序地聚在一起并进行分工合作并非易事，因此一般认为在生物进化的早期，参与生命的大分子种类是有限的，生物大分子是多能的，可以担负许多看起来截然不同的工作，如遗传信息的储存、翻译、酶的催化等。

经过长期的研究，人们发现 RNA 的功能非常多样。20 世纪 50 年代的研究发现 DNA 需要首先转录成 RNA，通过 RNA 才能将遗传信息传递给蛋白质。RNA 具有翻译模板的功能，结合氨基酸的功能，也是蛋白质合成机器——核糖体的成分之一。RNA 病毒的发现说明 RNA 在某些生命体系中可以独立成为遗传物质。1970 年，反转录酶的发现说明遗传信息也可以逆中心法则反向流动，从 RNA 流向 DNA。有关 RNA 最惊人的发现是 20 世纪 80 年代美国科学家托马斯·R. 切赫 (Thomas R. Cech) 所发现的，即 RNA 也可以具有酶的功能，作为生物催化剂加快生物化学反应。这是因为 RNA 作为生物大分子，可以折叠成一定的空间结构，利于发挥酶的功能。因此，RNA 同时具备 DNA、RNA、蛋白质所具有的功能。

这一系列的发现，结合对原始地球环境的研究，促使 1989 年诺贝尔化学奖获得者沃特·吉尔伯特（Walter Gilbert）提出了"RNA 世界"的假说。他指出：在生命起源的某个时期，生命体仅由一种高分子化合物 RNA 组成。遗传信息的传递建立于 RNA 的复制，其复制机理与当今 DNA 的复制机理相似，作为生物催化剂的、由基因编码的蛋白质还不存在。最初的遗传系统和催化活性可能都由 RNA 所承担：RNA 可以按照碱基互补原则自我复制；RNA 有酶的活性，能独自完成基本的生命活动。

生命诞生之初通过非生物合成的方式合成最初的类 RNA 和蛋白质等大分子，其中只有 RNA 再经过亿万年的进化，成为具有自主催化能力、自我复制能力的生物大分子；目前已经可以在实验室里进行 RNA 仅依赖于自身的催化完成的自我复制，提示在地球生命的早期也发生过类似事件。其他的生物分子还只能依赖非生物途径随机合成。

RNA 指导翻译蛋白质功能的出现大大提高了生物体产生蛋白质的稳定性，借助 RNA 的自我复制和翻译，蛋白质的合成将不再是随机的、低效的、偶然的。在生命的世代传递过程中，蛋白质的成分和含量也因此能够保持稳定。稳定存在的蛋白质只有 20 种氨基酸构件。这 20 种氨基酸造成的序列多变性高于 4 种构件的核酸，可以进化出有较高活性的酶和其他各种功能的大分子。这样，由 RNA 和蛋白质共同组成的生命复合体的功能远胜于仅由 RNA 形成的生命体。RNA 的世界开始演变成具有更多专业分工的分子构成的生物世界（图 6-15）。

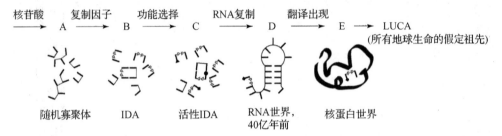

图 6-15 RNA 世界的形成（改自 Michael Yarus：Getting Past the RNA World：The Initial Darwinian Ancestor. from http://cshperspectives.cshlp.org/）

6.4.2.2 稳定遗传体系的形成

由于 RNA 带有核糖 $2'$ 羟基，化学活泼性远大于 DNA，这有助于 RNA 行使酶的活性，但也造成其化学性质不如 DNA 稳定，容易发生突变；在化学进化的一定阶段，RNA 演化出 DNA，即其中的核糖变成了脱氧核糖。RNA 就逐渐将储存遗传物质的功能让渡给化学性质惰性、稳定性高的 DNA 承担，自身变成了 DNA 和蛋白质的信息流动中介。

RNA 最终将担当遗传物质的功能转让给 DNA，另一个主要原因是 RNA 在复制过程中出错率过高，且缺乏纠错机制（图 6-16）。地球生命早期 RNA 自然复制的出错率在 1% 左右，也就是以 RNA 为模板，平均每复制 100 个核苷酸就会有 1 个是错的。这种出错率很难保证生命特征的稳定和延续，尤其是不利于复杂生命形式的出现。只有降低突变率才能促使生命复杂性的进化，否则生命将在 RNA 错误的积累中归于毁灭，这种情况称为突变熔毁。打个比方：如果某人抄写《论语》，平均每 100 个字抄错 1 个，后面的抄写者使用这个错误的版本接着抄，有同样的抄错概率。这样经过两千多年时间抄下来，你将根本看不到孔子的《论语》，只能看到毫无章法的文字堆积。遗传物质的复制基于同样道理也不能有太高的出错率。

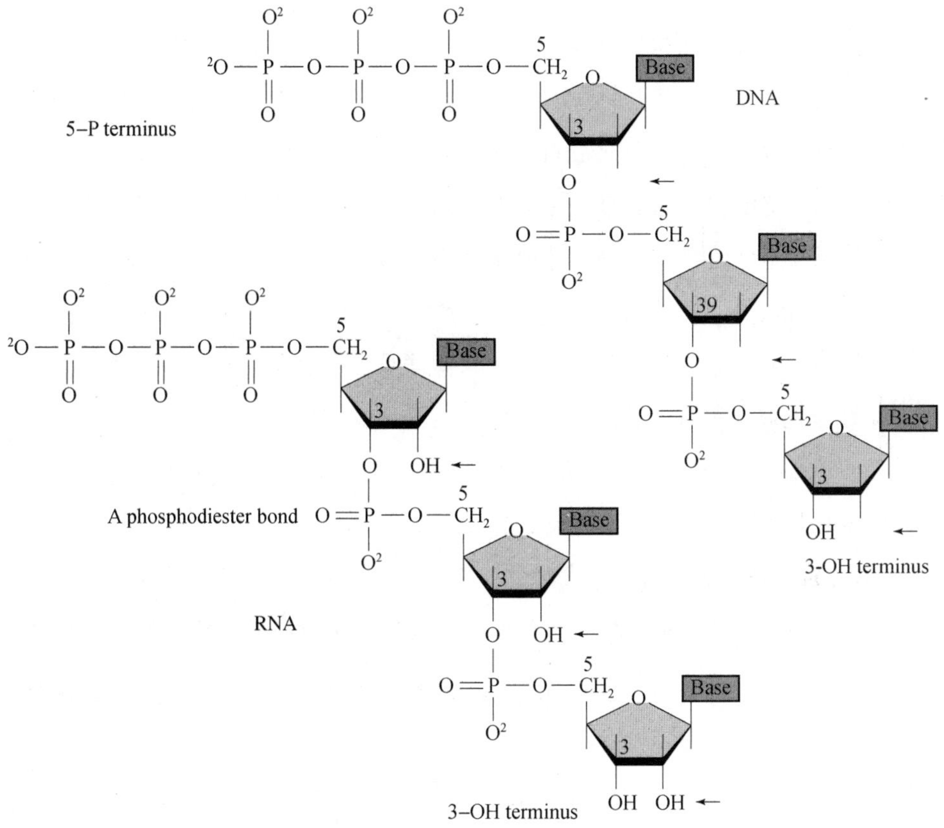

图 6-16 DNA 与 RNA 结构比较

注：两者都是多核苷酸链，但构成 DNA 的核糖第 2 碳原子位置上（箭头）少连接一个羟基，使整个 DNA 分子缺乏自由羟基，由此增强了 DNA 结构的稳定性。

复制酶，也就是 RNA 指导的 RNA 聚合酶的出现可以大大降低复制出错率，这是因为有酶促反应的复制过程可以提高复制的准确性，使出错率大大下降。但随着生命复杂性的发展和 RNA 分子变长，这样的复制精确性仍不够，还不足以使 RNA 生物进化出复杂生物。据估算，RNA 病毒可能已经接近 RNA 生命复杂性的上限。导致新冠感染的冠状病毒的 RNA 基因组具有 3 万个碱基，已经是现存的基因组规模最大的 RNA 生物了。与此相比,世界上基因组最大的 DNA 生物可具有 10^{10} 个碱基对。

DNA 的突变率远低于 RNA。双链 DNA 上碱基的脱落率只相当于单链的 DNA 的 1/4。在 DNA 成为遗传物质后,生物体又发展出复制校正机制,可在复制的同时寻找出大多数复制错误并通过修复酶加以校正。例如,以 DNA 为遗传物质的细菌的复制出错率仅仅是 RNA 病毒的 10 万分之一。因此,更复杂的生命是在以 DNA 为遗传物质的生物出现之后进化出来的。

维持生物遗传物质稳定的其他方式还有:①自然选择:存在较多突变的个体适应性减弱,容易被自然选择所淘汰。例如,在细胞层面上,DNA 缺陷较多的细胞会发生细胞凋亡。②增加遗传物质的副本:生物可形成二倍体或多倍体。一旦某些基因由于突变而失活,另一个副本基因可以替代失活基因的功能。③通过 DNA 的甲基化修饰等方式关闭失活基因,防止不良效应。

DNA 成为遗传物质后,以 DNA 为轴心的中心法则成立,由 DNA、RNA、蛋白质组成的生命体系的初步格局建立起来。

6.4.2.3 遗传密码的进化

遗传密码体现了核酸碱基系列和蛋白质氨基酸序列的对应性。绝大多数生物的遗传密码都是一致的,说明地球生命共同起源说的正确性,也说明了遗传密码的保守性。遗传密码的最终确定也决定了蛋白质使用氨基酸的种类的固定化,即只有 20 种氨基酸能够对应遗传密码而参与蛋白质的构成。遗传密码一旦建立,在几十亿年的进化过程中就很少改变。但毕竟有少数生物的个别遗传密码不同于其他绝大多数生物,说明了遗传密码还是存在一定变异空间的,尽管很小(表 6-1)。mRNA 上面的遗传密码是由携带特定氨基酸的 tRNA 负责识别的,这种识别关系的建立可能与它们之间立体化学结构和相互作用有关,涉及 tRNA 结构、氨基酸结构,以及它们与密码子的相互作用。遗传密码的改变涉及 tRNA 基因的突变,一旦 tRNA 基因上反密码子序列发生改变,将导致该 tRNA 将不同的氨基酸带入多肽序列中。这将会影响到几乎所有蛋白质的合成,其影响面是非常大的。显然这种异乎寻常的突变由于会带来过大的表型改变,通常是致死的,被自然选择迅速淘汰,也就很难进化出来。因此,遗传密码十分保守。

表 6-1　某些生物使用某些不同于通用遗传密码的密码子，
这往往是进化过程中 tRNA 基因突变所引起的

密码子在原核生物和真核生物线粒体及原生动物中的改变												
生物	AUA	AUG	UGA	UGU	UAA	UAG	CUA	CAA	UAG	AGA	AGG	AAA
一般生物	Ile	Met（起始）	终止	Trp	终止	终止	Arg	Gln	Gln	Arg	Arg	Lys
支原体			Trp	Trp								
纤毛虫					Glu	Glu						
四膜虫					Glu	Glu		Glu	Glu			
游仆虫			Cys			—						
哺乳动物（线粒体）			Trp							终止	终止	Asp
果蝇（线粒体）										Ser		Asp
酵母菌（线粒体）							Thr					

6.4.3　生命体构造的发展

6.4.3.1　细胞结构的发展

细胞膜的出现，使生物可以独立于环境而存在，细胞成为进行各种生命活动，包括代谢、遗传物质复制等的基本场所。在能量的不断输入下，细胞可以选择性地从环境透过细胞膜摄取自己所需的物质成分（营养），排出不需要的或有毒的物质成分。细胞必须含有最基本代谢所需的蛋白质和遗传物质。研究表明：至少需要 400 个最基本的基因，并有它们所产生相应的蛋白质才能维持一个最简单的自由生活的细胞。因此，一个活细胞有一个体积的最小限度。支原体是目前已知的最简单细胞生物，它所含有的基因和蛋白质种类很接近这一数目。支原体的直径在 0.1 μm 左右。生物膜包裹的细胞体积如果再小，将不能满足携带这一基本生物分子数量的需要。例如，一些细胞所分泌的外泌体（exosome）尽管有细胞膜的包裹，但直径小于 0.1 μm，里面无法带有足够完整的酶体系和遗传物质，不能成为独立的、可自我复制的细胞。

随着细胞的结构和功能逐渐变得复杂，需要更多的基因和蛋白质，细胞体积也会变大。细胞膜除了是细胞的边界外，还成为一些代谢活动依附的场所，许多与生物代谢有关的蛋白质，或者是位于细胞膜上的蛋白质，或者通过与膜蛋白结合而固定在细胞膜上。通过这种结合，细胞代谢活动并不完全在液态的环境下进行，而是具有相对的固态环境，并局限在细胞内的某些位置发生。当细胞体积变大，细胞膜表面和代谢场所相对不足时，为了充分利用细胞内的空间，细胞膜会发生皱褶和内陷，形成内膜系统，以扩大膜的表面积。内膜系统出现也导致细胞内的功能分区，如遗传物质局限在细胞的某些区域，这些区域后来发展成细胞核。因此，细胞内膜面积的扩大促进了细胞功能和代谢活动的复杂化，也允许细胞的体积逐渐增大。受到物质扩散过程和力学因素的限制，细胞体积的增大也有一个限度。细胞内外的物质交换是通过细胞膜进行的，细胞过大时，细胞表面积相对于细胞来说，体积变小，将不能满足物质交换的需要，因此，细胞不会无限增大。

6.4.3.2　细胞的分化和真核细胞的出现

随着细胞生物进入地球的不同环境，细胞结构和功能也发生各种适应性分化，形成了不同的细胞类型，再分化成三个主要生物类型：细菌、古生菌、真核生物。细菌和古生菌可以统一归类为原核生物。

1. 原核生物

原核生物是地球上产生最早、存在时间最长、分布最广的生物类群。原核生物多是单细胞生物，即由单个细胞构成独立的生物体。尽管我们看不见它们，但它们占有的生物质量占地球总生物质量的半数以上。真核生物是从原核生物分化而来的，并进化出更复杂的生命形态，但原核生物仍然具有更强的适应性。在许多真核生物，尤其是多细胞真核生物无法到达或生存的环境中，如极冷或极热的环境、过酸或过碱的水中、地下几千米或深海、地上几十千米的太空，都可以见到原核生物。据估计，每 1 mL 海水里可找到上百万个细菌。现存的几乎所有高等真核生物，包括动物、植物等都是和某些原核生物伴随共生的。人类的口腔、肠道、体表都有大量的原核生物存在。真核生物的一些生理功能，如消化、产生某种化合物等，是借助原核生物完成的。可以说，不与原核生物共存的"纯净的"动植物是不存在的；相反，原核生物倒是可以独立存在。

通过比较不同原核生物的基因组，生物学家发现原核生物可分成两个主要类型：古生菌和细菌，它们的大小和形状类似，但其结构、生化和生理特征、分布则有明显的不同。

"古生菌"一词原指最古老的细菌类型，它们可以生活在生命诞生之初所处的环境中，如温泉、盐湖和无氧环境等。有些古生菌非常耐热，可以生活在超过 100 ℃ 的深海喷泉处。由于这些环境对于人类和绝大多数生物来说属于难以生存甚至难以到达的极端环境，因此被发现得较晚，并被冠以"嗜极端菌"的称号。实际上这些环境非常类似于生命诞生之初的环境，只不过在随后的生物进化过程中，绝大多数生物脱离了这种环境，转而在新的环境中生存并逐渐适应，而一些古生菌则继续留在原始的生存环境并繁衍至今。有些古生菌，如产甲烷菌适应了人和食草动物消化道的无氧环境，从消化纤维素获得营养，并产生甲烷气体。

虽然古生菌被认为是古老原核生物，但它们和真细菌一样经历了几十亿年的进化历程，从这一点来说，地球上的所有生物同样古老。只是在地球氧气含量上升后，厌氧的古生菌遭受到了较大的打击而不如真细菌分布得广泛。对 16S rRNA 基因的比较研究提示，相比真细菌，真核生物与古生菌关系更近，它们的细胞具有更大的相似性，两者共同祖先分家的时间也更晚。

与古生菌相比，真细菌存在的范围要广泛得多，是适应范围最广的生物类群，其生物量在所有生物类群中是最大的，营养方式也是最多样的，可以是异养、自养的，可以是厌氧的，也可以是需氧的。在大量真核生物无法到达的地区，都生活着各种真细菌。在不利于细菌生长的极端环境，如高温、缺乏营养、干燥等环境中，很多细菌可以形成芽孢，使生命活动处于休眠状态。有些细菌可以在这种休眠状态下存在数百年，一旦条件适宜，芽孢就重新转变为可以代谢、生长的细菌，甚至沸水也不能杀死一些芽孢。

细菌在生物圈的各种物质循环中都是不可或缺的环节。例如，大气中氮气要经过植物根系的固氮菌的作用合成含氮化合物，才能为植物所利用，并间接为动物所利用；各种死去的动植物尸体中的有机化合物需要经过细菌的作用分解，重新形成无机物，完成物质循环。生物的繁衍离不开构成生命的元素的不断循环和利用。

2. 真核生物

真核生物的细胞体积较大，比原核细胞大上千倍，它们的基因组也比原核生物大得多。多细胞生物基本上是从原始真核生物进化而来的。真核生物的出现极大地提高了生命的复杂性。

化石研究提示：在 21 亿年前到 16 亿年前之间出现真核生物，但分子生物学研究提示真核生物诞生的年代更早。它们的直接祖先很可能是一种巨大的、以异养的方式生存的古生菌，依靠吞噬小的原核生物而生存。由于体型巨大，其细胞内部需要切割成不同的功能区域。真核生物的祖先通过将细胞膜内陷、分褶，构成后来发育成内质网和核膜的内膜系统。内膜系统通过出泡，可以形成高尔基体、溶酶体等细胞结构。细胞内膜系统的出现极大地增大了细胞内的膜表面积。内膜面积的增大有利于生化反应的复杂化和区域化。为了支撑庞大的细胞体，做变形和吞噬运动，真核生物的祖先细胞发展出微纤维系统，之后进化成真核细胞的细胞骨架，以后内膜系统的一部分包围了染色质，形成了原始的细胞核。

"内共生学说"解释了真核细胞内线粒体和叶绿体的起源。按照这一学说，线粒体来源于原始真核细胞对某种具有有氧氧化能力的异养型细菌的吞噬。一般情况下，被吞噬的细菌被当作食物消化分解，但在偶然的情况下，异养型细菌没有被消化，而是在真核细胞内存活下来，与原始真核细胞形成内共生关系。内生的细菌可帮助原始真核细胞更彻底地氧化分解有机化合物，充分获得化学能；而原始真核细胞则为内生的细菌提供稳定而安全的环境。最终被吞噬的异养型细菌演变成线粒体。

叶绿体起源于原始真核细胞的另一次吞噬活动，这次吞噬的是类似于蓝细菌那样能够进行光合作用的细菌，被吞噬的细菌同样保留在细胞内，与原始真核细胞形成内共生关系。前者帮助后者利用光能，以 CO_2 和 H_2O 为原料合成有机化合物，后者同样为前者提供稳定而安全的环境。可以进行光合作用的细菌演化成为叶绿体。

当今包括动植物和真菌在内的所有真核细胞都带有线粒体，但只有植物带有叶绿体，因此估计原始真核生物形成线粒体在先，吞噬蓝细菌并形成叶绿体在后。完成第二次内共生的真核生物进化成植物，只完成第一次内共生过程的其他真核生物进化成现代的动物、真菌等。

6.4.3.3 多细胞生物的出现

在生物进化的历程中，曾反复多次发生多细胞进化。一些原核生物，像蓝细菌、黏细菌等，都曾形成多细胞生物；但只有真核生物进化出的多细胞个体能够实现从生殖细胞向多细胞个体的发育和分化，形成世代现象。按照进化生物学家奥古斯特·魏斯曼（August Weismann）的理论：生物体可分成种质和体质。其中只有种质（生殖细胞）具有繁衍能力，并传递给下一代。而由生殖细胞发育而来的生物体则具有一定的寿命，在帮助种质（生殖细胞）产生后代后走向死亡。

多细胞生物依赖细胞之间的信号通信而相互作用，共同完成机体的生命活动。有多种假说解释多细胞生物的起源。共生理论认为多细胞生物起源于具有共生关系的不同单细胞生物的组合；解释这些不同生物的基因组如何合并是这一理论的一个难点。合胞体理论认为多细胞体系产生于多核细胞，这些多核细胞通过在细胞内产生细胞膜而形成多细胞结构。集落理论认为同种单细胞生物聚合在一起生活，然后细胞群体的不同细胞发生功能分化，进而形成多细胞生物。

不管是通过哪种方式形成多细胞体系，细胞与细胞之间必须形成某种黏附，这依赖于细胞表面的蛋白类信号分子之间的识别和黏附。海绵是最原始的多细胞生物。它们只是聚集在一起的同种生物的细胞，其内部只有最基本的细胞分化，细胞不形成组织、器官、系统等。如果用机械方法使海绵分散成单个细胞，再将不同种属的不同颜色的海绵细胞混合，同种细胞会迅速聚拢在一起。这是由于在细胞表面的特异性黏附信号分子在起作用。对具有胚层分化特征的两栖动物原肠胚的研究表明，如果使用蛋白酶或二价离子螯合剂将胚层的细胞打散，再将它们混合，同一胚层的细胞将会自动聚合在一起。这样，通过以细胞识别为基础的细胞迁徙和细胞黏附，多细胞的胚体逐渐形成组织和器官。细胞识别还具有种属特异性，如果是两种哺乳动物的肝细胞和鸟类的肝细胞混合，则由于种属关系的邻近，两种哺乳动物的肝细胞可以混合，而不与鸟类肝细胞结合。

通过细胞间的黏附形成多细胞生物体，在体系内部发生细胞分化，出现了个体发育和衰老的过程，世代繁衍的生命形式登上历史舞台。

6.4.3.4　多细胞生物出现后的生物进化

多细胞生物具有许多全新的生命活动形式，与之相应的一些机体结构随之产生，并进一步带动了全球生态系统的变化。这些结构和变化主要有：①支撑结构的出现。例如，植物的木质化维管系统、动物的外骨骼和内骨骼的出现，以维持生物体的形态和结构。②动物极性躯体的形成和感觉系统的发展。动物的运动性造成感觉和神经系统主要位于朝向运动的一侧，使动物出现了头部和尾部。③性的出现。两性生殖成为许多动植物的生殖方式，由此形成物种和物种的进化。社会性动物也随之出现。④生物由海洋向陆地发展，陆地生态系统逐渐建立，全球生物圈形成。

1. 陆生生物的出现

随着大气中氧含量的增加，在距地面 20～50 km 的大气中的平流层开始出现臭氧层。臭氧层犹如一件保护伞，可以保护地球上的生物，特别是陆生生物免受短波紫外线的伤害，为陆生生物的出现创造了条件。

真核生物诞生后，具有叶绿体的一支真核生物演化成的绿藻，继续通过光合作用富集大气中的氧气，并在 6 亿年前至约 5 亿年前登陆大陆，发展成陆生植物（terrestrial plant），使地球成为一片绿色的世界。近 10 亿年来，大气氧气含量的明显上升为化能异养型的多细胞生物——动物的出现创造了条件。在 5.7 亿～5.5 亿年前，不同门类的动物几乎同时出现，这一事件被称为寒武纪大爆发（Cambrian Explosion）。在寒武纪地层中出现了节肢动物、软体动物、腕足动物、环节动物和脊索动物的化石。寒武纪大爆发的出现说明生物的进化不是均一进行的，有可能出现某些快速发展的阶段。20 世纪 70 年代，美国古生物学家古尔德等提出的间断平衡理论解释了寒武纪大爆发的原因。陆生植物的出现，为第一批陆生动物的到来做好了准备。到 3 亿多年前，第一批脊椎动物在陆地出现。两栖类动物是最早登陆的脊椎动物。

2. 性和性别的产生

生物主要以两种方式进行生殖活动：无性生殖和有性生殖。表面上看，有性生殖相比于无性生殖是低效能的。有性生殖前要进行减数分裂，生殖细胞要甩掉一半的遗传物质，这样每进行一次生育活动都只能遗传给下一代半数的遗传物质；而无性生殖则可以将全部遗传物质传给后代。有性生殖方式之所以能够进化出来，就一定会有某些优势来弥补它效能低下的缺陷。进化生物学家为此提出过种种假说。

有性生殖的生物为二倍体，有两套基因组，每次生育时只传给后代一套单倍体，交配对象提供另一套单倍体，在后代中新形成二倍体。副本理论认为二倍体生物只要有一套基因组就可以维持生命活动，另一套是一种遗传储备，用于当某些基因出现缺陷时的替代。性的作用就像开车时增添一个副驾驶，以备驾驶员出现问题时接替驾驶位置。这一理论的缺陷是：不一定非得用性的方式添加副驾驶，生物通过染色体加倍的方式也可以形成二倍体，甚至多倍体，事实上，很多进行无性生殖的生物是二倍体或多倍体。美国密歇根大学的阿列克谢·康卓约夫（Alexey Kondrashov）提出了另一个性产生的理论，他认为性有助于消除不利于生存的基因。在减数分裂时，不同染色体之间的自由组合，以及同源染色体之间的交换，都会增加后代的变异类型。后代中的一些个体可能积累了较多优秀的基因，另一些则积累较多有缺陷的基因。尽管这与无性生殖都是零和游戏，但有性生殖时会产生比例更大的积累较多缺陷基因的个体，使有害的基因更容易通过自然选择的机制被淘汰，而无性生殖就很难做到这一点。另一位进化生物学家梅纳德·史密斯（Maynard Smith）打了一个比方说明这种理论：假设有两部坏了的汽车都临近报废，聪明的做法是，将两部车好的零件集中在一起构造一辆好车，剩下的坏零件构造的车弃之不用，这就是以"有性的汽车机制"来构造更好的汽车。有性生殖通常产生众多后代，如果有些后代注定要被淘汰，那它最好承载更多的不良基因。

另外一种理论认为性产生是生物与寄生生物相互斗争的结果。性是为了对付寄生生物而产生的生存策略，这种理论称为"红色皇后"理论，是汉密尔顿提出的，它得名于童话《爱丽丝漫游奇境》中象棋的红色皇后的一段话："为了停留在原地，就要拼命地跑。"假如一种生物身上有寄生生物，如人身上的虱子、螨虫，或体内的蛔虫、病毒等。这种生物希望进化出更好的机制摆脱寄生生物，而寄生生物也希望进化出更好的特性以维持寄生生活。两者便展开进化速度竞争，任何进化缓慢的一方都将被淘汰，这就是进化上的"红色皇后"效应。一般来讲，进化是以代次为节段进行的。寄生生物体型较小，生命周期短，代次更换频繁，进化的速度更快，被寄生的较大生物就要寻找一种机制加速进化，这种机制就是性。尽管单个基因不能很快进化，但可以通过性的作用改变基因组合来产生新的性状，改变寄生生物的生存环境，使其适应性下降，也就是将现有基因混淆来加速进化。这就像锁和钥匙的关系，宿主通过锁将家门紧闭，防止寄生生物的造访；寄生生物则通过快速变异产生大量不同的钥匙进行试探，宿主也会通过进化制造出新的锁让寄生生物的新钥匙失灵。性便是一种加快制造新锁的方法。

这一假说的推论是：一个物种的生命周期越长，就越需要性来进行更多的基因混淆。实际情况确实如此：体型较大、长寿的生物都是进行有性生殖的；而体型小、生命周期短的生物进行有性生殖的相对较少，无性生殖造成的快速扩增更有利于它们的生存方式。

3. 两性的分歧进化

当两性产生后，将促成产生它们的个体发生性别分化。卵细胞体型巨大，营养物质多，生产成本高，将以质量取胜；精子体型小，可以较多产生，通过善于运动找到卵细胞，将以数量取胜。后代发育需要的营养将主要由提供卵细胞的一方承担，因此雌性会进化出子宫、乳腺等器官。这样雌性的进化方向是产卵能力和受精后抚养后代的能力；而雄性则是接近和获得雌性个体的能力，性选择的压力下将会产生如发达的肌肉、犄角等雄性性状。

性选择是一种特殊的自然选择形式，通过两性对交配对象的选择而实现。由于生产精子的成本低，少量雄性产生的精子就能为大量卵细胞受精，因此一般会出现雄性过剩的现象，使得雄性经受的选择压力较大。故性选择主要表现为雄性竞争，而雌性去选择。

6.4.4 人类的起源和进化

人类在生物分类上属于真核生物—动物界—脊索动物门—脊椎动物亚门—哺乳纲—灵长目—类人猿亚目—人科—人亚科—人属—人种。目前人亚科只剩一个属，即人属（*Homo*）；而人属只有一个种，即智人（*Homo sapiens*），也就是我们。但是在人类进化史上，人亚科至少存在过 4 个属，而人属也曾有不同的种，只是这些属和种在进化的某一时期灭绝了，只留下了智人一个种。

与人类在进化关系最近的物种是黑猩猩。黑猩猩和猩猩、大猩猩等都属于类人猿，但实际上，黑猩猩与人之间的遗传距离比黑猩猩与猩猩、大猩猩的遗传距离要小得多。人和黑猩猩的绝大多数蛋白质的氨基酸序列一样。如果比较 DNA 序列，则人和黑猩猩大约有 1% 的差异。因此，有人认为黑猩猩和人属于一个科。

6.4.4.1 人类的起源

阐明人类起源的具体时间之所以难有一个具体答案，不在于我们难以确定进化史上具体事情发生的时间范围，而是在如何定义人类起源这一概念上。实际上，人类起源和其他一切进化事件一样，是一个逐渐连续变化的过程。我们可以以站立行走作为人类诞生的标志，可以以使用石器等工具作为人类出现的标志，或者以人脑容量增大为标志，或者以语言的出现为标志。这些标志出现在完全不同的时期，并不存在短期内人类主要特征突然出现的时期。我们经常用和人遗传关系最近的动物与人分歧的时间作为人独立存在的时间，即人类起源的时间。目前这个动物是黑猩猩，因此可以将人与黑猩猩分家的时间作为人类起源的时间，可以通过分子生物学研究和化石研究大致确认这一时间。

1. 人类与黑猩猩分家时间的分子生物学研究

通过比较人和黑猩猩的蛋白质氨基酸序列或 DNA 的差异，利用分子钟的原理，可以确定两个物种的分歧时间。

测定灵长类血清中的白蛋白的氨基酸序列，发现人的白蛋白和黑猩猩的差别是 1.2%，这个差异相当于 500 万年。使用 DNA 杂交方法，比较两个物种的 DNA 的相似程度，用以计算两个物种分歧的时间。推算出人和黑猩猩的分歧时间在 700 万~500 万年前。这与用比较白蛋白的结果一致。

2. 根据古人类化石推测的人亚科系统树

分子生物学方法可以检测两个物种分家的时间，但不能提供表型信息，无法描述人类进化过程中形态和生理的变化，化石研究则可以补充这方面的信息。

人类化石的研究由来已久，早在 1856 年，第一个古人类化石就在欧洲的尼安德特出土了，这就是著名的尼安德特人。随着尼安德特人化石大量被发现，人们一度认为欧洲是人类诞生的摇篮。但在 19 世纪和 20 世纪的交界，科学家在亚洲发现了较多的能够直立行走的猿人化石，其中较著名的有 1892 年在印度尼西亚发现的"爪哇人"和1929年在北京发现的"北京人"。这些被称为"直立人"的化石的发现，使人类倾向于认为亚洲才是人类的发源地。从20世纪的前中叶开始，越来越多的猿人化石在非洲被发现，在南非发现了大量的南方古猿化石，它们存在的时间比之前发现的尼安德特人、"爪哇人"和"北京人"等都早得多，最早的南方古猿生活于400万年前，它们直立行走，脑容量和身体特征介于直立人和猩猩之间，面部、牙齿特征近似于猩猩，多数学者认为它就是猿和人之间的缺环。

到目前为止，已经发现的人亚科化石至少属于18个物种，可以归为4个属：南方古猿属（*Australopithecus*）、地猿属（*Ardipithecus*）、傍人属（*Paranthropus*）和人属。在非洲发现了全部这4个属的化石。除了现代人类，只有人属的某些种在欧亚大陆被发现（图6-17）。这些属和种中，只有人属的智人存活到现在，其他的在不同的时期灭绝了，其中最后灭绝的是分布在欧亚大陆的尼安德特人，他们在距今3万年前灭绝。

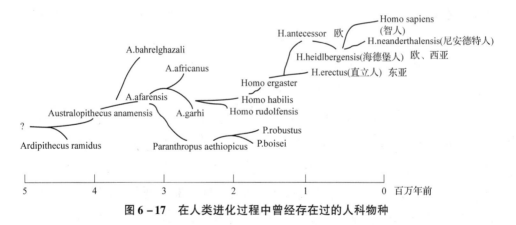

图6-17　在人类进化过程中曾经存在过的人科物种

大量非洲古人类化石的发现，使人们确信人类起源于非洲，然后逐渐扩散到全世界。

6.4.4.2　人属的进化

人属从南方古猿进化而来，以下这些都属于人属：①能人：距今100万~250万年。②直立人：距今24万~150万年。"北京人"即直立人（图6-18）。③尼安德特人：距今4万~25万年。④智人，即现代人。尼安德特人和丹尼索瓦人是与智人关系最近的人属成员。

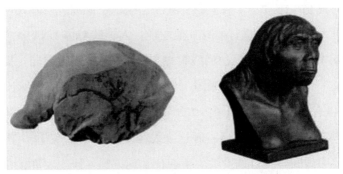

图 6-18 "北京人"头盖骨化石及复原图

尼安德特人曾广泛分布在欧洲和亚洲西部。尼安德特人身高 1.5~1.6 m，颅骨容量平均为 1 500 mL，较现代人的平均脑容量 1 350 cm^3 还要大些。尼安德特人的骨骼和肌肉强健，四肢、牙齿、胸部、手足都比较大；有比现代人更耐寒的体格；肤色估计是浅色的。他们能使用工具，如石制工具和木制长矛狩猎大型野兽，并用兽皮制作简陋的衣服，会取火。尼安德特人能制造首饰，具有原始宗教和埋葬死者的文化习俗。他们和另一个人属成员丹尼索瓦人都曾和智人偶尔发生婚配，并在现代智人中留下他们的基因。

智人，即现代人种，发现于法国南部的克鲁马努人，我国的山顶洞人等都属于智人。他们最终发展成现代人。

6.4.4.3 智人的起源和迁徙

智人最早生活在非洲，是从海德堡人进化而来的。世界各地的人都来源于非洲。

1. 世界各地智人分家时间的 DNA 证据

1987 年，美国遗传学家瑞贝卡·卡恩（Rebecca Cann）等运用母系遗传的线粒体 DNA 的多态性进行研究，寻找到了全人类共同祖先生活的年代，提出了著名的"线粒体夏娃假说"。

所有人的线粒体 DNA 均来自母亲，这种遗传称为母系遗传。线粒体内的 DNA 存在相对固定的突变率，可以标定线粒体 DNA 为一个分子钟，通过比较人类不同个体线粒体 DNA 上碱基的差异数，对照线粒体 DNA 分子钟的走速，这样就可以知道他们的祖先的分家时间，绘制出人类各种族的系统进化树，并推断他们来源同一母系的年代。

卡恩的研究小组选择了来自非洲、欧洲、中东、亚洲，以及几内亚和澳大利亚土著妇女的线粒体 DNA 进行研究，他发现：人类线粒体 DNA 基本相同，平均差异率只有 0.32% 左右。根据他们线粒体 DNA 碱基序列的差异，推定这些线粒体分歧的时间，最终推断它们都来源一个共同女性祖先的遗传。该女性生活在约 20 万年前（也有人说是 15 万年前）。她提供了所有现代人的线粒体，研究者借用《圣经》中第一个女人的名字称呼这个线粒体为"线粒体夏娃"。

那么，携带线粒体夏娃的女性生活在什么地方呢？研究发现，在非洲地区的人群，线粒体 DNA 的碱基序列差异比世界其他地区的人大得多。由于群体在向世界扩散时，总是少数人离开原地，多数人及其变异留在原地，因此可以推定这个线粒体夏娃生活在非洲，这与众多的古人类化石发现在非洲相一致。

对 Y 染色体的分析可以用来追踪人类男性家系的系谱。Y 染色体的遗传为全男性遗传，即 Y 染色体只在男性之间传递，由父亲传给儿子，儿子传给孙子。通过比较不同男性的 Y 染色体可以构建不同男性的 Y 染色体系谱。Y 染色体 DNA 的碱基也以相对固定的频率改变，通过 Y 染色体 DNA 的分子钟，同样可以追踪人类男性的 Y 染色体共同祖先。2001 年，斯坦福大学的昂德希尔等分析全球 22 个不同地区男性的 Y 染色体 DNA 序列，显示了他们的亲缘关系，追踪到了他们的共同祖先。这一祖先也借用《圣经》中第一个男人的名字，称为"Y 染色体亚当"。这一人类 Y 染色体的共同祖先生活在 20 万~12 万年前，与线粒体夏娃生活的年代相当。根据世界不同地区 Y 染色体 DNA 的多态性，同样推定 Y 染色体亚当生活在非洲。因此现代人类直到十几万年前还只生活在非洲，随后部分智人离开非洲，走向世界。

2. DNA 记录的人类的迁徙过程

根据世界不同地区人群所出现的线粒体或 Y 染色体 DNA 上的碱基替换情况，可以勾勒出自人类走出非洲后的迁徙路线和每次迁徙发生的大致时间。

（1）2005 年，美国国家地理协会开始了一项雄心勃勃的计划：用基因测序技术勾画几万年间人类在地球的迁徙路线图。参加测试者为遍及 100 多个国家和地区的几十万人。如果一个 DNA 变异发生在分支之后，则这一变异就只存在于人类的这一支系当中，分析这些变异的出现情况和分布，就可以勾勒出世界各地不同人群的迁徙路线和发生的时间。例如，Y 染色体上的 M168 标记只出现在非洲之外的男人的 Y 染色体上，说明这一变异发生在离开了非洲的某一个男子身上，再通过遗传漂变扩散到非洲以外的人群。再如，P186 号变异出现在当今大部分中国人身上，中国汉族有 69%~86%，韩国人有 70%~82%，日本人有 47%~65%。印度男性有 23% 带有 P186 号变异，说明这一变异发生在向东流动的人群当中，是典型的东北亚人群的特征标志。测试显示，7 万年前后人类祖先越过红海南部或通过埃及到达中东地区，随后分别向东或向西扩散，并不断分支发展，占据欧亚大陆的不同地区。

(2) 中国的情况。1999 年，我国学者宿兵等使用 19 个 Y-SNP（单核苷酸多态）分析，发现中国南方人群的基因多样度高于北方人群，各人群的遗传多样度按东南亚非汉族人群、南方汉族人群、北方汉族人群、北方非汉族人群排列逐渐下降，这一发现与线粒体 DNA 单倍型的分布相符。前面讲到，在迁徙发生的年代，实际迁徙的人群总是占总人口的少数，因此其遗传多样性总比不上留在当地的人群，迁徙应该是顺着遗传多样性梯度下降的方向进行的。这揭示人类进入东亚始于中国南方，然后向北方发展，定居下来。

(3) 欧洲的情况。分析现代欧洲人的线粒体，发现主要有 7 种线粒体类型。这 7 种均来自线粒体夏娃，提供这 7 种线粒体的女人被称作 7 位"欧洲夏娃"，发生在 1 万多年前。但实际上，早在 4 万年前，现代人类就到达了欧洲，如克鲁马努人就生活在距今 3 万年前。研究认为：这是先后到达欧洲的智人之间的取代。在 1 万年前，约有少量中东人向欧洲迁徙，此时农业已经在中东地区兴起，这些带有先进农业技术的中东人在与当地的土著欧洲人的竞争中占了上风。他们代替了原来的人群，成为后来欧洲人的主体，原有的欧洲人被压缩在很小的区域：有一个欧洲民族叫巴斯克人，主要生活在北西班牙地区。他们在 4 万年前进入欧洲，与其他欧洲人外貌明显不同，讲一种非印欧语言。

6.5　生态系统和生物圈

6.5.1　生态系统和生物圈的概念

由各种生物与无机环境构成的统一整体称为生态系统。生态系统是特定空间内生活的所有生物（即生物群落）与其环境之间，以及生物与生物之间通过物质交换和循环、能量流动和转化、与之伴随的信息传递而形成的相互联系、相互作用、相互制约的整体。构成生态系统的元素包括：非生物的物质和能量，如大气、水、阳光、温度、腐殖质等有机物质；生物成分，包括生产者、消费者、分解者等。生态系统是一个开放系统，不同生态系统之间只保持相对的独立性。

全球生态系统的总和称为生物圈。生物圈位于地球表面，所有生物都在生物圈内生活。地球生物的生活范围非常广，尤其是微生物，几乎在地球的任何角落都可以找到它们的存在。一些地方尽管生物难以到达，如地表几十千米之上的大气层、几千米之下的岩石层等，但这些地区构成的变化仍会对生命活动造成影响，其物质成分仍参与生物圈的循环。比如气象变化、地下水流的活动都会影响各种生物的活动，因此生物圈包括大气圈的底部、水圈大部、岩石圈表面等部位。整个地球表面都由生物圈包绕。一般规定，以海平面为基础，向上和向下 10 km，包绕地球的厚度为 20 km 的空间为生物圈的范围，但实际可能比这个范围还大。在生物圈内，各种生态系统相互影响，进行能量和物质的交流。一些重要的地质和气候事件，如全球变暖，对生物圈中所有的生态系统都会造成影响。

6.5.2 生物圈中的物质循环

在地球表层生物圈中，生物体经由生命活动，从其生存环境中吸取元素或化合物，通过生物化学作用转化为生命物质，同时排泄部分物质返回环境，并在其死亡之后又被分解成为非生命物质，返回到环境中，这类循环称为生物地球化学循环。

6.5.2.1 水循环

水循环是指地球上不同地方的水，通过蒸发、降水、渗透、流动等过程，构成闭合的循环系统。水循环的成因主要是太阳辐射和重力作用；降水、蒸发和径流是水循环过程的三种最重要方式，它们共同决定了地球水的走向，造成全球各区域水量的平衡，也决定着一个地区的水资源总量。水循环可以分为海陆间循环、陆上内循环和海上内循环三种形式。以海陆间循环为例，陆地和海洋的水通过蒸发进入大气，再通过降雨返回陆地和海洋。由于海洋或湖泊水的巨大容积，大气中的水汽主要来自这些水域，被风输送到陆地上空凝结降水，然后再通过河流回到海洋或湖泊。

生物体也参与了地球水循环。植物大量地吸收水分，再通过蒸腾作用将水分送回环境中。与蒸发不同，蒸腾作用不仅受外界环境的影响，还受到植物本身的调节和控制。蒸腾作用可以使当地的空气保持湿润，通过蒸腾吸收热能使气温降低，可使森林保持凉爽。

6.5.2.2 碳的循环

碳的循环包括碳的生物循环和与板块活动有关的 CO_2 循环。

1. 碳的生物循环

其主要通路是绿色植物从空气中吸收 CO_2，经光合作用转化为有机物质，并放出 O_2。这些含碳有机物通过食物链的传递，借助呼吸作用和细菌的分解，逐渐转化成 CO_2 返回大气（图 6-19）。一部分动、植物残体未被彻底分解，被掩埋形成有机沉积物，经过漫长的年代，转变成煤、石油和天然气等化石燃料。这部分退出碳循环的生物碳只占生物残体总量的千分之一。它们在近代变成人类能源，在重新返回碳循环时对气候产生重大影响。

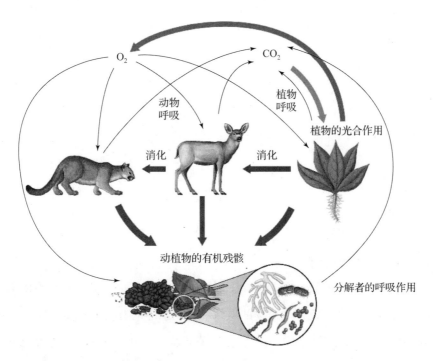

图 6-19　碳的生物循环（取自 E. D. Enger & F. C. Ross. Concepts in Biology）

2. 与板块活动有关的 CO_2 循环

生物碳循环只占碳的地球化学大循环的一小部分。大气中更多的 CO_2 溶于雨水流入海洋；海洋中的钙离子与 CO_2 形成不溶性的碳酸盐沉入海底，形成碳酸盐岩。板块构造的传送将碳酸盐岩推入地幔中；在地球深处的加热又会释放出 CO_2 通过火山爆发重新返回大气。在这一循环中，海洋中的 CO_2 量是大气中的 60 倍，储存在岩石中的 CO_2 量是大气中的 170 000 倍。假使没有这样一个 CO_2 循环，CO_2 都积累在大气中，温室效应将使地球像金星一样炎热。

碳在地球大气、海洋和海洋之间的循环是相当迅速的。从 1945 年至 1963 年，人们曾在地面上进行大量的核弹爆炸试验，这导致大气中 CO_2 的放射性^{14}C 含量增加。自 1963 年《部分禁止核试验条约》生效之后的几十年中，这种放射性同位素的大气水平又回到了基线水平，说明 ^{14}C 通过碳循环被清除的速度很快（图 6-20）。

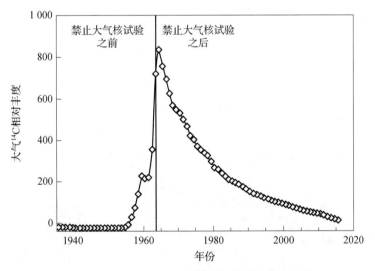

图 6-20　1940—2020 年大气 ^{14}C 相对丰度的变化

6.5.2.3　氮的生物循环

植物吸收土壤中的铵盐和硝酸盐，同化成植物蛋白质等有机氮。动物将植物有机氮同化成动物有机氮。动植物的遗体和排出物中的有机氮被微生物分解成氨（氨化作用）；在硝化细菌的作用下氧化成硝酸盐（硝化作用）。这些无机氮再被植物吸收利用。在氧气不足时，硝酸盐被反硝化细菌等还原成亚硝酸盐和分子态氮，后者返回到大气中（反硝化作用）。豆科植物的根瘤中的固氮菌等将空气中的氮转化为植物可利用的含氮化合物，如此反复，形成循环。

在地球整个生命史中，曾经存在的生物体总量是巨大的。如果设定所有具有宏观体型的生物平均体重为 10 g，平均寿命为 1 年，则近 7 亿年来累积的生物总重量为地球重量的 1 000 倍，假如没有生物圈内的生命和非生命的物质循环，后果将是无法想象的。生物圈全部物质的更新周期约为 8 年。大气的氧每 1 000 年通过生物体一次。构成我们身体的各种物质成分，在过去的岁月中曾无数次地进入细菌、动物、植物或他人体内，而我们的身体在一生中，其物质成分也在不断地更换中（图 6 – 21）。

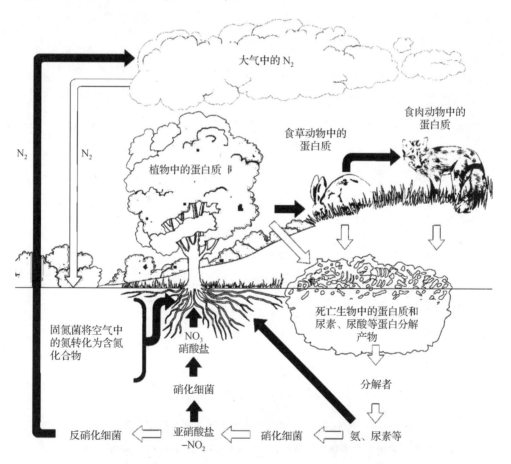

图 6 – 21　氮的生物循环（修改自 E. D. Enger& F. C. Ross. Concepts in Biology）

6.5.3 生物圈的演化

在地球 40 多亿年的漫长演化过程中，其地质面貌、化学构成不断地发生改变，这包括温度、大气成分、板块构造等的改变；地球上的生命也在进化过程中不断适应原有的环境，不断向新的环境拓展自己的生存空间，并反过来影响地球环境。在地质历史上，大的生物学事件往往也是一些重要的地质学事件。比如硫酸盐还原细菌的出现伴随着海洋沉积物中硫同位素值范围的放大等。

6.5.3.1 大气氧含量的变化

早期的大气存在许多还原性气体而缺乏氧气。当具有光合放氧能力的生物出现后，大气层氧的含量不断增加，造成生物类型的演替。随后大气氧形成保护地球生物的臭氧层，为以后陆生生物的稳定进化创造条件。

蓝细菌是最早进行光合作用，并生成 ATP 的自养型生物。光合作用是生物吸收光能，同化 CO_2 和 H_2O，放出氧的过程。过多的氧气积累会对生物体结构产生破坏作用，因此，蓝细菌等将氧气作为光合作用产生的废物释放到大气中。在光合作用产生的早期，大气中的氧气会通过与还原性的矿物质结合而被除去，最主要的是还原铁，形成铁氧化物，造成铁氧化物在大洋底部的积累。直到约 23 亿年前，地表氧化物达到饱和，大气中的氧气含量才逐渐积累起来（图 6-22）。

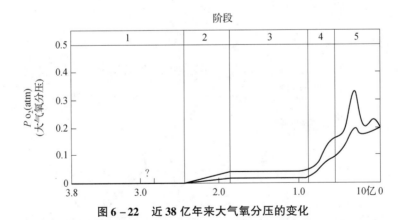

图 6-22 近 38 亿年来大气氧分压的变化

(两曲线代表估计的范围，来自 Heinrich D Holland, 2006)

在大气氧气出现前存在的原核生物都是厌氧生物。氧气对它们是有毒的，随着氧气浓度的提高，大量厌氧生物灭绝。氧气含量的上升造成了地球生物类型的大更替，厌氧型生物减少，一些生物发展出利用氧气的酶系统，这样需氧原核生物进化出来。通过有氧氧化，可以更彻底地将作为食物的有机化合物氧化分解成 CO_2 和 H_2O，产生更多的能量为这些需氧生物所用。渐渐地，在氧气存在的环境下，生物的总体合成和有氧分解达成相对平衡，地球的氧含量保持在相对恒定的水平。

6.5.3.2 大陆漂移与宏进化

在地球演化的历史中，大陆不是固定不变的，而是在灼热的地幔的作用下缓慢但持续地移动，位于不同大陆的生物也随着大陆的移动而变换自己的位置（图 6-23）。大陆漂移对生物群落和生物圈的影响主要包括：①伴随着大陆向两极或赤道移动，生物不断地进行适应冷热和生态环境的进化；②不同大陆合并或分离时，生活在不同地区的生物会相遇，进而产生新的生存竞争，或由于大陆分离而产生分支进化；③不同形状的大陆会改变海洋环流的走向，进而影响全球气候和生态环境，造成一些物种的灭绝，或产生一些新的物种；④造山运动、火山和地震活动都是在板块的交界处发生的，这些对生态系统也会产生明显的影响。

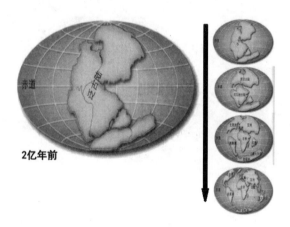

图 6-23 大陆漂移的进程

（改自 https://www.wendangwang.com/doc/4d68557b8822b4ae0f52420810d19a270c1c6e5c）

大陆漂移的两个时期对生物进化产生明显的影响：一是约 2.5 亿年前，所有的大陆都聚集在一起，形成被称为盘古大陆的超级大陆。盘古大陆的形成使原属不同大陆的生物相遇，形成新的生存竞争，其过程可与当今的不同地区的物种入侵相比拟。大陆合并后，海岸线缩短，近海生物减少，内陆面积增大，远离海洋的干燥大陆气候也改变了生物群落的格局。此次生态格局的变化造成了 90% 的海洋生物灭绝，也严重影响了大陆生物的生存。二是在 1.8 亿年前盘古大陆开始分裂，形成了非洲、欧亚、美洲、澳洲、南极以及印度等大陆。每个大陆开始形成彼此独立的生物进化区域，构成了不同地理隔离区，促进了生物多样性形成。海洋环流也随之发生改变，影响地球不同地区的温度分配，造成世界气候类型的改变。盘古大陆在随后的分裂方式也解释了许多令人困惑的问题，例如，为什么澳大利亚的动物和植物类型与世界其他地区如此不同？这是因为澳洲较早与其他大陆分离；为什么在西非和巴西能发现十分相似的中生代爬行动物化石？这是因为西非和南美东部在那些动物存在的年代是连在一起的（图 6 – 24）。

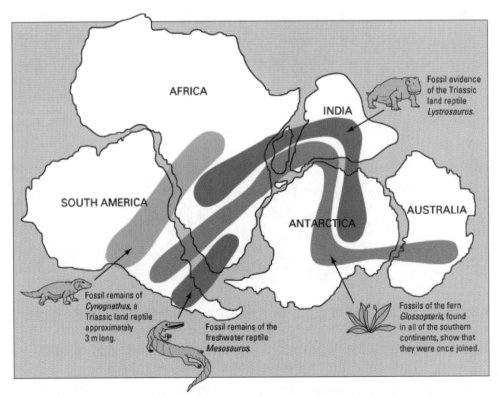

图 6 – 24　不同大陆化石的同源性

注：在不同的大陆出现相似的化石，提示这些大陆曾是连接在一起的超级大陆

（Steven Earle，"Physical Geology"）

6.5.3.3 地球温度的变化

原始地球是一个灼热的星球，随后地表的温度不断发生变化，地表温度变化的总体趋势是不断下降的。当出现 100 ℃以下的温度时，地球上出现液态的水；温度在 0 ℃以下时，液态水凝结成固态的冰。地球赤道的温度高，两极的温度低，故地表温度降低时，冰冻首先在两极出现，当地表温度进一步降低时，冰冻面积将从两极逐步向赤道蔓延。如果在某一时期，整个地表温度都降到 0 ℃以下，地表的水将全部结冰，此时称为雪球地球（Snowball Earth）。在这种情况下，地球上的生物可能全部灭绝。所幸这在地球生物进化史中没有出现过，生物圈中至少有一些部分仍存在液态水。

冰河期（Ice Age）是指地球表面和大气温度长期较低，导致极地冰原以及大陆上冰川的大规模存在或扩张。一般认为，从地球形成至约 25 亿年前，地表温度较高，基本没有冰河期存在，地球两极很可能也没有冰盖。随后地表温度时升时降，造成冰河期和冰河间期的交替出现。

地球温度的变化对物种的形成、分布和灭绝影响巨大，冰河期出现往往伴随着大量物种灭绝，幸存的生物向赤道方向转移。当冰河期消退，冰面和冰川退向两极，各种生物跟随向两极扩展，发生新的物种分化，逐步占领先前灭绝的生物留下的生态位。人类正是随着第四纪冰川的消退而跟进，从非洲扩散到全球各处的。

近 25 亿年来，地球上出现过 5 次大的冰河期，其中有 2 次接近雪球地球的水平，分别发生在距今 23 亿年前的古元古代和距今 8 亿~6 亿年前的新元古代。当全球海洋被冰封之后，水循环基本被切断，不会再产生降水，而最初的积雪逐渐形成冰。两次全球性冰川的证据主要有：①在所有大陆上均发现了对应这两个时期的冰川残迹层。而当时的大陆基本都集中在热带地区，说明当时的赤道地区也存在冰川。②只有在海洋完全被冰封的情况下，海洋中氧的来源才会被切断，此时会发生铁溶解于海水的现象；而当海冰再次融化后，海洋中的铁与进入海水的氧发生化学反应形成氧化铁，从海水中沉淀下来，并形成条带形的铁矿石。这两个时期都出现条带形铁矿石，提示海洋曾经被完全冰封。③盖帽碳酸盐岩的存在，这是由于在冰河期的冰面阻断了大气 CO_2 进入海洋，冰河结束后，CO_2 从大气输送到海洋将导致碳酸盐沉淀。

6.5.3.4 冰河期的成因和温室气体的调节

产生冰河期的主要原因是大气中温室气体含量的周期性变化。温室气体含量上升时，地表温度升高；温室气体含量下降时，地表温度随之降低。因此非冰河期也称温室期（greenhouse period）。

一般认为元古代"冰雪地球"的形成与大气中温室气体 CH_4 的氧化有关。当大气的氧气不断累积和升高时，氧化反应导致大气中 CH_4 浓度下降，温室效应减弱，引发地球变冷，导致冰雪地球的形成。

新元古代的冰雪地球时间则与 CO_2 浓度的变化有关，由碳酸盐-硅酸盐循环的气候负反馈机制所导致。这一循环过程包括：①热带裸露的地表导致强的风化反应，CO_2 溶于水中形成重碳酸盐。大气 CO_2 浓度降低，温室效应减弱。地球冰层扩大。②地球表面冰雪对光的反射增强的作用下，地球进一步变冷，陆地冰川和海冰继续自高纬度向热带扩张，形成全球性冰封。③冰封后，风化反应中断，而火山继续喷发的 CO_2 在大气中累积，导致温室效应增强。温室效应造成地表温度上升、冰层融化、冰川消退。这是一个碳酸盐-硅酸盐的循环，这一负反馈机制就像一个温度调节器，可保持地球气候的相对稳定性，对地球生物的持续存在十分重要，否则温室效应的正反馈一旦形成，地球生物将会灭绝（图 6-25）。

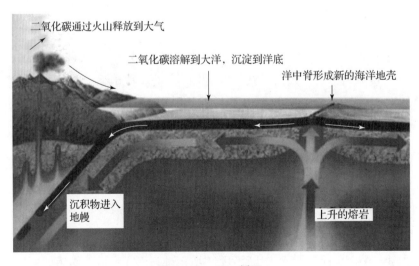

图 6-25　CO_2 循环

冰河期的反复出现也可能与地球自转轴倾斜角的改变有关。温度的变化对生物圈的影响极大，地球史上多次生物大灭绝与气候改变有关。比如发生在距今4.4亿年前奥陶纪末期的第一次物种大灭绝，由于地球气候变冷和海平面下降，原先丰富的沿海生态系统被破坏，约85%的物种灭亡，生活在水体的各种不同的无脊椎动物荡然无存。相反，气候变暖也明显改变生态系统：扩大热带物种的可用面积；迫使温带物种向两极迁移；极地物种的灭绝等；融化的冰雪可能导致海洋缺氧。比如发生在三叠纪－侏罗纪的灭绝事件被认为是由变暖所引起的，在此期间，20%的海洋家族灭绝。此外，二叠纪－三叠纪的灭绝事件也与气候变暖有关。

6.5.3.5　小行星撞击造成生物圈的改变

地球每天都接受无数次陨石的撞击，极少数大的陨石可能造成生态环境的改变，甚至物种大灭绝。1980年，曾获诺贝尔物理学奖的路易斯·阿尔法雷兹（Luis Alvarez）等提出，发生在6 500万年前的恐龙灭绝是由于一颗小行星撞击地球所导致的。这次发生在现今墨西哥的撞击一方面产生了巨大的爆炸事件，直接摧毁了陆地上许多生命；另一方面，撞击掀起的灰尘和烟雾随大气流动弥漫到整个地球表面，遮盖阳光，导致温度下降、光合作用停止、食物链遭到破坏、大量物种灭绝。有人推算，类似的大撞击事件发生的概率与物种大灭绝的概率有一定的相关性，推测其他的物种大灭绝事件也与大撞击有关。

参考文献

[1] AYALA F J, CELA-CONDE C J. Processes in human evolution, the journey from early hominins to Neanderthals and modern humans[M]. Oxford: Oxford University Press, 2017.

[2] BANGHAM A D. Liposomes: the Babraham connection[J]. Chemistry and physics of lipids, 1993, 64, (1-3): 275-285.

[3] BELL E A, BOEHNIKE P, HARRISON T M, et al. Potentially biogenic carbon preserved in a 4.1 billion-year-old zircon[J]. Proceedings of the National Academy of Sciences, 2015, 112(47): 14518-14521.

[4] GALIMOV E M. Problems of biosphere origin and evolution[C]. New York: Nova Science Pub Inc,2013.

[5] CANN R L, STONEKING M, WILSON A C. Mitochondrial DNA and human evolution[J]. Nature,1987,325(6099):31-36.

[6] CAVALAZZI B,LEMELLE L,SIMIONOVICI A,et al. Cellular remains in a ~3.42-billion-year-old subseafloor hydrothermal environment[J]. Science advances, 2021,7(29):eabf3963.

[7] DELISLE R G. The Darwinian tradition in context, research programs in evolutionary biology[M]. Cham: Springer International Publishing AG 2017.

[8] GALE J. Astrobiology of Earth, the emergence, evolution and future of life on a planet in turmoil[M]. Cary,NC: Oxford University Press,2009.

[9] GARGAUD M,MARTIN H,LÓPEZ-GARCÍA P,et al. Young Sun, early Earth and the origins of life[M]. Berlin,Heidelberg: Springer-Verlag,2012.

[10] HALL B K,MOODY S A. Cells in evolutionary biology, translating genotypes into phenotypes-past,present,future[M]. New York: CRC Press,2018.

[11] HANDS J. Cosmo sapiens: human evolution from the origin of the universe[M]. London: Duckworth Overlook Press,2017.

[12] HOLLAND H D. The oxygenation of the atmosphere and oceans[J]. Philosophical transactions of the Royal Society B: biological sciences,2006,361(1470):903-915.

[13] LEPLAND A,VAN ZUILEN M A,PHILIPPOT P. Fluid-deposited graphite and its geobiological implications in early Archean gneiss from Akilia, Greenland[J]. Geobiology,2011,9(1):2-9.

[14] MENOR-SALVÁN C. Prebiotic chemistry and chemical evolution of nucleic acids [C]. Cham: Springer International Publishing AG,2018.

[15] NAKAZAWA H. Darwinian evolution of molecules, physical and Earth-historical perspective of the origin of life [M]. Singapore: Springer Nature Singapore Pte Ltd.,2018.

[16] OPARIN A I. The origin of life[M]. 2nd ed. New York: Dover Publications,1953.

[17] PONTAROTTI P. Origin and evolution of biodiversity [M]. Cham: Springer International Publishing AG,2018.

[18] PROTHERO D R. Evolution: what the fossils say and why it matters [M]. New York: Columbia University Press,2007.

[19] PUDRITZ R,HIGGS P,STONE J. Planetary systems and the origins of life [M]. Cambridge: Cambridge University Press,2007.

[20] RAUCHFUSS, H. Chemical evolution and the origin of life [M]. Berlin, Heidelberg: Springer,2008.

[21] RIDING R. The term stromatolite: towards an essential definition [J]. Lethaia, 2007,32(4):321-330.

[22] ROGERS S O. Integrated molecular evolution [M]. 2nd ed. New York: CRC Press, 2017.

[23] ROYER D L,BERNER R A,MONTAÑEZ I P,et al. CO_2 as a primary driver of Phanerozoic climate [J]. GSA Today,2004,14(3):4-10.

[24] ROYER D L. CO_2-forced climate thresholds during the Phanerozoic [J]. Geochimica et cosmochimica acta,2006,70:5665-5675.

[25] SCHOPF J W,KUDRYAVTSEV A B,CZAJA A D,et al. Evidence of Archean life: stromatolites and microfossils [J]. Precambrian research,2007,158(3-4):141-155.

[26] SCHWARTZ J H,MARESCA B. Do molecular clocks run at all? A critique of molecular systematics [J]. Biological theory,2006,1(4):357-371.

[27] SECKBACH J. Origins genesis, evolution and diversity of life [C]//Cellular Origin, Life in Extreme Habitats and Astrobiology V6. New York: Kluwer Academic Publishers,2005.

[28] SECKBACH J,WALSH M. From fossils to astrobiology, records of life on Earth and the search for extraterrestrial biosignatures [V]//Cellular Origin, Life in Extreme Habitats and Astrobiology V12. Dordrecht: Springer Science + Business Media B. V. ,2009.

[29] SECKBACH J. Symbiosis-mechanisms and model systems [C]//Cellular Origin,

Life in Extreme Habitats and Astrobiology. New York:Kluwer Academic Publishers, 2004.

[30] WICKRAMASINGHE J T, WICKRAMASINGHE N C, NAPIER W M. Comets and the origin of life[M]. Singapore:World Scientific Publishing Company,2009.

[31] WONG J T F, LAZCANO A. Prebiotic evolution and astrobiology[C]. Landes Bioscience,USA,2009.

第 7 章
地球生命发展的限制因素

以 DNA、RNA、蛋白质、磷脂、多糖等作为化学构件的地球生命取得了相当的成功，经过几十亿年的进化，这种生命形式已经占据地表的几乎每一个角落，并与它们的环境结合在一起，形成了约海平面之上 10 000 m、之下 10 000 m 的宽度，覆盖整个地表的生物圈。随着各种极端环境微生物的发现，这个生物圈的范围还在调整。这些发现包括：在深达 11 km 的马里亚纳海沟发现细菌的繁衍活动；在海床之下 580 m 的岩石处发现细菌；在地表下 2 500~3 000 m 的岩石中仍能发现处于石油中的石油细菌，这些发现说明细菌可以存在于岩石中。地平线向上 20 000 多米的平流层中仍可发现细菌和真菌。虽然这不一定代表细菌能在这一位置繁衍，但至少说明它们可以在这些地方存活。极端环境微生物的不断发现，也不断扩大我们判定的地球生物适应能力的边界，浮出的问题则是：这种不断扩大的适应力有没有一个极限？这个极限在哪里？

本章除了要涉及这个问题外，还将讨论地球生物的其他限度，包括：生命复杂性的限度，进化路径的限度，物种、生物门类乃至整个地球生物因超出限度而出现的灭绝问题，还将探讨人类是否可以通过技术手段改造生物，用人工方法提高对环境的适应性。这一系列的问题既涉及地球生物离开家园、走向太空后的命运，也有助于对可能发现的地外生物涉及的有关限度的评估。

■ 7.1 地球生物存活的环境限制

生命系统通过与环境不断进行物质和能量交换的过程得以生存。一个无机环境的物资储备，包括生命必需元素的含量、必要分子的存在、可资利用的能源，这就为该生境中存在的生物品种、生物量设定了限度。

7.1.1 生物量与可利用资源

生物量是指在一个地区生长的生物的总质量。有许多种方式计算生物量，其中一种是计算生物体内有机碳的重量。据估计，地球总生物量在5 500亿~5 600亿吨有机碳，其中每年产生的生物量在1 000亿吨有机碳左右。这些有机碳在生物圈中的分布非常不均匀。其中陆地占有绝大部分生物量，主要是植物，尤其是近赤道植物；而占地球表面积71%的海洋，在全球生物量中所占的比例仅略高于1%（图7-1）。如考虑到生物群体有尽量不断扩大自身生物量的倾向，它们的唯一限制因素是环境因素，则可认为这一生物量是当下地球环境所能承载的生物质量的上限。每个生态系统都具有各自的生物量，也代表了那个生态系统所能承载的最大生物量，热带雨林多一些，沙漠、海洋、高原、南北极少一些。这是环境多方面限制因素综合形成的。如果某地外行星允许生命的存在，其所能承载的生物量也会与那里的可利用资源量有关。

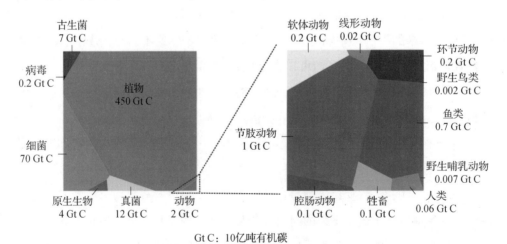

图7-1 地球生物量的构成（来自Bar-On M. et al. 2018）

从能量利用的角度讲，生物体主要通过光合作用利用太阳能。据估计，到达地球的太阳能中只有几千分之一为光合作用所利用。再分析地球碳的利用，地球上最大的两个碳库是岩石圈和化石燃料，占地球上碳总量的99.9%，这两个库中的碳活动缓慢。实际上，生物能够利用的碳是大气圈中的 CO_2，由 CO_2 和生物体内的有机碳实现碳的生物循环。大气中 CO_2 含量虽低，但总量还是比活的生物体内有机碳的总量大得多，因此可利用碳元素的量也不构成对地球生物量的限制因素。

7.1.2 生物量的限制因素

7.1.2.1 短板效应

如果将地球看成均匀的整体，那地球所接受的总能量、具有的水量、碳和其他矿物质的含量应维持更大的生物量。因此限制因素并不源于地球所具有或所接受的这些资源的总量，而是不同生态环境存在的某种资源的相对缺乏。"木桶理论"可以对此加以说明。木桶定律又称短板效应，是指一个水桶能装载的水量取决于它最短的那块木板。对于一个具体生境，如沙漠，短板是水资源的缺乏；其他地方可能是光照不足，某种元素（如氮、磷、钾……）的供给不足等。

在缺乏某些环境资源时，生物体的一个对策是减慢新陈代谢的速度，使自身变成一个"慢生命"。比如一些微生物在缺水、没有营养来源等不利的环境下，可以形成一种称为芽孢的结构，进入休眠状态，在这种没有能源和物质输入的状态下甚至可以存活数百年。一些生存于岩石中的化能微生物，由于能量来源的缺乏，也会形成非常慢的代谢活动，多少年才分裂一次。高等生物也会有类似的策略，如一些哺乳动物的冬眠。

7.1.2.2 资源的可利用性

资源的可利用性也是一类限制因素。以阳光的利用为例，在热带雨林，植被茂密，大部分光线都会被层层叠叠的绿叶拦截，能直接投射到地面的很少。且由于光合作用的效率问题，其中只有不足 1/3 投照到叶面的光能可以通过光合作用转化为化学能，用于构造有机体，或用于各种生理过程。再如，地球上氮元素是很丰富的，但绝大多数生物不能直接利用空气中的氮分子，只能利用土壤中存在的某些氮化合物。只有少数微生物（固氮菌）有能力直接利用空气中的氮元素，这类限制源于生物体自身的进化水平。随着生物进化的持续进行，对环境资源的利用效率还可能提高，利用方式也可能改变。

在第 6 章讲到，生物进化是一个没有设计的过程，其路径依赖于环境的变化路径，并具有相当的随机性，所达到的最终结果并不一定是最"聪明"的，但却有历史的路径可寻，它的"合理"性是隐匿在进化的轨迹当中的。由此我们才能理解大熊猫们宁可饿死也不吃身边肉的理由。

在探索宇宙生命时，生命存在所必需的资源是重要的，但假如看起来某处所有资源都具备了，就是找不到生物，这也没有什么可奇怪的。除了人们还没有考虑到的影响因素外，生物进化所必需的路径也是重要的。从第6章的论述可推知，如果地球诞生之初就存在人类生存所必需的氧气，地球的生命根本就不可能诞生。在进化的过程中，出现的任何偶然的环境因素的变化，都可能影响最终的结果。设想地球在6 500万年前没有遭受那次陨石袭击，地球今天的生物世界将完全是另外一幅景象，诞生人类潜力将与地球的历史擦肩而过，而不会变成现实，人更不会成为主宰。再如，在地球生命进化的38亿年的漫长岁月中，尽管地表的温度不断发生波动，但历次冰川到来时至少在全球某个角落气温没有长期低于零度。如果真出现这种情况，哪怕只有一次，地球生命将归于灭绝。随后的升温也不会造成生命的复苏，除非生命归零后又从化学进化从头开始。

7.2 地球生命复杂性的限度

经过几十亿年的进化，地球生物已经高度多样化，很多生物具有高度复杂的结构和生理功能，而人类更是进化出高度智慧。其给出的问题是，这种复杂的程度是否可能一直进化下去？存不存在一个限度？进一步的问题是，在外星生物中，这种复杂程度能否重现，甚至进化出更复杂的生物？

7.2.1 复杂性的评估标准

对于地球生命复杂性的限度，需要有一个复杂性的评估标准。依据不同的标准会产生不同的生物复杂性的排序。比如，如果依据生物个体形态和生境的丰富程度来确定复杂性，寄生虫和昆虫就会排在人类的前面，因为就任何寄生虫而言，它们的一生要更换许多不同类型的宿主，以避免当宿主死亡时的同归于尽。这些寄生虫在整个发育过程中会有不同的形体特征和对当时寄主环境的适应力，而不像人只是在相对单一的环境中使个体长大，直至死亡。昆虫的变态使我们常难以将它们不同时期的形态,如幼虫、成虫等关联起来,而不像人类,即使是见到胎儿也可以马上判断这是一个人类个体。但在其他方面,人类表现出更大的复杂性。从食性方面,人类是杂食性的,他们可以是狩猎者、打鱼者或作物栽培者。人类可以借助房屋、衣物、空调、氧气袋等设施生活在地球的绝大多数角落,更可以通过发明各种工具使自身在各种动物中跑得最快、飞得最高、看得最远。因此,依据不同的角度会有不同的结果。

从生物体自身组织内在结构去评估复杂性是一个值得考虑的客观标准。合成更多类型的蛋白质,因而可以产生更复杂的生理活动的物种更复杂。而蛋白质是由基因编码的,因此有理由判断基因越多的生物,也越有可能复杂。如果我们观察不同门类生物的基因组大小,确实会看出这一趋势。简单生物,如病毒、细菌的基因组很小;单细胞真核生物,如酵母菌的基因组就大很多;多细胞真核生物的基因组就更大,因为它们要负责为体内许多种细胞类型编码。图 7-2 显示的是不同生物的基因组 DNA 含量(C 值)。

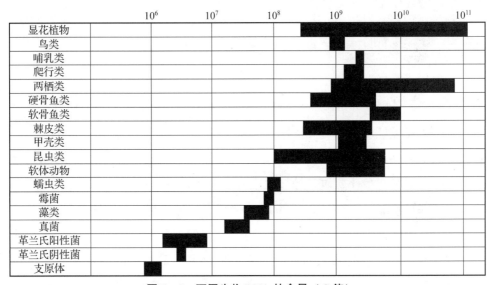

图 7-2 不同生物 DNA 的含量(C 值)

从 C 值的分布看,复杂的生物倾向于有较多的 DNA 含量,但细节方面与我们一般的认知有差异,比如一般认为人类是世界上最高级、最复杂的生命形式,但实际上像玉米、百合这样的植物和青蛙这样的两栖类动物的 C 值都比包括人类在内的哺乳动物高,甚至高出百倍以上。"高等的"哺乳类动物的 C 值范围在所有的多细胞生物中仅处于中游水平,与软体动物差不多。之所以出现这种情况,是因为在基因组中存在大量的非编码 DNA 序列,而基因序列所占比例很小,如人类,编码序列只占基因组的 1%~2%。不同物种的非编码 DNA 的量差别很大。

基因数量与多细胞生物细胞类型的多样性相关,据估计,一个生物的基因数约为其细胞种类数的平方。如果只去比较不同生物的基因数量,则不同多细胞生物之间的差异要缩小很多,人类的复杂性等级也会上升很多,但仍不是最高级的。一些看起来比我们简单得多的生物的基因数量比人类多。譬如水蚤,这是一种小型的水生动物,其拥有的基因比人类还要多 5 000 个!而水稻的基因数目则差不多是人类的两倍。因此在基因层面上,人类也并不是最复杂的生物。人类的特殊之处可能仅在于拥有复杂的大脑,而不是身体结构。或许人类形成智慧的基因组合比其他生物更强、更有效,但仅此而已。这也说明使用基因数量检测生物的复杂性仍然有其局限性。

7.2.2 遗传物质的保真度对生命复杂性的制约

生物基因的数量可以随着进化而无限增多吗?答案并不简单,需要先从分析基因的物质基础,即 DNA 或 RNA 的存在和延续方式入手。DNA 通过复制来延续自身,并将自身延续到下一代。生命是在不断地自我复制中前行的。但既然是复制,就有出错的可能。DNA 复制过程是根据 DNA 原有模板上的碱基排列顺序,依据碱基互补配对的原则复制出一条新的 DNA 互补链来。碱基配对的方式是腺嘌呤配对胸腺嘧啶(对 RNA 来说是腺嘌呤配对尿嘧啶),鸟嘌呤配对胞嘧啶。DNA 自我复制的准确性依赖于碱基配对的精确性。但作为一个化学过程,复制时总会有错配的可能。作为生物体内最稳定的大分子,遗传物质的保真度非常重要。下面将看到,保真度的大小形成了对提高复杂度的制约。

7.2.2.1 RNA 生命的复杂性

生命早期的遗传物质是 RNA,在没有酶的帮助下的 RNA 自我复制,99% 的情况可以做到"正确"配对,但还有剩余 1% 的出错率,也就是基因发生突变。

这是由 RNA 的化学性质本身决定的，它决定于热力学的错配耗能。1% 表面看起来数值不大，但对生物体自身的稳定则是致命的。试想一段 100 个碱基长的 RNA 经过了 100 次复制后（这可能只用几天或几周就能完成），每次 1% 的复制错误将使 100 代后的 RNA 面目全非，生命将无法稳定存在。对于更长片段的 RNA 则更是很快因复制错误而崩解。因而在生物进化过程中，降低复制出错率就成为维持生命稳定并向复杂性发展的限制因素。

后来进化出使用酶来催化 RNA 的复制不但可以加快复制速度，而且可以使出错率明显下降。具有 RNA 聚合酶的生物由于复制速度较快，在与周围其他生物的竞争中就会占据优势、脱颖而出，且由于出错率低，可以较好地保持自身积累的进化优势，并允许其具有的 RNA 片段更长、携载更多的基因，从而形成更复杂的生命形式。RNA 病毒就是存活至今的这类生命类型。它们的基因组中携带有 RNA 指导的 RNA 聚合酶基因，用于自身 RNA 的复制，保证了 RNA 病毒起码的稳定性。

如果生命想要变得更加复杂，就需要更长的 RNA 分子，但也意味着每次复制会出现更多的突变，影响到更多的基因功能。假设生物是一台复杂的机器，需要许多零部件的协同作用，任何一个零部件出现问题都会影响机器的运转，甚至报废，那个由众多蛋白质组成的生物机器报废率的可能性就会高于由较少蛋白质构成的生物机器。RNA 的高复制出错率意味着由它指导形成的生物机器不可能太复杂，否则会被自然选择淘汰掉。据估算，RNA 病毒基因组的大小已经接近 RNA 生命复杂性的上限，导致新冠感染的冠状病毒的基因组为 2.7 万~3.2 万个碱基，是已发现 RNA 病毒中最大的基因组。更复杂的 RNA 生命无法在反复的突变中生存和进化出来。

图 7-3 是一个关于突变效应的研究结果，在实验室中将不同点突变（单个碱基替换）引入水泡性口炎病毒的基因组的随机位点中，并将每个突变体的适合度与祖先类型进行比较。适合度是衡量每个生物体相对生存能力的指标，适合度为 0 意味着个体不能存活，适合度小于 1 意味着生存能力下降，适合度等于 1 意味着生存能力维持不变，适合度大于 1 表示生存能力提高。实验结果表明，绝大部分基因突变是有害的，其中将近一半致死，有利的突变仅占极少数。

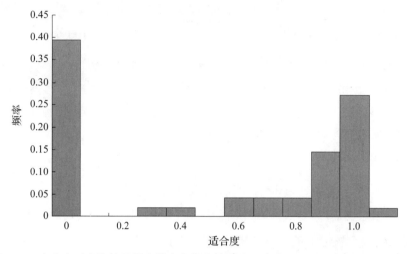

图7-3 点突变对水泡性口炎病毒生存能力的影响（来自Sanjuán R, et al., 2004）

7.2.2.2 DNA生命的复杂性

如在第6章所述，DNA的突变率远低于RNA，且DNA具有RNA所没有的复制校正机制，因此在地球生物进化的某一阶段，将遗传物质由RNA置换成DNA的生物更有可能增加基因数量，进而在增强其复杂性方面具有优势。最终DNA生物全面超越了RNA生物，成为地球生命的主宰。

人类基因组的大小为3.0×10^9 bp，DNA复制的出错率不大于10^{-9}。这种复制的准确性已经非常高了，仍意味着每次基因组DNA复制都可能出现几个位置的碱基改变。这种改变随着每次细胞分裂而积累，并在进化过程中越积越多，造成原有遗传信息的衰变和突变基因的积累。即使再精确的DNA复制机制也无法完全阻止这一过程。

DNA序列越长，基因越多，就意味着出错可能越大。当突变的积累超过一定限度，产生突变熔毁，生物体就将退化。自然选择、有性生殖、通过化学修饰关闭失活基因等机制都有利于进化出基因组更大，结构和功能更复杂的生物体来。正像RNA病毒的基因组有一个复杂性的上限（<3万碱基），DNA生命现有的复制机制和其他保障措施终究会存在一个限度，超过这一限度的生物会由于过多的复制错误，并由此产生的无效基因的数量超过了自然选择的清除能力而不会进化出来。目前无法判断DNA生命的复杂性是否已经达到这一限度，但理论上讲这一限度是存在的。这是由DNA本身的化学特性、DNA复制过程的热力学过

程所决定的。要突破这一限度,就要进化出更好的 DNA 复制和纠错机制。在进化的长河中,遗传物质每一次复制精确性的提高,都会造成生命复杂性的升级。

这种遗传物质复制的精确性同样制约潜在的外星生物的复杂性。

7.3 进化与灭绝

进化的出现决定于两个因素:生物体内出现变异,生物体生活的自然环境对现存的变异进行选择。如果自然环境发生改变,选择的条件也发生改变。假如自然环境对现存的生物变异进行选择时,一个变异也没选上,那情况会怎么样呢?其结果只能是物种的灭绝。物种灭绝是生物进化过程的常态。当环境改变的速度超过了某物种的生物体由于变异积累的适应性时,进化便由灭绝所替代。灭绝的存在说明通过进化而适应的能力不是无限的,而是存在某些限制因素,生物的特征只能在某些允许的范围内发生。

7.3.1 物种灭绝

灭绝是指某一生物谱系进化的终结。当环境的改变超过了一个物种全体个体适应性所能承受的限度,使所有个体的适合度都小于 1 时,意味着后代的种群规模将缩减。这一趋势持续若干代后,最后一个个体死亡,则该物种灭绝。有时尽管一个物种还存在个别个体,但已达不到有效的、能够继续繁衍的数目,也可以认为该物种发生了实质灭绝。物种灭绝的方式有以下几种。

7.3.1.1 常规灭绝

自然选择不但在个体水平起作用,也决定了群体、物种甚至更高级生物门类的命运。不能适应环境的物种被淘汰。灭绝可以是种间竞争的结果,造成占据同一生态位的某一物种被排挤而淘汰;也可能是某一生态链遭到破坏,例如,珊瑚生态环境或者热带雨林生态系统被破坏时,生态链中的某些物种就会一起灭绝。

7.3.1.2 集群灭绝

集群灭绝指在相对短的时间内大量物种灭绝。从化石记录看,在生物进化史上曾经发生 5 次大的集群灭绝和几十次规模相对较小的集群灭绝。其中最大的晚二叠纪集群灭绝时,有 90% 以上的物种灭绝了。究其原因,很大的可能是地球地理环境的突然变化造成的。例如，气候的突然变冷是导致几次大灭绝的原因；巨大陨石撞击地球则很可能是晚白垩纪大灭绝的原因。也有人认为一些超新星爆发导致的伽马射线可大量摧毁地球生命。图 7-4 显示不同地质时期海洋动物物种灭绝的情况。

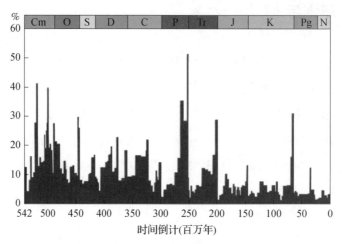

图 7-4　在任何给定的时间间隔内海洋动物物种灭绝的百分比（非绝对数量）

注：本图不代表所有的海洋物种，只代表那些容易石化的物种。

（取自 Rursus，https://en.wikipedia.org/wiki/File：Extinction_intensity.svg）

7.3.1.3　小行星撞击与生物集群灭绝

小行星对地球的撞击是造成集群灭绝的重要原因，这种撞击能以多种方式导致附近乃至全球的一些物种灭绝。如果它落入海洋，会导致海啸，巨大的潮汐海浪可高达 100 m。研究表明：一些海洋冲积层的产生与在此时巨浪的通过有关。撞击能把大量的物质抛送入大气层，并扩散到整个地球，这会阻挡太阳的光线，有碍植物的生长，进而影响以植物为生的动物的生存。有证据表明：加拿大的萨德伯里陨石坑和南非的费里德堡陨石坑都曾引起火山喷发。大范围的火山喷发也会增加大气层中的灰尘、降低光照，首先在一段时期使气候持续变冷，然后逐渐导致相应的全球破坏性气候变暖，最后是致命的酸雨。因此大规模的火山活动也能导致许多物种的灭绝。

巨大陨石造成的灭绝中，比较清楚的一次发生在约 6 600 万年前，一颗落入墨西哥的巨大陨星导致包括恐龙在内的许多动植物的灭绝。在整个地球白垩纪后期的地层中存在着不同寻常的铱元素富集。这种物质在地球上很稀有，但在陨石中含量丰富，因此黏土中这一层铱就被认为是一个巨大的陨星撞击地球后释放出来，并飘到全世界的。据估计，这块陨星直径为 10 km，撞击可以造出 40 km 深的陨石坑，这个深度足以穿透海洋或大陆的地壳层，导致大量的火山爆发，还会导致海啸、尘埃遮盖大气层等效应。这导致了包括恐龙在内的 70% 的生物绝种。据估计，几乎所有体重超过 25 kg 的陆生动物都灭绝了。由此可以看出，较大体型的生物虽然在常规环境中可能具有一定的选择优势，但在环境突然变化的情况下，来不及产生新的适应性，生殖周期又较长，反倒容易灭绝。

恐龙的灭绝导致物种的大更替，在这些巨大的爬行动物占据地球生态环境的时间里，哺乳动物只是小型的，占据恐龙还没有占据的少数生态位。恐龙等生物的集群灭绝腾让出了大量的生态位，为哺乳动物的分支进化铺平了道路，间接促进了人类的出现。

小行星撞击地球引起的灾难性后果引起了人们对大的小行星将来可能再次撞击地球的警惕。地球经常与小的天体相撞，但撞击物越大，发生的可能性越小。月球陨石坑记录显示，撞击的概率会依撞击坑直径的立方而降低。直径为 1 km 的小行星平均每 50 万年撞击地球一次。直径 5 km 的小行星大约每 2 000 万年发生一次对地球的碰撞。最近一次已知的直径 10 千米的碰撞就发生在 6 600 万年前的白垩纪灭绝事件时。目前人类正在采取各种措施观察、预测和防止将来可能发生的较大小行星对地球的大碰撞。

7.3.1.4　物种灭绝与进化

灭绝尤其是集群灭绝造成了物种多样性的减少，但一些生物的灭绝也为其他生物的发展进化创造了条件。灭绝造成生态位的空出，在随后的年代中将由新出现的物种占据。

事实上，自生命诞生以来的所有物种中，99% 都已灭绝，剩余的物种继续分化出更多的物种。新的物种是由旧的物种分支而来的，但并不是所有分支都能进化发展。新的物种出现和灭绝的平衡维持某一时期生物圈内物种数量的相对稳定。以哺乳动物为例，在两亿多年的时间跨度内基本上保持 90 个左右的属。地球的生命是幸运的，尽管发生过多次大灭绝，但总有一些生物幸存下来并作为后续生物进化的种子。假使将来地球发生更大的环境变化，变化的速度超过了所有生物因变异所产生的适应性范围，地球的生命是否就此终结呢？这是有可能的。许多科学家相信在早期火星上曾出现生命，并相信那里也发生过达尔文式的进化。但后来火星环境发生了明显的变化，超过了当时火星生物适应性产生的速度，造成火星生命不复存在。

7.3.2 生物进化的路径限制

拉马克进化理论的错误之一是假定生物存在等级，生物总是从低级向高级进化，最高级的生命形式是人。按他的假设推定，只要有足够的时间，不光是类人猿，所有生物都可以进化成人，但这不符合进化的事实。生物进化是一个历史过程，一个分支的过程。一种生物现在的状况与在整个进化过程的所有中间状况都是密切相关的。当一个物种分化成两个物种并各自朝不同方向进化后，两者实际上就永久分离了。世界上几百万个物种都具有自己独特的进化道路，谁也重复不了谁。我们说人的出现是进化的奇迹，实际上出现黑猩猩的概率也不会比人更大。

生物进化是环境改变的结果，只能在环境容许的范围内发生，而且特别依赖于环境变化的路径，除了无机环境外，其他生物构成的群落也是一个物种的外在环境，有时甚至是更重要的环境。以人为例，人和其他哺乳动物的祖先都是四足动物，人从四足转变为两足不是一蹴而就的，而是依赖于环境改变造就的路径。人类的祖先首先要生活在丛林中，培养前肢的抓握能力，产生前后肢的分工；然后树木逐渐减少，生活环境变为草原，此时人类祖先面临选择，要么返回，重新成为四足动物，要么彻底上下肢分工，只让下肢专司行走，这种备选项的出现有赖于森林的中介环境，人类祖先最终选择了站立。其他哺乳动物，如猫，如果缺乏这一环境迂回过程，让它直接进化到站立是不可能的。打一个更浅显的比方来说明环境路径的重要性。登山的人都明白，能够成功登山与否主要看有没有路。如果有路，我们可以登上珠穆朗玛峰；但如果没有路，只有齐刷刷的峭壁，我们可能连 5 m 高的石头也爬不上去。这一条条环境之路并非都延伸到无限远的将来，其中大部分是死胡同，到达这一位置的生物种群将发生灭绝。

环境的变化速率也是决定生物进化的因素。快速的环境变化常产生较快的生物进化，但这有一定的限度，过快的环境改变就会形成灾变。当生物变异产生的适应力跟不上环境的改变时，灭绝就会发生。例如，地球生命存在的大部分时间里，大气是缺氧的，那时生活的生物都是厌氧的。直到十几亿年前大气氧气含量才显著上升。对于那些厌氧生物来说就面临抉择，要么灭亡，要么通过变异形成适应氧气的生物。结果大部分厌氧生物灭绝，少部分继续进化。

迄今为止，地球上发生的所有环境巨变都没有超出生物进化步伐难以跟上的程度，即使是几次大灭绝，也会有一定比例的生物逃过一劫，继续进化。一般来讲，体型小的、突变率高的生物抗灾变的能力更强些。将来地球生物面临灭顶之灾时，坚持到最后的可能就是各种微生物。

7.4 极端环境中的生命形式

极端环境是指存在一些极度偏离正常生存条件的因素，而被认为很难生存的栖息地。对于一个被认为是极端环境的地区，它必须包含某些被认为是一般生命形式很难生存的条件。比如压力条件可能极高或极低；大气中 O_2 或 CO_2 含量过高或过低；辐射过于强烈，酸度或碱度高，缺水，含有高浓度盐或糖的水，存在硫、石油和其他有毒物质等。极端环境的地点包括非常干旱的沙漠、火山、深海海沟、高层大气、冻土地带、外层空间以及星系中除地球以外的所有已有所了解行星和卫星的环境。

极端环境是相对概念。我们在使用它时通常是站在人类或普通生物的视角做出定义，在这些环境中如果发现某些类型的生物，那么对于这些生物而言，这些环境就是它们的最适环境，而我们所习惯的环境对它们而言反倒是极端环境。

任何生活在这些环境中的有机体都能很好地适应它们的生存环境，这是长期进化的结果，在进化过程中可能经历过强烈的自然选择。对生活在极端环境中的生物体的研究可以用于评估地球上的 DNA – 蛋白质生命的总适应范围究竟有多大。寻找出它们的适应边界，有助于评估地外环境对地球生物的宜居性，以及那个环境自身出现生命的可能性。

7.4.1 极端环境的类型

表 7-1 列举了地球上各种极端环境。

表 7 – 1　地球上各种极端环境

类型	描述
碱性的	pH 在 9 以上的自然栖息地，有可能是一直存在的、间断发生的或长时间延续的
酸性的	pH 在 5 以下的自然栖息地，有可能是一直存在的、间断发生的或长时间延续的
极冷	栖息地周期性或持续低于 $-17\ ℃$，包括山地、极地和深海栖息地等
极热	栖息地周期性地或持续地超过 $40\ ℃$，包括受地热影响的地区，如黄石公园和深海烟囱
高盐环境	盐浓度大于海水的环境，即盐浓度大于 3.5%，包括盐湖
承压	存在极端静水压力下的栖息地，定义为水深超过 2 000 m 的水生栖息地和承压下的封闭栖息地，包括海洋和深湖的栖息地
辐射	暴露于异常高辐射或正常光范围以外辐射的栖息地，包括高紫外线和红外线辐射下的栖息地
缺水	缺乏水的栖息地，有可能是一直存在的、间断发生的或长时间延续的，包括炎热或寒冷的沙漠环境
缺氧	没有氧气的栖息地，有可能是一直存在的、间断发生的或长时间延续的，例如，肠道内的寄生微生物、深沉积物中的栖息地等
被人类改变	受人类影响的栖息地，包括废弃的矿山、受石油影响的栖息地以及重金属或有机化合物的污染区等
无光	深海环境和洞穴等栖息地
食物匮乏	地球上缺乏食物的地区，如海洋的某些区域、沙漠和高地

在地球上，一些比较典型的极端环境区域包括南极洲、死海、猛犸温泉、马里亚纳海沟、莫诺湖、珠穆朗玛峰、撒哈拉沙漠等。在这样一些环境下仍然可以发现生物类型的存在。下面具体描述极端环境和存在于其中的生物类型。

7.4.2　高盐环境

地球生物体的细胞内都含有一定浓度的盐分，用于维持细胞内的渗透压，并与细胞外液的渗透压保持平衡。细胞膜是一层半透膜，允许水分子自由通过，但限制溶质分子通过。当一个细胞落入高盐环境中时，过高的细胞外液吸引水外流，将导致细胞萎缩，严重的甚至造成细胞死亡。相反，如果细胞外液盐浓度过低，水分子的内流将导致细胞胀大，严重的甚至造成细胞破裂。因此，细胞对细胞外的盐浓度很敏感。所有生物都进化出了各种机制，以应对它们所遇到的盐环境。比如，淡水鱼会从食物中获得所需的盐分，保持细胞外液的盐浓度和细胞内外渗透压的平衡；海水鱼对过咸的海水有一种分馏机制，在喝进海水后，滤出较多的盐分，使体内保持比海水浓度低的盐分。一些依靠饮食海水获得水分的鸟类和爬行类动物在饮入海水后，通过一种被称为盐腺的腺体排出比海水还浓的盐水，使保留在体内的水中含有较少的盐。

当然，生物体对盐的调节有一定的限度，超过这个限度，生物体将会失调，甚至无法存活。比如，农业作物很难在盐碱地生长；人类调节水盐的能力不足，因此无法靠饮用海水获得必要的水分。地球上对高盐耐受性最好的生物是一些称作嗜盐菌的古生菌，它们可生活在10%～30%的高盐度环境中。这种浓度的盐水已经接近一般盐饱和度的极限（氯化钠的溶解度是35%）。相比之下，人类体液的渗透压相当于0.9%的氯化钠。

据研究，火星过去曾存在液态水，但盐分的浓度很高，地球上一般的生物难以生存。这样的水溶液中如果生存着某种微生物，应该具有类似嗜盐菌的一些特征。地球上生物进化史已经证明，通过某种途径，嗜盐的生物是可以进化出来的。

7.4.3　酸、碱环境

生物体内的生化反应需要一定的pH条件。氢离子的浓度影响各种有机分子的电离状态，进而对其功能产生影响。多数生物生活在pH中性的环境下，其体液也接近于中性的水平，比如，人类体液和血液的pH为7.4。但也有些生物的栖息环境中氢离子浓度偏离常态，由此进化出一些适应极端酸、碱环境的生物，这些生物也多是微生物。

7.4.3.1　碱性环境

嗜碱菌是一类极端嗜碱微生物，能够在pH 8.5～11的碱性环境中生存。这些细菌可进一步分为需要高 pH 才能生存的专性嗜碱菌、能在高 pH 和中性 pH 下生长的兼性嗜碱菌和需要在高盐含量的碱性环境下生存的盐碱性菌等类型。

高 pH 不利于许多细胞的生理过程，例如，可能导致 DNA 变性、质膜不稳定等。因此，这个细胞必须具有在碱性环境下保持细胞内 pH 中性的方法，有主动酸化和被动酸化两种方式。在被动酸化过程中，细胞壁含有酸性聚合物，形成一个酸性基质，阻止氢氧离子进入细胞，而允许钠离子和氢离子的吸收。主动酸化方式是在细胞膜上具有某种泵，通过消耗一定的能量在细胞内保持较多的氢离子。

7.4.3.2 酸性环境

与嗜碱菌相反，嗜酸生物是可以在高酸性条件（通常是 pH 等于 2.0 或更低）下生长的生物，这些有机体包括古生菌、细菌和一些真核生物。比如引起胃溃疡和胃癌的幽门螺杆菌就能够生活在动物的胃里，那里的 pH 通常为 2 左右。

大多数嗜酸生物已经进化出非常有效的机制，将质子从细胞泵到细胞外，以保持细胞质处于或接近中性的 pH。然而有些嗜酸菌，如醋酸菌（*Acetobacter aceti*），具有酸化的细胞质，细胞内的所有蛋白质都进化出酸稳定性的特点。

胃蛋白酶就是一种酸稳定性蛋白，适应胃内的高酸环境。这种蛋白存在过量的酸性残基，使正电荷积聚引起的低 pH 失稳最小化。一些在不同酸碱度下生活的微生物如图 7-5 所示。

7.4.4 高温或冰冻环境

地球上的生物对环境有一定的温度要求，这取决于如下的一些因素：当温度低于 0 ℃时，水会结冰，这将冻结生物体内的所有代谢活动。有些生物在化冻后还可以恢复生命代谢，但更多的生物因在冰冻过程中破坏了生物体的结构而死亡。有些生物可以使用糖类物质或抗冻蛋白来降低水的冰点，使体液在零摄氏度以下的一定范围保持液态。这类生物通常生活在极地或深海。

随着温度的升高，生物体的代谢活动趋于活跃，但也会增加热运动破坏生物体的结构。在过热的环境下，蛋白质的次级键被破坏，或因空间结构的改变而发生变性；在 70 ℃上下时，约有半数的 DNA 发生解链，由双链变成单链。各种生物都有自己的适应环境温度的方式。一些动物具有通过主动产热或放热保持体温

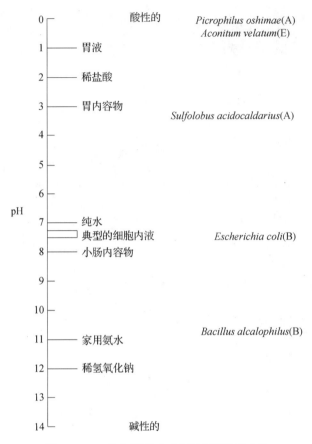

图 7-5 一些在不同酸碱度下生活的微生物

A. 古细菌；B. 细菌；E. 真核生物（Plaxco KW and Gross M. 2021）

的恒温机制，但当环境温度的改变超过这类生物的调节范围时，就会使生物机能遭受损害，甚至死亡。一些变温动物通过寻找适宜的温度环境以尽量保持体温，它们也有一定的温度适应范围。对温度适应范围最广的生物门类是微生物。这并不是说一种微生物既可以适应高温又可以适应低温，而是指鉴于微生物的种类繁多，有些适合于低温生存，另一些适合于高温生存。在温度过高或过低，超过其他门类生物的允许温度时，仍然可以发现某些微生物生活在其中。不同温度下生存的生物类型如图 7-6 所示。

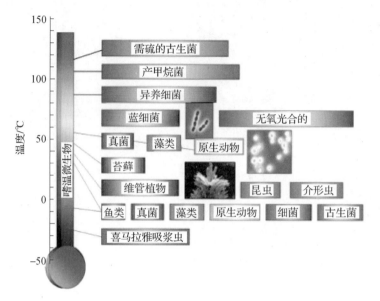

图 7-6 不同温度下生存的生物类型

7.4.4.1 高温下生活的微生物

嗜热菌是一种在 41~122 ℃ 的相对高温下生长的极端微生物。嗜热真细菌被认为是最早的原核生物之一，提示地球生命诞生于较高的温度环境下。嗜热菌分布在地球上不同的地热区域，如黄石国家公园的温泉和深海热液喷口，以及腐烂的植物，如泥炭沼泽和堆肥处。

不同的嗜热菌有自己最适的生长温度。简单嗜热菌在 50~64 ℃；极端嗜热菌在 65~79 ℃；而超嗜热菌要高于 80 ℃，不能在低于 50 ℃ 下生活。嗜热菌又分为以下两种：①兼性嗜热菌，可在高温下生长，也可在较低温度下生长；②专性嗜热菌，其生长则需要极高的温度。在高于 100 ℃ 的海洋深处，因为海水的高压会提高沸腾温度。

许多嗜热古生菌生长需要元素硫。有些厌氧菌在细胞呼吸过程中利用硫而不是氧气作为电子受体。有些通过氧化硫产生的硫酸作为能源，因此需要微生物适应极低的 pH，即它们也是嗜酸菌。这些微生物生活在富含硫黄的热环境中，通常与火山有关。

嗜热菌多是古生菌，也有一些细菌能耐受大约 100 ℃ 的温度。

7.4.4.2 低温下生活的微生物

嗜冷菌能够在 −20 ℃ 到 +10 ℃ 的低温范围内生长和繁殖。它们被发现于永久寒冷的地方,如永久冻土、极地冰、冰川、雪原和深海中(图 7-7)。

图 7-7 在北极的永久冻土(西伯利亚)中分离的细菌

注:可以在培养皿中 −10 ℃ 下生长。

这些嗜冷菌对寒冷的适应方式是通过冰诱导的脱水和玻璃化转变,以防止结冰和冰的膨胀,只要冷却过程足够缓慢,活细胞可在 −50 ℃ 以下的温度下玻璃化。在这样的温度下,细胞外液中可能保持一些代谢活性,一旦细胞恢复到正常温度,它们仍可能是活的。嗜冷菌的细胞膜含有许多短而不饱和的脂肪酸。这种脂肪酸具有较低的熔点,从而保持膜的流动性、防止冰冻。抗冻蛋白也用于保持嗜冷菌的内部的液态,防止冰凌结晶,并在冰点以下时保护 DNA。

某些嗜冷菌在低温下转变成一种可存活但不生长的状态,称为 VBNC(活而不可培养态细菌)。一种革兰氏阳性菌已经在加拿大、南极洲和西伯利亚的永冻层中存活了约 50 万年。

有时嗜冷菌还必须适应栖息地的其他极端条件,包括深海的高压和一些海冰上的高盐浓度等。嗜冷生物一般是细菌或古细菌,但一些真核生物,如地衣、雪藻、真菌和昆虫等也可以在 0 ℃ 下生存。

7.4.5 低气压环境

一些微生物可以在低气压甚至真空的环境中存活很长时间。1967 年,美国的无人月球登陆探测器 3 号在月球表面着陆。1969 年 11 月，阿波罗 12 号宇航员取回了安放在那里的相机，检查发现了仍然活着的链球菌标本。这些链球菌来自地球，说明这些细菌在月球的真空中已经存活了 31 个月。1984 年，美国的挑战者号航天飞机将一个载有枯草芽孢杆菌孢子的装置送入太空，使其暴露在真空环境中，6 年后回收发现，如果遮盖太阳辐射，在有葡萄糖存在时，则有 80% 的孢子还能够存活。

ISRO 于 2001 年 1 月使用过滤器在印度海的拉巴上空的 41 km 高度采集了空气样本，从中分离出两种细菌和一种真菌，被鉴定是单纯的芽孢杆菌——巴斯德葡萄球菌和白色侧齿霉（*Engyodontium album*）。在 2005 年的另一次改进实验中，从 20 km 到 40 km 以上的高空大气中采集的空气样本中又发现了 12 种细菌和 6 种真菌。目前认为空间的真空环境对细菌来说不是致命的问题。

2018 年，一个俄罗斯团队在国际空间站的外部发现了来自陆地和海洋细菌的 DNA，类似于在巴伦支海和卡拉海海岸观察到的 DNA。国际空间站的位置在地面 400 km 以上，表明 DNA 这样的大分子可从平流层转移到电离层，并依附到空间站外壁。NASA 在飓风前后对大气采样，采集到 314 种不同类型的细菌，表明热带风暴和飓风时的大规模对流可以将这类生物输送到大气上层。

冷冻和干燥是正常细菌进入休眠状态时所采用的两种存活方式，结果都是降低代谢率。如果最初没有合适的保护层，那么，先死亡的细菌会为幸存的细菌提供保护。前者破裂释放的内溶物，包括蛋白质、糖等，包围在尚存活的细菌表面，为它们提供屏障作用。

有的细菌，如耐辐射奇球菌（*Deinococcus radiodurans*，DR），除了耐真空外，还耐寒、耐旱、耐辐射，展现出强大的生命力。对这类微生物的发现和研究，可以为地外环境的宜居性做出新的评估。

值得提出的是，除了细菌之外，个别动物也可以在真空条件下存活。水熊（water-bear）属于缓步动物门（*Tardigrades*），这是一种体型一般不足 1 mm 长的微型动物，生活在池塘、土壤中的水滴和潮湿的植物上（图 7-8）。已知它们可以承受能杀死绝大多数动物的苛刻条件：从 -272 ℃ 的低温到 +150 ℃ 的高温，能在无水的情况下生存 10 年，且耐真空，对辐射具有抵抗力。缓步动物门中大约有 1 300 种已知物种。

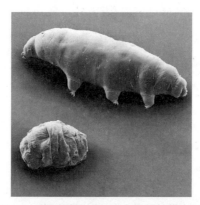

图 7-8　能耐受极端环境水熊的扫描电镜图

注：上面的是处于活跃状态的水熊，下面的是脱水状态下的形态（Sapir L and Harries D，2017，）
https：//www.researchgate.net/publication/317902037_Wisdom_of_the_Crowd

7.4.6　强辐射环境

太空辐射是对深入其间的生物的最大威胁。地球上不同生物的耐辐射能力差异较大。对辐射耐受力最强的还是某些微生物。上面提到的耐辐射奇球菌是已知的抗辐射能力最强的生物体之一。它还能在寒冷、脱水、真空和酸性环境中生存，因此被吉尼斯世界纪录列为世界上最具韧性的细菌。耐辐射奇球菌能够承受 5 000 Gy 的急性电离辐射剂量，几乎不丧失生存能力；在 15 000 Gy 的急性辐射剂量下仍有 37% 保持生存能力。它具有独特的 DNA 修复功能，可以修复辐射损伤的单链和双链 DNA。相比之下，一次胸部 X 光或阿波罗任务大约只受到 1 mGy 的照射；5 Gy 的就可以致人死亡。

其他抗辐射菌包括一些蓝藻门的金球藻属，一些放线菌门的红色杆菌属（*Rubrobacter*）菌；在古细菌中，γ-丙种热球菌表现出类似的抗辐射能力。它们都具有独特的抗辐射机制。除了具有修复受损 DNA 的能力外，地诺球菌拥有多个基因组拷贝作为辐射损伤的储备。

一个令人困惑的问题是：这种高度的抗辐射能力是如何进化出来的？地表大多数地方的自然本底辐射水平很低，只有每年 0.4 mGy。在这样一个低的选择压力下，如何进化出这种能力是很难解释的。有学者认为：这类抗辐射菌可能来自辐射很强的火星，通过某种方式带入地球，但生物学的研究不支持这种说法。路易斯安那州立大学的 Valerie Mattimore 认为杜兰氏菌的抗辐射性只是应对长期细胞干燥机制的副作用。她进行了一项实验：证明电离辐射导致的杜兰氏杆菌的 DNA 损伤与长期干燥造成的损伤相似，杜兰氏杆菌进化出来的 DNA 损伤修复机制也可以用于应对电离辐射作用。其具体机理还有待于人们深入研究。

7.4.7 极端干燥环境

微生物对缺水的适应性是相当强的。在地球的一些极度缺水的地区，如智利北部的阿塔卡马沙漠中的玛利亚·埃伦娜南部地区是世界最干燥的地区；有些地方在过去 400 年间没降过雨，成为寸草不生的不毛之地（图 7-9），但这种地方仍然有被称作微藻的生物生长，它们生长在能积累雾气的洞穴中，利用通常光照量的 0.1% 的光能进行光合作用。

图 7-9　智利北部的阿塔卡马沙漠地貌

在不利于生物生长的极端环境，如高温、缺乏营养、干燥等环境中，很多细菌可以在其表面形成芽孢以隔绝外部的干燥环境，以休眠状态的方式存活，有些细菌可以在这种状态下存活数百年，一些芽孢甚至沸水也不能将其杀死，待适合的环境出现，其再恢复到生长生殖的状态。

7.4.8 深海高压环境

在海洋中广泛存在一些嗜压生物，生活在不同深度的海洋中。目前的深海探测器能探测到世界最深的马里亚纳海沟 11 km 的海底，在那里的静水压力达到了 1 086 atm，但仍然可以发现生命（图 7-10）。在哺乳动物中，下潜最深的是抹香鲸，可以到达水下 2 440 m（230 atm）。从深海栖息地获取样本的困难及在高压条件下进行各种实验的挑战，使深海成为研究较少的领域。直到 2000 年，研究人员才确定了第一批与高静水压力适应有关的基因。生命能够在深海高压下繁衍的机制仍有待发现。这些研究对在外星探索地下海洋的潜在生物具有重要的前导意义。

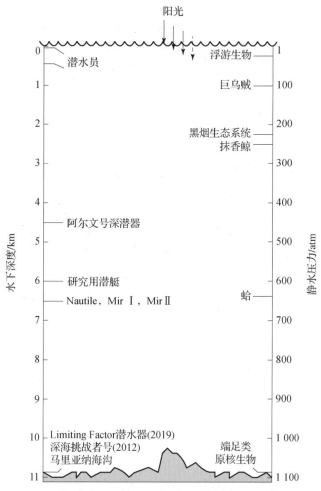

图 7-10　各层深海生物及探测（Plaxco KW and Gross M, 2021）

7.4.9　其他极端环境

内岩生微生物（endoliths）可以生活在地表之下几千米的岩石缝隙中，为化学自养型的细菌。它们可以从水与岩石间发生的化学反应获取能量,以地表渗透下来的 CO_2 为碳源。由于能量来源有限,这些微生物可以高度耐受饥饿,根据它们接触氧气的程度,可以是需氧的或厌氧的生物。尽管人们对内岩生微生物的了解不多,但内岩生微生物可能相当普遍。

表 7-2 是对不同微生物生长或存活的极限环境条件的一个总结。表 7-3 归纳了在不同极端环境下分析和检测微生物群落的方法。

表 7-2 微生物能够生长或存活的极端条件范围

极限环境参数	能够生长	存活(孢子)
温度/℃	$-20 \sim +113$	$-262 \sim +150$
压力/Pa	$10^5 \sim 10^8$	$10^{-7} \sim \geq 10^8$
电离辐射/Gy	≈ 60	$\leq 5\ 000$
紫外辐射/nm	陆生的(≥ 290)	$\approx$ 陆生的(≥ 290)
水的活度/a_w	≥ 0.7	$0 \sim 1.0$
含盐量	$\leq 30\%$	盐晶体中
pH	$1 \sim 11$	$0 \sim 12.5$
营养	高饥饿耐受性	无需求,没有更有利于存活
气体成分	不同需求(氧或缺氧)	最好没有氧
时间/年	≤ 0.5	$\leq (25 \sim 40) \times 10^6$

表 7-3 在极端环境下分析和检测微生物群落的方法

方法	手段	信息
直接观察生命的结构指征	光学显微镜,相差显微镜	区分细胞
	落射荧光显微镜	区分细胞结构和相似的非生物结构
	共聚焦激光扫描显微镜	微生物群落三维观察
	扫描电镜	亚细胞结构

续表

方法	手段	信息
微生物活性检测	培养	分离物的生物化学和系统发育分析
	DNA 探针和生物标记物芯片	鉴定不可以培养的微生物
	原位生物化学分析	微生物群落的代谢特征
	气体、pH、矿物质等的原位梯度微电极测量	代谢活动等，如光合作用、呼吸作用
	荧光显微镜和电视图像分析的结合	代谢活性
化学标志物和生物标记物检测	决定生物物质总量和生物分子内容	主要品种；各生理期：活跃期、生物休眠期；灭绝生物
	测定同位素比	生物生成来源
	测定光学旋性	生物生成来源
	拉曼光谱、傅里叶变换	有机物、无机物成分分布
非直接的生命指征	宏观的沉降物	消失生物的矿化指征
	矿物分析	生物生成矿物
	水圈和大气圈的动力学循环检测	现存生物指征

7.5 在地外环境中的生存

考察地球生物生存的环境限制的另一个方面是当这些生物离开它们的栖息地、离开地球，进入全新的地外环境时的生存能力和可能出现的问题。地外环境与地表环境区别的最主要的方面包括真空、微重力、低重力、高辐射、低磁场等。此外，在航天器飞行的过程中，生物还会面临超重、震动、心理认知环境的改变等。对它们的了解有助于人类和其他生物的航天活动的开展，从而及时发现可能出现的医学问题，并研究出对策。

7.5.1 微重力和低重力

地球的吸引力将地球生物束缚在地球表面，同时造就了地球生物的一系列形态和生理特征。重力加速度发生改变时，生物体就面临一系列的失衡和再适应。绕地飞行和其他惯性飞行的航天器会发生重力感的丧失，称为微重力。而月球等星球的重力低于地球，称为低重力。地球重力决定了生物体的许多特征。

地球生物体的尺度受到重力加速度的制约。过大的动物的肢体会因承受不了自身的体重而崩塌。如果生活在水里，有浮力作用，则体积可以更大些，因此地球上最大型的动物，像鲸，就生活在水中。搁浅的鲸会死于过大的体重造成的身体坍塌。这些动物如果移到较小的星球，如月球，假如其他外界条件仍和地球相同，就有可能进化出更大的体积来。因此较小的生物可能不在乎重力加速度的大小。而构成现有生物体的化学材料：胶原、骨骼、纤维素、木质素等决定了生物体积的上限，超乎重力限度的巨大生物不可能进化出来。

当重力环境或身体支撑方式发生改变时，生物体会调节自身的结构以适应这种变化。这种适应性既可以通过达尔文式的进化方式，经过漫长的时间来达到；也有可能通过"用进废退"的过程，在很短的时间内通过调整身体结构来达到。譬如，航天员发生的骨钙丢失，从适应的角度看，可以看作身体对微重力环境的一种调整，因为在没有重力下，机体的各种重力负荷减轻，骨骼已经没有必要像以前那样坚硬，骨钙流失随即发生。机体的这种快速"适应"不是我们所希望的。航天员只在太空停留很短的时间，返回地面后，就面临重新适应的问题，骨折之类的危险会增加。

除了机体支撑结构的改变外，失去重力还会带来很多其他机能结构的改变，涉及循环系统、免疫系统、神经系统、感觉系统……几乎机体的每一个系统都会或多或少地受到影响，涉及复杂的机制。这里只介绍其中一个主要机制：体液分布的改变。在地球表面，由于重力的作用，身体的各种体液，包括血液、组织液等都倾向于滞留在身体下部。由于静水压的影响，人类身体不同部位的血压是不一样的。脚部的血压高，头部的血压低。临床设定的"正常的"血压值其实是与心脏位置水平的上臂的血压，这只是为了测量方便而设定的。身体本身也有自己的一套血压监测装置，随时测量血压，然后通过负反馈，使血压回归正常。这个测量点位于人脖子处的颈动脉窦,设在这里是为了保证脑器官供血的精确度,大脑的血流量必须保持恒定。

当重力消失或大幅度下降时,包括血液在内的体液不再倾向于流向下身,而是较均匀地分布在躯体各处,甚至反过来,较多地分布在身体上部(图7-11)。这是因为身体上部长期处于低血压环境下,血管壁和软组织相对薄弱。在同样的压力下会存留更多的液体。体液分布一旦发生改变,身体的各个部分得到的营养物质量随即发生改变。各种感受器和调控器官所接收的压力和营养信号与以前不同,它们发出的指令也跟着变化。这些都会导致一系列身体机能的改变,包括:①下肢血流不足导致的下肢骨丢失和肌肉萎缩,但头部的骨头的骨密度反而增大。②体液过多地流向面部造成面部肿胀和头疼。③排尿增加,体液减少。这是因为身体感受体液总量的感受器设在脑部,一旦体液在脑部聚集,下丘脑感受到后就会抑制抗利尿激素的分泌,造成尿液变多,体液排出过多,体重因此减轻。④出现错觉,下肢压力感受的下降,上身压力感受的上升,会使人对自身体位状态的感受发生误判,出现定向错觉、本体性感觉错觉和视觉错觉等。

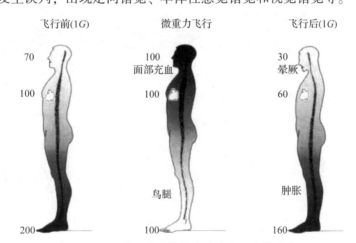

图7-11 失重造成的体液分布和压力的改变

事实证明,在地球表面进化出的人体和其他生物体对不同的重力具有相当的适应范围,尤其是对重力减轻的适应。人类在失重的环境中可以长期存活;如果移民到月球、火星等存在重力,只是低于地球的天体时,其适应性还要高于空间轨道。但人类对于超重的适应性要差很多。$3G$ 以上的重力就会让人很不适应。一般人不能承受 $7\sim 8G$ 以上的超重,即使是经过训练的宇航员也不能长期承受超重。因此，如果将来人类找到一个可能移民的岩石行星，还要考虑星球的大小。太大的星球产生过强的重力加速度，会把人类的胸腔压垮，或让人无法运动，如同搁浅的鲸，除非人类和其他地球生物能够进化出更强健的骨骼和肌肉系统。

7.5.2 空间辐射

太阳和宇宙射线对地球的生物体是一个严重的威胁，其中电离辐射的危害最大。电离辐射是指其辐射能量可以将原子或分子中的电子释放出来的辐射，即能形成离子的辐射。辐射的电离能力取决于射线所携带的能量，而不是射线的数量。波长短、频率高的电磁波常是电离辐射，如 X 射线、γ 射线等辐射。高速 α 粒子、β 粒子、质子等带电粒子以及中子等不带电粒子都是电离辐射。除了电离辐射外，紫外线也可以对生物体造成一定的危害。这些都成为地球生物离开地球后需要克服的障碍。

7.5.2.1 空间辐射的构成

星际空间的辐射主要有两种来源：太阳和宇宙其他部分。这些辐射与地球磁场相互作用又构成了在地球附近的特殊辐射场。

来源于太阳的电磁辐射中，主要是紫外线对包括人体在内的生物体产生危害，好在地表有臭氧层的保护。但到达臭氧层之上后，紫外线对生物的危害将变得显著。除了电磁辐射外，太阳也辐射各种粒子，其中一种是长期、持续的辐射，主要是由电子和质子组成的粒子流，其能量约为 1 keV，称为太阳风。这种辐射产生相应的太阳磁场，可以在太阳系内阻挡大部分宇宙辐射，从而保护太阳系内的生命。另一种是偶然发生的高能粒子的爆发，主要由质子、少量的 α 粒子和更少量的重离子及电子所组成，称为太阳粒子事件（solar particle events，SPEs）。SPEs 的能量可达 100 亿 eV。这种辐射可对地球生物，尤其是离开了地球磁场保护的航天员造成额外的危害。

太阳之外的宇宙辐射主要来源于银河系，故称银河宇宙辐射（Galactic Cosmic Radiation，GCR）。它的组成大约 99% 是原子核，约 1% 是电子。约 90% 的原子核是质子，9% 是 α 粒子，1% 是重元素的原子核，后者称为 HZE 离子，含有高能量。一部分原始宇宙射线来自恒星的超新星爆炸。这些粒子的能量可达到 $10^8 \sim 10^{18}$ eV 的水平。在太阳系内，较低能量 GCR 受太阳磁场的影响，太阳活动较强时，GCR 减弱；太阳活动较弱时，GCR 增强。

这些辐射在地球附近被地球磁场所俘获，形成地球附近辐射较强的地带，即第 5 章提到的范艾伦辐射带。宇宙射线同大气的分子相互作用和碰撞，可产生中子、电子和其他小的粒子，形成次级宇宙线。由于地磁和大气的保护，地表的平均年放射有效剂量仅有 0.30 mGy，这个值小于星际空间辐射量的 1%。但地球生物一旦离开保护、进入太空，就将经受宇宙射线的伤害。

7.5.2.2 辐射的生物学危害

辐射的危害主要是通过电离作用影响生物体的结构和功能，可分为直接效应和间接效应。直接效应是辐射直接影响生物分子，包括蛋白质和核酸的结构。其中最重要的效应是 DNA 损伤，这些损伤可导致细胞凋亡或癌变。间接效应主要是造成水分子的电离，形成各种自由基，包括 H_2O^+、H^+、OH^-、H_2O^+ 和电子。这些产物因具有非配对电子，是高度活跃的化学基团。自由基具有很强的氧化还原能力，能改变生物分子的结构，间接导致蛋白质和碱基的损伤、交联，DNA 的单链和双链断裂等。

DNA 的损伤造成基因突变。大多数的基因突变对生物体有害，造成基因失活或功能异常，导致个体患病、生存能力降低，甚至死亡。但也有少数好的基因突变提高了机体的适应性，形成选择优势。所以，基因突变也是生物进化的前提。这里存在一个度，过高的辐射造成大量的 DNA 损伤和基因突变将不利于生物的生存和进化，保持在一定水平的基因突变则有利于生物产生变异和自然选择。

7.5.3 地球生物在空间环境下的存活实验

对于不是乘坐人类航天器，而是在自然裸露状态下进入空间环境的地球生物来说，它们将直接面临真空、辐射、缺水的生存威胁。欧洲航天局在俄罗斯 Foton 卫星的外表面，日本和欧洲航天局在国际空间站的外面，德国在 LDEF (long duration exposure facility, 长期暴露装置) 都安装了生物暴露装置，使实验生物直接暴露在真空和紫外辐射环境中，测试它们的存活率。暴露的时间一般为 13~17 天，最长的达 6 年。参与实验的生物体包括细菌、地衣、孢子、植物种子、微型动物（缓步动物）等。这些生物都可以在不同程度上在外层真空环境和宇宙辐射下存活下来，具体实验结果参见第 11 章（有生源说）。地球生物的广泛适应性一方面增大了在其他行星发现生命和星际殖民生命的可能性，另一方面也使人们提高了对星际生物污染的警惕，进而更加重视行星保护。

7.6 重塑生命

从以上各节可以看到，地球的生物有其不完美性。我们是否可以通过对现有生物的改造，或创造出全新的生物类型，提高其对环境的适应能力并产生新的功能？现代生物技术、信息技术和其他科学技术的发展已经为人类在这方面的实践奠定了基础，并在某些方面取得了令人瞩目的成就。目前我们可以使用基因工程、蛋白质工程、细胞工程、酶工程、微生物工程等，做到对现有生物的定向改造，或重新组合现有生物的各种构件，使之具备人类需要的某些特性，如生产某种药物、提高生物产量或具有超凡的环境的适应能力。在不久的将来，我们或可根据需要，产生适应月球、火星及其他天体环境的微生物、植物甚至动物。

人工生命（artificial life）是通过计算机、机器人或生物化学手段对生命的任何方面的模拟，以再现某些或全部生物现象，一个重要的方向就是合成生物学。

7.6.1 对现有生物品种的改造

在20世纪60—70年代，几种重要的酶，包括DNA连接酶、限制性内切酶、反转录酶等的发现，为基因工程的发展铺平了道路。1972年，人们首次将不同生物来源的DNA分子重组在一起，创造出新的DNA分子，标志着重组DNA技术的诞生。1973年，不同来源的DNA分子被转入大肠杆菌中，宣告人工改造的生物品种的出现。在随后的几十年里，以基因工程为核心的现代生物技术在世界范围迅速崛起，各种新技术、新工艺、新方法不断涌现。各种经过改造而产生的工程菌被用于药品生产、酶和其他功能蛋白质的生产、污染物的处理、食品酿造等医药和工农业的不同领域；各种转基因的动植物品种具备了以前所没有的新的特征，服务于人类生产生活各方面的需要。举例说明，抗冻蛋白是一类能够提高生物抗冻能力的蛋白质，最初在南极或北极地区的海洋鱼类的血清中发现，由于它们能阻止体液内冰核的形成与生长，维持体液的非冰冻状态，因此可以使当地的鱼类在低温甚至零摄氏度以下的水域生活。随后在寒带昆虫和植物中也发现有抗冻蛋白的存在。通过抗冻蛋白基因工程将这些动物或植物的抗冻基因转移到非抗冻的动植物体内，可明显提高这些动植物的抗寒能力。

7.6.2 合成生物学

合成生物学致力于生物系统和有机体的人工设计与合成，形成人工生物系统。与传统的基因工程相比，合成生物学导致更大规模的生物改造，在很大程度上打破了原有的生物结构格局，产生了新的生物模块、生物系统和生物机器，建造了自然界中没有的新的生物功能和系统。

合成生物学的一个重要目的是合成新的生命，有不同的策略达到这一目的。较为"保守"的方法是利用现有的生物元件，如一条代谢通路、一些细胞器，通过基因工程技术手段导入现有细胞，使之具有全新的功能。更彻底的合成生物学则将非生物来源的生物分子结合，重新设计，在体外创造出新的生物系统，这一构建的系统可能是一个人工病毒、一个人工细胞或更高级的生命结构。这里一个活的"人造细胞"被定义为一个完全人工合成的细胞，它能够捕捉能量、维持离子梯度、包含大分子，能够存储信息，并具有分裂和变异的能力。

合成生物学已经取得一系列令人瞩目的成就，具有里程碑性质的成就包括：2002 年，纽约州立大学的杰罗尼莫·切诺（Jeronimo Cello）等用化学方法合成了第一个人工合成病毒——脊髓灰质炎病毒，方法是先合成与病毒基因组 RNA 互补的 cDNA（互补 DNA），再转录成病毒的 RNA，在体外包装成人工病毒。2010 年，Craig Venter 等制造了一条完全人工合成的细菌染色体并引入宿主细菌的细胞中。2010 年 5 月，美国 J. 克雷格·文特尔（J. Craig Venter）私立研究所在科学杂志上报道了首例人造细胞的诞生。这是由山羊支原体的细胞质和来自依照蕈状支原体的基因组而人工合成的 DNA 组合形成的人造细胞（Synthia），表现出的是蕈状支原体的特性（图 7 - 12）。

2014 年，美国斯克里普斯研究所的研究人员制造了第一个带有人工碱基 DNA 的活生物体；他们所构建的"DNA"在原有的 4 个天然核苷酸的基础上，又添加了两种人工合成的核苷酸：d5SICS 和 dNaM（图 7 - 13）。将这种"DNA"引入大肠杆菌后，这种菌可以在添加了 d5SICS 和 dNaM 的培养基上生长，并合成新的含有六种碱基的"DNA"。通过这一研究，科学家们实际上已经构建出半

图 7-12 Synthia：一种人工合成的支原体细胞（Hutchison III CA, et al., 2016）

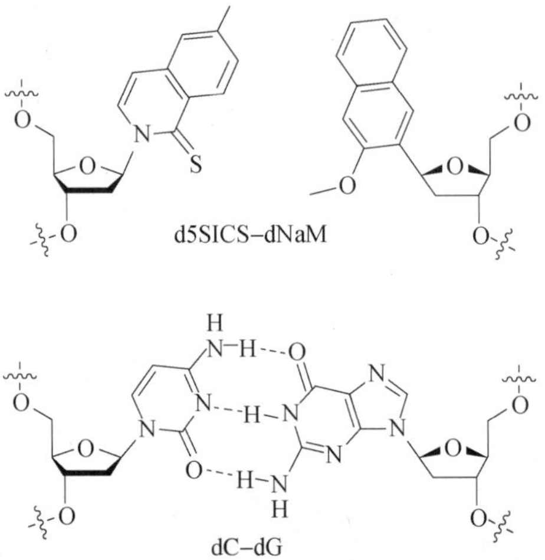

图 7-13 人工合成的碱基对：d5SICS 和 dNaM（Zhang Y, et al, 2017）

人工生命。随后，Benner 又发展出 8 碱基的"DNA"。在原有的 4 个碱基之外，新增的 4 个碱基也是利用氢键两两互补，它们分别被命名为 Z-P 碱基和 S-B 碱基。2019 年 5 月，研究人员将细菌基因组中 64 个密码子的自然数量减少到 59 个，从而形成一种大肠杆菌的变体。

合成生物学的发展，极大地拓展了我们对生命的本质的认识；对探索生命的起源、研究生命的基本特性、理解地外生命等都具有重大意义。在应用方面，其扩展了生物技术的手段，在医药、生物能源、工农业领域都将具有广阔的应用前景。至于合成生物学引发的伦理问题，则是另外的话题。

7.6.3 人工智能

人工智能本质上属于计算机科学领域，但人工智能的发展水平，又使人工智能越来越具有"生命"的特征，特别是它们所具有的"学习"和"解决问题"的能力、信息的自我复制能力等，使人们越发猜测它们与真正的生命在工作原理方面具有某种程度的"类似性"。现在越来越多的人类工作让渡给人工智能技术产生的机器人来完成。人类作为一个地球物种，其生存能力和适应范围的扩展、栖息地的扩大，在很大程度上归因于人-机界面的完善和人-机功能的组合。

7.7 地球生命的结局

在 7.3 节谈到，如果环境的改变超过了某物种生物的适应潜能，该物种将会灭绝。当灭绝的物种数量超过新产生的物种数时，地球的生物品种将趋于减少。在环境持续趋于极端，以致地区所有生物都灭绝的那一天，就出现地球生命的终结。我们无法预见其在什么情况下、在哪一天会到来，但我们可以大致算出一个终极时间：太阳系的终结。如果地球生命到那时还没有向宇宙其他地方移民，就将一同灭绝。更可能的情况是，在那一时刻之前很久，地球生命就已经灭绝，就像火星可能曾经存在过的生命灭绝那样。

7.7.1 大灭绝事件导致地球全体生物的灭绝

在地球演化的进程中，造成生物灭绝风险的事件，包括小行星撞击、气候的失衡、宇宙射线的爆发等都有一定的发生概率，同时很难预测。之前发生的几次大灭绝会摧毁了地球一半以上甚至 90% 的生物。我们不能排除这种可能：将来出现更大的陨石，或持续时间更长的冰冻星球事件，或种种导致灭绝的因素凑到一起，其严重程度达到灭绝地球所有生物的水平。在此之后，尽管地球可能恢复到宜居的状态，但生命已不复存在。

7.7.2 太阳系宜居带的移动

在太阳系演化的过程中，宜居带的位置也在变化。在太阳刚诞生的太古宙，其亮度只有现在的75%左右,那时的宜居带应更靠近太阳,其中心应该更偏向于金星的位置。目前太阳处于主序恒星阶段的中期,地球成为宜居带的中心。将来随着太阳变亮,太阳系的宜居带也会向外移动,由于温度渐增,地球可能逐渐演变为金星的状况,不过这种情形会发生在20亿~30亿年以后。此前地球处于宜居带的时间长达60亿~80亿年,已经造成复杂生命的进化,并有机会寻找更适宜的生存环境。在太阳的亮度不断增加时,一些原来处于冻结的星球也可能会变得适合生命的产生和繁衍。

7.7.3 太阳将来的演变过程

太阳在以每11亿年10%的速度变亮。多年后,太阳的亮度将破坏地球的碳循环,导致大气CO_2浓度上升,从海洋表面蒸发出来的水作为一种强大的温室气体可能进一步加速温度升高,甚至有可能更快地结束地球上的所有生命。在较大的生命灭绝后,剩余的生命都将是适应性较好的单细胞生物。宜居带外移后,火星表面温度逐渐升高,为未来的生命提供了一个潜在的居所。35亿年后,地球表面的条件可能变得与今天的金星情况相似。

从现在起大约54亿年后,随着太阳的核心氢的耗尽,引力收缩将使其变得足够热,使其周围的外壳中继续发生氢聚变。这将导致恒星的外层大幅度膨胀,恒星将在75亿年内进入一个被称为红巨星的阶段。太阳的半径将扩大到目前的256倍。由于表面积的巨大增加,太阳表面将比现在冷得多,只有约2 600 K,但其光度将达到现在的2 700倍(图7-14)。作为红巨星生命的一部分,太阳将产生一股强大的恒星风,它将带走大约33%的质量。在这段时间里,土星的卫星泰坦等外太阳系卫星有可能达到维持其表面生命所必需的温度。

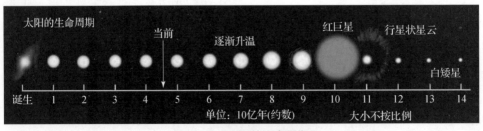

图7-14 太阳的生命周期

当太阳膨胀时,它会吞下水星和金星,地球的命运尚不明朗,虽然太阳会包围地球当前的轨道,但恒星的质量损失造成的引力下降会导致行星的轨道向外移动。

在围绕太阳核心的外壳中氢的聚变将增加核心的质量,直到它达到目前太阳质量的45%左右。到这个时候,极高的密度和温度将导致氦聚变成碳。太阳又收缩到目前体积的11倍左右。它的光度将下降,而表面温度将上升到4 770 K左右。太阳将进入平稳时期,以稳定的方式燃烧核心的氦。氦的聚变只会持续1亿年。最终,它将再次利用外层的氢和氦燃烧,并第二次膨胀,变成一个被称为AGB的恒星。此时太阳的光度将再次增加,而温度则冷却到3 500 K左右。这个阶段将持续大约3 000万年,之后再过10万年,太阳剩余的外层将消失,大量物质被喷射到太空中。喷射出来的物质将包含太阳核反应产生的氦和碳等元素。在星际介质中继续使重元素富集,以供未来恒星系统形成时使用。

太阳质量的损失可能会使幸存行星的轨道陷入混乱,导致一些行星碰撞,另一些被太阳系喷射出去,还有一些被潮汐相互作用撕裂。之后太阳剩余的部分将成为一颗白矮星,这是一个非常致密的天体,虽然只有地球的大小,但占它原始质量的54%,它将完全由退化的碳和氧组成。这颗成为白矮星的太阳将逐渐变冷、变暗。

随着太阳的消亡,它对行星、彗星和小行星等轨道天体的引力将因其质量损失而减弱。所有剩余行星的轨道都将扩大。如果金星、地球和火星仍然存在,它们的轨道将大致位于1.4 AU、1.9 AU和2.8 AU。它们和其他剩余的行星将变得黑暗、冰冷,上面的生命将难以存在。

参考文献

[1] ALTENBACH A V,BERNHARD J M,SECKBACH J. Anoxia – evidence for eukaryote survival and pale[C]//Cellular Origin,Life in Extreme Habitats and Astrobiology 21[C]. Dordrecht,Heidelberg,London,New York:Springer,2012.

[2] AMILS R,ELLIS – EVANS C,HINGHOFER – SZALKAY H. Life in extreme environments[M]. Dordrecht:Springer Netherlands,2007.

[3] BAR-ON Y M, PHILLIPS R, MILO R. The biomass distribution on Earth[J]. Proceedings of the National Academy of Sciences,2018,115(25):6506-6511.

[4] BRAUN M, BOHMER M, HADER D P, et al. Gravitational biology[M]. Cham: Springer International Publishing Switzerland,2018.

[5] CAVICCHIOLI R. Extremophiles and the search for extraterrestrial life[J]. Astrobiology,2002,2(3):281-292.

[6] CELLO J, PAUL A V, WIMMER E. Chemical synthesis of poliovirus cDNA: generation of infectious virus in the absence of natural template[J]. Science,2002, 297(5583):1016-1018.

[7] FREDENS J, WANG K, DE LA TORRE D, et al. Total synthesis of Escherichia coli with a recoded genome[J]. Nature,2019,569(7757):514-518.

[8] GIBSON D G, GLASS J I, VENTER J C, et al. Creation of a bacterial cell controlled by a chemically synthesized genome[J]. Science,2010,329(5987):52-56.

[9] GLUD R, WENZHÖFER F, MIDDELBOE M, et al. High rates of microbial carbon turnover in sediments in the deepest oceanic trench on Earth[J]. Nature geoscience,2013,6(4):284-288.

[10] GREBENNIKOVA T V, SYROESHKIN A V, SHUBRALOVA E V, et al. The DNA of bacteria of the world ocean and the Earth in cosmic dust at the International Space Station[J]. The scientific world journal,2018(2):1-7.

[11] GUNDE-CIMERMAN N, OREN A, PLEMENITAS A. Adaptation to life at high salt concentrations in Archaea, Bacteria, and Eukarya[C]//Cellular Origin, Life in Extreme Habitats and Astrobiology V9. Springer, Netherlands,2005.

[12] HORNECK G, KLAUS D M, MANCINELLI R L. Space microbiology[J]. Microbiology and molecular biology reviews,2010,74(1):121-156.

[13] HUTCHISON III C A. CHUANG R Y, NOSKOV V N, et al. Design and synthesis of a minimal bacterial genome[J]. Science,2016,351(6280):aad6253.

[14] JÖNSSON K I, RABBOW E, SCHILL R O, et al. Tardigrades survive exposure to space in low Earth orbit[J]. Current biology,2008,18(17):R729-R731.

[15] KALLMEYER J, POCKALNY R, ADHIKARI R R, et al. Global distribution of

microbial abundance and biomass in subseafloor sediment[J]. Proceedings of the National Academy of Sciences,2012,109(40):16213-16216.

[16] LANDENMARK H K, FORGAN D H, COCKELL C S. An estimate of the total DNA in the biosphere[J]. PLOS Biology,2015,13(6):e1002168.

[17] MATTIMORE V, BATTISTA J R. The radioresistance of deinococcus radiodurans: functions necessary to survive ionizing radiation are also necessary to survive prolonged desiccation[J]. Journal of bacteriology,1996,178:633-637.

[18] NARLIKAR J V, LLOYD D, WICKRAMASINGHE N C, et al. A balloon experiment to detect micro organisms in the outer space[J]. Astrophysics and space science,2003,285(2):555-562.

[19] PLAXCO K W, GROSS M. Astrobiology: an introduction[M]. 3rd ed. Baltimore: Johns Hopkins University Press,2021.

[20] SANJUÁN R, MOYA A, ELENA S F. The distribution of fitness effects caused by single-nucleotide substitutions in an RNA virus[J]. Proceedings of the National Academy of Sciences,2004,101(22):8396-8401.

[21] SECKBACH J. Algae and cyanobacteria in extreme environments[C]//Cellular Origin, Life in Extreme Habitats and Astrobiology V11. Springer Netherlands,2007.

[22] SHIVAJI S, CHATURVEDI P, BEGUM Z, et al. Janibacterhoylei sp. nov. , Bacillus isronensis sp. nov. and Bacillus aryabhattai sp. nov. , isolated from cryotubes used for collecting air from upper atmosphere[J] International journal of systematic and evolutionary microbiology,2009,59(12):2977-2986.

[23] SOUZA V, SEGURA A, FOSTER J S. Astrobiology and Cuatro Ciénegas basin as an analog of early Earth[C]//Cuatro Ciénegas Basin: An Endangered Hyperdiverse Oasis. Cham: Springer Nature Switzerland AG,2020.

[24] WHARTON D A. Life at the limits. Organisms in extreme environments[M]. Cambridge: Cambridge University Press,2007.

[25] ZHANG Y, LAMB B M, FELDMAN A W, et al. A semisynthetic organism engineered for the stable expansion of the genetic alphabet[J]. Proceedings of the National Academy of Sciences,2017,114(6):1317-1322.

第3编

太阳系范围内生命的探索

引　言

本部分探索太阳系范围内生命的存在和传播的可能。人类探测器目前已经到达太阳系内主要的星体进行考察，并确定了几个最可能存在生命的星体以待进一步的探索。本编共有 8、9、10、11 共 4 章，从不同的侧面叙述已有的发现和探索前景。

第 8 章是一个概述，对整个太阳系内不同天体的宜居性做出综合评价，重点介绍那些与生命有关联的特征。在对太阳系整体做了大致介绍后，本章将其分成三部分论述：类地行星、小行星带与彗星、外太阳系天体。其中对类地行星和外太阳系天体重点关注宜居性和存在生命的可能；而对小行星与彗星则看重它们在探索太阳系早期状况和前生物的化学演化认识上的价值。

第 9 章专门介绍火星探索。火星是当下探索地外生命最热门的目的地，也是人类了解最多的类地行星。对它的研究一方面能增进对其宜居性的了解，另一方面也能积累将来探索其他可能宜居星球的理论和技术。本章介绍了火星的基本面貌、水的存在、宜居区域和生命迹象的寻找。本章在最后介绍了行星保护的概念和内容。

第 10 章重点介绍气态巨行星的几个可能存在地下生命的卫星：木卫二、土卫六和土卫二。这种地下宜居性与我们之前熟知的宜居性差别很大。与第 5 章和第 6 章论述地球诞生生命的条件时考虑的方面类似，我们也主要从大气、液态水、磁场、能量来源和水岩界面等方面考虑这些卫星是否具有诞生生命的条件。

第 11 章考虑星际物质传输、包括生物物质甚至生命本身传输的可能性和过程。如果这种可能性存在，将出现在太阳系甚至星系间非人为传播生命的可能。这里首先介绍星际一般物质的传输，再介绍有机分子的传输，最后探讨生物体本身传输的可能。

第 8 章
太阳系各区域与生命有关特征的概述

本章将在大致介绍太阳系的情况后,对地球之外太阳系范围内的宜居性做一个总的介绍和分析,而将火星和外太阳系的几个最可能出现生命的卫星分别放到第 9 章和第 10 章介绍。

■ 8.1 太阳系组成概述

8.1.1 太阳系的形成

太阳系形成的星云假说,最早由康德(1755 年)和拉普拉斯(1796 年)各自独立提出,之后通过各种研究不断修正,形成当今最主要的学说。该学说认为,太阳系是 46 亿年前由一个巨大的星云的塌缩而形成的。这个原本有数光年大小的星云,同时诞生了包括太阳在内的数颗恒星。形成太阳系的物质可能来自附近一次超新星爆炸,是第二代或更高代次的恒星。太阳系吸收了之前恒星内形成的较重的元素和分子,并满足了生命出现的各个基本条件。

8.1.2 太阳系的组成和范围

太阳系包括太阳、8 个行星、数百颗天然卫星、50 万以上的小行星、一定数目的矮行星和彗星,以及星际物质等。如果以距离太阳最远的行星——海王星的轨道为太阳系的边界,则太阳系的半径约是 30 个天文单位(一个天文单位是地球到太阳的距离)。若将彗星轨道计算在内,则太阳系的直径可达 6 万~8 万个天文单位。太阳风传递的最大距离大约在 95 个天文单位，也就是约 3 倍冥王星轨道距离之处。太阳风所能到达的范围称为太阳圈。太阳风可以将进入太阳圈的宇宙物质吹出太阳系，因此很少有宇宙其他微细物质进入太阳系。太阳圈的外缘称为日球层顶，此处是太阳风最后的终止之处。奥尔特云（Oort Cloud）是更外远处的假设包围着太阳系的球体云团，存在许多不活跃的彗星，距离太阳 5 万~10 万个天文单位。奥尔特云是 50 亿年前形成太阳及其行星的星云之残余物质，包围着太阳系。不过奥尔特云尚无直接观测证实。

8.1.2.1 太阳

太阳位于太阳系的中心，直径约 140 万 km，它的内部不断进行热核反应，并发出巨大的光和热。现在太阳质量的大约 3/4 是氢，剩下的几乎都是氦，包括氧、碳、氖、铁和其他的重元素的质量少于 2%。太阳表面温度在 6 000 K，中心温度则高达 15 000 000 K。太阳质量约为 1.989×10^{27} t，占整个太阳系质量的 99.86%，但平均密度只约为地球的 1/4。其外层可见部分的密度约为水密度的百万分之一，中心部分的密度则是水的密度的 85 倍。

太阳作为一颗中等质量的恒星，其寿命大约为 100 亿年，目前太阳大约 45.7 亿岁，处于主序星阶段。在太阳的末期，内部的氢元素将通过核聚变而耗尽，核心将发生坍缩，导致温度上升。太阳开始把氦元素聚变成碳元素。太阳的外层膨胀，成为一颗红巨星，它会继续存在数亿年，并把一部分外层大气释放到太空中。当核聚变过程结束时，太阳将逐渐失去光芒，收缩、冷却成致密的白矮星。

太阳目前正在穿越银河系内部边缘猎户臂的本星际云。在距离地球 17 光年的距离内有 50 颗最邻近的恒星系。与太阳距离最近的恒星是称作比邻星的红矮星，距离大约 4.2 光年。

太阳对生命的最大贡献是提供了以光为媒介的能量，其次是所具有的太阳磁场驱赶了致命的宇宙射线，保护了太阳圈内的生命。

8.1.2.2 行星

太阳系的行星是指自身不能像恒星那样发生核聚变反应，因而不发光，同时满足如下三个条件的天体：①围绕太阳运转，有自己的公转轨道；②质量足够克服固体引力以达到流体静力平衡的形状，即近似于球体；③清除了公转轨道附近的其他大小天体。不过这一定义在用于系外的行星时存在一定困难，因为目前还难以确定新发现的系外行星是否能完全满足上述三条。又如有些行星大小的天体不围绕任何恒星运行，即流浪行星（rogue planet），是否算是行星？

行星的公转方向常与所绕恒星的自转方向相同，这一点说明它们起源于同一原始星云。太阳系的 8 颗行星按其物理性质可以分为两类：一类为类地行星（terrestrial planet），也称岩石行星，体积小而平均密度大，自转速度慢，卫星较少，它们所在的区域称为内太阳系。另一类为类木行星（Jovian planet），也称气态行星，体积大，平均密度小，自转速度快，卫星较多，有木星、土星、天王星和海王星，位于外太阳系。其中天王星和海王星的构成有别于木星和土星，含有更多的冰，故又称冰态巨行星（ice giant，或简称冰巨星或冰巨行星）。太阳和它的行星系统大小比例如图 8-1 所示。

图 8-1　太阳和它的行星系统大小比例

注：下面的行星从左到右依次是木星、土星、天王星、海王星、地球、金星、火星、水星。

在行星形成的过程中，原行星盘在最靠近太阳的地区温度很高，只有金属和最难熔的氧化物能够凝结，产生小而致密、富含金属的水星（Me）。在稍远的地方，硅酸盐凝结成较大的富含金属和岩石的金星（V）、地球（E）和火星（Ma）。水等未凝结的轻物质被太阳风吹到太阳系更远处，因此在太阳系内部就形成岩石行星，而外部是密度较小的气态行星。木星（J）形成于雪线（水结冰的位置）之外。在更远的地方，在形成天王星（U）和海王星（N）的位置，氨和甲烷等凝结。但在这里原行星盘的密度和粒子速度都很低，使这些吸收了氨和甲烷的行星不能长成像木星那样的体积（图 8-2）。在木星和火星之间广阔的空间区域内，保留了太阳最原始的物质成分，即小行星带。

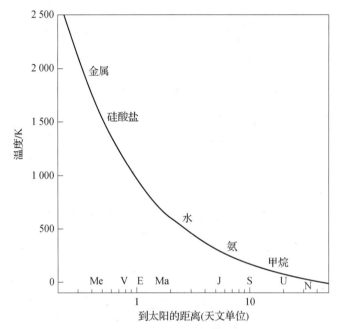

图 8-2 不同物质成分的聚拢与距离太阳的关系

注：原行星盘的温度随着距离中心的增加而迅速下降，不同熔点的物质在距离太阳不同的位置凝结，最终形成 8 个行星。Me：水星，V：金星，E：地球，Ma：火星，J：木星，S：土星，U：天王星，N：海王星。(Plaxco and Gross, 2021)

8.1.2.3 矮行星

矮行星（dwarf planet）是围绕太阳运动，自身引力足以克服其固体应力而呈圆球状，但体积和质量小于行星，不能清除其轨道附近的其他物体的天体。目前已知的矮行星有冥王星、谷神星、阋神星、鸟神星、赛德娜和妊神星。估计太阳系有数百颗或更多的矮行星。

8.1.2.4 卫星

卫星是指围绕行星并按闭合轨道周期性运行的天体。太阳系卫星大部分位于外太阳系。土星有 82 个，木星 79 个，天王星 27 个，海王星 14 个，火星 2 个和地球 1 个。卫星一般在太阳系形成阶段由较大的行星对较小的星子捕获，而月球则是通过两个原始星体的碰撞，形成的较大的成为地球，较小的变成卫星。

8.1.2.5 彗星和小行星

彗星是冰冷的绕太阳运动的小天体，有一个彗核，直径在几百米到几十千米不等，由松散的冰、甲烷、氨、尘埃和岩石微粒组成。当它靠近太阳时，彗核会升温并开始释放气体，产生可见的大气或彗发，有时还会产生彗尾。这是太阳辐射和太阳风作用于彗星核的结果。

彗星一般沿椭圆形轨道运行（图8-3），多来自遥远的外太阳系。在外太阳系众多小天体中，只有以椭圆轨道闯入内太阳系，才会被注意到。已知的太阳系彗星有1 600颗；但在海王星轨道以内至少有170万颗潜在的彗星。而回归周期长至4万年的长周期彗星，则至少有1 000亿颗。

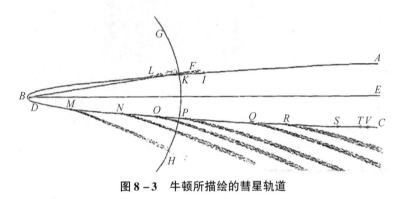

图8-3　牛顿所描绘的彗星轨道

注：AC 表示彗星轨道，D 为太阳的位置，GH 为地球轨道球面与彗星轨道平面的交线。牛顿还绘制了彗尾，显示它总是出现在背向太阳的一面。（取自牛顿：自然哲学的数学原理）

小行星一般指位于内太阳系的小型天体，主要位于木星与火星轨道之间的小行星带，也包括与木星同轨道的小行星。已发现50万以上的小行星，按照距离可分为内主小行星带、中主小行星带、外主小行星带，还包括5圈柯克伍德空隙。按照星体构成物质的不同，主小行星带中的星体分为三个主要的类型，分别是C型（富碳型）：主小行星带中75%的星体都是这一类型，更多地出现外主小行星带区域，它们富含碳，外观呈黑色，它们是太阳系中最古老的天体之一，含有较多的有机化合物；S型（富硅酸盐型）：此类星体更多地出现在内主小行星带区域，主小行星带中17%的星体是这一类型，它们通常是由硅酸盐和一些金属组成的；M型（富金属型）：此类星体更多地出现在中主小行星带区域，这些小行星非常明亮，大多数是由纯镍铁组成的。此外还有E-小行星、V-小行星、G-小行星、B-小行星、F-小行星、P-小行星、D-小行星、R-小行星、A-小行星、T-小行星等。

介于矮行星和小行星的灶神星如图 8-4 所示。

图 8-4 介于矮行星和小行星的灶神星

注：灶神星是小行星带中质量第二大的天体，其直径在 512±3 km，虽外形已接近球形，但尚未达到流体静力平衡，因此不能被视为矮行星。比灶神星略大的土卫二则已拥有球状外表。（来源 Lutz D. Schmadel. Dictionary of Minor Planet Names. Springer–Verlag Berlin Heidelberg, 2012）

8.1.2.6 外太阳系小天体

柯伊伯带（Kuiper Belt）类似于小行星带，但主要由冰块组成（图 8-5）。它们形成一个巨大的碎片环，位于海王星之外，在距太阳 30 AU 到 50 AU 处，有超过 10 万个直径大于 50 千米的柯伊伯带天体，它包含了几十颗到几千颗矮行星，但柯伊伯带的总质量只有地球质量的 1/10 甚至更小。

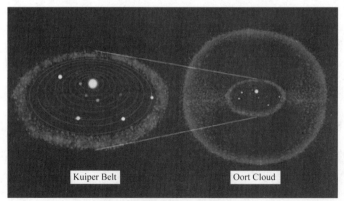

图 8-5 奥尔特云和柯伊伯带

注：示意图，实际比例比图中悬殊得多。

半人马小天体是类似彗星的冰体，绕日轨道的近日点或半长轴在木星和海王星之间。它们的轨道通常是不稳定的，有时会穿过一个或多个巨型行星的轨道，常有小行星和彗星的特征。直径超过 1 km 的半人马小天体的数量在数万到上千万之间。半人马小行星可能来源于柯伊伯带天体。柯伊伯带的天体被引力扰动、穿越海王星轨道后归为半人马小行星，可转变成短周期彗星。

"跨海王星区域"是指位于海王星轨道之外的区域，包括环形的柯伊伯带，是冥王星和其他几个矮行星所在地，还有一个重叠的星盘。它向太阳系平面倾斜，比柯伊伯带远得多。它由非常多的小星体组成，更远则是奥尔特云了，整个情况尚不清楚。

目前人们对外太阳系的大部分仍然知之甚少。据估计，太阳的引力场在大约 2 光年内（125 000 AU）相对于周围恒星占优。目前，已知最远的太阳系天体距太阳约 70 000 AU。

8.2　类地行星

太阳系中一些行星具有和地球相似的大小、岩石结构，并具有陆地，因此将这几颗行星归类为类地行星（图 8-6）。类地行星有 4 颗：水星、金星、地球、火星，它们都位于内太阳系，离地球相对较近。它们的物质结构、形成过程、所处物理环境、接受的太阳能都较相似，因此，人类寻找地外生命的旅程从这些地外类地行星开始。类地行星形成的原因参见第 2 章。类地行星的基本物理参数见表 8-1。

图 8-6　不同类地行星大小的比较

注：从左到右：水星、金星、地球、火星。

表 8-1 类地行星的基本物理参数

性质	行星			
	水星	金星	地球	火星
质量/10^{24} kg	0.330	4.87	5.97	0.642
直径/km	4 879	12 104	12 756	6 794
密度/(kg·m^{-3})	5 427	5 243	5 515	3 933
重力/(m·s^{-2})	3.7	8.9	9.8	3.7
逃逸速度/(km·s^{-1})	4.3	10.4	11.2	5.0
自旋周期/h	1 407.6	5 832.5[1)]	23.9	24.6
日长度/h	4 222.6	2 802.0	24.0	24.7
离太阳的距离/10^6 km	57.9	108.2	149.6	227.9
近日点/10^6 km	46.0	107.5	147.1	206.6
远日点/10^6 km	69.8	108.9	152.1	249.2
轨道周期/d	88.0	224.7	365.2	687.0
轨道速度/(km·s^{-1})	47.9	35.0	29.8	24.1
轨道倾角/(°)	7.0	3.4	0.0	1.9
轨道偏心率	0.205	0.007	0.017	0.094
轴倾斜度	0.01	177.4	23.5	25.2
平均温度/℃	167	464	15	-65
表面气压/10^5 Pa	0	92	1	0.01
卫星数	0	0	1	2
是否有行星磁场	有	无	有	无

8.2.1 类地行星宜居性的一般状况

考察类地行星的宜居性有两层含义：一是这些星球对地球生命是否有相对较适宜的居住环境；二是这些行星在历史上是否曾有生命或现在是否存在生命。

类地行星距离太阳较近。在太阳系形成时，受太阳吸引，较重元素聚集在靠近太阳的地方，因此形成的这些类地行星体积虽小，但平均密度很大，相对于外太阳系行星有更高比例的原子序数大于氢和氦的元素，在固体表面有较高比例生命所需的元素。但内太阳系相对较热，同时受到较强太阳风的作用，水等较轻的挥发性成分容易蒸发离开这些行星，随后通过彗星、小行星从外太阳系搬运带来新的水分和大气成分，但如果没有大气层的保护，这些水分很容易再次被挥发掉。能否保留水就成为这些星球是否能存在生命的重要前提。金星、地球和火星形成于太阳星云的原始星盘的相邻位置，因此其物质成分有很大相似性。同位素和地质证据表明所有这些行星上都曾存在地表液态水，因此在演化史上有可能都存在过生命，只是后来环境的改变导致除地球外，其他星球变得不利于生命存在了。

8.2.2 水星

水星的质量仅为地球的 5.53%，距离太阳 0.38 个天文单位，是距太阳最近的行星。水星有一个半径 1 800~1 900 km、处于熔融状态的铁核；表面则有 500~600 km 厚、由硅酸盐组成的地幔与地壳。水星空气极稀薄，主要由 O_2、Na、H_2、He 和 K 组成。由于缺乏大气，水星昼夜温差极大，白昼可达 427 ℃，而夜晚可降至 −173 ℃。这样高的表面温度，生命难以形成并进化出来。在内太阳系中，水星是唯一被排除在宜居带之外的行星。

由于水星太小，磁场非常弱，难以留住大气，也难以留住水分，因此其应该是一个干燥的岩石行星。但探测水星的信使号（MESSENGER）在水星上发现了许多冰的迹象。根据 2020 年 3 月的报告，水星的某些部分可能是可居住的，也许某种生命的原始形式存在于这个星球上。

水星探测具有一定的技术挑战，水星轨道离太阳近，水星的轨道速度为 47.4 km/s，比地球的轨道速度（29.8 km/s）快得多。水星探测器必须在速度上进行大的改变才能到达水星。目前造访过水星的探测器包括 NASA 的 Mariner 10（1974—1975）、NASA 的 MESSENGER（2008—2009）。欧洲航天局的 BepiColombo 于 2018 年 10 月发射，计划于 2025 年到达水星。

8.2.3 金星

金星是离地球最近的行星，也是大小与地球最相似的行星，其赤道半径为地球的95%，质量约为地球的81.5%，因此，密度也非常接近地球。相对于地球距离太阳1个天文单位，金星距太阳0.72个天文单位。金星是太阳系中唯一的自转方向与公转方向相反的行星。金星的公转周期为224.701天，略短于地球。金星的自转非常慢，一个周期长达243.02天，即金星的"一天"比"一年"更长，这是与地球最大的不同，在很大程度上也决定了金星的命运与地球的差别。

作为离地球最近的行星，金星一直是早期行星探索的首要目标。这是宇宙飞船造访的第一颗地球以外的行星（1962年的水手2号），也是第一颗人类飞行器成功着陆的行星（1970年的维纳7号）。金星厚厚的云层使得在可见光下无法观测到其表面，直到1991年麦哲伦轨道飞行器的到达，才绘制出第一张详细的金星地表图。

8.2.3.1 金星的表面

金星85%的表面为岩溶（玄武岩）所覆盖，有大量的火山存在。金星的大气主要由CO_2（约占96%）组成，还含有少量的N_2（3%），剩余的成分中包含二氧化硫（SO_2）。金星的大气密度很大，质量约为地球的93倍，因此大气压很高。在浓密的CO_2温室效应的作用下，金星表面的温度超过400 ℃。

第6章曾提到地球上大气中的CO_2会通过碳酸盐-硅酸盐的循环进行调节，使多余的CO_2溶解在海洋中或进入岩石圈，防止过强的温室效应。金星上水的缺乏使这套循环无法建立，从而造成强烈的温室效应。

金星在其演化早期曾有一个全球海洋，可能和早期地球一样适合生物存在。然后金星地表温度太高，造成海水被蒸发掉。由于金星比较温暖，因此其上层大气不像地球那样低于0 ℃，使蒸发的水蒸气重新凝结并落回地面，而是很容易扩散到超过60 km的高度，在太阳紫外线的作用下电离。由于缺乏行星磁场保护，氢离子和氧离子被太阳风吹离金星，进入行星际空间，使水越来越少。海洋的消失又造成大气中的CO_2的增加和失控的温室效应，造成金星灼热的表面。

8.2.3.2 金星的磁场

金星内部有一直径为3 000 km的铁核，但它缺乏地核中产生地磁的地球发电机。形成发电机一般认为需要三个条件：传导液体、旋转和对流，但金星缺乏这些。金星自旋缓慢是一个因素，缺乏热对流也是重要原因。金星没有固体内核，核心的整个液体处于大致相同的温度。在地核，由于液体层的底部温度远高于顶部，对流发生在液体的外层。金星上由于没有板块运动，幔热量无法散出地表。温度过高的幔减少了来自核的热通量。因此金星无法产生来自内核的磁场。

1967 年，维纳斯 4 号发现金星存在比地球弱得多的磁场。这个磁场不是来自金星的核，而是由金星的电离层和太阳风之间的相互作用所引起的。这样弱的磁场不足以保护金星大气上层水蒸气等较轻的分子和离子不被太阳风吹出大气层。

由于低质量的氢、氦和氧离子的损失，更高质量的分子，如二氧化碳，则被保留下来，成为大气的主要成分，造成了严重的温室效应。太阳风对大气的侵蚀可能导致金星形成后的前 10 亿年中大部分水的流失，也使金星大气中质量高的氘与质量低的氢的比例比太阳系的其他行星高 100 倍。

8.2.3.3　金星的宜居性

高温和缺水阻止金星地表上任何生命存在，但在云层上部的温度为 20 ℃ 左右，是适宜生命存在的温度。在 50~65 km 的高度，压力和温度类似地球，这个位置有厚达 20~30 km 的浓硫酸云层，可能容许某些嗜热、嗜酸极端微生物的生存，尽管至今尚未发现地球上的极端微生物可以在如此浓酸性环境中生存（图 8-7）。

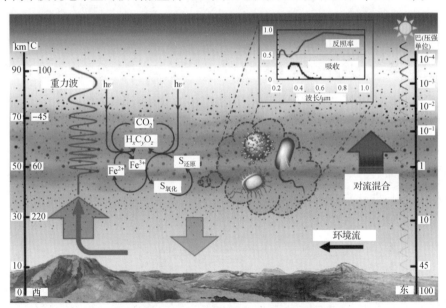

图 8-7　金星云层中可能存在微生物的图解

注：图的左边显示高度和温度，右侧显示大致的压力。在 47~72 km 之间的灰色表示云层，云层内的黑点表示硫酸气溶胶，直径从 0.2 mm 到 2.5 mm，最大可能达 36 mm。虚线气泡描绘了假设的微生物，这些微生物可能通过光能或化学能氧化铁和硫化合物来固定 CO_2，合成有机化合物，其中包括铁硫代谢的耦合。金星的光谱可能包括云基微生物的贡献。光谱图显示了金星的反照率和太阳光吸收。(Limaye SS, et al., 2018)

金星地表上目前缺乏存在生物的条件，但是这并不排除金星在过去，在温室效应加热这颗行星之前，是一个生命的可居住区。研究表明，金星早期的海洋可能存在了10亿年。随后金星才演变成不适宜生命的状态。研究金星达到目前状态所经历的过程可能帮助我们确定行星可居住区的界线，对金星过去的研究对了解行星宜居性的演化过程具有重要意义。

8.2.3.4 金星和火星作为宜居性演变过程的样本

近年来，欧洲航天局金星快车（Venus Express）和JAXA金星气候轨道飞行器赤崎骏揭示了金星大气中与大气和水的损失、臭氧形成、温度结构和磁场保护有关的关键过程。通过这些研究，我们不仅可以了解金星的过去，对比进行地球研究，还可以为系外行星的评估提供参考。

金星快车也被用来从金星轨道观察地球上的生命迹象。这些观测结果可被用来发展研究系外行星宜居性的方法，即用于在空间的某距离相似的位置进行对象行星观测的解读。

金星、地球和火星构成了行星宜居性演化过程的序列。对它们的研究可以揭示行星演化的轨迹和间断的或持续的宜居性，并了解在局部区域和整个行星范围内，内在因素和外界因素的改变是如何结合起来推动生存环境变化的。由于有丰富的太阳能、化学能和矿物质营养，以及彗星水分的输入，我们可以认为所有三颗行星都曾存在适宜居住的条件。然而，在过去40亿年的长河中，它们的气候演变导致它们走上了截然不同的道路。今天只有地球保持宜居性，而金星和火星先后失去了这种宜居性。基于这些理由，对火星和金星的研究可增加对地球演化的理解，并阐明这些演变是如何影响宜居性的。

金星可被认为是行星演化中的可居住的终结状态。未来的金星任务可能提供对金星大气早期演化、当前放气速率、大气逃逸和光化学的洞察，进一步阐明温室的失控机制。作为一颗高辐射的类地行星，金星还可以提供一些光化学和催化过程的关键线索，这些过程影响着类地行星大气中氧气的非生物形成和破坏。这种研究有助于地球上气候变化的研究。

8.2.4 地球和月球

地球位于太阳系可居住区的中心。我们对生命和宜居性的理解都来自地球。

第 5 章和第 6 章论述了地球宜居环境因素的来源和构成，这里只再简单谈一下地球的卫星：月球的宜居性。

月球质量较小，加上不存在磁场，无法维持大气。液态水和其他易挥发性成分都容易挥发掉，因此，月球目前未发现生命。但有研究表明，在 35 亿~4 亿年前，月球可能有磁场、足够的大气层和液态水来维持其表面的生命。至今月球内部温暖和受压的区域可能仍然含有液态水。与地球相似，月球上大量的水也来自含水陨石的输送。

2017 年 10 月，位于休斯敦的马歇尔航天飞行中心和月球与行星研究所的 NASA 科学家宣布，他们通过对阿波罗任务回收的月球岩浆样本的研究发现，在 40 亿~30 亿年前的一段时间里，月球曾经拥有相对较厚的大气层，这种大气来源于月球火山喷发喷出的气体。但古老的月球大气最终被太阳风吹走并消散到太空中。

月球没有出现生命并不意味着地球的生命无法在月球上存活。事实上，月球是目前人类登陆的唯一星球。只要带足了食品、水和空气，或构建小的、类似于地球环境的生态圈，人类和其他生物就可以长期生活在月球上。月球虽然缺乏液态水，但在极地等较冷的地区却可存在水冰，因此将来生活在那里的地球生物也可以从月球摄取到水分。月球上的土壤和阳光甚至可以用于种植作物。如果是微生物，对环境的要求还可以更低一些。此外，月球表面的矿物资源与地球类似，这是因为月球起源于与原始地球的碰撞，那次大碰撞重新分配了两星地表的物质，使它们的壳的化学成分具有相似性。

8.2.5 火星

火星是另一个与地球非常相似的行星。与金星相比，火星的自转要快得多，而与地球相似，恒星日长为 24 小时 37 分钟。火星内部也有壳、幔和核之分，表面有沙漠、干河床等。但火星较小，质量仅为地球的 11%。和金星类似，火星过去存在大气、液态水和磁场，但现在消失了。与金星的条件相比，火星是更有可能存在生命的场所，也是目前人类探索地外生命的主要目的地。因此，本书专门有一章介绍火星，主要内容参见第 9 章。

8.3 小行星带与彗星

小行星和彗星成分的主要区别是小行星是由岩石构成的星体，而彗星的主要成分是水、氨、甲烷形成的冰等。小行星主要存在于位于内太阳系外缘的小行星带中；也有一些深入内太阳系，到达地球周围。而彗星除了在小行星带之外，还有很多存在于外太阳系，并在近地和远地之间做周期性运行。

8.3.1 小行星带

已知的位于小行星带的小行星至少有 50 万颗，它们大小不等，其中大的可以达到矮行星的水平，如谷神星；小的可能只有鹅卵石大，甚至只有尘埃大小。较大的星体在引力的作用下可以形成球形或近似球形，较小的则可能呈长形或不规则形。在小行星带，只有谷神星的质量才勉强达到球形的水平，其余所发现的都不是球形。虽然不存在地质活动，但一些小行星，尤其是大的小行星表面有众多的陨石坑，提示之前的小行星之间的撞击，其结果有可能改变小行星的表面结构。小行星虽然众多，但在广大的小行星带，其物质是非常非常稀薄的。

8.3.1.1 小行星带的形成和探索意义

小行星带是由原始太阳星云中的一群星子通过相互碰撞形成的大小不等的星体。木星重力的影响，使它们最终未能结合形成行星，而是在木星和火星之间形成了多达几十万的小行星。

对小行星带探索的天体生物学意义如下。

(1) 虽然在这一区域直接发现独立生命的希望比较渺茫，但小行星本身自太阳系早期形成，在随后的几十亿年时间里由于缺乏活跃的地质活动，仍然在很大程度上保留刚形成时的状态和成分。对它们的探索可以使人们了解太阳系早期的情况，因此成为研究太阳系早期形成时星际物质组成的良好材料，借以推及地球等岩石行星早期的地质面貌，为地球等行星的生物进化机制提供参考。

(2) 小行星虽为岩石星体，但距离太阳较远，故与其他的岩石行星不同的是，它们可以保留相对较多的水分和其他有机分子，并在类地行星形成后向后者提供水和有机化合物，为地球上的生命发生提供了一定条件。对小行星带的探索有利于这方面的评估。早先对来自小行星带的陨石研究发现的氨基酸、卟啉、烷烃、芳香烃、嘌呤和嘧啶等生命分子，为小行星带与生命的关系提供了线索。

8.3.1.2 谷神星

谷神星直径约 900 km，形成于 45.6 亿年前，是内太阳系仅存的一颗原行星，也是小行星带中唯一的矮行星。其余的原行星要么进一步合并形成类地行星，要么被木星所破坏。2015 年 10 月，NASA 发射的黎明号探测器（Dawn）在谷神星的厄努特陨石坑（Ernutet Crater）发现了一些有机化合物（tholins）。谷神星的大部分表面都富含碳，近地表的碳质量约为 20%，这比落入地球的小行星带陨石碳含量高 5 倍以上，提示谷神星形成于寒冷的环境。它是由富含碳的物质在水的存在下形成的。这种环境可能为有机化学反应提供有利的条件，也说明谷神星很可能来源于外太阳系，在那里形成有机分子，然后迁移到现在的位置。

谷神星可能有一个小的金属核，它的表面与 C 型小行星的表面大致相同，但普遍存在水合物质，表明谷神星内部存在大量的水。其存在的碳酸盐和黏土让谷神星有时被归类为 G 型小行星。谷神星的表面相对温暖，表面的水冰在这个温度下在近真空中升华，形成一个稀薄的水蒸气大气，这个大气在 2017 年由黎明号探测器所证实。有证据表明，谷神星的冰幔曾经是一个地下海洋。检测到的有机化合物表明近地表含 20% 的碳和水的存在，可以为有机化学合成提供有利条件。

以上发现使谷神星成为微生物生命的潜在家园。

8.3.1.3 各种小行星

对小行星的研究包括对来自小行星的陨石的研究和飞行器就近探测、采样研究等。这些研究表明：尽管小行星上难以直接形成生命，但小行星所含物质成分和小行星的活动为其他天体产生生命创造了必要条件。

对地球早期环境和陨石的研究表明，早期地球上大量的水在很大程度上是存在于小行星带的主带彗星带来的，一些来源于小行星带的陨石携带着氨基酸、嘌呤、嘧啶等生命小分子，这些小分子和水的星际搬运为早期地球带来了前生命分子，成为地球生命分子的一个来源。JAXA 的隼鸟小行星探测器 2 号于 2019 年 2 月在龙宫星上对可能富含有机物或水化物质的样品进行采样，并于 2020 年 12 月将样品带回地球进行分析（图 8-8）。2016 年，美国发射小行星探测器 OSIRIS -

Rex，2020年接近小行星本努并抓取小行星样品，在2023年带回地球，样品有可能富含挥发物。

图8-8　JAXA的隼鸟小行星探测器2号着陆龙宫星并采集样品（JAXA）

一些人推测小行星对地球的撞击甚至可能给地球带来了生命（宇宙胚种说，见第11章）。2019年11月，科学家首次在陨石中检测到糖分子，包括核糖，这些表明小行星上发生的化学过程可以产生一些对生命重要的基本生物成分，并支持在地球上的生命早期存在RNA世界的理论，以上的研究可能为揭开地球生命起源之谜提供线索。

8.3.1.4　陨石中氨基酸等有机物的形成

在目前尚不能大规模地抵近小行星并进行直接取样分析的情况下，对来自小行星并落入地球的陨石分析就成为了解小行星的化学成分，尤其是与生命形成有关的有机分子的主要手段。通过对默奇森陨石等的检测已经确定存在氨基酸、碱基等重要的生命分子，推测一些化学反应与它们的合成有关。

Strecker（斯特雷克）反应被认为是产生陨石α-氨基酸的主要机制，它通过醛/酮、胺和氰基化试剂三组分反应最终合成α-氨基酸，这些原料和反应所需的条件均存在于小行星上。另有研究表明，羟基α-氨基酸可以在不需要氰化物的情况下由醛和氨通过甲醛反应和醛醇缩合生成。乙醇醛加速了醛的进一步缩合以延长碳链。陨石中β、γ和δ氨基酸也可能形成。这一形成途径也可能与陨石中的其他可溶性有机化合物，包括糖相关化合物（C3～C6）和烷基化吡啶（最多 26 个 C）等有关。在碱性条件下，甲醛经甲醛反应可形成糖相关化合物。碱性条件还可以促进醛与氨水缩合生成亚胺、合成烷基化吡啶等。有人认为：球粒陨石的不溶性有机物是通过甲醛聚合加热后凝结产生的，包括默奇森陨石在内的许多碳质球粒陨石的母体在 20～100 ℃发生了水蚀变反应，产生如蛇纹石等黏土矿物，这会消耗质子并导致碱性条件的产生。陨石中的矿物质也可能作为控制有机反应的催化剂而发挥作用。因此，在原始小行星的前生物化学中，甲醛、乙醛等简单的醛类化合物在碱性条件下，在氨存在下发生聚合，成为合成各种有机化合物的主要碳源。

8.3.2 彗星

8.3.2.1 彗星的来源

彗星是陨石的另一个来源。对地球来说，它们来自更加遥远的地方。在太阳系起源和太阳形成时，水分等较轻的挥发性物质被太阳风吹离内太阳系，转移到很远的地方，在那里形成含有这些挥发性冰体的小天体。如果这些小天体再度在恒星或行星的引力的作用下进入内太阳系，就会形成彗星。有些彗星形成后围绕太阳呈周期性运动，称为周期彗星。其中，短周期彗星的公转周期短于 200 年，长周期彗星的公转周期超过 200 年。有的彗星只是过客，它们的轨道呈抛物线或双曲线。彗星的原始出发地可能有：①奥尔特云，是一个假设包围着太阳系的球体云团，是长周期彗星的主要来源。②柯伊伯带，位于海王星轨道之外，是短周期彗星的主要来源。③一些彗星是小行星带内的天体，在部分轨道上会呈现出彗星的活动和特征，称为主带彗星。主带彗星被假设可能是地球上水的来源。

有些奥尔特云的彗星偶尔受到路过的星体的影响，或彼此间的碰撞，离开了原来的轨道。其中少数以各种轨道角度进入内太阳系而被观察到。柯伊伯带物体同样可受到外行星的重力扰动与牵引，而向太阳的方向运行，在越过海王星的轨道时，更进一步受海王星重力的影响，而进入内太阳系成为短周期彗星。依据彗星远日点的位置，可将短周期彗星分为四个族，即木星族、土星族、天王星族和海王星族。木星族彗星回归周期最短，为 3～10 年。海王星族彗星回归周期长，为 40～100 年。

长周期彗星和短周期彗星的轨道不同。长周期彗星由于来自球状分布的小天体，所以可以在任意轨道平面上，而柯伊伯带处于行星的轨道平面，所以由它来源的短周期彗星的轨道平面与行星的大致相同。

8.3.2.2　彗星的成分和寿命

彗星由彗核、彗发和彗尾等几部分组成，其形态在距太阳不同的距离变化很大。远离太阳时，彗星主要是彗核，呈固体结构，由岩石、尘埃、水冰、冰冻的二氧化碳、一氧化碳、甲烷、氨和其他有机化合物所形成。靠近太阳时，随着温度的升高，彗星表面的冰体开始升华。这些分子和尘埃在冰核周围形成彗发。在太阳风的作用下，彗发物质被压向背离太阳的方向，形成一条稀薄物质构成的彗尾。这些成分的挥发造成彗星物质的损失。一颗典型的彗星大概可以绕太阳运行1 000次，而大一点的彗星通常寿命更长。一般轨道位于太阳距离只有几个天文单位的彗星将在几千年内瓦解。

8.3.2.3　彗星与生命起源

许多彗星和小行星一样，在与早期地球相撞时，带给地球大量的水分。在彗星中存在的大量有机分子，包括多环芳烃等，也被同时带入地球。

2013年，Martins Zita等提出，在彗星冰层撞击地球岩石表面时，通过被称为冲击合成（shock synthesis）的方式在高速冲击产生的能量作用下，使小的分子结合成大的分子，可产生多种氨基酸，包括等量的D-丙氨酸和L-丙氨酸，以及一些非蛋白质氨基酸，如α-氨基异丁酸、异缬氨酸及其前体，为在地球上的化学进化积累物质基础。此外，2015年，科学家在67P彗星的排气中发现了大量的分子氧，这表明该分子在宇宙空间的出现频率可能比人们想象的要高，因此，在考虑所发现的分子氧为生命标志时，需认真排除非生物合成的种种可能。2016年5月，罗塞塔任务小组报告该彗星上存在甘氨酸、甲胺和乙胺，这些发现强化了彗星在地球生命出现中起着关键作用的假设。

8.3.2.4　彗星探测

作为在椭圆形轨道运行的天体，一些飞到距地球较近的彗星为人类探索彗星提供了方便。美国在1978年发射的"国际日地探险者3号"卫星，其原定任务是观测太阳风，但当它在太空运行4年后，便借助月球重力场的作用，于1983年3月接受考察贾可比尼-津纳彗星的任务，并于1985年9月进入与贾可比尼-津纳彗星交会的轨道，成为世界上第一个与彗星会合并穿越彗尾的探测器。这个探测器后来改名为"国际彗星探险者"号。

1986 年，欧洲航天局"乔托"号探测器成功接近了哈雷彗星。这个探测器飞到了距离哈雷彗星彗核不到 600 km 的地方，成功地拍下了哈雷彗星的花生形状彗核的照片。1999 年，NASA 发射了"星尘"号彗星探测器，该探测器于 2004 年 1 月初成功地在距离 Wild – 2 彗星 150 km 的地方收集到彗核发出的物质，并于 2006 年 1 月带着采集到的样品返回地面。ESA 于 2004 年发射罗塞塔（Rosetta）彗星探测器，前往楚留莫夫 – 格拉希门克彗星（图 8 – 9）进行观测研究。罗塞塔号由两个主元件组成：罗塞塔探测器及菲莱登陆器，主要任务是探索 46 亿年前太阳系的起源，以及彗星是否为地球"提供"生命诞生时所必需的水分和有机物质。该探测器于 2014 年 11 月 13 日释放的菲莱着陆器成功登陆了楚留莫夫 – 格拉希门克彗星。罗塞塔探测器和菲莱登陆器进行的研究包括彗星核的特征、包括手性氨基酸在内的化合物的测定、彗星活动及其变化过程等。彗星 67p 发现的化合物见表 8 – 2。

图 8 – 9　楚留莫夫 – 格拉希门克彗星

注：67p 是一颗 4 km 宽彗星，由冰和岩石组成，来自柯伊伯带。欧洲航天局罗塞塔探测器在彗星表面发现喷发的气体和尘埃，在喷流中检测到甘氨酸（由欧洲航天局提供）。

表 8-2　彗星 67p 发现的化合物（来自 Science，349）

名称	分子式	分子量 (u)	质量占比	相对于水的含量
水	H_2O	18	80.92	100
甲烷	CH_4	16	0.7	0.5
甲基腈（氰化氢）	HCN	27	1.06	0.9
一氧化碳	CO	28	1.09	1.2
甲胺	CH_3NH_2	31	1.19	0.6
乙腈	CH_3CN	41	0.55	0.3
异氰酸	$HNCO$	43	0.47	0.3
乙烷（乙醛）	CH_3CHO	44	1.01	0.5
甲酰胺	$HCONH_2$	45	3.73	1.8
乙胺	$C_2H_5NH_2$	45	0.72	0.3
异氰甲烷（甲基为氰酸盐）	CH_3NCO	57	3.13	1.3
丙酮	CH_3COCH_3	58	1.02	0.3
丙醛	C_2H_5CHO	58	0.44	0.1
乙酰胺	CH_3CONH_2	59	2.20	0.7
羟基乙醇醛	CH_2OHCHO	60	0.98	0.4
乙二醇	$CH_2(OH)CH_2(OH)$	62	0.79	0.2

　　这次任务带来了重大的科学回报，罗塞塔探测器提供了 67p 彗星表面大量的非挥发性有机大分子的证据，但几乎看不到水冰。初步分析表明：碳以多环芳烃的有机固体形式存在，与硫化物和铁镍合金混合。彗星发射的尘埃颗粒中也发现了固体有机化合物，类似于碳质球粒陨石中发现的化合物，但没有检测到水合矿物，表明它们与碳质球粒陨石没有关系。

　　菲莱登陆器的 COSAC（Cometary Sampling and Composition，彗星采样和成分分析）仪器在彗星降落到其表面时检测到了彗星大气中的有机分子。测量结果显示的 16 种有机化合物中有 4 种是首次在彗星上看到的，包括乙酰胺、丙酮、甲基异氰酸酯和丙醛。迄今为止，在彗星上检测到的唯一氨基酸是甘氨酸，以及前体分子甲胺和乙胺；另外，还探测到大量的自由分子氧。彗星水蒸气中氘与氢的比例是地球水的 3 倍，据此地球上现存的水不太可能来自 67p 彗星这样的彗星。罗塞塔探测器最终在 2016 年 9 月撞向彗星结束了自己的使命。

8.4 外太阳系天体

外太阳系温度很低，太阳风的作用减弱。一些轻物质聚合成类木行星。水和很多挥发性物质凝结成固体而不再被挥发掉。因此，除了生机勃勃的地球，外太阳系所聚集的水和有机化合物反而比内太阳系多得多。前面谈到，外太阳系的小天体主要以彗星的形式向包括地球在内的内太阳系行星输送水和有机化合物。目前只有地球可以大量留住这些来自外太空的生命分子，而其他岩石行星都只能是接收到后又多散失掉，再次被太阳风吹向外太空。

外太阳系的 4 颗行星中，最大的两颗行星——木星和土星主要由氢和氦等熔点较低的气体组成气态巨行星；最外层的两颗行星——天王星和海王星主要由与氢和氦相比熔点相对较高的物质组成，如 H_2O、NH_3 和 CH_4，是冰态巨行星。

在外太阳系，水主要是水冰的状态，缺乏液态水而难以出现生命。但近来对土星和木星的几颗卫星的研究提示，在这些卫星的地下可能存在液态水，甚至形成广大海洋。这重新燃起在外太阳系寻找生命的希望，将在第 10 章专门介绍。

8.4.1 木星

木星（Jupiter）是太阳系中体积最大的行星，距离太阳 7.8 亿 km，距离地球约在 6.3 亿 km 到 9.3 亿 km 之间。作为行星，它的体积巨大，其半径是太阳的 1/10，质量为太阳的千分之一，密度与太阳相似。它集中了除太阳以外太阳系的大部分物质，占太阳系所有行星质量的 70%，是太阳系中与太阳的质心落在太阳的表面之外的唯一行星；其质心距离太阳中心 1.068 个太阳半径。木星被认为几乎达到了行星结构的演化所能达到的最大半径。木星也是自转最快的行星，其恒星日长仅为 9 小时 50 分钟。在自转的作用下，星体明显呈扁球形。

木星可能有一个铁、硅质的内核,其温度高达3万摄氏度,但表面是气态,主要由80%的氢、18%的氦和微量甲烷、氨、碳、氧等组成。作为固态到气态的过渡,木星也有一圈液态的氢,但从外部看,木星是一个气态行星。木星表面温度只有-148 ℃。木星具有强度为地球磁场的10倍的磁场,拥有79颗卫星,最大的4颗称为伽利略卫星。

因为在木星的大气层中只有少量的水,任何固体表面都在深处压力极大的地区,且存在很强的垂直风使任何可能的生命形式被迫往返于极冷和极热的环境,所以被认为不可能存在任何类似地球的生命。但木星的卫星,特别是木卫二则被认为可能存在生命。

8.4.2 土星

土星(Saturn)是太阳系中大小仅次于木星的行星。赤道半径是地球的9.5倍,但密度很小,也是一颗气态巨行星。土星的内部很可能是由铁-镍和岩石组成的核心。由这个核向外依次为5 000 km厚的冰壳和8 000 km厚的氢的金属化合物和液态氢。最后是气态的外层。土星表面温度约为-140 ℃。金属氢层内的电流可产生磁场,这个磁场比地球的弱。土星拥有82颗卫星。

土星的表面与木星类似,也很难进化出生命来。但土星的几个卫星则被认为有希望出现生命。

8.4.3 天王星

天王星(Uranus)的赤道半径是地球的4倍,因为密度低,质量仅为地球的14.63倍,是最轻的类木行星。天王星基本上由岩石和冰块组成,大气中氢占83%,氦占15%,甲烷占2%。天王星具有磁场,但不在星体中心,而是偏离60°。天王星已知的卫星有27颗。

8.4.4 海王星

海王星(Neptune)是离太阳最远的太阳系行星,也是冰态行星,大小和质量与天王星类似,主要部分由冰壳和气体组成。大气主要由氢与氦组成,也有少量甲烷。表面温度常在-200 ℃以下。海王星拥有质量与地球相近的石质内核,磁场同样偏离星体中心。海王星迄今为止共发现 14 颗卫星。最大的海卫一（特里同）仍有活跃的地质活动，有喷发液态氮的间歇泉。

天王星和海王星虽然含有水和有机分子，但它们的表面温度太低，缺乏液态水，具有与木星相似的垂直的风，处于可居住带之外，缺乏支持生命的能量来源，发现生命的机会渺茫。

8.4.5 外太阳系的其他小天体

外太阳系的一些卫星、矮行星等较小天体可能通过放射性衰变保持热量，使其在固体冰壳下面存在海洋。它们的海洋只能位于厚厚的固体冰壳下面，液体层与岩石直接接触，就能使矿物和盐分溶解到水中。

木星和土星的卫星放到第 10 章介绍。余下的较大天体还包括冥王星、Titania、Oberon、Triton、Eris、Sedna、Charon、Haumea、Quaoar、Makemake、Gonggong 和 Orcus 等。人们对这些天体的了解较少，这些天体存在生命的可能性也较小。

2015 年 7 月，新地平线号飞船飞越冥王星，发现冥王星北极的红棕色帽含有机大分子，由冥王星大气释放的 CH_4、氮气和其他气体产生。这类有机物常存在于外太阳系的冰体表面，在外太阳系行星和卫星的大气中也有这种红色的气溶胶。

至此，对本章的内容做一小结：在太阳系范围内存在丰富的水和有机分子。有机分子包括氨基酸、核苷酸、单糖等，甚至更复杂的生命分子。这些分子存在于行星、矮行星、卫星、小行星、彗星、尘埃物质等几乎所有类型的天体中。相比而言，在外太阳系的水和有机分子的含量比内太阳系丰富得多，这是由水和有机分子的易挥发性造成的。但是到目前为止，只有在位于内太阳系的地球被发现存在以细胞为基础的生命形式。这是因为：首先，除了有机分子存在外，还必须存在有机分子溶于其中的液态水，才能继续完成化学进化，并进一步起始生物进化；其次，应该具有水岩接触面，使生命所需的矿物质也溶于水中。位于外太阳系寒冷的气态行星无法满足这些条件。在内太阳系岩石行星的表面，除了地球，也都难以存在液态水。这使它们在通向生命的道路上，都只能在走到合成相对复杂的有机分子后裹足不前。找到液态水成为发现地外生命的关键。

21 世纪以来发现的火星和外太阳系一些卫星可能存在的地下海洋开辟了人

类寻找地外生命的另一通路。因此目前天体生物学界已经把目光转向这些可能具有地下海洋的星球。第 9 章和第 10 章将介绍火星和外太阳系的一些卫星，重点评估那里的地下海洋、能量和水岩界面。

参考文献

[1] ALTWEGG K, BALSIGER H, BAR–NUN A, et al. Prebiotic chemicals—amino acid and phosphorus—in the coma of comet 67P/Churyumov–Gerasimenko[J]. Science advances, 2016, 2(5): e1600285. doi: 10.1126/sciadv.1600285.

[2] BIBRING J P, TAYLOR M G, ALEXANDER C, et al. Philae's first look, Philae's first days on the comet–introduction[J]. Science, 2015, 349(6247): 493.

[3] DARTNELL L R, NORDHEIM T A, PATEL M R, et al. Constraints on a potential aerial biosphere on Venus: I. Cosmic rays[J]. Icarus, 2015, 257: 396–405.

[4] DE VERA J P, SECKBACH J. Habitability of other planets and satellites[C]// Cellular Origin, Life in Extreme Habitats and Astrobiology 28. Springer Netherlands, 2013.

[5] FRAY N, BARDYN A, HILCHENBACH M. High–molecular–weight organic matter in the particles of comet 67P/Churyumov–Gerasimenko[J]. Nature, 2016, 538(7623): 72–74.

[6] FURUKAWA Y, CHIKARAISHI Y, OHKOUCHI N, et al. Extraterrestrial ribose and other sugars in primitive meteorites[J]. Proceedings of the National Academy of sciences, 2019, 116(49): 24440–24445.

[7] LAMMER H. Origin and evolution of planetary atmospheres: implications for habitability[M]. Berlin, Heidelberg: Springer–Verlag, 2013.

[8] LELLOUCH E, SICARDY B, DE BERGH C, et al. Pluto's lower atmosphere structure and methane abundance from high–resolution spectroscopy and stellar occultations[J]. Astronomy and Astrophysics, 2009, 495(3): L17–L21.

[9] LIMAYE S S, MOGUL R, SMITH D J, et al. Venus' spectral signatures and the potential for life in the clouds[J]. Astrobiology, 2018, 18(9): 1181–1198.

[10] MARTINS Z, PRICE M C, GOLDMAN N, et al. Shock synthesis of amino acids from impacting cometary and icy planet surface analogues[J]. Nature geoscience, 2013,6(12):1045-1049.

[11] MCCORD T B, ZAMBON F. The surface composition of Ceres from the dawn mission[J]. Icarus,2019,318:2-13.

[12] LEVY M I. The inner Solar System [M]. New York: Britannica Educational Publishing,2010.

[13] PLAXCO K W, GROSS M. Astrobiology: an introduction[M]. 3rd ed. Baltimore: Johns Hopkins University Press,2021.

[14] RODRIGUEZ J A P, LEONARD G J, KARGEL J S, et al. The chaotic terrains of Mercury reveal a history of planetary volatile retention and loss in the innermost Solar System[J]. Scientific reports,2020,10(4737):4737.

[15] TACHIBANA S, ABE M, ARAKAWA M, et al. Hayabusa2: scientific importance of samples returned from C-type near-Earth asteroid (162173) 1999 JU_3 [J]. Geochemical journal,2014,48:571-587.

[16] TSOU P, BROWNLEE D E, SANDFORD S A, et al. Wild 2 and interstellar sample collection and Earth return [J]. Journal of geophysical research, 2003, 108 (E10):8113.

[17] WICKRAMASINGHE J T, WICKRAMASINGHE N C, NAPIER W M. Comets and the origin of life[M]. Singapore: World Scientific Publishing Company,2009.

[18] WONG J T F, LAZCANO A. Prebiotic evolution and astrobiology[C]. Landes Bioscience,USA,2009.

第 9 章
火星

火星处于内太阳系，属于类地行星，也是天空中除太阳、月亮、金星之外第四亮的天体。长期以来，火星在人类文化中占有特殊地位。从19世纪末帕西瓦尔·罗威尔（Percival Lowell）从望远镜观测到火星"运河"开始，关于火星人的故事便引起人们对这个红色星球的向往。那时天文界普遍认为火星具有维持生命的条件，包括氧气和水。不过到20世纪初，人们逐渐认识到火星并不存在足以维持生命的水或氧气。20世纪60年代之后，人类飞船开始进行火星探测。最早飞到火星的是美国的水手4号，发现之前所描述的"运河"并不存在，而且缺少磁场和大气，这令人感到失望。但随着对火星的进一步考察，尤其是火星曾经有液态水的发现又重新点起在火星发现生命的希望（图9–1）。

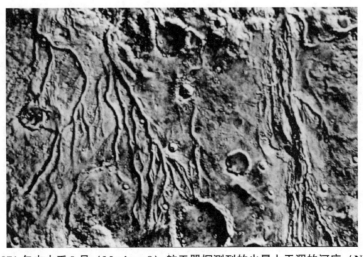

图 9–1　1971 年由水手 9 号（Mariner 9）航天器探测到的火星上干涸的河床（NASA 惠供）

目前火星已经被认为是在太阳系寻找地外生命的首选星球。本书也专门辟出一章介绍火星的生命探索。鉴于只有登陆火星提到议事日程，因此将行星保护的国际公约的内容也一并放到这一章中。

9.1 火星的基本面貌

作为地球的近邻，火星具有许多与地球相似的物理特性和化学特性。我们在描述火星的时候，将重点比较与生命形成相关的那些特征与地球的异同和可能产生的影响。

9.1.1 火星的结构、轨道和表面

9.1.1.1 火星的物质构成

火星与地球相似，具有壳、幔和核。火星有致密的金属核心，主要组成是铁和镍，硫含量为 16%~17%。火星外面被硅酸盐地幔所包围，它决定了许多构造和火山特征，但似乎处于休眠状态。除了硅和氧，火星地壳中最丰富的元素是铁、镁、铝、钙和钾。火星的地壳平均厚度约为 50 km，最大厚度为 125 km，与地球的平均厚 40 km 相差不大。火星的地震活动非常活跃，NASA 根据 InSight 着陆器对火星地震的测量，确定火星的核心在 1 810~1 860 km，大约是地球核心的一半大小。

与地球相比，火星在太阳系中处于离太阳相对较远的一侧，因而在化学构成上与地球存在一定差别。火星的密度低于地球。沸点相对较低的元素，如氯、磷和硫，在火星上比在地球上常见，可能是由年轻太阳的高能太阳风向外推动这些元素的结果。

9.1.1.2 火星的轨道和自转

火星与太阳的平均距离约为 2.3 亿 km，其轨道周期为 687 个地球天。火星上的太阳日只比地球每一天略长，为 24 小时 39 分。

火星的自转轴相对于它的轨道面倾斜 25.19°，与地球的黄道倾角类似（22.1°~24.5°）。因此，火星有着与地球相似的季节变化。但由于火星没有像月球那样的巨大卫星来稳定其自转轴，所以自转轴的倾角不稳定，在 13°~40° 摆

动。火星因没有大卫星的潮汐作用，自转周期比较恒定，不像地球那样自转会逐渐减慢。

火星目前有一个较明显的轨道偏心率，约为0.09。由于这一偏心率，火星的近日点和远日点距太阳相差0.28 AU，这对火星的气候产生了明显的影响。受太阳系其他天体引力的影响，火星的偏心率存在周期性的变化。在过去某时，火星的轨道要圆得多，如在135万年前，火星的偏心率约为0.002，远小于今天的地球。火星的轨道正变得更偏心。

9.1.1.3 火星的表面

火星的表面呈现红色，这是因为其表面普遍存在着氧化铁。火星土壤呈微碱性，基础pH为7.7，含有镁、钠、钾和氯等元素。这些营养物质也是地球上植物生长所必需的。但火星的土壤含有0.6%的高氯酸盐，这对地球生物是有毒的。

火星离小行星带更近，因此它被来自小行星带的物质撞击的可能性更大，也更容易受到短周期彗星，多是木星轨道范围的彗星的撞击。火星上存在许多撞击留下的陨石坑。直径在5 km或更大的陨石坑多达43 000个以上。不过与月球相比，火星上的陨石坑还是少得多，这是因为火星的大气层提供了一定程度对小流星撞击的保护，并且表面改性的过程已消除一些陨石坑。可以根据陨石坑的形态判断火星表面的地质年龄，陨石坑越少，地表形成时间越晚。火星表面分成两种明显不同的地形：北部平原被熔岩流化为平地，而南部高地则因古代撞击而坑坑洼洼。据推测，在40亿年前，火星北半球被一个相当于月球1/10到2/3大小的物体撞击过，成为太阳系中最大的、占火星面积40%的撞击盆地。

火星最大的峡谷水手号峡谷（Valles Marineris）长达4 000 km，深达7 km，延伸到火星周长的1/5。这一峡谷可能是横向运动的板块边界，而火星或许是有两个构造板块的行星。

火星上常见一些条纹，出现在火山口、峡谷和山谷的陡坡等处。一般认为它们是尘埃或尘暴崩塌后露出的黑暗的土壤底层，也有解释为与水甚至是生物生长有关。

9.1.2 火星磁场

地球的经验表明，磁场的存在对于生命的诞生具有重要意义。尽管没有证据表明火星存在一个结构化的全球磁场，但观测表明，火星地壳的一部分是被磁化的，它的偶极磁场在过去发生过极性的交替性反转，类似于在地球海底发现的交替带。这些条带表明 40 亿年前，在火星发电机停止运转和磁场减弱之前，火星上存在板块构造活动。1994 年，欧洲航天局的火星快车在火星南半球发现了多个伞状磁场，这些磁场是数十亿年前衰变的全球磁场的残余。

极光是行星磁场造成的现象。2014 年 12 月下旬，NASA 的 MAVEN 航天器探测到火星北半球广泛存在的极光迹象，这些极光位于火星上空 100 km 以下。与之相比，地球的极光范围在地表之上 $100 \sim 500$ km。太阳风进入火星大气层，导致在磁伞外部出现极光。

9.1.3 火星大气

与地球相比，火星的大气层相当稀薄。今天，火星表面的大气压力范围在 $30 \sim 1\,155$ Pa，平均为 600 Pa，仅为地球平均地表压力 101.3 kPa 的 0.6%。火星上的最高大气密度约相当于地球表面之上 35 km 处的大气密度。

火星的大气由大约 96% 的二氧化碳、1.93% 的氩气、1.89% 的氮气以及微量的氧气和水汽组成。大气层中的尘埃相当多，含有大小约 1.5 μm 的微粒。从火星表面看上去，由于悬浮在其中的氧化铁颗粒，火星的天空呈黄褐色，或粉红色。在火星两极有永久性的极地冰盖。寒冷的温度导致 25%~30% 的大气 CO_2 沉积成干冰。当季节改变使温度升高时，冻结的 CO_2 升华，同时向大气输送了大量的灰尘和水蒸气，产生了类似地球的霜冻和大卷云。

在火星大气中可以检测到 CH_4，可能是从不同的区域释放出来的。CH_4 的浓度存在一定的变化，从北方冬季的 0.24 ppb 到夏季的 0.65 ppb 左右。CH_4 在大气中只能存留在 0.6 年到 4 年左右，因此它的持续存在表明有一个稳定的 CH_4 来源。可以通过非生物过程产生 CH_4。例如，H_2O、CO_2 和矿物橄榄石的蛇纹石化作用可生成 CH_4，而这些矿物在火星上很常见；也可能通过生物过程，如由地下的产甲烷微生物所生成。

由于火星只有非常弱的磁场，火星大气容易被太阳风吹走。"火星全球勘测者"和"火星快车"都探测到被拖到火星后面的太空中的大气粒子，这将造成大气损耗。

9.1.4　火星的气候

在太阳系的所有行星中，火星的季节最像地球，这是由于两颗行星的旋转轴的倾斜度相似，但火星的绕日周期较长，其季节的周期变化时间大约是地球的两倍。这颗行星距离太阳的距离是地球的1.52倍，因此火星只有地球的43%的太阳光亮度。火星历史上大气和磁场的变化使火星的气候也发生明显的改变。现今火星的气候与过去已有明显的不同。

9.1.4.1　火星曾经存在温室效应

有迹象表明液态水曾经在火星表面上大量存在，推断火星当时应该有较厚的大气层，从而导致较强的温室效应。所以，那时的火星表面平均温度应比现在的 −53 ℃高得多。其主要温室效应的气体可能是 CO_2，另一种可能的温室气体是 CH_4，但尚不能完全确定火星上的温室效应是如何产生的。若火星上的火山和地球的火山一样释放 CO_2 和水，则可能是火星 CO_2 和水的来源。

火星倾角的变化会影响火星大气和温室效应。当倾角很小时，火星会保持深度寒冷状态，大量的 CO_2 在两极被冻结，导致大气稀薄和温室效应下降；而当倾角变大时，则发生相反的变化。

9.1.4.2　火星大气和温室效应的消失

火星在早期有全球磁场，它保护了火星的大气，正如今天地球的磁场保护了地球大气，但由于火星体积较小，火星核心的冷却造成了火星磁场的减弱和消失。火星大气失去了磁场的保护而遗失。有假设认为火星上的大部分 CO_2 逃逸到空间。CO_2 和其他气体逃逸到空间可能有两种方式：①在诺亚纪（Noachian period），由于剧烈的轰击引起的爆炸将火星早期大气驱赶到了外空；②吹向火星的太阳风中快速移动的粒子将这些大气剥离了火星。CO_2 也可能由于碳酸盐地层的形成而丢失。

火星逐步失去它稠密的大气层，也失去了它的温室气体，从而使火星逐渐变冷。而且随着火星核心的变冷，火星上的火山活动也逐渐沉寂，从而形成了今天非常稀薄的大气和寒冷干旱的星球。

9.1.4.3 火星现在的气候

火星因大气稀薄，缺乏温室效应，难以存留热量，表面的温差也较大。火星表面温度的变化从冬季北极帽的大约 -143 ℃ 到赤道夏季最高的 35 ℃，平均温度为 -55 ℃（218 K）。

火星轨道相对较大的偏心率对气候有明显影响。火星在南半球夏季和北半球冬季时接近日点，在南半球冬季和北半球夏季时接近远日点。因此，南半球的冬夏气温差异更加明显，而北半球的季节变化则比其他地方温和。南半球的夏季气温比北半球的夏季气温高出 30 ℃。

火星有太阳系中最大的沙尘暴，速度超过 160 km/h。从小区域的风暴到覆盖整个星球的巨大风暴都会发生。它们往往发生在火星离太阳最近的时候，此时火星温度提高。

9.1.5 火星的卫星

火星有两个相对较小的天然卫星：火卫一和火卫二。火卫一直径约 22 km，火卫二直径约 12 km。这两颗卫星的起源尚不清楚。它们的低反照率和碳质球粒陨石组成被认为与小行星相似，提示可能是捕获的小行星。但是它们都有靠近赤道的圆形轨道，不太像是被捕获的，更像是在火星形成早期的吸积所形成的，但吸积的说法难以解释为什么它们的成分类似于小行星而不像火星本身。第三种可能性是另一个天体参与的撞击破坏。有证据表明：火卫一含有层状硅酸盐和火星上已知的其他矿物，提示火卫一可能起源于撞击火星后在火星轨道上重新聚集的物质，类似于月球起源的理论。

由于火星的卫星体积比月球小很多，因而不能起到月球对地球那样的作用。比如稳定火星的自转轴、产生大的潮汐作用等。月球的存在对地球生命的产生起到重要作用，而火星的卫星难当此任。

9.1.6 火星的地质分期

根据火星表面的不同年代特征，可以分为三个主要地质时期：

（1）诺亚纪：存在于 45 亿～35 亿年前。这一时期形成了火星最古老的表面。诺亚时代发生过许多大型撞击,在地表留下了大量撞击坑。在这一时期后期出现了大量的液态水。

(2) 赫斯珀利亚纪(Hesperian period):存在于 35 亿年前至约 29 亿年前。这一时期的特点是形成了广泛的熔岩平原。

(3) 亚马逊时期(Amazonian period):从约 29 亿年前至今。这一区域很少有陨石撞击坑,但其他方面仍有很大变化。奥林匹斯山在这一时期形成,火星上其他地方有熔岩流,说明火星目前仍存在一些内热能(图 9-2)。

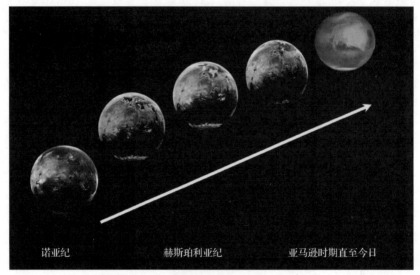

图 9-2 火星的地质分期(书后附彩插)

注:大约 38 亿年前的诺亚纪,火星北半球有浅的海洋、河流、湖泊,后来逐渐改变到寒冷、干旱的亚马逊时期(艺术图,NASA 惠供)。

9.2 火星上的水

火星上水的含量并不低,主要是在两极以水冰的形式存在,占冰盖成分的 70%,剩余的部分主要是 CO_2 干冰。假如这些水冰融化成水,则仅以南极冰盖中的水冰体积,就足以覆盖整个行星表面 11 m。

火星的大气压力很低,平均为 600 Pa,最高时也只有 1 155 Pa,而水的三相点位于 610.75 Pa 处,因此,水在火星上通常只存在固态和气态两种状态。火星的大部分时间和地区温度低于 0 ℃，水以水冰的常态存在。一旦高于 0 ℃，水冰也只会升华成水蒸气逸散到太空。即使有些地区大气压力达到 1 000 Pa，超过了三相点，某种温度下可以有液态水存在，维持液态水的温度范围也非常窄；存在时间也很短暂，一旦温度再升高或降低，液态水不是蒸发就是重新结冰，不能稳定保持液态。火星赤道附近气温较高，所以水的含量远少于两极。因此对于生命存在前提的水，火星的问题不在于是否存在，而是是否有液态水的稳定存在，以及什么时候存在过，这是探讨火星生命的出现和发展的前提。

9.2.1 火星史上曾经存在液态水的证据

种种迹象表明，大约在 3.8×10^9 年以前，火星的北半球可能覆盖着浅的大洋、深的峡谷和充满水的撞击坑。这段时间被称为诺亚纪，也说明过去火星表面是温暖、潮湿的。

火星曾经广泛存在液态水的证据主要来自以下几个方面：对火星表面水冲刷地貌的认定，存在一些只有在液态水中才能形成的矿物质，存在一些水合无机盐等（图 9 – 3）。

图 9 – 3　火星极区的冰 – 风化层

注：包含石膏、黏土矿物质，它是在火星早期有水时形成的（数据来自火星侦察轨道器（Mars Reconnaissance Orbiter）（NASA 惠供）。

9.2.1.1 存在曾被水冲刷过和沉积的地貌

火星上存在的一些地貌特点强烈提示，火星表面存在过液态水。火星表面存在巨大的线状冲刷地面，横穿地表，约有 25 处。这被认为是地下含水层所释放的水所造成的侵蚀记录，但也有可能是冰川或熔岩作用的结果。其中较大的马阿迪姆峡谷（Ma'adim Vallis）长达 700 km，被认为是在火星历史早期由流水雕刻而成的。最年轻的水道则可能是在近几百万年前形成的。在火星表面最古老的区域有一些较细的、树枝状的山谷网络分布在相当大的区域中，其特征和其分布强烈暗示着它们是由火星早期降水产生的径流冲刷而成的。地下水的侵蚀可能在某些河谷形成中起重要的辅助作用，降水可能是最根本的原因。

沿着火山口和峡谷壁，有成千处的地貌看起来与陆地冲沟类似。许多作者认为这些沟壑的成因包括来自融化冰的液态水，也有人认为其形成与 CO_2 霜冻或干尘埃运动有关。这些沟壑明显的风化痕迹，没有观察到叠加的撞击坑，表明它们是新近形成的，可能仍然活跃。其他地质特征，如保存在陨石坑中的三角洲和冲积扇，也是早期火星历史上在一段时间或多段时间内出现温暖、湿润条件的进一步证据。

9.2.1.2 沉积岩和液态水中形成矿物质的发现

火星表面主要是火成岩，但也有沉积岩的存在。ESA 火星快车的 OMEGA 在轨飞行器于 2003 年 12 月到达火星轨道，根据测量的矿物学结果指出沉积岩区域的位置，特别是在高原平台区沉积岩的存在（层状硅酸盐和硫酸盐），这些沉积岩是在液态水的搬运下形成的。

进一步证据来自只有液态水存在的情况下才能形成的矿物质，如赤铁矿和针铁矿等的发现。2004 年，机遇号降落在子午线平原（Meridiani Planum），那里岩石明显的层状结构表明水曾经在火星表面流过，在露出地面的岩层上留下了水波状曲线。在那里发现了黄钾铁矾，它只有在酸性水存在的情况下才能够形成。2011 年，NASA"机遇号"火星探测器在火星表面发现了矿物石膏。由于氯化钠也只有当水存在时才能形成，因此，氯化钠的检测成为另一个过去在火星表面有水存在的指征。

一些水合无机盐也陆续被发现。2013 年 3 月，美国的"好奇"号火星车提供了很可能存在水合硫酸钙的证据。水合硫酸钙的晶体结构中含有水分子。2015

年9月，NASA 宣布，其在反复出现的斜坡线上发现了水化盐水流动的确凿证据。在诺亚纪，水可能是碱性的，紧随其后的赫斯珀利亚纪水是酸性的。从大量存在的水合硫酸盐矿物可以得出这个推论。大规模的挥发物质的挥发和大气压力的快速下降驱动诺亚纪向赫斯珀利亚纪的变化。

9.2.1.3　早期火星液态水的分布

有研究认为：火星北部低洼平原的大部分地区曾被数百米深的海洋所覆盖，其面积可能与地球北冰洋相似。在现代火星大气中，水与氘的比率也提示古代火星有较高的含水量。但目前的火星气候模型尚不支持火星曾存在这么多液态水。火星轨道飞行器上的雷达测量所推测的早期火星表面的水流方向如图 9-4 所示。

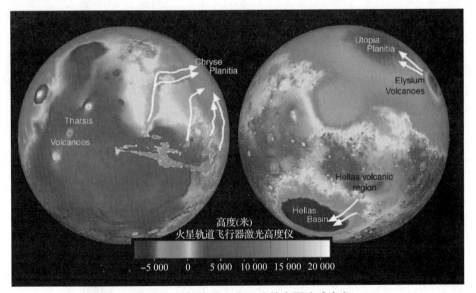

图 9-4　早期火星上水和冰的主要流动方向

注：由火星轨道飞行器（Mar Orbiter）激光高度仪测得的数据推理得出（NASA 惠供）。

9.2.1.4　火星表面液态水的消失

火星表面上的水可能也像 CO_2 一样通过火星轰击引起的爆炸而被驱走，或由太阳风将其吹向太空。但水的逃逸可能还有第三种途径，即由于火星没有臭氧层的保护，太阳的紫外辐射容易穿透大气层，水分子在紫外线照射下，氢原子很容易从水分子中解离出来，由于氢原子质量很小，因此运动速度很快，足以克服火星的引力而逃离火星，剩下的氧既可能由前两种方式离开火星，也可能和火星表面的岩石发生化学反应，生成氧化物，使火星成为一颗红色的行星。

9.2.2 火星现存的水

随着火星地磁的减弱、大气层的消散、温室效应的消失,火星逐渐变冷,缺乏大气,现存地表的水主要以水冰的状态存在。大气中经常可以发现有水蒸气和冰晶的存在,有时可形成云朵。在亚马逊时期,火星一直是非常寒冷和干燥的,这可以由脱水的三氧化二铁的存在得到佐证。但在火星表面仍然可能在瞬间或局部出现液态水,如火山活动、撞击造成的释放、冰沉积物的融化等。水的另一个重要储存地点是地下。

9.2.2.1 火星地下水的发现

2015 年,使用月球车的 DNA 仪器深入地下 60 cm 进行取样,发现了存在地下水的证据,其含水量甚至高达 4%。这些观察结果也证实了早期的假设,即一些暗条纹是由浅的地下水流造成的。这些条纹中含有水合高氯酸盐,与火星的季节性有关,是由每年有几天盐水流动造成的。在火星的夏季,当温度高于 -23 ℃时,可形成地下水流,低于这一温度时结冰。

在火星表面下可能存在几百米深的冰层,在某种条件下融化而形成液态水。2018 年 7 月,火星快车轨道飞行器上的 MARSIS(火星高级地下和电离层探测雷达)发现了一个冰下湖泊,位于南极冰盖底部地表以下 1.5 km 处,宽约 20 km。据估计,火星上地幔中的水量之大,足以覆盖整个火星 200~1 000 m 的深度。

9.2.2.2 当今火星上水的分布

除了极少量的液态水之外,火星表面大量的水是以水冰的状态存在于寒冷地区的,主要是火星的两极,形成极地冰帽。余下的水冰存在于火星地下。

2002 年,火星奥德赛(Mars Odyssey)任务搭载的伽马射线中子谱仪得到了一张代表火星土层中氢含量的地图(图 9-5)。它代表了水在火星表面下的分布,由这张图我们可以将水在低凹地表下面的分布划分为 4 个区域。

(1) 干燥的泥土,含水量在 2%(重量比)。

(2) 北方的冻土带,有较高的含水量(53%)。

(3) 被干燥的风化层掩盖的南方的冻土带,水冰含量高达 60%。

(4) 被相当厚的干粉状干燥的风化层所覆盖的中纬度区域富水的泥土,含水量达 10%。

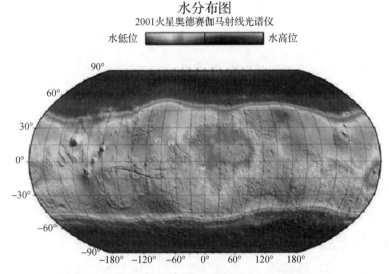

图 9-5　代表火星土层中氢含量的地图（书后附彩插）

注：目前火星上水的分布是由火星奥德赛飞船用伽马射线光谱仪测得的（NASA 提供）。

很厚的脱水风化层将这些富水区和火星大气很好地隔离开来。人们认为这样的结构是在很久以前，即火星表面有水存在时就已经形成。

9.3　火星的宜居区域和生命迹象的寻找

寻找地外生命是天体生物学研究的最大驱动力之一。在人们失望地确认月球不存在生命之后，火星就成为人们新的希望和现有技术能达到的最主要目标。已有众多火星探测器飞抵火星进行环绕飞行、测量、着陆观测、取样。未来几年将会有火星样品被带回地球进行分析。在此之前，科学家们已经对来自火星的陨石进行分析，以寻找生命的迹象。

由于火星与早期地球的相似性，火星也成为研究生命起源的一个特别场所。由于火星气候寒冷，缺乏板块构造或大陆漂移，因此火星表面自赫斯珀利亚纪结束以来，很多区域几乎保持不变，至少有 2/3 的地区年龄超过 35 亿年。因此火星可能保持导致生命出现的许多前生物条件。即使那里目前没有或从未存在过生命，也值得深入研究。

在此需要认识到宜居和实际存在生命的差别。前者并不意味着必然出现生命，它只是生命出现的必要前提。但假如确实发现了生命存在的迹象，就可以反过来证明火星是宜居的。天体生物学家们对两个方面都进行了探讨。

9.3.1 火星过去和现在的宜居性

按照通常的宜居带划分标准，火星的轨道位于宜居带内，但火星的其他方面不支持生命的存在：火星在地质学上几乎是死寂的，表面几乎没有热传递，火山活动的结束显然阻止了火星表面和内部的物质循环；火星的温度过低；火星磁场缺乏导致的大气稀薄使火星难以形成液态水，同时难以阻止太阳紫外线对可能生物的损伤。这些都表明现代的火星不利于地球类型的生物生存。但基于对地球极端微生物适应性的理解，人们仍希望在火星表面或地下能够发现某种形式的微生物。现有的资料也表明：火星在历史上曾经有更适宜生物宜居的条件。

9.3.1.1 早期火星和地球的环境的比较

通过对早期火星的综合考察，可以确定火星曾经存在液态水，存在为生命所需的必要元素，以及可保护火星免受宇宙和太阳辐射的磁场。这些都有力支持火星存在支持生命的环境因素。但这只是对过去宜居性的评估，并不能证明火星生命确实存在过。如想证明后者，需要更直接的证据。

假如我们比较 34 亿~38 亿年前的地球和火星，会发现它们有很多相似点（表 9-1）。这两个行星是在相似条件下，在非常相近的时间内形成的，早期的地球和火星的大气条件、气候特征、辐射情况十分相似。对早期地球和火星来说，太阳的大于 200 nm 的整个紫外辐射谱段都可以到达它们的表面，而宇宙射线则可被这两个星球的大气和磁场所偏转和屏蔽，从化石记录我们知道，微生物在地球早期历史中就已经存在了（见第 6 章），因此有理由推测火星的早期也可能出现某种生物形态。只是随着火星的演化，它逐渐失去了磁场、大气和液态水。

表 9-1 早期（从 38 亿年前至 34 亿年前）及现在的地球环境和火星环境的比较

性质	早期火星	早期地球	现在的火星	现在的地球
到太阳的距离	1.5 AU	1 AU ($\sim 150 \times 10^6$ km)		
日长度			24 h37′22.7″	23 h56′4.1″

续表

性质	早期火星	早期地球	现在的火星	现在的地球
年长度			687 d	365 d
大气压力	~10^5 Pa (1 bar)？	~10^5 Pa (1 bar)？	600 Pa (6 mbar)	10^5 Pa (1 000 mbar)
温度	>0 ℃	>0 ℃	平均 -65 ℃ -90~20 ℃昼夜变化（Viking 数据）	平均 15 ℃ 10~20 ℃（标准大气）
大气	CO_2，H_2O，（？）	CO_2，N_2，H_2O	95.3% CO_2 2.7% N_2 1.6% Ar 0.1% O_2	78.1% N_2 20.9% O_2 0.03% CO_2
太阳紫外辐射	>200 nm	>200 nm	>200 nm	臭氧层保护 >290 nm
宇宙辐射	被大气和磁场屏蔽	被大气和磁场屏蔽	几乎没有大气屏蔽，没有磁场 100~200 mSv/a	被大气和磁场屏蔽 1~2 mSv/a
生物圈	？	微生物	在地下？	大气、地表、地下

不过有的模型显示，即使有稠密的 CO_2 大气，早期火星也比地球冷。陨石撞击或火山爆发可造成短暂的温暖条件，可能产生有利于诺亚后期河谷网络形成的条件。对地球的观测和数值模拟表明，当冰存在于地壳中时，陨石的撞击所形成的陨石坑会产生一个持久的热液系统。例如，一个 130 km 长的大陨石坑可以维持一个活跃的热液系统长达 200 万年，这一期间可能允许微观生命出现，但不太可能在进化的道路上走得太远。假如火星上曾经存在生命，在撞击岩中可能含有古代生命的迹象。

9.3.1.2 火星宜居性变迁的过程

NASA 科学家 Chris McKay 和 Wanda Davis 提出了火星气候变迁历史的模型。他们根据火星上水的历史划分为四个不同的气候时代，描述了火星表面逐步失去水的过程。我们以这个模型分别探讨这四个时代宜居性的变化，宜居性的基本判定是在与火星当时的环境相类似的地球的极端环境中，至少有一种微生物群落可以生长。

(1) 第一时期，即从火星诞生到宇宙密集轰击（大约在 38 亿年前终止）的末期。在此期间，火星表面有很丰富的水及温和的气候，这些条件和早期地球十分相似。基于早期地球太古代生物圈的事实，提出了火星上有类似于地球上的可居住的微环境假设。主要的不确定因素是液态水的存在是否足够丰富及时间是否足够长，以导致生命的出现。假如生命在火星上起源，那最早出现在火星上的生命体一定是厌氧菌，也许是自养生物。

(2) 第二时期，从 38 亿年至 31 亿年前，大气 CO_2 发生不可逆转的丢失，造成了气压和温度的下降，但由冰层覆盖的湖仍可持续 4 亿~10 亿年，类似于地球南极一直由冰层覆盖的湖泊和冰河上的冰尘洞穴。在地球的类似环境存在着包括浮游生物和大量深海底层微生物的群落，这为评估当时仍存在水的火星的生态环境和可能存在的生命提供了参考。这类生命可以对抗寒冷和稀薄的空气，富集其中 CO_2 和 N_2 的浓度。

(3) 第三时期，为 31 亿年前至 15 亿年前。随着大气压力和温度逐渐下降，最后由冰覆盖的湖也因缺少水的供给而逐渐干枯。水只可存在于多孔岩石中和火星表面下。假想的火星生物圈回缩到岩石内和地表下。这种石内栖息地在地球上的极端干燥和寒冷区域也存在（参见第 7 章）。其他火星生命可能躲藏在极区冰帽下、冻土层和火山活动相联系的热液喷发区。

(4) 第四时期，这一时期由 15 亿年前延续至今。火星的大气变得寒冷和稀薄，不能维持表面液态水的存在，在这种条件下，冰很快升华为水汽。这些情况对火星上可能的生物圈是一个严峻的挑战，当时可能存在的生物要么灭绝，要么回缩到很深的地表下、冻土或者深层含水处的少数地区，在这种严酷的条件下可能存活的生物或都处于类似于地球上细菌孢子的休眠状态。

地球极端环境类型，在该环境下生存的极端微生物种类，与火星曾出现过的生态环境之间的对应关系的归总见表 9-2。

表 9-2 地球上的各种极端环境存在的微生物种类和火星曾出现过类似环境的时期

地球极端环境	该环境下存在的微生物	火星生态环境的对映时期
永久冻土带	嗜冷生物	第三、四时期
永久冰区	嗜冷生物	第三、四时期
热液喷发	嗜热生物	第三、四时期（?）
表面下区域	吃石头的微生物（stone eater），SLIME[a]	第二、三、四时期
岩石	隐藏在岩石内的生物群落	第三时期
盐晶体	内蒸发盐微生物群体	第三时期
盐水	噬盐生物	
缺氧	厌氧微生物	第一时期
干燥区域	脱水生物区，细菌孢子	
恶劣环境间隙期	复苏生物	第四时期

注：[a]SLIME：表面下无机营养型微生物生态系统 [Subsurface Lithotrophic Microbial Ecosystem (SLIME)]。

9.3.1.3 地球和火星生命发展的差异

尽管早期地球和火星具有相似性，但后来地球和火星的发展过程明显不同。今天的地球上有茂盛的生物圈，而火星则变得贫瘠、干旱和寒冷，可能的原因如下。

(1) 火星距离太阳太远，是地球和太阳之间距离的 1.5 倍。为了保持火星温度，它需要有更多的温室效应。

(2) 火星太小，其直径大约只是地球的一半，因此内部冷却比地球更快，同时重力太小，不能长期保持适量密度的大气。

(3) 由于火星上磁场的消失，太阳风将火星上大气吹掉。

(4) 由于缺乏大气的屏蔽和磁场的存在，宇宙射线可直接到达火星表面，使火星表面辐射剂量是地球表面辐照量的 100 倍。

(5) 火星缺少板块构造，从而气体不能像地球上那样循环。

(6) 火星上广泛存在的火山停止了活动，原有的 CO_2 不能像地球上那样进行再循环。

9.3.1.4 火星登陆器探测其宜居性

由于缺乏大气和液态水,在火星地表存在生命基本上是无望的,但火星的地下仍有可能是宜居的。"好奇号"于 2012 年 8 月抵达火星,它使用一个激光化学取样器在岩石中取样,获得了第一批从另一个行星深部岩石取得的样本。"好奇号"火星车的机载仪器对土壤和岩石样本进行了研究,发现火星土壤的含水量在 1.5%~3%(与其他化合物结合);确定了土壤中存在生命所需的一些关键化学成分,包括硫、氮、氢、氧、磷,可能还有碳,以及黏土矿物,并表明很久以前的水环境可能是湖泊或古老的河床,具有中性酸度和低盐度。根据"好奇号"对埃俄利斯沼(Aeolis Palus)的研究,盖尔陨石坑中存在一个古老的淡水湖,其可能是微生物生存的适宜环境。

固氮在地球植物生长中具有重要作用,火星大气中氮的含量较低,不足以支持生物的固氮作用。硝酸盐中的氮则可以作为火星生物的氮源使用。2015 年 3 月,NASA 报告"好奇号"火星车上的仪器检测到硝酸盐,这种氧化态的氮可以被生物所利用。在地球上,硝酸盐与沙漠环境中的高氯酸盐相关,在火星上可能也如此。硝酸盐预计在火星上是稳定的,是由古代火星被撞击或火山喷流闪电产生的热冲击形成的。相比之下,磷酸盐作为生命所需的另一种化学物质,在火星上很容易获得。

9.3.2 火星上生命迹象的寻找

火星上曾经存在宜居环境不能说明那里确实存在过生命,还需要直接的证明。如果火星上存在或曾经存在生命,那么,生命的证据最可能在地下找到,或保存得最好。尤其考虑到现今地表条件已经恶化。火星上的现代生命,或其生物信号,可能出现在地表以下数千米处,或地下地热处,但也可能出现在地表以下仅几米处,盐水可以在地表以下几厘米处呈液态。

9.3.2.1 海盗号着陆器的研究

最早探索火星上生命识别标志的是在 1976 年降落于火星的两个 NASA 的海盗号着陆器(Viking Landers),这次着陆的主要任务是寻找火星上微生物活动的可能证据,其实验设计基于下面的假设。

(1)假如火星上存在的生命以碳元素为基础。

(2) 它的化学组成与地球生命相似。

(3) 它可以代谢简单的有机化合物。

为此采集火星土壤,设计了三个生物实验,用生命探测装备探测火星表面是否存在微生物的代谢活动。

(1) 碳同化实验:以 CO_2 等作为碳原料,与火星土壤混合,检查这些碳源有没有被潜在的微生物所消耗。结果显示:CO_2 确实被土壤吸收了,暗示着微生物的存在。但当土壤被加热到 175 ℃ (可杀死潜在微生物),这种吸收仍然存在。

(2) 气体交换实验:将火星土壤放入培养液中,检测有无代谢气体,包括氢气、氧气、甲烷等产生,结果检测到氧气的产生。但加热土壤同样不影响到氧气的产生,而且难以解释在非光合作用下(黑暗中)氧气是如何产生的。

(3) 标记释放实验:用放射性同位素标记碳和硫,假定这些元素为微生物所代谢,检测释放的气体中的放射性,结果确实检测到了放射性气体,但加热土壤不影响这种释放(图 9-6)。

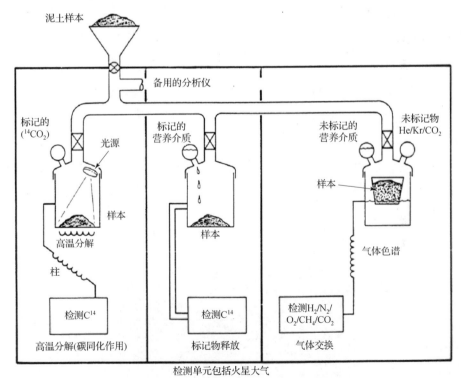

图 9-6 海盗号着陆器上的微生物学实验室寻找在火星风化层中可能有微生物活性的三个实验

上述三个微生物实验表明：在一定条件下培养火星的土壤时呈现活跃的化学过程。但使用气相色谱和质谱仪，以当时的灵敏度在火星土壤中并未检测到有机碳。

迄今为止，海盗生物学实验结果的机理还不清楚。人们提出了很多假设以解释在缺乏有机物情况下仍有活跃的化学活动之谜。目前人们认为，最合理的假设是发生了光化学反应：有少量水存在的条件下，太阳紫外线照射到赤铁矿上时，在风化层形成了过氧化合物。但NASA科学家吉尔伯特·莱文认为，由于当年缺乏对极端微生物生命形式的现代知识，海盗探测器的测试方法无法检测这些生命形式，甚至实验本身就可能杀死潜在的类似生命形式。

9.3.2.2 "好奇号"的发现

在地球古生物的研究中，生物体与基质相互作用形成的结构是重要的生物信号，代表了生物行为的直接证据，它们所产生的化石称为遗迹化石（ichnofossil），如叠层石。在火星上发现了两种主要的怀疑是遗迹化石的结构，分别为维拉鲁宾（Vera Rubin）山脊的棒状结构和火星陨石的微隧道。"好奇号"火星科学实验室在维拉鲁宾山脊的观测显示，在盖尔陨石坑的河流湖泊的沉积岩中保存了毫米级的细长结构。遗迹化石是这些独特结构的解释之一，不过也可以被解释为沉积裂缝和蒸发晶体生长等非生物成因。另外，从火星陨石中发现的微型隧道是由笔直到弯曲的微隧道组成的，可能包含碳丰度较大的区域。弯曲微隧道的形态与地球上的生物成因痕迹，包括玄武岩中观察到的微生物侵蚀痕迹一致，但需要进一步研究，以确认是否就是生物作用形成的。2018年6月，NASA宣布，"好奇号"火星车在30亿年前的沉积岩中发现了有机化合物，它们有可能是生命的某些组成部分（图9-7）。

图9-7 "好奇号"火星车和火星模拟实验室（MSL and Curiosity）

9.3.2.3 火星表面环境微生物的存活和有机分子的稳定性

在火星表面存在的有机分子不被破坏是生命存在于火星表面的前提。在 EXPOSE – E 任务中，太空运行的航天器上放置各种有机化合物，使之暴露于类似于火星状表面的紫外线辐射强度下 1.5 年，结果甘氨酸、丝氨酸、邻苯二甲酸、矿物内的邻苯二甲酸和均苯四甲酸等有机化合物都被降解。在火星表面条件下，它们的半衰期仅在 50~150 h。

枯草芽孢杆菌 MW01 具有高度抗紫外线特性。在太空中将其暴露在模拟火星表面条件下 559 天，结果表明，火星紫外光谱（$\lambda \geqslant 200$ nm）对孢子有害；但如果不受太阳直接照射，100% 可以存活。用真菌做测试，模拟火星条件但不受照射时，只有粘球菌属（绿藻）和粉孢菌属（地衣化真菌属）在返回后还能在培养基上生长。这些真菌有不到 10% 在返回地球后保持增殖并有形成菌落的能力。总的来看，地球微生物生存能力下降，但有生存机会，紫外辐射是其最大威胁（参考第 11 章）。

9.3.2.4 目前正在开展的火星就地研究

尽管目前尚未得到火星存在或曾经存在生命的明确结论，但已有的结果激发了人们进一步探测火星生命的热情。2023 年，仍位于火星的航天器包括：在轨的 2001 火星奥德赛号（2001 Mars Odyssey）、火星快车号（Mars Express）、火星勘测轨道飞行器（Mars Reconnaissance Orbiter）、马文号（MAVEN）、Exo Mars 示踪气体轨道器（ExoMars Trace Gas Orbiter）、阿联酋的希望轨道器（Hope orbiter）和中国的天问 1 号轨道器；着陆火星表面的好奇号探测器（Curiosity rover）、毅力号火星车（the Perseverance rover）、独创号直升机（Ingenuity helicopter）、天问 1 号着陆器和祝融号火星车（图 9 – 8）。

图 9 – 8　天问 1 号着陆器和祝融号火星车（左侧）

对火星地下的探测成为探测火星生命的重要方向。如祝融号火星车使用探测雷达探测，可以穿透10~100 m的深度，用于探测火星土壤的地下分层、厚度、地下物质的多少和分布，包括地下水冰和挥发物的分布等。Exo Mars装配有自动分析能力的设备和有效的钻探系统，可以选择适当地方进行钻探，从最深约1.5 m的地方获取样本。这个深度超过了大部分银河系宇宙射线所能穿透的深度，从而增加了发现保存完好的有机物的机会（图9-9）。而2021年着陆的毅力号火星车，计划将钻探取得的样品先储存在火星上，在随后数年内逐步实现运回地球实验室做进一步研究的目标。火星样品返回任务由三个连续的航天器完成：①收集和储存样品；②检查缓存的样本，并将它们传送到一个稳定的火星轨道上；③从火星轨道收集样本并返回地球。

图9-9　2016年发射至火星的EAS火星车Exo Mar采集地下样品（美术图，ESA惠供）

在火星探测器的着陆选址上，基本采取跟着水源走的策略。首先选择过去有水存在的位置。火星表面土壤的性质和岩石中的化学生物信号以及大气中的生物标记气体的检测也是参考因素。例如，火星盖尔陨石坑（Gale Crater）在过去可能存在淡水湖，并因此存在沉积层等支持在火星早期这一位置的宜居性。美国的勇气号、好奇号火星探测器都选择在那里登陆。美国的毅力号火星车所选择的杰泽罗陨石坑（Jezero Crater）则大约在39亿年到35亿年前存在一个河流三角洲，流经该处的水在很长一段时间内沉淀了许多沉积物。因此，这种三角洲容易保存某种生物印记，或找出湖水中可能存在过的生命证据（图 9-10）。

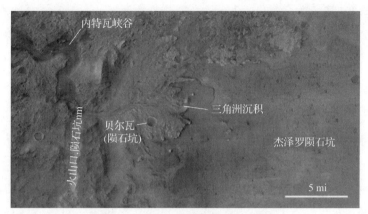

图 9-10 毅力号火星车的登陆地点

注：毅力号火星车登陆的杰泽罗陨石坑和附近地区，可以看到一个内特瓦峡谷（Neretva Vallis）从西部蜿蜒而来，然后从火山口（Crater）的东侧进入平原，形成一个河流三角洲（Delta）。因此杰泽罗陨石坑曾经为一个由河流补给的湖泊（由火星毅力号轨道器拍摄，NASA）。

9.3.2.5 辐射作用下火星地下生物可能存在的深度

由于火星缺乏大气的保护，即使火星生命仍然幸存，它们也应该生活在地下深处。其深度与宇宙辐射的穿透力有关。"好奇号"探测器测量到火星上的电离辐射水平为每年 76 mGy。这种水平的电离辐射足以杀死火星表面可能存在的休眠生物。在评估了火星不同深度的宇宙辐射水平后，研究小组计算出，只有存在于火星表面 7.5 m 以下的细胞才能克服宇宙辐射对 DNA 和 RNA 造成的累积损伤而长期存活。如果让在地球表面处于休眠孢子状态下的最能耐受辐射的陆生细菌存在于火星地下 2 m 的位置，估计可以保持存活 9 万~50 万年，其长短取决于埋藏的岩石类型。在评估辐射损伤时还应考虑火星的土壤环境的影响。例如，火星表面存在对细胞有毒的高氯酸盐，加上另外两种化合物氧化铁和过氧化氢的联合作用，使紫外线照射导致的地球细胞的死亡增加了 10.8 倍。因此火星表面土壤中富含对生物有毒的高氯酸盐也成为火星生命位于深层地下的理由。这些数据评估为火星探测器需要掘进多深才可能找到火星生物提供了依据。今后人们需要深入火星地下，以探讨那里是否适宜生物生存。

9.3.2.6 对火星陨石的研究

目前共发现两百余块来自火星的陨石。这些陨石是目前地球实验室唯一可用于直接分析的火星实体样本，其中最重要的是在南极洲的艾伦山发现的一颗陨石（ALH84001），这颗陨石大约在1 600万年前离开火星，在1.3万年前到达地球。需要通过分析火星陨石来解决的问题包括：①样品的地质背景是否能说明过去的生命形式？②样品的年代和地层位置是否与可能的生命相符？③样本中是否含有细胞形态和群落的证据？④有没有显示出化学或矿物不平衡迹象的生物矿物？⑤有没有生物所特有的稳定同位素模式的证据？⑥是否存在有机生物标志物？⑦上述特征是样本特有的吗？到目前为止，还没有任何火星陨石能够满意地回答这些问题，但也有重要发现。

1996 年，David S. McKay 等提出火星陨石 ALH84001 的某种显微结构和地质化学特征可能代表了远古时期火星的细菌。其中一些特征与地球的细菌相似，但最终这些生物迹象被证明可以用非生物过程来解释。1998 年，NASA 约翰逊航天中心的一个小组对发现于埃及的 Nakhla 陨石进行的分析认为：有和地球上的纳米细菌化石相一致的结构。气相色谱和质谱（GC – MS）分析出其中含有高相对分子质量的多环芳烃，随后又发现样品上的碳有呈树枝状排列的现象。有研究者声称，这些碳沉积是生物成因的，但也有研究者认为，这种排列不足以暗示它的生物起源。1865 年在印度落下的 Shergotty 陨石主要由辉石组成，在落入地球之前曾经历数百年的水蚀变，其内部的某些特征提示可能与生物被膜和微生物有关。Yamato 000593 是地球上发现的第二大火星陨石，成型于 13 亿年前的火星熔岩流，5 万年前落在地球南极。这块陨石上的成分是由过去水的活动造成的，并发现了富含碳的球体。NASA 的科学家称这些球体可能由生物活动形成（图 9 – 11）。

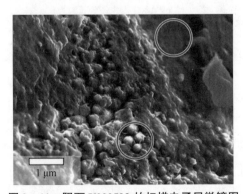

图 9 – 11　陨石 Y000593 的扫描电子显微镜图

注：球体区域（下方）的碳含量是无球体区域（上方）的两倍。（来自 NASA）

在火星陨石 EETA79001 中发现了 0.6 ppm 的四氧化氯阴离子、1.4 ppm 的三氧化氯阴离子和 16 ppm 的 NO。三氧化氯阴离子可能是由紫外线的氧化作用或 X 射线的分解作用产生的，提示火星存在过危及生命存活的射线。

9.3.2.7 火星大气中的甲烷

由于在地球上近 95% 的甲烷是生物活动产生的，因此在地外行星中检测 CH_4 的有无及来源对于发现地外生物特别重要。2003 年，NASA 首次在火星大气中发现微量 CH_4，2006 年再次观测，发现它们的丰度存在很大变化，在某些局部具有高浓度且与季节有关。由于 CH_4 在大气中不稳定，太阳的紫外线会使 CH_4 很快分解，因此，大气中 CH_4 的持续存在意味着存在一个不断补充 CH_4 的来源。

火星产生 CH_4 的非生物过程可能是：水岩反应，水的光解和黄铁矿的形成反应都会产生 H_2，然后利用 CO 和 CO_2 生成 CH_4 和其他碳氢化合物。这种成分在火星上是很常见的：

$$\underset{\text{Olivine}}{(Fe, Mg)_2 SiO_4} + n \cdot \underset{\text{water}}{H_2O} + \underset{\text{carbon dioxide}}{CO_2} \rightarrow \underset{\text{serpentine}}{Mg_3 Si_2 O_5 (OH)_4} + \underset{\text{magnetite}}{Fe_3 O_4} + \underset{\text{methane}}{CH_4}$$

活的微生物，如产甲烷菌，是另一个可能的来源。产甲烷菌不需要氧气或有机营养物，是通过非光合作用，使用 H_2 作为能源、CO_2 作为碳源来存活的。但在火星上还没有这种微生物存在的证据。假如火星上的微小生命正在产生 CH_4，那么 CH_4 可能就产生于地表以下很深的地方，并从那里漏出，条件之一是那里的温度和压力仍然足够维持液态水存在。2005 年 2 月，欧洲航天局的火星快车轨道飞行器在火星大气中检测到微量甲醛。推测甲醛是甲烷氧化的副产品（图 9-12）。

自 2003 年在大气中发现 CH_4 以来，科学家们一直在测试地球上的产甲烷细菌在模拟火星土壤上的生长情况，结果表明：所有四种受测产甲烷菌株都产生了大量的 CH_4，即使在高氯酸盐存在的情况下也是如此。阿肯色大学的一项研究表明，一些甲烷菌可以在火星的低压下存活。2012 年 6 月，有科学家提出，测量火星上 H_2 和 CH_4 含量的比率可能有助于确定火星上存在生命的可能性。他们认为：较低的 H_2/CH_4（约小于 40）将提示生命可能存在并处于活动状态。但实际在火星低层大气中观测到的比率却高出大约 10 倍，初步提示生物过程可能不是产生这些 CH_4 的原因，还有待进一步研究。

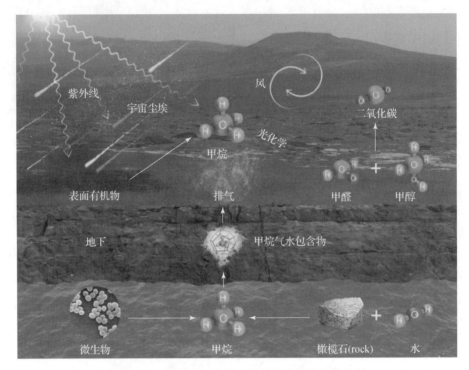

图 9-12 火星 CH_4 产生、释放和分解的可能机制

注：在地下水环境中，CH_4 可由微生物（左）或水岩反应（右）形成；或在地表通过有机合成，释放到大气后通过光化学反应形成 CH_4，最终形成 CO_2。

9.3.2.8 地球极端微生物的研究对火星可能存在生命的支持

1. 高氯酸盐的存在

前面提到，火星表面存在一些不利于微生物生长的条件，比如火星土壤中高含量的高氯酸盐就对地球生物有毒，但后来在地球上找到了一些可以在高氯酸盐环境中生活的细菌，存在于犹他州的一个古湖中，说明这种环境对某些生物生存可能不是问题。已知高氯酸盐能大幅度降低水的冰点，并且一些极端微生物能将其作为能源，这为火星生命的存在带来一线希望，也说明即使在其他星球存在不利于地球绝大多数生物生存的因素，在否定其宜居性之前仍需谨慎。既要最大限度地考虑地球生物的适应性限度，也要考虑地外生物可能具有完全不同的适应范围，存在与地球生物不尽一致的生物化学过程。

2. 低气压

火星上的大气压力不足地球的 1%，使地球上的绝大多数生物包括微生物都难以存活。但有研究小组确定，一些细菌可以在低至 2 500 Pa 的压力下繁殖，但这仍然高于在火星上发现的最高大气压力（1 400 Pa）。但在另一项研究中，使用在航天器设施上得到的细菌进行测试，发现一种液化沙雷菌（*Serratia liquefaciens*）菌株 ATCC 27592 可以在 700 Pa、0 ℃、富含 CO_2 但缺氧环境下生长。这一环境和营养条件可以在火星表面得到满足。

9.4 火星探测的行星保护

本节讨论行星保护的基本原理及其发展历史。行星保护在空间探索活动中十分重要，目的是控制地面生命对其他行星造成的非故意污染，以及其他行星上可能存在的假想生命体对地球的污染。为此，针对特定类型的空间探索任务制定了不同的行星保护指导方针，同时对如何执行该指导方针提出了具体的实施方法。这些规章不仅仅针对火星探测和居住，但由于火星探测是目前最主要、最现实的项目，这些法规对火星探测最具有现实意义，故将这些内容放到本章的结尾加以介绍。

9.4.1 行星保护的历史和基本概念

9.4.1.1 前向污染的防止

随着空间探索的开始，我们第一次借助航天器发射各种仪器到月球或行星，原位探寻可能存在的或已经消失的生命迹象。然而，必须考虑轨道飞行器和探测器的着陆装置都可能将地上生命引入其他行星，无论这种情况是有意还是无意，都是一个很严重的问题。假使这些引入的生命形式找到适合其生长的条件，可能会增殖，从而破坏目标行星和卫星的原始状态。行星保护就是为了保护被探测的行星和卫星的环境不受地面生物的污染，保证我们寻找到的在行星和卫星上现存的或已灭绝的生命，或生命的前体和残迹，就是当地独立进化的生物，不至于弄混，这称为前向污染的防止（forward contamination prevention）。

9.4.1.2 反向污染的防止

我们必须保护地球不被可能存在的地外危险物质（生命）所污染，这些污染物可能在探索任务返回时带入地球。保护地球及其生物圈与地上人群，使之不受可能由航天任务带回的地外物质（生命）的污染，这称为反向污染的防止（prevention of backward contamination）。

9.4.1.3 联合国公约

早在1967年，联合国就制定了《关于各国探索和利用包括月球和其他天体的外层空间活动所应遵守原则的条约》（以下简称《外层空间条约》）(Treaty on Principles Governing the Activities of States in the Exploration and Use of Outer Space, including the Moon and Other Celestial Bodies)。联合国恢复了中华人民共和国在联合国的合法席位后，中国于1983年12月30日、1984年1月6日和12日分别向美国、苏联、英国三国政府交存加入书。1983年12月30日，《外层空间条约》对中国生效。中国在加入书中声明，台湾当局于1967年1月27日和1970年7月24日以中国名义对该条约的签署与批准属非法和无效。《外层空间条约》由成立于1959年的联合国和平利用外层空间委员会（United Nations Committee on the Peaceful Uses of Outer Space, COPUOS）监督执行。

关于行星保护的相关论述在公约的第九条中表述如下：

各缔约国探索和利用外层空间（包括月球和其他天体），应以合作和互助原则为准则；各缔约国在外层空间（包括月球和其他天体）所进行的一切活动，应妥善照顾其他缔约国的同等利益。各缔约国从事研究、探索外层空间（包括月球和其他天体）时，应避免使其遭受有害的污染，以及地球以外的物质，使地球环境发生不利的变化。如必要，各缔约国应为此目的采取适当的措施。若缔约国有理由相信，该国或其国民在外层空间（包括月球和其他天体）计划进行的活动或实验，会对本条约其他缔约国和平探索和利用外层空间（包括月球和其他天体）的活动造成潜在的有害干扰，该国应保证于实施这种活动或实验前进行适当的国际磋商。缔约国若有理由相信，另一缔约国计划在外层空间（包括月球和其他天体）进行的活动或实验，可能对和平探索和利用外层空间（包括月球和其他天体）的活动产生潜在的有害的干扰，应要求就这种活动或实验进行磋商。

行星保护的技术方案是由1958年10月成立的附属于国际科学协会理事会（International Council of Scientific Unions）的空间研究委员会（the Committee on Space Research, COSPAR）制定的。国际行星保护的共识准则是通过空间合作伙伴关系行星保护小组的审议确定，并定期进行审议。与会者报告新的科学发现和所涉及的政策问题（例如，水在特定目标上比以前所认为的更为丰富），并就具体关切提出问题。小组提出的建议，由COSPAR通过后纳入COSPAR行星保护政策的正式内容。中国已于1993年3月1日正式加入COSPAR。

这里所指的行星保护也包括卫星和其他可能存在生命的天体。

9.4.2 行星保护指导方针

目前行星保护的工作由空间研究委员会主管。行星保护指导方针和不同性质的探索任务密切相关，任务性质包括：

（1）航天器飞过行星、环绕行星和月亮的在轨飞行；

（2）航天器降落于行星、卫星表面或采样返回的不同任务；

（3）不同的目标天体，何种行星、卫星、彗星，或其他小天体。

按照不同特点、各种探索任务、目标天体的不同可以归为下述五类。

第一类任务涉及的目标天体对于了解生命起源和化学进化过程无直接相关性，对此类活动不设置行星保护规定。

第二类任务涉及的天体对于了解化学进化和生命起源密切相关，但是由于航天器带来的污染而危及将来探索的可能性很微弱。对于这种情况只要求文件归档和简要的行星保护方案，包括：事先描述已经确定的或可能的撞击目标，发射前后的撞击策略的详情分析；撞击后，任务结束后的报告，在该报告中应该提交撞击的位置。

第三类包括一些飞掠过或绕轨飞行的任务，任务涉及的天体是对化学进化和生命起源有重要意义的天体，污染有可能给将来的生物学实验带来损害，对这类任务要求文件比第二类更多的归档和任务实施方案，其中包括轨道偏差、在航天器装配和测试中超净间的使用规定，以及实施过程中尽可能减少航天器的生物负荷。即使该类任务并未安排撞击，但假如撞击有可能发生，仍应列出航天器上有机物的全部清单。对于太阳系星系第三类任务说明规范列于特定行星保护要求中（KUMAR V et al.，2021）。

第四类任务主要包括面向对于化学进化和生命起源有重要兴趣的星体的探测装置和降落装置，由此可能造成的污染将给未来的生物学实验带来损害。对此类任务要求有相当详细的文档（比第三类更多），其中包括生物鉴定、列出生物负载清单、污染概率的分析、列出航天器上全部的有机物清单。要求的实施方案应包括：轨道偏差、超净间、降低生物载荷方案，可能直接接触的硬件的部分消毒，硬件的生物屏蔽。除了降落装置和探测器的全面消毒之外，一般来讲，这些要求和方案与"海盗"（Viking）任务相似。

第五类包括所有返回地球的任务，对于这些任务，我们主要关心的是对地球系统的保护，这里所说的地球系统包括地球和月球。一定要防止反向污染对月球的污染，从而保证地球、月球旅行免除行星保护的要求。根据由科学家认定的没有本土生命的太阳系中的天体，划分出一个称为"无限制的地球返回"子类（Unrestricted Earth Return）。对于这一子类行星任务，保护的要求仅在飞往其星球阶段中实施，相当于第一类、第二类的要求。对于其他所有第五类任务可归类于"受限制的地球返回"，绝对禁止返回后可能引起的破坏性的影响。所有返回的硬件在整个返回阶段都应采取防泄漏措施。如果这些硬件直接接触目标天体和来自天体的未消毒的材料，对于采集的任何未消毒的返回地面的材料都应采取防泄漏措施。返回后，应在严格控制下及时地采用最灵敏的技术分析收集到的未消毒样品。如果发现任何可能的非地球的可复制实体（Non Terrestrial Replicating Entity）的信息，除非采用了有效的消毒程序，这些样品应严格保管，防止泄漏。第五类任务还包括对项目活动的连续监测、学习和研究（如消毒过程、防止泄漏技术等）。

9.4.2.1 第一类任务和目标天体

第一类任务涉及的都是天体生物学没有直接兴趣的天体，包括水星、月球和大部分小行星；所涉及的任务包括飞掠任务、绕轨飞行和着陆的任何任务，对此没有特别的行星保护要求。

对于月球，讨论了加强月球探索以及月球开发是否会干扰月球环境和它的稀薄大气，从而危及月球的科学研究，目前有建议将月球移至第二类任务。

9.4.2.2 第二类任务和目标天体

第二类任务涉及的行星、卫星或小型天体，对于了解化学进化有重要意义。造成地面微生物污染并损害将来的探索任务的可能性很小。下列天体归于此类：地球的邻居金星、木星、土星、天王星、海王星、冥王星和它们的卫星，土星的卫星土卫六、彗星，含碳小行星（Carbonaceous Asteroids）柯伊伯带天体等。对于这类天体，飞行任务包含飞掠任务、绕轨飞行和着陆任务。

对于第二类任务需要相应的行星保护计划，必须提供飞行前后航天器上全部微生物的分析数据。虽然并不要求减少生物负荷，即并不要求消毒，但需要进行常规的清洁程序，其中包括在洁净间组装航天器、用酒精擦拭航天器外表。为了保证每次任务都执行了相关规定，大部分的空间局（如 NASA、ESA）已经设定专门行星保护官员负责此项工作，必须向空间科学委员会呈报相关报告。

第二类任务的一个实例是 2005 年发射的欧洲金星绕轨飞行的"金星快车"，以及于 1989 年 NASA 发射的飞往木星的伽利略任务，它于 1995 年到达木星轨道并释放探测器进入木星大气。2003 年 9 月，该航天器故意撞击木星，以避免与木卫二的可能撞击，从而造成对木卫二的污染。木卫二属于第四类的天体，因为它不能排除本土生命的存在可能。伽利略航天器必须进行这次撞击活动，因为它并没有消毒，如果它撞击木卫二，可能会造成对木卫二的污染。

第二类任务中的另一个例子是 NASA – ESA 的卡西尼 – 惠更斯任务——飞往土星和它的卫星土卫六。卡西尼 – 惠更斯航天器于 1997 年 10 月发射，2004 年进入绕土星轨道，并于 2005 年释放惠更斯探测器到达土卫六表面。土卫六虽然是了解生物前化学进化的重要天体，但是它不存在本土生命，因而将土卫六归入第二类（见第 10 章）。像大多数航天器一样，卡西尼航天器在一个特别的超净大厅中装配（图 9 – 13），清洁间按照每单位体积空气颗粒的大小和数量来分类，按照国际标准化组织（ISO）的标准分为 9 类（从 ISO 1 至 ISO 9），其中每立方米最高颗粒数从颗粒大于等于 0.1 μm 到大于等于 5 μm 各有标准。超净大厅具备可控的空气循环、干燥、恒温及低营养条件。一般来说，航天器应在 100 000 或 10 000 级别的洁净间中安装。

9.4.2.3 第三类任务和目标天体

第三类任务的行星和卫星是天体生物学有直接兴趣的星体，这些星体被认为可以居住，并可能存在生命。在太阳系中的星体，如火星和木星的卫星木卫二属于此类（见第 10 章），对火星和木卫二的飞掠任务和入轨飞行都属于第三类（降落在这些星体上属于第四类）。第三类任务需要更多的行星保护措施。

（1）在超净间中组装和测试航天器。

（2）监测生物载荷（bioburden）。

图 9–13 在 NASA 航天器装配车间装配和测试卡西尼–惠更斯航天器

注：装配车间为超净间，工作人员穿有隔离服。

（3）减少生物载荷，每个航天器上的细菌孢子应少于 500 000 个。细菌孢子是微生物最有抗性的生命形式，被用来监测航天器微生物污染程度，如果孢子数超过这个数目，则必须采取消毒措施。

（4）如果航天器存在和此类星球表面撞击的危险性，那么，撞击的概率在发射后 20 年内应小于 1%，50 年后应小于 5%。

（5）文件入档要求较第二类任务更加严格。

第三类任务的例子有：绕火星轨道飞行的欧洲火星快车任务，火星快车空间探测器发射于 2003 年 6 月 2 日，于 2004 年 1 月 28 日最后入轨。

9.4.2.4　第四类任务及其目标天体

第四类和第三类的目标天体完全一样，这些星体被认为可以居住，并可能存在生命，如火星和木卫二。然而第四类任务中包括了在火星和木卫二上的降落。对于涉及降落装置的消毒要求较第三类更加严格，对此类任务行星保护的要求如下。

（1）在超净间（ISO 5）中进行航天器组装和测试。

（2）监测生物载荷。

（3）减少生物载荷，航天器暴露表面小于 300 000 个细菌孢子。

（4）比第三类更加详细的文件。

最早成功降落于火星的是海盗 1 号和海盗 2 号（图 9-14），当时由于对火星是否存在生命尚处于无知状态，因此降落装置保持无菌状态，整个降落装置采取的行星保护策略如下。

图 9-14 海盗号的着陆装置

注：NASA 海盗任务赴火星探索任务属于第四类保护。海盗号 1 号和海盗号 2 号均包含一个轨道飞行装置和一个着陆装置，分别于 1976 年 7 月 20 日和 1976 年 9 月 3 日降落于火星。

（1）在超净间装配仪器。

（2）每一个降落装置暴露表面在消毒前生物载荷小于 300 000 个孢子。

（3）降落装置全部组装完毕之后，于消毒炉中 112 ℃消毒 30 h。

（4）消毒过程可以将成活的孢子降低 4 个数量级，这样，每个航天器上最后孢子数控制在 30 个以内。

（5）消毒后，降落器采取生物屏蔽以防止再污染，进入火星大气时打开屏蔽（图 9-15）。

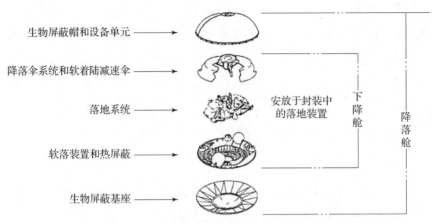

图 9-15 海盗降落装置及其生物屏蔽设备

注：这些生物屏蔽在进入火星大气时才打开。

然而，火星海盗实验没有检测到火星风化层中微生物活动的迹象。因此，针对火星的行星保护法对于随之而来的其他火星登陆任务有所放松，如 NASA 的火星探路者、勇气号、机遇号和凤凰号等。现在第四类任务分成三个子项：Ⅰ Va、Ⅰ Vb、Ⅱ Vc。

Ⅰ Va 类任务包括那些并不以寻找火星上的生命迹象为目的以及并不降落在某些特定区域的降落任务。此类保护要求如下。

（1）在洁净间进行航天器装配测试。

（2）监测生物负荷。

（3）减少生物负荷，将每个航天器表面细菌孢子数控制在小于 300 000 个。

这个孢子数相当于海盗号着陆装置高温消毒前的数量，因此不再需要如此严格的高温消毒。NASA 探路者任务的着陆装置旅居者（Sojourner）于 1997 年 7 月 4 日降落于火星表面。该着陆装置装配时所有的人都穿了保护外套，面部完全遮挡，但不要求消毒。NASA 的勇气号和机遇号也采用相似的保护措施（图 9-16）。降落装置的生物检测结果为：每个降落装置总计为 130 000 个孢子，有 35 000 个孢子存在于着陆装置的材料中。

假如火星着陆装置载有探索生命迹象的仪器，包括探索化石或存活生命的迹象，这样此任务就归入 Ⅰ Vb，要求采用和海盗任务相同的消毒过程。Ⅰ Vb 类行星保护应采取下列措施。

(a)

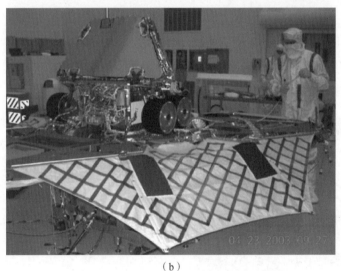

(b)

图 9-16 NASA 火星漫游车

(a) 勇气号和机遇号；(b) 其在超净间中的装配

(1) 在超净间（100 级）中装配测试航天器。

(2) 检测生物负荷。

(3) 减小生物负荷，每个航天器表面的孢子小于 300 000 个。

(4) 采取严格消毒过程，降落装置和每个探寻生命迹象的仪器孢子数控制在 30 个以内。

欧洲火星车于2018年发射，携带一系列仪器设备进行生命迹象的探索。这些仪器按照ⅠVb类消毒，并加以生物屏蔽，到达火星表面后打开。

有些火星登陆任务需归入ⅠVc类，这些任务将降落于火星"特殊区域"。"特殊区域"可以定义为：地面微生物可能繁殖的区域，或者有可能发现火星现存生物的潜在区域，如近来呈现过水活动或曾经在某些时间发生水活动的区域。这类任务归属于ⅠVc。

NASA凤凰号降落装置可归属于ⅠVc的探索任务，它于2008年5月25日降落于火星（图9-17）北极的富冰地区。降落装置利用机器人臂挖掘北极地表下地区，以寻找水在火星上的地质历史，进而寻找支持微生物居住区的证明。降落装置的组装和测试在洁净间中完成，降落装置表面孢子总数小于300 000个，由冻土中采样的机器人则要求彻底消毒，以使孢子数小于30个，为彻底消毒及避免消毒后的再污染，机器人和仪器封闭于生物屏障（biobarrier）中，再应用H_2O_2整体消毒。这种生物屏障是一种塑料膜，允许H_2O_2渗透，但微生物无法通过（图9-18），着陆装置降落后，打开预先安装的生物屏障，机械臂在无污染的情况下开始工作。

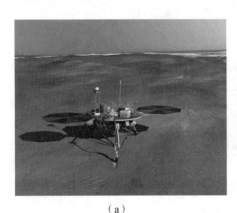
（a）

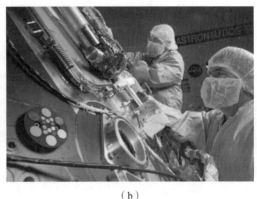
（b）

图9-17　凤凰号的装配要求和降落地点

(a) NASA凤凰号在火星北极；(b) 根据ⅠVc类任务的要求在洁净间中装配降落装置

9.4.2.5　第五类任务及其目标天体

第五类包括所有的将地外样品带回地球的任务，它包括如下两个亚类。

（1）带回的"地外样品"对于地球及其生物圈是安全的，这些任务被称为

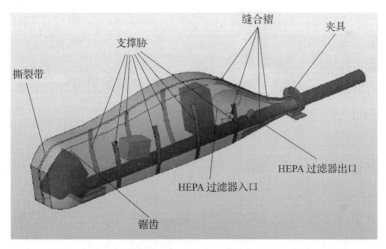

图 9-18 带有生物屏蔽的凤凰号机器臂及其高效颗粒空气过滤器

[HEPA（High efficiency particulate air）filter]

注：过滤器可以允许空气进入，但微生物不能进入。

"回地安全"（Safe for Earth Return）任务。这类任务从无宜居性的行星、卫星、小天体、彗星带回样本。例如，ASA Stardust 任务，2006 年 1 月 15 日，它返回地球时携带了彗星 Wild 2 的粉尘，对此类任务没有特别的行星保护要求。

（2）带回的地外样品可能对于地球及居住者有危险性，这些任务被称为"回地限制"（Restricted for Earth Return）任务。假如样品来源于可能的可居住区，可能存在当地生命的天体，如火星、木卫二，对这类任务行星的保护要求如下。

①采取防止地球反向污染措施。

②保存样本完整和样本性质。

③不能撞击地球或月球。

④防止样本泄漏。

这些活动的结果应保证由目标天体带回的样本不会对地球造成污染，但是至今并未执行过此类任务，现在已有一些航天机构准备将一些火星样品带回地球，因为将样品带回地球分析比在火星原地采用机器人分析更加精细和准确。

由火星带回样品的任务应遵循以下规则。

①由火星带回的样品应按存在潜在危险的物品控制和处理，直至证明确实无害。

②如果在返回地球路途中无法确认样品的防泄漏系统，则应在空间消毒样品和航天器或不允许返回地球。

③在进入地球到接收地的整个过程中，样品的密封装置必须保证其完整性。

④只有在确认样品不包含危险生物以后，未消毒的样品才可以进行可控的分配。

⑤第一次样品（火星和木卫二）返回地球时实施的行星保护法则，在未经适当的独立科研实体严格科学论证并取得一致意见之前，随后的返回任务中不应该有任何放松。

地球上涉及返回样品处理的活动应在严格检疫、隔离状态中进行。

9.4.3 主要操作方法

9.4.3.1 生物载荷测量

有很多方法可以检测着陆装置表面和航天器装配间空气的微生物总量：

（1）用药签擦拭航天器表面（$5 \times 5 \text{ cm}^2$）；

（2）擦拭更大区域（$1 \times 1 \text{ m}^2$）；

（3）通过过滤系统获取空气样本。

采样后可按 NASA 行星保护手册（planetary protection handbook of NASA）处理，包括：分离微生物，直接培养和加热处理（80 ℃，15 分）后培养，后者只有孢子才能存活并增殖。

（4）细胞数由菌落形成单位决定（CFU）。

NASA 标准程序仅仅能检测到很小一部分微生物，即只是适应相应测试培养条件的微生物，而可能无法检测到适应其他环境的微生物。一种解决方法是采用不同的培养条件，即不同的培养温度，不同 pH 的培养基以及需氧与厌氧培养，这样检测到的微生物谱会更宽。16S rRNA/DNA 系统发育分类法可用来分析发现的微生物。从这些数据可以确认分离所获微生物的自然栖息地（图 9-19）。

由于很多微生物无法通过培养方法检出，因此应用目前培养检测方法测得的微生物数量实际低估了航天器的生物负荷量。为了克服这些困难，应该进一步研究不依赖于培养方法的生物负载的确认方法。目前正在研究的分子生物学方法包括以下几种。

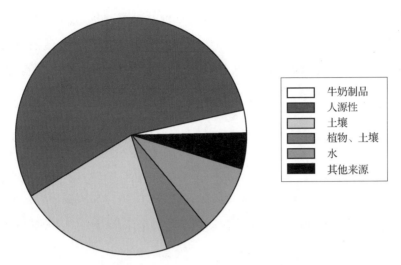

图 9-19　从航天器上分离得到的 65 种提取细菌分离株的自然栖息地

（1）直接分析样品的 DNA 序列。

（2）基于 ATP 的微生物检测，采用 Luciferin-luciferase 荧光素反应测量，应用生物发光定量研究 ATP 总量和细胞内的 ATP 量。

（3）采用显色底物（chromogenic substrate）鲎阿米巴样细胞溶解试验（limulus amebocyte assay，LAL）定量分析革兰氏阴性菌的脂多糖。

9.4.3.2　减少生物载荷

测量航天器上生物载荷后，按照行星保护法，清洁航天器或对航天器进行消毒。

应用生物清洁剂和生物毒性试剂擦拭航天器表面，如果需要，可进一步采用下列消毒方法：①干燥加热消毒（NASA 标准方法）；②伽马射线消毒；③H_2O_2 气体离子消毒。

在消毒之后，必须采取措施，以防止再污染的发生。

9.4.4　载人行星任务

对将来的人类火星飞行，有三种不同的保护措施。

（1）保护人类、设备以及设备操作，使之不受自然环境中潜在的有害元素影响。

（2）保护原有的特殊自然环境，以保证科学研究的价值和其他用途，避免前向污染。

（3）人类返回时保护地球及其生物圈，避免带回反向污染的危险物质，从而造成损害。

参考文献

[1] BAUCON A, NETO DE CARVALHO C, FELLETTI F, et al. Ichnofossils, cracks or crystals? A test for biogenicity of stick-like structures from Vera Rubin Ridge, Mars[J]. Geosciences, 2020, 10(2):39.

[2] BERTAUX J L, LEBLANC F, WITASSE O, et al. Discovery of an aurora on Mars [J]. Nature, 2005, 435(7043):790-794.

[3] COCKELL C, HORNECK G A. Planetary park system for Mars[J]. Space policy, 2004, 20:291-295.

[4] Committee on an Astrobiology Strategy for the Exploration of Mars, National Research Council. An astrobiology strategy for the exploration of Mars [R]. Washington: National Academies Press, 2007.

[5] DE VERA J P, SECKBACH J. Habitability of other planets and satellites[C]// Cellular Origin, Life in Extreme Habitats and Astrobiology 28. Springer Netherlands, 2013.

[6] DEBUS A, RUNAVOT J, ROGOVSKI G, et al. Landers sterile integration implementations: example of Mars 96 mission[J]. Acta astronautica, 2002, 50:385-392.

[7] DEVINCENZI D L, STABEKIS P D, BARENGOLTZ J B. Refinement of planetary protection policy for Mars missions[J]. Advances in space research, 1996, 18:311-316.

[8] EIGENBRODE J L, SUMMONS R E, STEELE A, et al. Organic matter preserved in 3-billion-year-old mudstones at Gale crater, Mars[J]. Science, 2018, 360(6393):1096-1101.

[9] FAIRÉN A G, DAVILA A F, GAGO – DUPORT L, et al. Cold glacial oceans would have inhibited phyllosilicate sedimentation on early Mars[J]. Nature geoscience, 2011, 4(10):667 – 670.

[10] FAIRÉN A G. A cold and wet Mars[J]. Icarus, 2010, 208(1):165 – 175.

[11] GIBSON JR E K, WESTALL F, MCKAY D S, et al. Evidence for ancient Martian life[C]//The Fifth International Conference on Mars. California, 1999.

[12] GOLDSPIEL J, SQUIRES S. Groundwater sapping and valley formation on Mars [J]. Icarus, 2000, 148(1):176 – 192.

[13] HARTMANN W K, NEUKUM G. Cratering chronology and the evolution of Mars [J]. Space science reviews, 2001, 96(1/4):165 – 194.

[14] LAMMER H. Origin and evolution of planetary atmospheres: implications for habitability[M]. Berlin, Heidelberg: Springer – Verlag, 2013.

[15] GRADY M M. Astrobiology of the terrestrial planets with emphasis on Mars[M]// HORNECK G, RETTBERG P. Complete Course in Astrobiology. Wiley – VCH: 2007:203 – 222.

[16] BAGLIONI P, SABBATINI M, HORNECK G. Astrobiology experiments in low Earth orbit: facilities, instrumentation, and results [M]//HORNECK G, RETTBERG P. Complete Course in Astrobiology. Weinheim: Wiley – VCH, 2007: 273 – 320.

[17] HORNECK G. The microbial world and the case for Mars[J]. Planetary and space science, 2000, 48(11):1053 – 1063.

[18] KARGEL J S. Mars – a warmer wetter planet[M]. Berlin, Heidelberg, New York: Praxis and Springer, 2004.

[19] KMINEK G, CONLEY C, HIPKIN V, et al. COSPAR's Planetary Protection Policy [R/OL]. https://cosparhq.cnes.fr/assets/uploads/2019/12/PPPolicyDecember – 2017.

[20] FISK L, JEAN – CLAUDE W, COUSTENIS A, et al. COSPAR Business: introductory note to the June 2021 update of the COSPAR policy on planetary protection[J]. Space research today, 2011, 211:9 – 25.

[21] LA DUC M T, NICHOLSON W, KERN R, et al. Microbial characterization of the Mars Odyssey spacecraft and its encapsulation facility [J]. Environ mental microbiology. 2003, 5(10): 977-985.

[22] MCEWEN A, LUJENDRA O, DUNDAS C, et al. Seasonal flows on warm Martian slopes[J]. Science, 2011, 333(6043): 740-743.

[23] MCKAY D S, GIBSON E K, THOMAS-KEPRTA K L, et al. Search for past life on Mars: possible relic biogenic activity in Martian meteorite ALH84001[J]. Science, 1996, 273(5277): 924-930.

[24] NICHOLSON W L, SCHUERGER A C, RACE M S. Migrating microbes and planetary protection[J]. Trends in microbiology, 2009, 17(9): 389-392.

[25] NOBLET A, STALPORT F, GUAN Y Y, et al. The PROCESS experiment: amino and carboxylic acids under Mars-like surface UV radiation conditions in low-Earth orbit[J]. Astrobiology, 2012, 12(5): 436-444.

[26] OJHA L, WILHELM M B, MURCHIE S L, et al. Spectral evidence for hydrated salts in recurring slope lineae on Mars[J]. Nature geoscience 2015, 8(11): 829-832.

[27] OROSEI R, LAURO S E, PETTINELLI E, et al. Radar evidence of subglacial liquid water on Mars[J]. Science, 2018, 361(6401): 490-493.

[28] OZE C, JONES C, GOLDSMITH J I, et al. Differentiating biotic from abiotic methane genesis in hydrothermally active planetary surfaces[J]. PNAS, 2012, 109(25): 9750-9754.

[29] PATEL M R, ZARNECKI J C, CATLING D C. Ultraviolet radiation on the surface of Mars and the Beagle 2 UV sensor[J]. Planetary and space science, 2002, 50, 915-927.

[30] PUDRITZ R, HIGGS P, STONE J. Planetary systems and the origins of life[M]. Cambridge: Cambridge University Press, 2007.

[31] RUMMEL J D, BILLINGS L. Issues in planetary protection: policy, protocol and implementation[J]. Space Policy, 2004, 20: 49-54.

[32] SECKBACH J. Origins-genesis, evolution and diversity of life [C]//Cellular

Origin, Life in Extreme Habitats and Astrobiology V6. New York: Kluwer Academic Publishers, 2005.

[33] SECKBACH J, WALSH M. From fossils to astrobiology, records of life on Earth and the search for extraterrestrial biosignatures[C]//Cellular Origin, Life in Extreme Habitats and Astrobiology V12. Springer Science + Business Media B. V, 2009.

[34] SQUYRES S W, GROTZINGER J P, ARVIDSON R E, et al. In situ evidence for an ancient aqueous environment at Meridiani Planum, Mars[J]. Science, 2004, 306, 1709-1714.

[35] JAKOSKY B M, WESTALL F, BRACK A. Potentially habitable worlds, Mars[M]//SULLIVAN III W T, BAROSS J A. Planets and life: the emerging science of astrobiology. Cambridge: Cambridge University Press, 2007: 357-387.

[36] TOKANO T. Water on Mars and life[M]. New York: Springer Berlin Heidelberg, 2005.

[37] WESTALL F, LOIZEAU D, FOUCHER F, et al. Habitability on Mars from a microbial point of view[J]. Astrobiology, 2013, 13(18): 887-897.

[38] WHITE L M, GIBSON E K, THOMNAS-KEPRTA K L, et al. Putative indigenous carbon-bearing alteration features in Martian meteorite Yamato 000593[J]. Astrobiology, 2014, 14(2): 170-181.

第 10 章
外太阳系的宜居性

在外太阳系寻找生命迹象最初看起来十分渺茫。这个区域远离太阳系的宜居带，只能接收到非常有限的太阳光，那里的行星缺乏固体表面，在其气态层，强对流形成的垂直风造成环境的极度不稳定。这些行星的物理特性事实上基本排除了生命存在的可能。然而这些类木行星还存在众多的卫星，它们的物理特征与其母星有很大的不同。20 世纪末，人们寻找生命的注意力开始转向这些卫星。

外太阳系卫星的发现首先要归功于伽利略。1609 年，意大利天文学家伽利略用自制的望远镜发现了木星的四大卫星，但在接下来的 4 个世纪里，四大卫星以及后来发现的其他卫星一直只是些光点，人类尚没有能力知道它们的更多内容。直到 1979 年，旅行者 1 号和旅行者 2 号经过木星与土星，人们才开始对这些卫星有所了解。伽利略号飞船在 1996 年至 2003 年进行环绕木星飞行，1997 年发射的卡西尼号太空船飞抵土星的卫星进行探测后，这些卫星的各种特征才逐渐为我们所认识。这些了解点燃了在外太阳系找到生命的希望。

■ 10.1 外太阳系与生命相关的特征

10.1.1 外太阳系天体的密度和物质构成

一般认为，具有固体表面的星体是生命存在的前提之一。在太阳系，满足这一条件的行星都位于内太阳系，但太阳系中还有一些相对较小的天体，如卫星、矮行星、小行星等也具有固体表面。外太阳系的 4 个气态巨行星尽管都缺乏固体表面，但它们的卫星的一些结构特征却类似于类地行星。

10.1.1.1　太阳系各天体的密度变化规律

一般来讲，围绕太阳的各种天体，其密度与距太阳的距离有关。距太阳较远的天体密度相对较低。这是由于在太阳系形成早期，内太阳系较热，较轻的气体、分子和其他易挥发物向外扩散，或被太阳风吹向了较远的地方，在那里凝结形成较大的行星或卫星。通过测量不同天体的密度，可以用于推测其所含的内容物，包括是否含有水等。从表 10-1 可以看出：太阳系行星随着距离太阳变远，星体自身的密度有越来越低的趋势。天王星和海王星的密度有所增加是因为它们含有较多的水冰，而不是像木星和土星那样主要由氢和氦组成。

表 10-1　太阳系行星及小行星带星体的密度的比较

行星、小行星	平均密度/(g·cm^{-3})	距太阳的平均距离/AU
水星	5.4	0.39
金星	5.2	0.72
地球	5.5	1.0
火星	3.9	1.52
灶神星	3.46	2.36
谷神星	2.09	2.77
木星	1.33	5.20
土星	0.69	9.58
天王星	1.27	19.22
海王星	1.64	30.07

但外太阳系的气态巨行星的卫星的平均密度高于它们的主星（表 10-2）。此外，柯伊伯带的矮行星，如冥王星、厄里斯、鸟神星（Makemake）和共工星（Gonggong）的密度都与之相似。它们都是岩石星体，有固态的表面。不过它们还是比类地行星的密度低些，这通常意味着含有较多的水等轻物质。这些水一般凝结成冰，但已发现一些卫星地壳之下的水可以是液态的。

表 10-2　外太阳系的某些卫星和矮行星的平均密度及与太阳的距离

卫星或矮行星	平均密度/(g·cm^{-3})	距太阳的平均距离/AU
木卫二	3.013	5.20
土卫二	1.609	9.58
土卫六	1.880	9.58
冥王星	1.87	39.48
厄里斯	2.52	67.86
鸟神星	1.98	45.43
共工星	1.75	67.49

10.1.1.2　外太阳系卫星的水和其他构成

外太阳系温度低，水、二氧化碳及甲烷等都会凝结，和岩石等成分聚合成固态，而更轻的氢气则大部分被它们的主星所吸走，使卫星具有类地行星的固态表面。但大部分类木卫星的密度低于地球，说明它们包含了密度较低的水。它们的基本组成与距离它们的主星以及太阳的远近有关。如木星的卫星的密度随着它们靠近木星而逐渐上升；离木星越近，密度越高，含水量越少。这是由于在类木行星系统形成时，中心的位置通常较热，靠近中心的位置形成的卫星的水分较容易挥发掉。基于同样的理由，距离太阳较远的卫星，由于所处环境更冷，不但含水冰的量更高，而且一些冰点更低的物质，比如 CH_4 等也会凝结。因此，土星的卫星密度低于木星卫星，含水量则更多。

受到它们主星较大的潮汐引力的作用，几乎所有的类木卫星都处于潮汐锁定的状态，也就是有一个面永远对着主星。

外太阳系的含水量多于内太阳系，水分子的存在不是问题，问题是是否有热源将水加热到液态，并具有防止液态水挥发掉的机制。能做到这一点，才有更大的机会产生生命，或使外太阳系环境变得宜居。

10.1.2　外太阳系的能量来源

与内太阳系不同，外太阳系接受的阳光很弱，从太阳直接的能量来源不足。

它们不在天体生物学传统定义的宜居带范围内，但实际上这些外太阳系星体有自己的能源，来源于行星和卫星的内部放射性，以及它们之间借助潮汐力、引力等产生的能量。这些能量有可能维持液态水，甚至支持一个生命系统。

10.1.2.1 类木行星的能量来源

考察表明，木星正在向其宇宙空间释放巨大的能量。它所释放出的能量是它所获得的太阳能量的两倍，说明这些释放的能量的一半来自它的内部。木星内部存在热源可能是由开尔文-亥姆霍兹机制通过引力收缩，由引力势能转变而来，通过液态氢大规模的对流活动引到表面的。木星形成的时候比我们目前观测到的略大一点。引力收缩造成木星每年缩小约 2 cm。由于木星有较强的内部能源，致使其赤道与两极温差不超过 3 ℃。

木星作为一个巨大的液态氢星球，本身具备了天然核燃料，加之木星的中心温度已达到了 28 万 K，具备了进行热核反应所需的高温条件。就木星的收缩速度和对太阳系放出的能量及携能粒子的吸积特性来看，木星在经过几十亿年的演化之后，中心压或可达到起始核反应所需的水平。

土星也有非常热的核心，其温度高达 11 700 ℃，辐射至太空中的能量同样达到它接受的太阳能的 2.5 倍。这些能量也产生于缓慢的重力压缩。另外，在土星内部，液态氦的液滴穿过较轻的氢时，不断地通过空气旋转产生热能量。

天王星本身很冷，是太阳系温度最低的行星，但天王星热辐射释放出的总能量也超过了吸收的太阳能量。另外，天王星大气层的最外层的增温层有着 800~850 K 的均匀温度，目前仍不能解释这种高温的能量来源。

海王星由大气层顶端向内，温度稳定上升，但星球内部热量的来源仍然是未知。海王星内部能量大到可以维持太阳系所有行星系统中已知的最高风暴速度。对其内部热源有几种解释，包括行星内核的放射热源、行星生成时吸积盘塌缩产生的能量，以及重力波对平流圈界面的扰动等。

10.1.2.2 外太阳系卫星的能量来源

外太阳系的卫星也具有各自内部的能源系统，或取自各自的主星，而很少依赖太阳提供能量。已经发现有几颗卫星存在液态水。潮汐加热和放射性衰变可能是导致液态水存在的两种热源。在放射性衰变加热的基础上，厚冰层的隔离可以帮助保存这些热量，维持液态海洋。这部分内容在后面几节进一步说明。

10.1.3 对外太阳系及小行星带的探测活动

从 1973 年人类航天器首次飞越小行星带，进入外太阳系以来，已经完成了多次外太阳系及小行星带的探测任务，飞抵了外太阳系所有的行星、较大的矮行星、小行星，并对木星和土星的一些卫星进行了重点观测。表 10-3 总结了已完成的、正在进行的和将要进行的有关探测任务，以及已取得的成果和预期目标。

表 10-3 已完成的、正在进行的和计划进行的外太阳系探测任务

项目	任务类型	飞临或着陆时间	成果和预期
先锋 10 号	近飞（Flyby）木星	1973 年 12 月 3 日	第一个越过小行星带，近飞木星的飞船
先锋 11 号	近飞木星 近飞土星	1974 年 12 月 2 日 1979 年 9 月 1 日	第一个近飞土星的飞船
旅行者 1 号	近飞木星 近飞土星	1979 年 3 月 5 日 1980 年 11 月 12 日	发现木卫一的火山、土卫六的大气和土卫二的高反射率
旅行者 2 号	近飞木星 近飞土星 近飞天王星 近飞海王星	1979 年 7 月 9 日 1981 年 8 月 26 日 1986 年 1 月 24 日 1989 年 8 月 25 日	第一次（唯一）近飞天王星和海王星，发现木卫二光滑表面，海卫一的间歇泉
伽利略号飞船	木星轨道	1995 年 12 月 7 日至 2003 年 9 月 21 日	第一个外太阳系行星轨道器；发现木卫二、木卫三和木卫四冰下的海洋
伽利略号大气探测器	木星大气探测	1995 年 12 月 7 日	探测了木星的大气
卡西尼号太空船	土星轨道	2004 年 7 月 1 日至 2017 年 9 月 15 日	发现土卫二的间歇泉，土卫六的"湖"
惠更斯探测器	土卫六着陆器	2005 年 1 月 14 日	探索土卫六的大气和表面

续表

项目	任务类型	飞临或着陆时间	成果和预期
黎明号	灶神星和谷神星轨道器	2011年7月16日至2012年9月5日（灶神星）2015年3月6日至2018年10月31日（谷神星）	研究这两颗最大的小行星的地质和矿物，确认谷神星上潜在的水驱动的火山作用
新地平线号飞船	近飞冥王星 近飞Arrokoth	2015年7月14日 2019年1月1日	探索柯伊伯带天体
朱诺号木星探测器	木星轨道	2016年7月4日至今	了解木星的起源和演化，描绘木星磁场，测量深层大气的水和氨，观察极光
露西号（Lucy）探测器	近飞多个小行星	2021年10月发射	近飞1个主带小行星和5个特洛伊小行星
木星冰月探测器（JUICE）	木卫三轨道器	2023年4月发射，2031年到达	将反复近飞木卫二、木卫三和木卫四；最终环绕木卫三
灵神星探测器	灵神星轨道	2023年10月发射，2029年到达	环绕富金属的灵神星，探索行星核心的起源
欧罗巴快船（Europa Clipper）	木星轨道+多次近飞木卫二	预计2024年10月发射，2030年到达	在木星轨道将用3.5年的时间近飞木卫二44次，高度在25～2 700 km
蜻蜓号（Dragonfly）	土卫六自动飞行器	预计2026年发射，2034年到达	将用2.7年的时间探索土卫六表面

10.2 伽利略卫星

伽利略使用人类的第一台天文望远镜观察到了围绕木星旋转的4颗最大的卫星，根据距离木星的远近，分别命名为Io（木卫一）、Europa（木卫二）、

Ganymede(木卫三)和 Callisto(木卫四)。这 4 颗最大的卫星被称为伽利略卫星。为了纪念伽利略 400 年前的这一伟大发现,2009 年被定为国际天文年。

10.2.1 概况

NASA 的旅行者 1 和旅行者 2(Voyager 1,Voyager 2)发射于 1977 年,Voyager 1 在 1979 年 3 月到达木星,在 1980 年 11 月到达土星;Voyager 2 于 1979 年 7 月到达木星,于 1981 年 8 月到达土星;伽利略卫星(Galileo)发射于 1989 年,1995 年 12 月到达木星轨道。这 3 个探测器进入了木星和土星系统,检测到这两颗行星的某些卫星的特殊性质,包括水冰的存在,甚至发现在木卫二 1 000 m 厚的冰层下可能存在大洋的指征。由此推断这个卫星上火内部存在生命的可能性,并将可居住区的定义(见第 3 章)扩展到这些含有液态水的天体,虽然这些水不在表面,而是在地下的某个地方。

伽利略卫星的基本数据及与地球的比较见表 10-4。与行星与太阳的距离越近,密度越相似,伽利略卫星距离木星越近,其密度越大。伽利略卫星的内部结构见图 10-1。

表 10-4 4 个伽利略卫星的性质及其和地球的比较

卫星	质量 /10^{20} kg	半径/km	平均密度/ ($kg \cdot m^{-3}$)	距木星距离 /10^6 km	轨道周期 /天	轨道偏心率
木卫一(JⅠ)	893.2	1 821.6	3 530	0.422 0	1.769	0.004 1
木卫二(JⅡ)	480.0	1 560.8	3 010	0.670 9	3.551	0.009 4
木卫三(JⅢ)	1 481.9	2 631.2	1 940	1.070 0	7.155	0.001 1
木卫四(JⅣ)	1 075.9	2 410.3	1 830	1.883 0	16.69	0.007 4
地球情况(对比)	59 700.0	6 378.0	5 515		365.256	0.016 7

木卫一(Io)距离木星最近,密度最大,这意味着它大部分由岩石构成,几乎不存在水。伽利略飞行器提供的资料提示它有一个富铁的核心,并围绕有岩石幔。木卫一是太阳系中火山最活跃的星体。火山烟气高达 300 km,其熔岩喷出

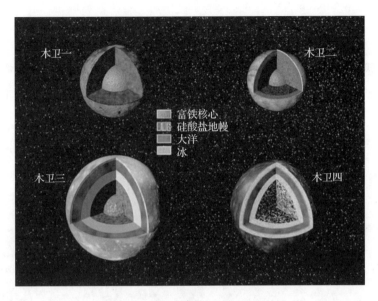

图 10-1　4 个伽利略卫星的内部结构

速度接近逃逸速度的 1/2。这些喷出物质的组成现在并不完全清楚，但是理论分析提示它的主要成分是融化了的硫和其化合物，木卫一稀薄大气的主要成分是二氧化硫。通过木卫一的铁核可形成它自身的磁场。因为木卫二和木卫三干扰了木卫一的轨道运动，导致木卫一的轨道呈一个不规则的椭圆形，木卫一和木星的距离可发生很大的变化，从而导致木卫一受到很强的可变潮汐力影响，这个力使得木卫一的表面膨出和收缩达 100 m 之多，这可能是木卫一火山活动强烈的原因。

木卫二（Europa）可能是唯一的一个有水和岩石层直接接触的伽利略卫星。它的中心同样是一个铁核，有岩石的幔，外层是水。可能有深达千米的大洋，上面覆盖着千米深的冰层。天体生物学对这个星球特别感兴趣，将在后面进行更详尽的讨论。

两个最大的伽利略卫星木卫三和木卫四位于木星的更外层。低密度（表 10-4）提示它们含有大量的水冰（图 10-1）。但即使这两颗卫星存在液态的水，这些水也是位于冰层之间而不是直接与岩石层相接触，因此存在生命的可能性小于木卫二。木卫四作为人类空间探索任务的目标也已经提上了日程，因为它处于木星的辐射带以外，所以对于人类来说，访问木卫四所经历的辐射要大大少于访问其他卫星，并且这一辐射可能在人类可忍受的极限范围以内。

10.2.2 木卫二

10.2.2.1 木卫二的物理环境

木卫二的主体构成与类地行星相似,即主要由硅酸盐岩石构成(图10-2)。它的表面由水覆盖,据推测其厚度可达上百千米(上层为冻结的冰壳,冰壳下是液态的海洋)。1995年到2003年期间,环绕木星进行科学考察的伽利略号飞船所采集到的磁场数据表明,木卫二在木星磁场的影响下,自身能够产生一个感应磁场,这一发现暗示着,其表层内部很可能存在与咸水海洋相似的传导层。

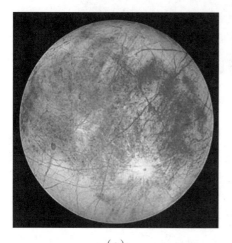 

(a)　　　　　　　　　　(b)

图10-2　木卫二覆盖有年轻的冰壳和可能由于木星的潮汐力引起的裂缝

(a) 木卫二覆盖有年轻的冰壳;(b) 可能由于木星的潮汐力引起的裂缝

木卫二的大气层很薄,主要由分子氧和一些水蒸气组成。与地球大气不同,木卫二的氧不是生物起源的,而是通过辐射分解水形成的。太阳紫外线辐射和来自木星磁层环境的带电粒子与木卫二表面的水冰碰撞,将水分子分解成氧和氢。较轻的氢逃脱木卫二的引力而逸散到太空,将氧留在大气中。辐射分解产生部分分子氧并没有从表面喷出,而是可能进入地下的海洋,在那里可能帮助生物过程。估计辐射产生的氧很可能导致地下海洋中自由氧浓度与地球的深海相当。

天体生物学家对木卫二非常感兴趣,因为在它表面有厚达1 000 m的冰层,冰层下存在海洋,那里可能有生物居住(见第3章)。

10.2.2.2 木卫二的宜居性

木卫二似乎能够满足宜居性的主要先决条件：①碳源和其他矿源；②能源；③液态水（见第3章）。由于前太阳星云是由含有碳和碳化合物的塌缩星际云形成的，因而整个太阳系都含有碳（见第2章），彗星和陨石可以证明这一点。在形成木卫二的外太阳系地区，碳的化合物较稳定。木卫二上的岩石层矿源可为可能存在的生物提供化学能源和碳源。这类似于地球上的化能自养型生物的生存方式。由以下事实可以推断出木卫二存在和岩层接触的液态水：①木卫二的密度低于木卫一，但高于木卫三和木卫四；②木卫二的表面显示有裂开的冰的覆盖物（图10-2）；③木卫二存在一个诱发的磁场，这可以解释为含盐的液体在木星的辐射带中运动的结果，也反过来证明地下咸水海洋的存在。木星的引力所驱动的潮汐力似乎是木卫二上裂缝形成的原因。海洋与海底相互作用对木卫二的宜居性很重要。这种相互接触与地球生物的诞生有关。潮汐加热是木卫二热量的主要来源。由木星和其他卫星不同方向的重力牵引所转化成的热和能量可能为冰层提供热能，使其内部液化成海洋，并为驱动表层下的地质运动提供了必要的条件。

木卫二上的生命可能聚集在海底或海底的热液喷口周围，也可能附着在木卫二冰层的下表面，就像地球极地的藻类和细菌一样，或者自由漂浮在木卫二的海洋中。木卫二表面上的辐射分解冰产生的氧气和过氧化物可能通过构造过程输送到内部海洋，使地下海洋富含氧，从而允许复杂的需氧多细胞生物的存在（图10-3）。

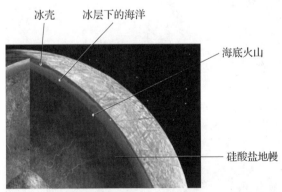

图10-3 木卫二的表面冰层、地下海洋、地下火山和地幔

资料来源：NASA/JPL – Caltech/Michael Carroll，
https://photojournal.jpl.nasa.gov/jpeg/PIA24477.jpg。

对比太阳系中的大部分天体,木卫二表面仅仅显示了一些很小的撞击产生的陨石坑(如与月亮和水星比较)。在太阳系的早期阶段,所有的天体都经历过无数次的陨石和彗星的撞击,对于木卫二上陨石坑数目较少的唯一解释就是它的表面是在近代重新形成的,比较年轻,冰层是在木星的潮汐力作用下重新形成的表面。

有两种模型可以用来解释木卫二的破裂冰壳:①在木卫二上,盐水大洋的上层覆盖着厚度 20 km 上下的冰壳。由于木卫二围绕木星偏心轨道引起的潮汐力促成了地层的断裂,从而形成冰壳的周期性破裂。洋流带动冰壳破裂形成的冰块,形成相互运动。由于木卫二表面温度大约为 -170 ℃,远低于冰点,这样冰块之间的液体迅速固化,阻碍了冰块的进一步移动。②木卫二上有硅酸盐层的热源。潮汐力可能引起木卫二硅酸盐层的部分熔化以及硅酸盐层和水的界面处的火山活动,在这种情况下,火山喷发使冰层下面大洋底部的水变得很热,并上升到表面融化冰层,诱发强烈的迁移运动,作为上述运动的结果,在大洋底部形成一个热液喷发。这种情况引起了天体生物学家的极大兴趣,因为大洋和硅酸盐界面的条件和地球海床某些地方非常相似,后者存在非常茂盛的生态系统。

木卫二可能存在的海洋大小同地球上的北冰洋相似。既然北冰洋能通过冰层的裂缝接触空气和热量,那么,木卫二上的海洋也能通过冰层裂缝与外界接触(图 10-4)。

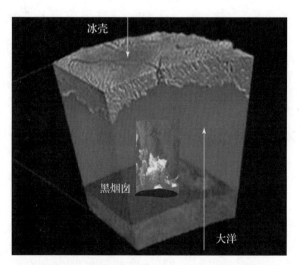

图 10-4 带有薄冰壳的木卫二表面结构模型

注:冰壳下面的大洋、紧连大洋的硅酸盐地幔,以及假想的洋底热液喷发口。

哈勃空间望远镜在 2012 年拍摄到从木卫二的南极附近喷发出来的羽流的图像（图 10-5）。人们分析认为：它们可能是偶发的，在木卫二离木星最远的时候出现。这股水蒸气可能高达 200 km，这样高的水汽喷发使人类探测器在飞掠木卫二时，如果能穿越羽流，就可以不必着陆即可采集到有关的样品。不过 2020 年 11 月发表的一项研究表明：这些羽流可能来自木卫二地壳内的水，而不是地下海洋，这使木卫二羽流携带生物信息的可能减小。

图 10-5　木卫二表面喷发出来的羽流图像（NASA）

10.2.2.3　木卫二可能存在的生命对辐射的耐受性

木星有一个很强的磁场，围绕着木星有一个非常强的辐射场，其辐射带捕获了大部分由质子和电子组成的宇宙射线。木星的内辐射带和地球的 Van Allen 带相似，但是辐射强度较 Van Allen 带大 1 万倍（图 10-6）。木卫二像其他伽利略卫星一样，其绕木星旋转轨道嵌在木星的磁层（magnetosphere）中，因此经常受到捕获带电离辐射的轰击（图 10-7）。

图 10-6　木星周围存在的辐射区域

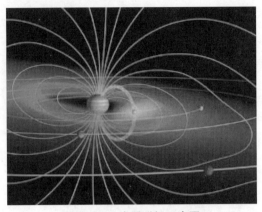

图 10-7　木星磁场示意图

注：木星有一个很强的磁场，捕获了主要由质子和电子组成的宇宙射线，木卫二穿行其中。

这些电离辐射主要由质子和电子组成，也包括来自木卫一的氧离子和硫离子。它的年辐射量可达 1 MGy，与之相比，地球上的年剂量只有 2 mGy。这意味着在地球上面最具有辐射耐受性的细菌抗辐射奇球菌（*Deinococcus radiodurans*）在木卫二表面存活期不会超过两天。它最大的忍受量是 5 kGy。不过由于木卫二表面覆盖着厚冰层，因此能够有效地屏蔽辐射。在木卫二表面 10 cm 以下年辐射量降低到 400 Gy（图 10-8）。冰壳下 1 m 深处的年辐射量为 200 mGy，其剂量与火星表面剂量大致相当（见第 9 章）。大部分微生物能够承受这样的放射剂量。因此在木卫二海洋中可能存在的生命体就能受到很好的保护，避免木星辐射的影响。

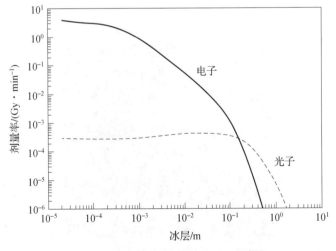

图 10-8　因冰层而衰减的木卫二辐射场

综上所述，木卫二满足宜居性的必要条件如下。

（1）木卫二具有存在于冰层下大洋中的液态水。

（2）大洋同岩石层直接接触，提供生命形成的必要元素。

（3）木卫二有多种能源：潮汐能、太阳的紫外辐射（虽然非常微弱，仅仅在表面上）、宇宙辐射（到达一定深度）、放射性的衰变所产生的热能和岩石层中矿物质的化学能。

所以，木卫二是天体生物学最感兴趣的天体之一，ESA 和 NASA 均计划进行木卫二的探测任务。美国宇航局的欧罗巴克利伯号（Europa Clipper）计划于 2024 年发射，它将评估木卫二的宜居性，它的地下海洋被认为是发现生命的最佳目标。

10.3 土星的卫星

土星有为数众多的卫星。理论上讲，所有在土星环上运行的足够大的冰块都是卫星。到 2019 年，已经确认的卫星有 82 颗，其中 53 颗有正式的名称。但只有 7 颗有足够的质量能够以自身的重力达到流体静力平衡。

最先发现的前九颗卫星按距离土星由近到远排列为：土卫一、土卫二……直到土卫九。这些卫星在土星赤道平面附近以近圆轨道绕土星转动。在这些卫星中，土卫二和土卫六被认为是最有希望存在生命的卫星。

土星的主要卫星的性质如表 10-5 所示。

表 10-5 土星的主要卫星的性质

土星卫星	质量/10^{20} kg	半径/km	平均密度/$(kg \cdot m^{-3})$	可见几何反照率
土卫一 Mimas（SⅠ）	0.38	209	1 150	0.6
土卫二 Enceladus（SⅡ）	1.08	250	1 610	1.0
土卫三 Tethys（SⅢ）	6.18	530	960	0.8
土卫四 Dione（SⅣ）	11.00	560	1 470	0.7
土卫五 Rhea（SⅤ）	23.10	764	1 230	0.7
土卫六 Titan（SⅥ）	1 345.50	2 575	1 880	0.22

续表

土星卫星	质量/10^{20} kg	半径/km	平均密度/$(kg \cdot m^{-3})$	可见几何反照率
土卫七 Hyperion（SⅦ）	0.06	150	570	0.3
土卫八 Iapetus（SⅧ）	18.10	718	1 090	0.05/0.5
土卫九 Phoebe（SⅨ）	0.08	107	1 638	0.06

10.3.1 土卫六

在土星所有的卫星中，土卫六（Titan，泰坦）是最大的一个，也是唯一拥有稠密的大气的卫星，这引起天体生物学家的极大兴趣，他们对土星是否存在一个可居住区进行了一系列探索和分析。

10.3.1.1 土卫六的大气和表面

在早期的 NASA 旅行者（Voyager）任务中，光谱分析已经显示在土卫六的大气中存在有机分子。由 NASA、ESA 和意大利航天局（ASI）于 2004 年 12 月 25 日发射的卡西尼号太空船（Cassini）则得到更多的信息。卡西尼号在接近土卫六的时候，释放的惠更斯土星探测系统于 2005 年 1 月 14 日降落在土卫六上（图 10-9），并且从降落地点获取了大气样品并拍摄图像（图 10-10），提供了许多土卫六的信息。卡西尼号惠更斯系统包含如下仪器。

（1）测量大气辐射收支（radiation budget）的近代成像和光谱辐射计。

（2）下降过程中在垂直方向上测量大气压力和温度分布的仪器。

（3）提供测量土卫六表面的化学组成和物理状态的各种科学仪器。

（4）气相色谱仪—质谱仪（GC-MS）对大气和表面成分进行细致的分析。

（5）在下降过程中，用于收集和裂解样本，并传送到 GC-MS 上进行分析的气溶胶收集仪和裂解装置。

惠更斯探测装置从 150 km 的高度降落到土卫六的表面需要 2.4 h；降落以后再继续工作 1.2 h。随后，卡西尼（Cassini）移出了惠更斯遥测的范围。尽管对土卫六探测的时间很短，但还是获得了相当丰富的信息。

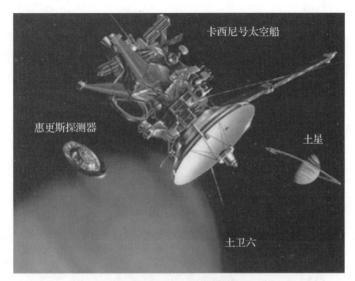

图 10-9 惠更斯探测装置降落到土卫六

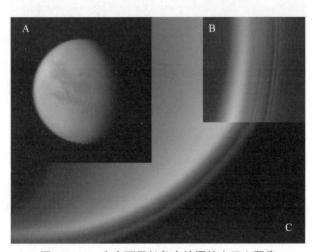

图 10-10 在卡西尼任务中拍摄的土卫六图像

注：A：在距离 170 000 km 处图像处理系统得到的伪彩色图片（由近红外和可见光图像合成）；B 和 C：阴暗面边缘的紫外图像，由窄角相机拍摄，显示了土卫六表面几百千米处有几个模糊霾层（NASA 惠供）。

土卫六具有稠密的大气，主要由 N_2 和少量的 CH_4 所组成，表面气压为 1.5×10^5 Pa（1.5 bar），和地球大气压非常相似。土卫六大气的压力和温度曲线呈现以下四个区域：①高度为 50 km 的对流层；②从对流层顶到高度为 300 km 的平流层；③再到高度为 600 km 的中间层；④最后到热层（图 10-11）。

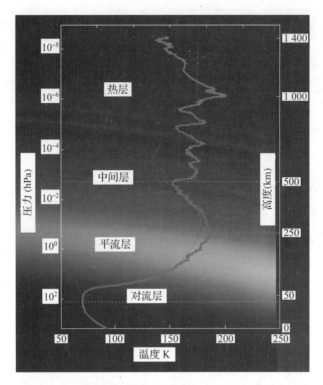

图 10-11 Huygens 探测器测得的土卫六的大气、温度和压力（ESA 惠供）

除 N_2 和 CH_4 外，Huygens 探测器测得的土卫六大气成分还包括乙烷、苯、多环芳烃、丙烯等（图 10-12），此外，还有气溶胶层，它主要位于平流层内。虽然土星系统的土卫六距离太阳有 10 AU 的距离，到达土星系统的太阳能量只有到达地球系统的 1%，但是在大气上层仍然有很活跃的光化学反应，这种光化学反应主要发生在气溶胶中，并形成了复杂的有机物的混合物。这是甲烷被太阳紫外线分解而产生的一系列反应，形成一层厚厚的橙色烟雾。气溶胶颗粒中心的分子包括如下的反应终端产物：—CN，—NH_2，—NH—，—N，—C≡N—。这些冷凝物可以导致有机物的形成。在形成复杂的有机物时 C_2H_2 和 HCN 起很重要的作用。2018 年 10 月，研究人员报告了从简单有机化合物到复杂多环芳烃（PAH）化合物的低温化学途径。这种化学途径可能有助于解释土卫六低温大气中多环芳烃的存在。根据多环芳烃世界假说，这一化学过程可能是产生我们所知的与生命有关的生化物质前体的重要途径。

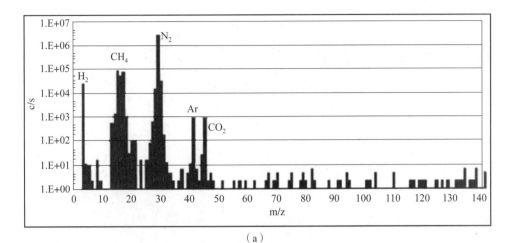

图 10 - 12　惠更斯探测器得到的土卫六表面和高度为 120 ~ 130 千米大气成分信息

(a) 高度 120 ~ 130 km 的大气成分；(b) 土卫六表面大气成分

注：x 轴是质量 - 电荷比（mass - to - charge ratio m/z），y 轴是每秒计数（count per second c/s）。

据估计，土卫六表面的 CH_4 尚不足以维持大气中的 CH_4 耗损，被消耗了的 CH_4 应该补充自土卫六内部，通过冷火山喷发释放出来。土卫六的大气层比地球的大气层密度大，地表的压力约为 1.45 标准大气压（atm）。土卫六 95% 的时间都在土星的磁层内，这可能有助于保护它免受太阳风的影响。在平流层内，辐射在热层产生的有机物雾霾会遮蔽土卫六的表面。研究人员只能推测土卫六表面的岩石由水冰和甲烷组成（图 10 - 13），在土卫六着陆地的照片，呈现了冰和甲烷构成的固体岩石。惠更斯探测器发现，土卫六的大气层周期性地将液态甲烷和其他有机化合物通过降雨落到表面。土卫六的极地表面存在甲烷、乙烷形成的湖泊。

由于土卫六接受的日照极少，只约为地球的1%，大气中的甲烷产生温室效应不足以使地表温度上升很多。相反，土卫六大气中的雾霾会将阳光反射回太空，从而产生反温室效应。因此，土卫六表面的温度仅为94 K（-179.2 ℃）。

10.3.1.2 土卫六的能量来源

土卫六有一个固体核心。核心内部应该仍然炽热。如果土卫六上确实存在火山作用，有可能是由地幔中的放射性元素衰变释放出的能量所驱动，类似于地球所发生的那样。因为冰的密度比水小，所以土卫六的水状岩浆的密度会比它坚硬的冰壳高。这意味着土卫六上的低温火山作用需要大量额外的能量才能运作，可能通过附近土星的潮汐弯曲作用获取更多的能量。

图 10-13　惠更斯探测装置

10.3.1.3 土卫六的地下海洋

根据探测的信息，土卫六的内部结构可以模式化为图 10-14 所示的结构。土卫六有一个由 NH_3 和 H_2O 混合物组成的地下海洋。NH_3 的存在使水即使在低至 176 K（-97 ℃）的温度下也能保持液态；土卫六内部产生的热量足以支持由 H_2O 和 NH_3 组成的液体层。但是这个海洋位于冰层之间，并不和硅酸盐核心直接接触。这个液体层之下是由高压形成的水冰，再往下才是硅酸盐层。这与木卫二的地下大洋直接接触硅酸盐地幔的情形不同，这对生命的产生不利。

10.3.1.4 推测的甲烷生命

土卫六上存在着液态的湖泊，其面积相当于北美的五大湖泊，只是在这些湖泊内流动的液体不是我们熟悉的 H_2O，而是液态的 CH_4（图 10-15）。在地球的常温下，CH_4 是气体，但在土卫六的 -179.2 ℃ 平均气温下却是液态的。这促使人们设想在土卫六的极低温度和地表缺水的环境下，是否会存在一种与地球生物完全不同的、以 CH_4 为溶剂的另类生物存在。地球上所有的生命形式，包括产甲

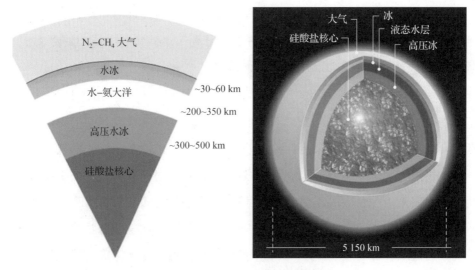

图 10-14　土卫六内部结构模型

烷菌在内都使用液态水作为溶剂，这是地球环境所决定的。尽管水是比甲烷更强的溶剂，水的化学反应性也更强。但这些或许只是站在地球生物的立场上产生的认知。存在于甲烷溶剂的生物分子或许能有另外的特长，比如以碳氢化合物为溶剂的生物大分子不会面临通过水解方式被破坏的风险等。

图 10-15　土卫六上的利盖亚马尔甲烷湖

注：利盖亚马尔是土卫六上众多甲烷湖中最大的一个，覆盖着大约是地球苏必利尔湖表面积的两倍（美国宇航局提供的雷达图像/喷气推进实验室/美国地质勘探局）

可以根据现有的化学知识去为甲烷生物设想一下它们可能的生物化学途径，进而估算这种生物真实存在的可能。由于缺乏氧气，甲烷生物可能会吸入 H_2 代替 O_2；用乙炔代替葡萄糖进行代谢，呼出 CH_4 代替 CO_2。根据这种估计，2005 年，天体生物学家 Chris McKay 认为，如果土卫六表面确实存在产甲烷生物，它很可能会对土卫六对流层的气体含量产生可测量的影响：氢和乙炔的含量将比预期的要低得多。2010 年，来自约翰霍普金斯大学的 Darrell Strobel 发现，土卫六上层大气中氢的含量确实比下层大，说明下层的氢通过某种方式在减少；另一项研究也表明土卫六表面的乙炔含量很低。这些发现与 McKay 的预测一致。但到目前尚不能排除非生物原因的可能性，比如，存在接受碳氢化合物或氢的表面物质等。为进一步证实这些猜测，NASA 正在设计一种潜艇，降落并深入土卫六的甲烷湖泊中进行直接的观测和采样分析。进一步的讨论请参见 12.3 节。

如果甲烷生物确实存在，由于温度很低，甲烷生物的代谢过程必然十分缓慢。2015 年，科学家们提出一种假设的细胞膜，能够在液态甲烷中发挥作用。它由含碳、氢和氮的小分子组成，具有与地球上主要由磷脂双分子层构成的细胞膜相似的稳定性和柔韧性。这一假想的细胞膜被称为"azotosome"。尽管有这些假设，但以甲烷为溶剂的生物仍存在许多生物化学问题有待解决。许多科学家认为土卫六不是一个好的真实生命的栖息地，而是一个好的实验室，用以检验地球上出现生命之前普遍存在的条件假设。

10.3.1.5　作为前生命化学的天然实验室的土卫六

虽然土卫六上有类似地球生命的可能性比较低，但有与地球非常相似的大气结构和动力学，拥有生命起源所需的基本要素，以及复杂的有机化学合成过程，使科学家可以通过观察推测地球早期的化学进化过程，是前生命化学的天然实验室。土卫六与早期地球上的异同主要有：①存在有机分子；②存在水；③具有温度梯度；④存在高压，这可能催化化学过程；⑤可能有冷火山存在（Cryovolcanism）；⑥早期地球的大气成分与土卫六上目前的大气成分相似；⑦但重要的例外是土卫六上缺少水蒸气。

在实验室中已经可以很好地模拟土卫六的一些化学过程（表 10-6）。这样的化学过程在地球上生命出现之前很可能发生过（见第 6 章）。

表 10–6　在土卫六平流层中检测到的主要化合物与模拟实验中产生的复合物相比较

复合物		同温层混合比		模拟实验的产物
主要成分	氮（N_2）	$0.95 \sim 0.98$		
	甲烷（CH_4）	$0.02 \sim 0.05$		
	氢（H_2）	$0.0006 \sim 0.0014$		
碳氢化合物	乙烷（C_2H_6）	1.3×10^{-5}	E	主要化合物
	乙炔（C_2H_2）	2.2×10^{-6}	E	主要化合物
	丙烷（C_3H_8）	7.0×10^{-7}	E	++
	乙烯（C_2H_4）	9.0×10^{-8}	E	++
	丙炔（C_3H_4）	1.7×10^{-8}	N	+
	丁二炔（C_4H_2）	2.2×10^{-8}	N	+
	苯（C_6H_6）	小于 10^{-9}		
氮有机物	氰化氢（HCN）	6.0×10^{-7}	N	主要化合物
	丙炔腈（HC_3N）	7.0×10^{-8}	N	++
	氰（C_2N_2）	4.5×10^{-9}	N	+
	乙腈（CH_3CN）	few 10^{-9}		++
	丙炔腈（C_4N_2）	固态	N	+
氧化合物	一氧化碳（CO）	2.0×10^{-5}		
	二氧化碳（CO_2）	1.4×10^{-8}	E	
	水（H_2O）	10^{-9}		

++：丰度比主要产物小一个数量级；+：丰度比主要产物小两个数量级。E = 赤道；N = 北极。

据报道，在模拟实验中，当能量被应用于像土卫六大气中的气体的组合时，可以产生许多化合物，包括作为 DNA 和 RNA 组成部分的五种核苷酸碱基；此外，还发现了构成蛋白质的氨基酸。这是第一次在没有液态水存在的情况下发现核苷酸碱基和氨基酸的合成。丙烯腈或乙烯基氰化物（C_2H_3CN）的存在可能有利于构建生物体，它们与细胞膜和囊泡结构的形成有关。

10.3.1.6 土卫六未来出现生命的可能

在遥远的将来,土卫六上的环境可能变得更适合地球生物的居住。从现在起到50亿年后,当太阳变成红巨星时,太阳系的宜居带远移。此外,随着太阳紫外线输出的减少,土卫六高层大气中的薄雾将散尽,阳光将较少被反射回太空,使大气 CH_4 产生更大的温室作用。土卫六的表面温度可能上升到足以支撑其表面液态水的程度,形成一个适宜地球生物居住的环境,并且可持续数亿年。地球上的经验表明,这段时间对进化出简单生命是足够的,尽管土卫六上 NH_3 的存在会使化学反应进行得较慢。

10.3.2 土卫二

土卫二(Enceladus)比土卫六小10倍,是土星的第六大卫星,其平均直径505 km,只是月球直径的1/7。土卫二为扁平的椭球体,比它小的除了土卫一(直径390 km)之外,其他的土星小卫星均为不规则形状。土卫二表面大部分为水冰覆盖。通过活跃的水火山作用或其他表面更新的过程,土卫二表面的水冰新鲜而光滑,使它成为太阳系中光反射最强烈的天体。因为它反射了太多的阳光,所以土卫二比其他土星卫星要冷一些,平均温度为75 K,最高温度达145 K。土卫二具有不太均一的大气,其组成为91%水汽、4%氮、3.2%二氧化碳和1.7%甲烷。土卫二的运行轨道恰好位于土星E环的稠密处,一般认为,E环主要由土卫二地表所喷射出的颗粒组成。

21世纪初,卡西尼号太空船访问了土卫二,为我们提供了大量的数据。探究表明,土卫二是外太阳系中迄今为止观测到存在地质喷发活动的三个星体之一(另外两个分别是木卫一和海卫一)。分析认为:喷射的物质是星体表层之下的液态水。在喷射的羽状物中发现了一些有机化学成分,来源于深部海洋,因此土卫二也成为天体生物学的重要研究对象之一。

10.3.2.1 卡西尼号太空船的主要发现

卡西尼号太空船经过土卫二时,发现土卫二表面一部分呈现出撞击坑,另一部分则没有撞击坑(图10-16)。这表明该部分表面形成年代并不久远。从地质学角度来看,在不久前,土卫二表面经历过重新形成过程。这些表面还呈现了裂缝、平原、起伏的地形和地壳的变形,表明土卫二内部今天还存在液体状态,即使在远古时代它可能冻结过。

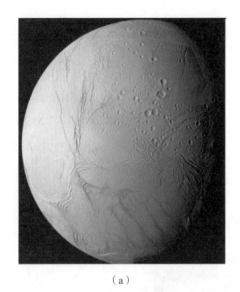 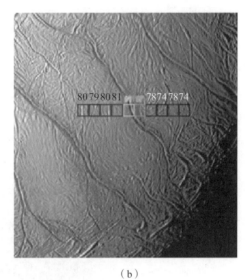

（a） （b）

图 10-16 由 Cassini 拍摄到的土卫二

（a）表面显示部分坑陷和裂沟；（b）由组合的红外光谱仪测得的土卫二南极温度

注：图 10-16（b）中从左至右温度为 80、79、80、81、91、89、78、74 K，它表明围绕裂沟处温度有明显升高（中间方块，91 K 和 89 K）。

Cassini 任务观察到了如下情况。

（1）围绕着土卫二有模糊的大气层，这些气体可能来自土卫二表面，或土卫二内部。

（2）宇宙尘埃分析装置记录了成千上万个微小的尘埃或冰微粒的撞击，这些颗粒可能来自围绕土卫二的云层和邻近的土星 E 环。Cassini 在靠近土卫二时检测到更多的粒子。

（3）红外光谱图（图 10-16）显示：在土卫二南极呈现大的暗沟裂纹，这些裂纹被称为虎条纹（Tiger Stripes），从地质学角度看，它是很年轻的，并且似乎有新鲜的冰供应。

（4）构造是土卫二上的主要变形模式，在其历史的大部分时间里，构造运动一直是地质学的一个重要驱动力。

（5）土卫二的质量比先前认为的要高得多，其密度为 1.61 g/cm^3，比土星等其他中等大小的冰卫星要高，这表明土卫二含有更大比例的硅酸盐和铁。

(6) 组合的红外光谱显示南极比原来预想的要温暖得多［图 10 – 16（b）］，提示有内部热源的存在。

(7) 离子、中性质谱仪和紫外成像光谱仪检测到了大气中水蒸气的存在，似乎是来自某个局部的区域。

(8) 从土卫二南极产生的喷气羽流类似于地球的间隙泉(geysers)（图 10 – 17），可能来源于地下液态水形成的水库。驱动和维持喷发的机制是潮汐加热。喷发的强度与土卫二在其轨道上的位置有关。当土卫二位于远点时，羽流的强度大约是近点时的 4 倍。计算表明：南极裂缝在近点受到压缩而被关闭，并在远点受到拉伸，使它们打开。

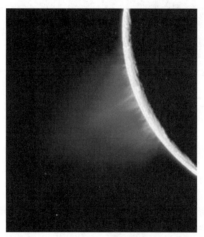

图 10 – 17　土卫二产生的喷气羽流（伪彩图）

(9) 卡西尼号在 2015 年 10 月 28 日飞行到距地 49 km 处，并穿过一个羽流。光谱仪检测到分子氢，被认为是海底正在发生的热液活动所产生的。

(10) 2018 年 6 月的科学报告指出，在卡西尼号轨道飞行器取样的土卫二喷气羽流中检测到复杂的大分子有机物，这表明其潜在的热液活动驱动了复杂的化学反应发生。

卡西尼号的上述发现提供了强有力的证据，证明土卫二拥有一个具有能源、营养和有机分子的海洋，使土卫二成为研究地外生命潜在可居住环境的最佳地点之一。

10.3.2.2　土卫二的能量来源

土卫二的表面非常明亮，几乎能反射百分之百的阳光，造成地表温度非常低，维持液态水的热能应来自内部。

Cassini 的复合红外光谱仪（CIRS）在南极附近发现了一个暖区。这一地区的温度在 85～90 K 之间，小范围的地区显示高达 157 K（−116 ℃），这表明南极部分地区是由土卫二内部加热的，产生热量的机制有多种，物理模型表明，潮汐加热是重要因素，放射性衰变和一些产生热量的化学反应为次要来源。

1. 潮汐加热

潮汐加热是通过潮汐摩擦过程而产生的。2017 年 11 月发布的使用卡西尼号数据的计算机模拟表明，土卫二核心内滑动岩石碎片产生的摩擦热可以使其地下海洋保持数十亿年的温暖。土卫二的轨道可以受土星重力场和与其相邻的土卫三、土卫四干扰而发生改变，所产生的共振可维持土卫二的轨道偏心率（0.004 7），这种偏心导致土卫二的潮汐变化。所产生的热量是土卫二地质活动的主要热源。如果土卫二在过去存在一个更偏心的轨道，所增加的潮汐力足以维持表层下的液态水。偏心率的周期性增强对应着周期性变化的次表层海洋。

2. 放射性加热

土卫二是在土星分星云形成后不久就形成的，因此富含短期放射性核素铝、铁和锰。在这些同位素衰变了约 700 万年后产生了大量的热量，有助于维持地下海洋。土卫二内部的长寿命放射性同位素铀 − 238、铀 − 235、钍 − 232 和钾 − 40 也增加热通量。

3. 化学因素

在 Cassini 2008 年 7 月和 10 月的飞行过程中，人们在羽流中发现了微量的 NH_3。NH_3 可以降低水的冰点，使产生羽流活动所需的能量变少。地表水冰的地下层可以是温度低至 170 K（−103 ℃）的氨水。

10.3.2.3　土卫二的地下海洋

卡西尼号在 2010 年 12 月测得的重力数据显示，土卫二的冰冻表面下可能有一个液态水海洋，当时人们认为地下海洋仅限于南极。海洋顶部可能位于 30～40 km 厚的冰架下。南极的海洋可能有 10 km 深。后来发现土卫二绕土星运行时存在"摆动"，提示整个冰壳与岩石核心是分离的，因此地表下应存在一个全球海洋。这个全球海洋的深度为 26～31 km。相比之下，地球海洋的平均深度仅为 3.7 km。

从羽状喷发物的成分可以推测地下海洋的内容物。卡西尼号的 INMS 仪器检测到的主要是水蒸气，以及微量的分子氮、二氧化碳、微量的简单碳氢化合物，如甲烷、丙烷、乙炔和甲醛，还有较大的有机物，如苯等，最大的有机物的相对分子质量达到 200，包含 15 个碳原子。检测到的含盐成分有 − Na、− Cl、− CO_3 和富含二氧化硅的沙粒，说明喷发物来源于含盐的海洋，其 pH 为 11～12。高 pH 被认为是球粒陨石蛇纹石化的结果，这一过程导致 H_2 的产生。H_2 作为能源，可用于有机分子的非生物或生物合成。质谱仪检测到了分子氢与其他组分处于热力学不平衡的状态，并发现了微量 NH_3。2019 年，人们进一步分析认为可能存在含氮和氧的胺，暗示海洋内部可能存在氨基酸，这些化合物可作为与生物相关有机化合物的前体。

基于上述信息，研究者提出了土卫二的内部结构模型：在冰层下有很多区域存在加压水，它们的温度接近 0 ℃，这些加压水经过被称为"冷间歇泉"（cold geysers）的通道口通到表面（图 10 - 18），和木卫一相似的潮汐加热和放射性物质衰变是其能量来源。

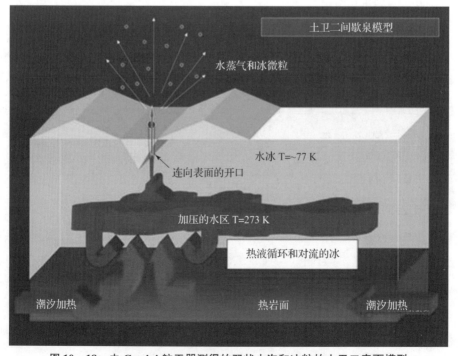

图 10 - 18　由 Cassini 航天器测得的羽状水汽和冰粒的土卫二表面模型

10.3.2.4 土卫二的宜居性

土卫二喷出的咸水检出的二氧化硅沙粒、分子氢和有机分子等表明存在热液活动，研究还表明：其岩石核心是多孔的，允许水通过它传递热量和化学物质。地下咸水海洋和全球海洋环流的存在，说明化合物可以与土卫二的岩石接触并发生化学反应。有机化合物和 NH_3 的存在提示它们来源于与地球上已知的水/岩石反应类似的过程。分子氢在地球上是一种能被产甲烷微生物利用的能量。产甲烷微生物将氢与溶解在水中的 CO_2 结合以获取能量，并产生甲烷作为副产品，是地球早期的生命形式。这一机制可能用于土卫二的可能生物。以上这些都可以作为潜在宜居性的证据。2017 年，美国国家航空航天局宣布土卫二上具备生命所需的所有元素，与其情况相似的木卫二同样具有存在生物的潜力。

为此，科学家们进一步提出机器人任务来进一步探索土卫二并评估其宜居性。一些拟议的任务包括 Journey to Enceladus and Titan（JET）、土卫二探险家（Enceladus Explorer，En-Ex）、土卫二生命探索者（Enceladus Life Finder，ELF）、土卫二生命调查（Life Investigation For Enceladus，LIFE）、土卫二生命特征和宜居性（Enceladus Life Signatures and Habitability）等。

参考文献

[1] BERNARD J M, COLL P, COUSTENIS A, et al. Experimental simulation of Titan's atmosphere detection of ammonia and ethylene oxide [J]. Planetary and space science, 2003, 51: 1003-1011.

[2] CHOBLET G, TOBIE G, SOTIN C, et al. Powering prolonged hydrothermal activity inside Enceladus [J]. Nature Astronomy, 2017, 1 (12): 841-847.

[3] DE VERA J P, SECKBACH J. Habitability of other planets and satellites [C] // Cellular Origin, Life in Extreme Habitats and Astrobiology 28. Springer Netherlands, 2013.

[4] FORTES A D. Metasomatic clathrate xenoliths as a possible source for the south polar plumes of Enceladus [J]. Icarus, 2007, 191 (2): 743-748.

[5] GREENBERG R. Europa – the ocean Moon[M]. Chichester: Springer – Praxis, 2005.

[6] HAND K P, CARLSON R W, CHYBA C F. Energy, chemical disequilibrium, and geological constraints on Europa[J]. Astrobiology, 2007, 7(6):1006 – 1022.

[7] HARLAND D M. Mission to Saturn, Cassini and the Huygens Probe[M]. Chichester: Springer – Praxis Pub., 2002.

[8] GREENBERG R, TUFFS B R, GEISSLER P, et al. Europa's crust and ocean: how tides create a potentially habitable physical setting[M]//HORNECK G, BAUMSTARK – KHAN C. Astrobiology – the quest for the conditions of life. Berlin, Heidelberg, New York: Springer, 2002:111 – 124.

[9] RAULIN F. Astrobiology of Saturn's moon Titan[M]//HORNECK G, RETTBERG P. Complete course in astrobiology. Weinheim: Wiley – VCH, 2007:223 – 252.

[10] SOTIN C, PRIEUR D. Jupiter's moon Europa and habitability[M]//HORNECK G, RETTBERG P. Complete course in astrobiology. Weinheim: Wiley – VCH, 2007: 253 – 272.

[11] KHAWAJA N, POSTBERG F, HILLIER J, et al. Low – mass nitrogen – , oxygen – bearing, and aromatic compounds in Enceladean ice grains[J]. Monthly notices of the Royal Astronomical Society, 2019, 489(4):5231 – 5243.

[12] LAMMER H, BREDEHÖFT J H, COUSTENIS A, et al. What makes a planet habitable?[J] The astronomy and astrophysics review, 2009, 17:181 – 249.

[13] LEVY M I. The outer Solar System[M]. New York: Britannica Educational Publishing, 2010.

[14] MARION G M, FRITSEN C H, EICKEN H, et al. The search for life on Europa: limiting environmental factors, potential habitats, and Earth analogues[J]. Astrobiology, 2003, 3(4):785 – 811.

[15] MCKAY C P, SMITH H D. Possibilities for methanogenic life in liquid methane on the surface of Titan[J]. Icarus, 2005, 178(1):274 – 276.

[16] POSTBERG F, KHAWAJA N, ABEL B, et al. Macromolecular organic compounds from the depths of Enceladus[J]. Nature, 2018, 558(7711):564 – 568.

[17] PRIEUR D M. Deep-sea hydrothermal vents: an example of extreme environment on Earth[M]//CHELA-FLORES J, OWEN T, RAULIN F, First Steps in the Origin of Life in the Universe. Dordrecht: Springer Science + Business Media, 2001:187-194.

[18] PUDRITZ R, HIGGS P, STONE J. Planetary systems and the origins of life[M]. Cambridge: Cambridge University Press, 2007.

[19] RAULIN F. Exo-astrobiological aspects of Europa and Titan: from observations to speculations[J]. Space science reviews, 2005, 116(1-2):471-496.

[20] SCHULZE-MAKUCH D, IRWIN L N. Alternative energy sources could support life on Europa[J]. Eos, Transactions American Geophysical Union, 2001, 82(13):150.

[21] SECKBACH J. Origins genesis, evolution and diversity of life [C]//Cellular Origin, Life in Extreme Habitats and Astrobiology V6. New York: Kluwer Academic Publishers, 2005.

[22] SPENCER J R, PEARL J C, SEGURA M, et al. Cassini encounters enceladus: background and the discovery of a South Polar Hot Spot[J]. Science, 2006, 311 (5766):1401-1405.

[23] STEVENSON J, LUNINE J, CLANCY P. Membrane alternatives in worlds without oxygen: creation of an azotosome[J]. Science advances, 2015, 1(1):e1400067. doi:10.1126/sciadv.1400067.

[24] STROBEL D F. Molecular hydrogen in Titan's atmosphere: implications of the measured tropospheric and thermospheric mole fractions[J]. Icarus, 2010, 208 (2):878-886.

[25] CHYBA C F, PHILLIPS C B. Potentially habitable worlds, Europa [M]// SULLIVAN III W T, BAROSS J A. Planets and life, the emerging science of astrobiology. Cambridge: Cambridge University Press, 2007: 388-423.

[26] JONATHAN I, LUNINE J I, RIZK B. Potentially habitable worlds, Titan[M]// SULLIVAN III W T, BAROSS J A. Planets and life, the emerging science of astrobiology. Cambridge: Cambridge University Press, 2007:424-443.

[27] BUTLER P. Carnegie Institution of Washington Potentially habitable worlds,

Extrasolar planets[M]//SULLIVAN III W T, BAROSS J A. Planets and life, the emerging science of astrobiology. Cambridge: Cambridge University Press, 2007: 444-458.

[28] WALL M. Ocean on Saturn Moon Enceladus may have potential energy source to support life[EB/OL]. (2015-05-07). https://www.space.com/29334-enceladus-ocean-energy-source-life.html.

第 11 章
太阳系内生命物质的传输

宇宙是一个动态的和相互联系的系统,各个天体之间都存在一定程度的开放。在太阳系内部之间,与系外天体之间都广泛存在物质交换。在这些过程中,生命物质也可能通过某种运输形式从一个天体到达另一个天体。本章将汇总有关研究,探讨生命在宇宙间扩散的可能性。

11.1 星际物质运输的普遍性

宇宙中的不同天体都不是孤立存在的,除了它们之间由于引力的作用而产生的相对运动外,各星体通过各种吸积和碰撞过程,一方面接纳外来的物质,另一方面也将自身的物质送入太空。在太阳系形成和发展的不同时期,星际物质在不同力的作用下向特定的方向移动。小行星和彗星是星际物质运输的重要载体。

11.1.1 造成星际物质移动的动力

11.1.1.1 引力

引力作为自然界中最基本的力之一,在不同天体物质的移动、聚集和星体形成中起到关键作用。在太阳系形成的过程中,它周围星周盘的不同物质按质量的大小产生分离,在内太阳系吸引了较多的重元素,而较多氢、氦、水分子和其他小分子物质则被另一种力——太阳风吹到外太阳系。

引力作用所产生的吸积,如果发生在大质量天体,则吸积的结果是大天体从周围获取物质的过程。如果是小颗粒相互碰撞并粘在一起以形成较大物体的过程，则碰撞必须恰到好处。如果碰撞过于猛烈，就会相互弹开或被击碎而不是让它们粘在一起。在原始地球与忒伊亚撞击时，两个星体并没有合二为一，而是相互弹开，在剧烈撞击下，大量的碎屑飞向四周，然后大部分再在引力的作用下吸积到新形成的地球和月球中。在木星和火星之间的星际物质本来可能形成一颗行星，但在木星的引力作用下，这些小的星子运动速度加快，造成它们之间的相互碰撞过于猛烈，其结果是相互撞碎，形成更多的小行星；只有极少数吸积生长，形成谷神星等矮行星。众多的小行星散在广大的空间，形成小行星带。

11.1.1.2 辐射压

辐射压亦称光压，是电磁辐射对所有暴露在其下的物体表面所施加的压力。可以把电磁辐射看成对物体进行推撞的光子流，可以移动物体。在内太阳系，太空中尘埃颗粒受到辐射压可能超过太阳引力，造成物体逆着引力方向移动。如果光线被吸收，压力是流量密度除以光速；如果完全被反射，则辐射压将会增加。

11.1.1.3 太阳风

太阳风（solar wind）是指从太阳上层大气射出的以 200~800 km/s 的速度运动的等离子体带电粒子流。其他恒星带电粒子流可统称为"恒星风"。太阳风连续存在，它们流动时所产生的效应与空气流动相似。太阳风虽稀薄，但十分强劲，将星际尘埃和水等小分子物质沿太阳磁力线吹向远方，是太阳系内造成尘埃和小分子物质远离太阳的重要驱动力。在彗星运行到太阳附近时，彗核的水等挥发性物质开始升华，形成彗发。较强的太阳风将这些挥发物吹向远离太阳的方向，形成彗尾，甚至使其脱离彗核引力，离开彗星。

太阳风也防止了宇宙尘埃和宇宙射线进入太阳系空间，保护了太阳系空间免受强烈的宇宙射线的照射。太阳系的边缘，即太阳风所能起作用的最远距离，距太阳约 95 天文单位处。在此处，太阳风和宇宙射线形成平衡，再往外，宇宙射线将变强，将会严重影响通过宇宙空间的生命物质。

11.1.2 星际间物质运输的频度

我们可以通过观察过去撞击留下的遗迹，寻找外空来源的物质等评估星际间物质运输的强度。

11.1.2.1 陨石坑

来自外空的各种物质，如流星体、彗星、小行星的固体碎片每天都会进入地球。据估计，一天进入大气层的流星体达几万吨。这些流星体大多烧毁于与大气的摩擦生热；只有少数以陨石的形式到达地面。地表地质构造的改变会抹去之前撞击的痕迹，因此难以估算地球到底以多大的频率遭受陨石轰击。不过，那些缺乏大气但有固体表面的星球，如果缺乏地质活动，则可以保留较多的陨石坑，告诉我们历史上发生的撞击事件。

一般来讲，一个星球现存陨石坑的多少和陨石坑的年龄是提示该星球现在和过去是否存在过大气和该表面地质活动强弱的指标。如果陨石坑周围的岩石年龄古老，说明陨石坑形成的时间至少更早。火山和熔岩可以改变地表形态，抹去陨石的迹象，因此地质活动比较旺盛的星球或某地区陨石坑也较少。

月球上布满大大小小的陨石坑，据估计，仅在月球的近侧就有大约 30 万个陨石坑，其宽度常超过 1 km。火星表面也可以看到许多撞击坑，直径大于 5 km 的就有 4.3 万个。这些都代表了过去陨石的撞击，尤其是较大的撞击。借助对它们的观察可以估算过去撞击地球的小天体的量。由于火星质量较小，外来物体与火星相撞的概率大约只是地球的一半。但火星离小行星带较近，因此被小行星带物质撞击的概率增加。火星更容易受到短周期彗星，即位于木星轨道内的彗星撞击。尽管如此，火星上的陨石坑与月球相比要少得多，说明火星的稀薄的大气层提供了对小流星撞击的保护，并且火星表面的改变已经抹去了一些陨石坑。

11.1.2.2 晚期大轰击期

晚期大轰击期（Late Heavy Bombardment，LHB）是太阳系形成早期发生在内太阳系的较多小行星撞击时期，发生在 41 亿~38 亿年前。在这段时间里，大量的小行星与太阳系内部的早期类地行星发生了碰撞。水星、金星、地球、火星，以及这些行星的卫星，如月球等，都遭受了碰撞（图 11-1）。

LHB 的证据来自阿波罗宇航员带回的月球样本。月球岩石的同位素测年表明，大多数撞击熔体发生在相当窄的时间间隔内。有几个假说试图解释这段时间太阳系内部的撞击物，即小行星和彗星流量明显峰值的成因。例如，Nice 模型假设外太阳系巨大的气态行星经历了轨道迁移，在这一过程中，小行星以及柯伊伯带中的星体进入偏心轨道，很多轨道穿过内太阳系。

图 11-1　月球上陨石撞击的图像

注：显示 Crisium 撞击盆地及其周围。Crisium 盆地的直径为 555 km。

图片由美国宇航局月球勘测轨道器提供（Bottke WF and Norman MD，2017）。

根据月球的陨石坑可以推断地球被撞击的频率和所受的影响。结果是可形成约 22 000 个或更多的直径大于 20 km 的撞击坑；约 40 个直径约 1 000 km 的撞击盆地；数个直径约 5 000 km 的撞击盆地。在晚期大轰击理论形成之前，地质学家一般认为地球在大约 38 亿年前一直处于熔融状态。然而在 1999 年，地球上已知的最古老的岩石的年龄被推算为 40.31 亿±0.03 亿年。因此晚期大轰击时地壳应该已经形成，但大部分地壳是在被 LHB 破坏后才凝固的。更古老的岩石是 LHB 过程中得以保留的岩石。还有一些陨石的年龄也超过 40 亿年。

陨石带给地球的除了硅酸盐等固体物质外，最重要的是水分子。地球表面大部分的水来自陨石。1990 年，一颗陨石落在阿尔及利亚，这是 46 亿年前太阳系诞生时的一颗较大小行星的残骸。对这颗名为 Acfer 049 的陨石的分析表明：陨石内部有冰化石，这是冰水来自早期小行星的第一个直接证据。所谓冰化石是在陨石内部冰融化前包含冰的小洞，它的存在说明早先曾含有水冰。它们的存在也说明这些陨石来自太阳系雪线之外的区域。

形成小行星的尘埃和含冰的岩石碎片保留了它们形成时的原始成分。各个行星是通过将这些尘埃和碎片的吸积而形成的。但行星在形成过程中常重排和改造了这些成分，变成了今天所能见到的结构。比如熔融的早期地球通过分馏，形成金属熔化形成核心，硅酸盐则形成地幔和地壳等，因此在地球表面发现的岩石与在小行星上发现的物质已有很大的不同，而后者代表了地球的早期面貌。

11.1.3 来自月球和火星的陨石

通过矿物学、化学成分和同位素组成的分析证明，一些陨石来自较大的星体，包括火星陨石和月球陨石。

火星地表物质在被其他陨石撞击时撞出火星表面，穿过行星际空间，个别的最后作为陨石落在地球上。截至 2019 年 4 月，人们在对 61 000 多块陨石的鉴定中，发现其中 266 块陨石来自火星。证据是它们的元素和同位素组成与火星上的岩石和大气气体相似（图 11-2）。

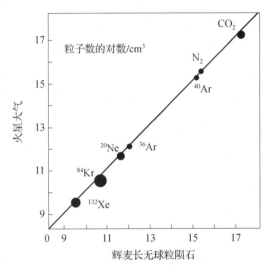

图 11-2　火星大气中的同位素成分和火星陨石-辉麦长无球粒陨石所包含的气体的同位素比较

月球陨石发现得更多，截至 2019 年 7 月，共找到 371 颗月球陨石，可能代表 30 多个独立的陨落事件，总质量超过 190 kg。差不多每 1 000 个新发现的陨石中就有 1 个是月球陨石。

来自月球和火星的陨石与小行星带的陨石不同，前者需要一个逃逸大星体表面的过程。在彗星和小行星对火星与月球撞击后，一些物质挣脱引力的控制，以喷射的形式离开这些星球。为离开月球，其必须达到的逃逸速度是 2.4 km/s，离开火星则需要 5.0 km/s，相比之下，离开地球的速度是 11.2 km/s。在这样一个高能的撞击事件中，大部分的材料将达到使岩石熔化的温度。然而分析表明，一些火星的陨石并未经历如此高的温度，甚至低于 100 ℃（图 11-3）。目前研究认为，在撞击的陨石坑外边缘有一个碎片区域，这片区域的逃逸过程不会产生很高的温度和冲击波（图 11-4）。

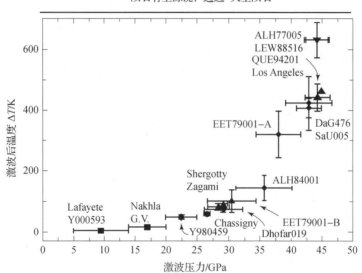

图 11-3　在不同火星陨石中测量到的冲击压力和温度

注：图中英文为不同火星陨石的名称。

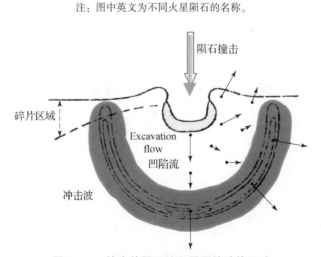

图 11-4　撞击的陨石坑和周围的碎片区域

注：那里的冲击压力和温度的增加有限，从而允许其中可能的微生物存活。

11.1.4 来自太阳系之外的天体

乌穆阿穆亚（Oumuamua）是第一个被探测到的进入太阳系的星际物体，正式命名是1I/2017 U1。2017年10月，它在被夏威夷的哈雷阿卡拉天文台（haleakala observatory）发现时，距离地球约3 300万km，呈现双曲线轨道，已经在逐渐远离太阳的路途中。它最终会离开太阳系，进入星际空间。

乌穆阿穆亚是一个小天体，长100~1 000 m，宽度和厚度在35~167 m之间，呈暗红色，类似于外太阳系的天体。尽管它离太阳很近，但没有彗发的迹象。乌穆阿穆亚的轨迹出现了不能由引力说明的加速度现象（非重力加速度），可能产生于太阳辐射压力的推动作用。据初步推测，在太阳加热其表面时，该物体的一部分被喷射出来。虽然没有观察到这样的气体，但研究人员仍估计，释放出的气体会加快乌穆阿穆亚的速度。

这个天体可能来自当前织女星的方向，从那里到达太阳系需要60万年的时间，但织女星60万年并不在这一位置。目前，人们还不清楚这个天体到底运行了多久。太阳系有可能是乌穆阿穆亚自几十亿年前从某恒星系统中被放逐出来后遇到的第一个行星系统。乌穆阿穆亚可能是由致密的富含金属的岩石组成的，这些岩石在数百万年的宇宙射线照射下变红了。它的表面含有被辐射处理过的有机化合物。近来，有人提出乌穆阿穆亚是一个富含冰的天体，由此可以解释它在太阳作用下的非重力加速度。

乌穆阿穆亚的起源和它在星际开始漫游的时间还不能确定，但它的出现确认了不同恒星系之间可能有星际物质的进出。这些星际物质上可能带有与生命有关的有机化合物和水。

11.2 有机分子的运输

从20世纪70年代初开始陆续发现星际尘埃中含有大量有机分子，它们由非常稀疏的星际或星周尘埃和气体云中的化学反应所形成。尘埃在保护分子免受恒星发出的紫外线辐射的电离作用方面起着关键作用。产生有机分子的化学反应可能在138亿年前的大爆炸后不久就开始了，它们被认为是普遍存在的。

11.2.1 有机分子在太阳系的分布和搬运

星际中的有机分子可以在星际介质中分散在宇宙尘埃中，也可以存在于流星体、彗星、小行星等的固态结构。碳、氢、氧等原子在宇宙射线提供的能量作用下，在宇宙尘埃等的固体表面合成各种有机化合物。在恒星和行星系统形成时整合到大的星体当中，或仍飘浮在星体之间。有机分子作为挥发性物质，在内太阳系受到较高温度、太阳风和辐射压的作用下，逆着太阳引力的方向被移到远离太阳的外太阳系，使得刚形成的尚未有大气保护的类地行星缺乏有机分子。外太阳系本身具有较多的氢元素、水分子和其他小分子物质，加上太阳风将小分子从内太阳系驱赶，形成富含水和有机分子的环境。在所形成的行星、卫星、彗星和小行星中有相对多的水和有机化合物。

在某些彗星、小行星和流星体运动到内太阳系时，通过与类地行星的撞击，又会把有机分子送进类地行星。此时如果类地行星，如地球已经含有大气，因此能保留从陨石和彗星带来的水，形成原始海洋的话，则有机化合物可以通过溶解在液态水中得以保留，并与在这种环境下新合成的有机化合物一起构造复杂分子和原始生命（参见第6章）。这些宇宙尘埃起源的有机化合物也可能在其他行星和卫星的生命起源中起到作用。

11.2.2 通过陨石运输的有机分子

目前已经在碳质的球粒陨石发现了上万种有机化合物，这些化合物在不同的地方和不同的时间合成，包括烃（碳氢化合物）、羧酸、醇、酮、醛、胺、酰胺、磺酸、膦酸、氨基酸、含氮碱基等。这些化合物可分为三大类：不溶于氯仿或甲醇的化合物、可溶于氯仿的烃类和可溶于甲醇的化合物（这部分包括氨基酸）。第一部分似乎起源于星际空间，而其他部分的化合物则来源于小行星。有人提出，氨基酸是在液态水存在的情况下，通过碳氢化合物和碳酸铵的辐解（辐射引起的分子解离）在小行星表面附近合成的。而碳氢化合物则可能是通过类似于费托合成（Fischer-Tropsch process）的过程在行星深处形成的。

1969年，澳大利亚维多利亚州默奇森附近坠落的默奇森陨石是研究最多的陨石之一，这是一个富含有机化合物的陨石，人们在其中发现了嘌呤和嘧啶化合物。其中尿嘧啶和黄嘌呤的碳同位素比值 $\delta^{13}C$ 分别为 +44.5‰ 和 +37.7‰，表明这些化合物不是来自地球，而是来自太空的其他地方。2015 年 3 月，美国航天局的报告称，首次在实验室中模拟的外太空条件下，利用陨石中发现的嘧啶等为起始化合物，合成了尿嘧啶、胞嘧啶和胸腺嘧啶等存在于 DNA 中的复杂化合物，这意味着在太空中合成这些化合物是可能的。2019 年，有人报告在陨石中检测到糖分子，包括核糖等，这些小行星上产生的对生命至关重要的有机化合物，既可以通过陨石运进地球，也可以送到火星和其他星球。

11.2.3 有机化合物在太空紫外辐射下的稳定性

为了解有机分子在空间环境中的化学稳定性，EXPOSE-E 任务将一些氨基酸和二肽直接暴露在空间条件下，或嵌入陨石粉中暴露 18 个月，这些样品被送回地球后在实验室中分析太阳紫外线和宇宙辐射引起的效应。结果表明，它们的化学稳定性与分子本身的化学性质和紫外光波长有关，二肽、天冬氨酸和氨基丁酸最容易被降解，而丙氨酸、缬氨酸、甘氨酸和氨基异丁酸对辐射的抵抗力最强。研究结果还证明了陨石粉对这些氨基酸的保护作用，可以降低它们的降解率。

11.3 有生源说——生物的太空旅行

太阳系中的假定生命是否只是孤立地存在于某行星中，某种生命形式如微生物能否通过自然过程从一个星球向另外一个星球转移？借助当今的空间技术，我们完全有可能将携带有各种生物体的航天器发射到太阳系内的其他行星或者卫星上去。但是本节要讨论的是生命能否发生自发的传输过程。

11.3.1 有生源说概述

有生源说（Panspermia）是一种假设，认为生命可通过空间尘埃、流星体、小行星、彗星、小行星以及智慧航天器等载体在宇宙范围内运输，使一种生命可能分布到一个星系，甚至运输到其他星系中。有生源说研究的重点不是生命是如何开始的，而是已形成的生命是否可以在宇宙中得到散布以及如何散布。本节将讨论有生源说的主要假说，包括假有生源说（Pseudo-panspermia）、辐射有生源说（Lithopanspermia）等，以及如何在空间和应用地上模拟实验装置验证这些假说。

假有生源说有时被称为"软有生源说"（soft panspermia）或"分子有生源说"（molecular panspermia）。这种学说认为，生命的前生物有机分子起源于太空，在行星形成时并入行星，成为生命的种子。上文已经提到这些有机分子可以通过陨石的携带进入包括地球在内的行星。但有机分子本身并不是生命，不能认定行星中存在这些有机分子就能产生生命，也不能认定地球生命的起源依赖于这些有机分子的输入。

传播细胞生命的有生源说始于辐射有生源说，但目前其已基本被实验所否定。现在讨论较多的是微生物通过陨石传输，也就是所谓的"陨石有生源说"。目前所探讨的有生源说基本局限于微生物的输入和传出，因为人们已认识到微生物这样的单细胞生物才相对容易通过自然方式在广阔的宇宙空间的运输后依然存活。在太阳系中可能已发生过这样的过程，然而进出太阳系的生命体旅行可能性很小，这是因为距离过于遥远，从而需要的飞行时间太长。

11.3.2 辐射有生源说

11.3.2.1 最早的有生源说假说

最早的有生源说假说是由诺贝尔奖获得者斯凡特·阿伦尼乌斯（Svante Arrhenius）在1903年提出的。他受到星际空间充满众多尘埃颗粒的启发，基于太阳的辐射压力可以驱动直径为 $1\sim1.5~\mu m$ 的微小颗粒进入星际空间甚至可以越出太阳系这一实验观察，提出以下假设：细菌的孢子可以借太阳的辐射压力在太阳系内的空间甚至在太阳系外传输，并在另外的行星上播撒生命，因为细菌孢子的直径和那些微小颗粒相当，且认为太阳的辐射压力是生命传播的驱动力。这一最早的有生源说假说被重新命名为"辐射有生源说"（Radiopanspermia）。

有生源说假说一经提出，就受到了质疑。人们难以接受有生源说的原因有：首先，它没有说明生命最初起源的问题；其次，20世纪初，空间技术尚不发达，这个假说不能为实验所证实；最后，在严酷的空间环境，特别是空间的高真空和辐射环境下，细菌的孢子能不能存活是个问题。因此，有生源说假说后来多少被遗忘了。

11.3.2.2 辐射有生源说的实验验证

随着空间技术的发展，我们已经能够将微生物送至空间并测试它对外太空的响应，就可以对辐射有生源说的关键内容——微生物在太空中的存活能力进行检验。

枯草芽孢杆菌（*Bacillus subtilis*）（图 11-5）是一种生命力顽强的细菌。该菌具有三层外壁：电子密度高的孢子外壳层，薄的内壳层和电子密度低的皮质层，围绕着拟核 DNA 的内层。孢子的长轴长 1.2 μm。已知它的孢子对各种物理化学的应激如高热、寒冷、强辐射、干燥、化学试剂都有很强的抵抗能力，但是这些孢子能否在严酷的空间环境中存活呢？

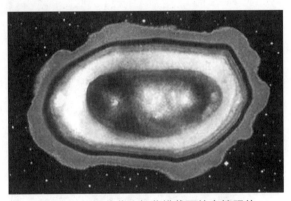

图 11-5　枯草芽孢杆菌横截面的电镜照片

欧空局所设计的芽孢杆菌孢子实验借助俄罗斯卫星"Foton"进行。在"Foton"上安装有欧洲的暴露设备"生物盘"（Biopan）（图 11-6）。"Biopan"在发射和再入大气过程中密封，在轨后打开。在应用"Biopan"进行的名为"存活"（Survival）（图 11-7）的实验中，单层干燥的芽孢杆菌暴露于空间真空环境中，受到太阳紫外辐射的全波段照射和宇宙辐射的照射，记录下电离辐射和紫外辐射的强度与温度（表 11-1）。经过 10~15 天的空间飞行，研究者检测了空间孢子和地面真空对照组的存活率，以及经历空间飞行但不暴露于太阳辐射的孢子的存活率（图 11-8），结果证明：只要不暴露于太阳的紫外辐射，几乎 100% 的空间飞行孢子都可以存活，地面对照组也有相同的存活率。但是，暴露于太阳辐射的样本的存活率只有 $10^{-7} \sim 10^{-4}$。这些数据清楚地表明单纯的孢子不能在外太空长期存活，最早的有生源说的假说难以成立。

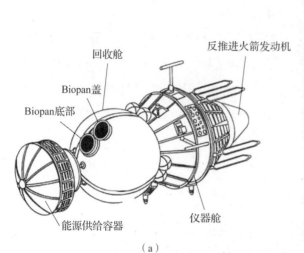 

图 11-6 带有欧洲暴露装置 Biopan 的俄罗斯卫星 Foton

（a）略图，请注意 Biopan 被安装在回收舱体外；

（b）在航天飞行器的装配大厅中拍摄的人造卫星和 Biopan 的照片

图 11-7 做存活（Survival）实验时打开盖子的生物盘（Biopan）

注：每一个小室可以放置 10^8 个细菌孢子。

表 11-1 三次 Biopan 飞行的环境参数

Biopan 飞行序号	1	2	3
飞行年度	1994	1997	1999
飞行时间/天	15	10	13
宇宙辐射强度/mGy	<74	<30	<28
太阳紫外线照射时间/h	39	27	26

续表

Biopan 飞行序号	1	2	3
紫外辐射（>170 nm）(million J) MJ/m²	17	12	12
温度/℃	-20~12	-38~10	-17~15

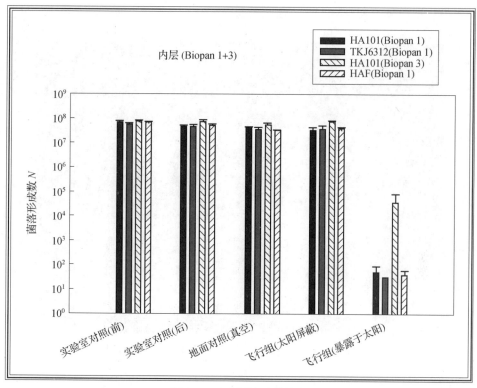

图 11-8 存活实验的结果

注：不同柱形代表不同菌株的芽孢杆菌。

11.3.3 陨石有生源说

火星陨石的发现让人们重新审视有生源说，提出"陨石有生源说"（Lithopanspermia，岩石帮助的有生源说）。这一学说认为某些星体对具有生物的星球表面进行撞击，将其表面的物质碎片撞离地表时，一些存在于这些碎片上的生物可能一同离开，进入太空，并通过星际旅行，以陨石的形式落入其他天体。生物就有可能通过这种方式被介绍到新的天体并扩散开来。

陨石有生源说要求微生物在三个不同阶段中能够存活。

（1）能够在大的陨石撞击之后的逃逸过程中存活。

（2）能够在空间的旅行过程中存活。大多数火星的陨石到达地球需要几百万年。然而模型计算表明：小部分陨石只需要几个月或几年的时间就可能到达地球。

（3）能够在陨石穿过大气层降落在行星的过程中存活（图11-9）。

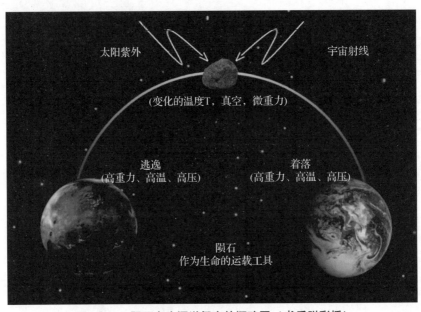

图 11-9　陨石有生源说假定的概略图（书后附彩插）

注：它具有三个基本步骤：逃逸、空间旅行和着陆。

11.3.4　有生源说的不同阶段的实验验证

陨石有生源说是推测性假说，微生物不同阶段的存活可以通过实验进行测试。在实验室和近地轨道进行的若干次模拟实验表明，对一些简单的生物体来说，在整个过程中是可以有某种程度的生存能力的。其中各种生物分子、微生物及其孢子暴露在太阳辐射和空间真空中通过陨石材料的保护，在非活动状态下至少能存活 1.5 年。其他生物，包括地衣、植物种子、缓步动物等也都可以在一定程度上在太空裸露环境中存活。

11.3.4.1 逃逸过程

地球生物圈的上边界为地球表面上方一定高度的范围,在此高度以下,微生物或其他生命形式,如种子、孢子等可以进行播散。在直到对流顶层(高度大约为 10 km),进行着大量的物质交换。微生物可以水平地凭借风、湍流、鸟和昆虫传播,也可垂直地被湍流、对流和火山活动所传播。应用高空气球和火箭上的样本采集装置,可以采集到高度达 40~70 km 处活着的微生物。但是,微生物并不能够自发达到逃逸速度,离开地球的唯一方法是通过撞击驱动的喷射过程。

为了模拟撞击 – 驱动喷射过程并检测在这一过程中微生物能否存活,所进行的撞击恢复实验装置如图 11 – 10 所示。参与实验的微生物包括芽孢杆菌、地衣和蓝细菌的孢子等,这些都是已知可以生活在岩石中的细菌,让它们经受火星陨石所经历的撞击过程,主要参数为:①冲击压力:5~50 GPa;②冲击温度:4~1 000 K;③冲击温度增加持续时间:0.1~2 μs;④冲击波后温度增加:2~560 K(因恢复后主动的冷却可以在几分钟内衰减)。

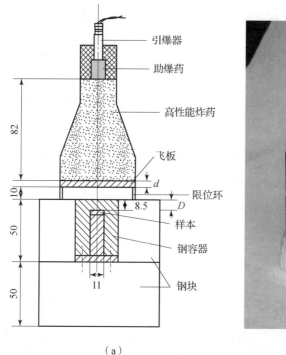

图 11 – 10 模拟撞击 – 喷射过程的冲击恢复实验的爆炸装置

(a) 概略图,标尺 mm;(b) 照片为了模拟居住在岩石中的微生物群体，将微生物样本分插在薄的岩石片（辉长岩）中以模拟火星陨石的情况。在模拟陨石撞击中，随着冲击压力的升高，微生物的存活率呈指数降低（图 11-11）。细菌的孢子和地衣在冲击压力达到 40 GPa 时，存活率为 10^{-4}，但是蓝细菌不能够承受高于 10 GPa 的冲击压力。

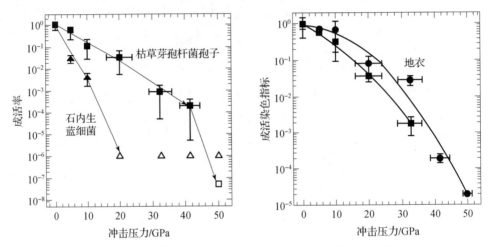

图 11-11　模拟撞击-喷射过程的冲击恢复实验中的微生物生存率

注：芽孢杆菌孢子、代表石内生长微生物的蓝细菌 *Chroococcidiopsis* 和作为石表生长的微生物的地衣 *Xanthoria elegans* 为实验中的微生物样本。

从这些实验中，我们可以得出如下的结论：对于不同的微生物来说，它能够存活的喷射窗口是不同的，地衣和孢子的窗口比较大，但是对于具有光合作用的微生物蓝细菌来说，它们的窗口很窄。总而言之，实验证明了撞击-驱动喷射过程并不是岩石中居住的微生物在太阳系内传输的不可逾越的障碍。

11.3.4.2　生物在太空漫游所面临的环境

这些喷射物在太阳系中无规则地漫游着，并不是由一个行星直接飞往另外一个行星，这意味着岩石中的生物和生物分子面临太空中复杂环境的时间很长。它们所面临的太空环境主要是：

（1）低至 10^{-14} Pa 的真空环境；

（2）太阳紫外辐射，包括具有很高毒性的 UVC 辐射（$\lambda = 200\sim280$ nm）和真空紫外辐射（$\lambda < 190$ nm），这些辐射由于同温层中的臭氧层的保护而不能到达地球表面；

(3) 银河射线辐射，包括稀少的但损伤性极强的高能荷电粒子 HZE；

(4) 因对太阳的取向不同而产生的很大的温度变化范围；

(5) 小于 $10^{-6}\,G$ 的微重力；

(6) 长期的空间暴露（大部分情况下可长达百万年）。

虽然这些参数中的一部分可以在实验室中模拟，然而为了研究太空参数的总体效应，必须进行太空实验。已经在太空中进行过的微生物存活实验结果见表 11-2。主要解决的问题是：

表 11-2　验证陨石有生源说假说的空间实验

实验年份	实验内容
1983	空间实验室 1（SPACELAB 1），实验 1-ES029：抗性微生物体系（芽孢杆菌）对太空的响应
1984—1990	长期暴露设备（Long Duration Exposure Facility，LDEF，NASA）
1984—1990	实验：先进生物叠（Advanced Biostack），外空叠（Exostack）：在空间的长期存活实验
1992—1993	EURECA-ERA 实验（外空生物学辐射集成）有机物和微生物对空间环境参数的有选择性的暴露
1993	空间实验室 D2，STS-55，德国航天局 D-2 任务 RD-UVRAD 实验：对于地外太阳紫外辐射和空间真空的生物学响应
1992—2007	FOTON-BIOPAN 实验（6 次飞行，几十个实验），和平号空间站：外空生物学
2004—2005	国际空间站：Matroshka-1 空间辐射剂量学实验
2005—2009	国际空间站：Matroshka-2 空间辐射剂量学实验
2008—2015	国际空间站：暴露-E（EXPOSE-E），暴露-R（EXPOSE-R）

(1) 在外空中，生命最重要的损伤因素是什么？

(2) 陨石能否保护微生物不受外空因素的伤害？

11.3.4.3　细菌的孢子对空间真空的耐受性

生物样品暴露于空间真空中会造成样品的脱水，这是很多微生物所不能耐受的，然而细菌的孢子特别适宜于长时间在极度干燥的环境下存活。最长暴露于太空的细菌孢子实验是在美国航天局被称为"外生物叠"（Exostack）的长期暴露装置中完成的。这个任务持续了6年，平行的对照实验在德国航天局的模拟装置中完成，样品暴露于10^{-7} Pa的真空中，回收后检测了孢子的存活率。如果将暴露在空间真空中的单层孢子包裹一层很薄的铝箔防止太阳紫外辐射，则6年以后的存活率为1%。如果孢子采取3~5个的多层状态并给予保护性糖，则有70%的孢子存活。

这些数据显示，假如细菌的孢子受到保护，从而能够避免紫外辐射，即使暴露在空间真空环境中，也至少可以存活6年。但是，空间真空会影响遗传物质。在EURECA（European Retrievable Carrier）的科研任务中，经历8个月的太空飞行后，进行组氨酸原养型微生物恢复突变（reversion to histidine prototrophy）检测，发现暴露于空间真空的样品变异率增加。但保存在惰性气体大气压环境中的飞行样本则未发生变异（图11-12）。这种真空诱发的变异主要发生在基因组的热点区（hot spot），表现为独特的串联型碱基变化（a unique tandem base change）。这些变异可能是由于样本暴露于空间真空导致了DNA链的可逆性分离。除了突变热点区外，太空真空也诱发孢子DNA与蛋白质分子的交联以及DNA链的断裂。另外一个重要的发现是当孢子同时暴露于真空和紫外辐射时对紫外的敏感性增加。

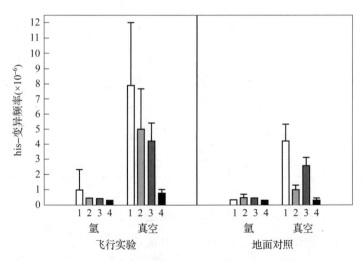

图11-12　EURECA实验中暴露于空间真空达8个月芽孢杆菌中的组氨酸的恢复突变体变异频率

注：图中1、2、3、4分别为芽孢杆菌菌株：HA 101、HA 101 F、TKJ 6312和TKJ 8431。

总体来说，实验表明：对于居住在岩石内的微生物来说，在太阳系中的运输过程中，真空并不是不可逾越的障碍。

11.3.4.4 地外太阳紫外辐射对孢子 DNA 的损伤

由于大气层对紫外辐射的阻挡作用，地表和地外紫外辐射强度有明显差别。图 11-13 显示了不同波段紫外辐射在不同时期的地表和地外的强度以及对 DNA 的损伤程度。地外紫外辐射谱的范围涵盖非常高能的真空紫外辐射（$\lambda < 190$ nm）、UVC（$\lambda = 190 \sim 280$ nm）、UVB（$\lambda = 280 \sim 315$ nm）以及 UVA（$\lambda = 315 \sim 400$ nm）。紫外辐射的能量随 λ 值的降低而增加，对 DNA 的损伤也随之加大。λ 小于 290 nm 的紫外线可造成 DNA 的明显损伤，导致基因突变而造成细胞死亡或癌变。所幸这部分波长的电磁波被臭氧层所吸收而难以到达地球表面。但早期地球因为缺乏臭氧层而面临 UVC、UVB、UVA 三种紫外线的直接照射。一般估计地外太阳紫外辐射的危害性较地上紫外辐射高 1 000 倍。空间实验中暴露于太空紫外辐射 10 s 即可杀死 99% 的细菌孢子，但是在地面上要杀灭 99% 的孢子，即使在正午也需要 170 min。

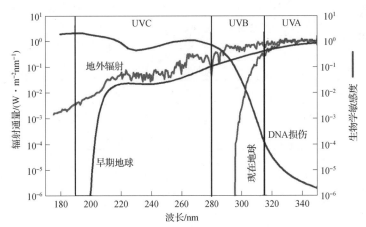

图 11-13 地外和地上的太阳紫外辐射强度和不同紫外线造成 DNA 损伤的程度

在空间实验中，使用窄带滤光器验证孢子 DNA 对不同紫外辐射的敏感性。图 11-14 显示 DNA 的损伤情况，位于上面的曲线显示孢子同时暴露在空间真空和地外紫外时比它们单纯暴露在紫外辐射下的损伤程度增高 5~10 倍。敏感性增加的理由是空间真空中孢子的光化学性质的改变，这是因为真空诱导 DNA 链的部分分离，导致 DNA 的光产物有所不同（图 11-15）。这些结果使我们确认太阳紫外辐射是外空重要的致命因素。所以当孢子在空间漫游时，需要陨石材料的遮盖以抵御紫外辐射的损伤。

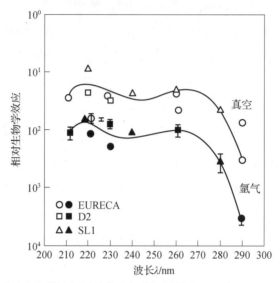

图 11-14　地外太阳紫外辐射的芽孢杆菌灭活的作用光谱图（action spectrum）

注：此图代表在欧洲可回收载荷［European Retrievable Carries（EURECA）]进行的不同空间实验，它分别搭载于空间实验室 1 任务和空间实验室 D2 任务。

DNA光产物	太阳紫外 > 170 mm	空气	真空
顺式合成 胸腺嘧啶二聚体 胞嘧啶-胸腺嘧啶二聚体	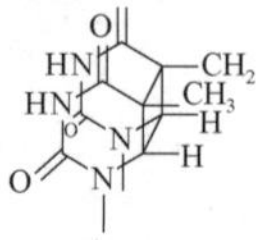 （结构式）		+
反式合成 胸腺嘧啶二聚体	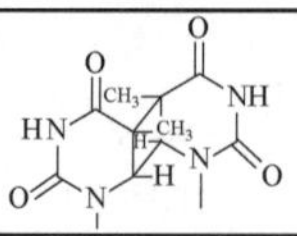 （结构式）		+
5 胞苷- 5，6-二氢胸腺嘧啶	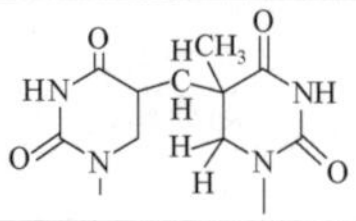 （结构式）	++	+
DNA-蛋白交联	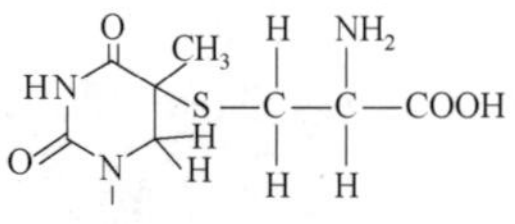 （结构式）		++

图 11-15　由地外紫外辐射在真空（$\lambda > 170$ nm）与大气条件下（$\lambda > 200$ nm）诱导产生的芽孢杆菌孢子的 DNA 光产物

11.3.4.5 银河宇宙辐射的效应

银河宇宙辐射（GCR）中最具有生物学效应的是被称为高能重粒子（HZE）的重离子。在空间进行的 Biostack 实验证明：HZE 粒子的直接打击可以杀死细菌的孢子。然而这些辐射的通量很低，甚至一个孢子在空间漫游 100 万年也不会受到一个 HZE 粒子的打击。基于空间以及地面上重离子加速器的实验结果，如果希望孢子在长达 100 万年时间里在银河宇宙辐射下存活，以实验前的 10^8 细菌孢子在实验结束时至少有 100 个存活为准，可以估计孢子需要拥有多厚的陨石保护层（图 11-16）。从这些曲线可以算出，如果没有任何屏蔽，则孢子可以持续 70 万年；如果存在 1 m 的屏蔽层，则孢子可以持续 110 万年左右。

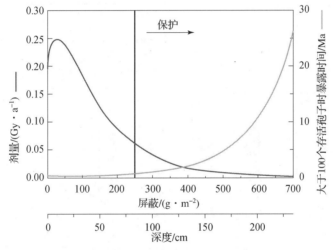

图 11-16 在银河宇宙辐射下陨石保护层的厚度与孢子存活期的关系

注：以细菌孢子从初始的约 10^8 个到暴露后有至少 100 个存活，即存活率 $>10^{-6}$ 作为存活指标，绘制陨石厚度与可暴露时间关系的曲线。

总而言之，银河宇宙辐射的 HZE 粒子只有在百万年的漫游中才是重要的，这个时候孢子就需要拥有厚度 1 m 的陨石材料屏蔽层。因此对于长期的空间旅行，陨石有生源说要求陨石至少有 2 m 的厚度才能够保护位于其中心部位的微生物。

11.3.4.6 陨石物质对所携带微生物的辐射防护作用

地球上的很多岩石中居住着微生物，它们被称为内石生群落（endolithic communities）。这些微生物群落是陨石有生源说假定的候选微生物。为了检测陨石材料是否可以保护微生物免受太阳紫外辐射的影响，在 ESA 的"Biopan"上还进行了另一些实验：以不同的尘埃材料遮盖细菌的孢子，包括模拟的火星风化层（MRTE）、火星陨石 Zagami 的粉末、陨石 Millbillillie 的粉末、5% 的葡萄糖等。结果表明：覆盖有尘埃材料的孢子暴露于太阳紫外辐射后存活率明显提高。用加有 1 cm 黏土球或者砂石的人造陨石保护孢子，结果显示保护效果相当于屏蔽太阳组（图 11-17 与图 11-8 的结果相比）。这些数据表明，陨石的材料可以有效地保护孢子不受地外太阳辐射的损伤。在随后进行的枯草芽孢杆菌 MW01 的孢子在低地球轨道和模拟火星表面条件下暴露时间达 1 年半的实验也取得了类似结果。这些实验结果支持了陨石有生源说的部分假定，即在太阳系中，微生物可能由一个行星到达另一个行星，包括逃逸和空间旅行阶段。

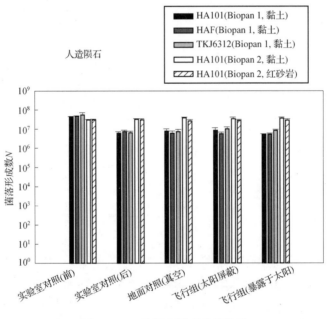

图 11-17 孢子存活实验的结果

注：加有 1 cm 黏土球或者砂石保护的孢子搭载于 Biopan。暴露于太阳的飞行实验组，屏蔽于太阳的飞行实验组和实验室对照组分别存活的孢子数（菌落形成）。不同柱形代表不同的芽孢杆菌的菌株。

11.3.4.7 缓步动物的地外真空和紫外辐射耐受实验

在 Foton-Biopan 上进行的生物耐受力实验中，除了使用芽孢杆菌一类的微生物外，还搭载了一种称为水熊（water-bear）的缓步动物（Tardigrades），这是一种耐极端环境，包括脱水、真空、辐射等环境的小型生物。2007 年 9 月，大约 3 000 只水熊乘坐 Foton M3 在 Biopan 中暴露在太空环境中 12 天，然后计算它们的存活率，实验结果见图 11 – 18。结果表明：水熊可以在真空条件下存活下来，甚至不影响产卵能力。但在真空 + 紫外辐射的条件下，其存活率显著下降。这一实验同样说明在运送除微生物之外的其他小型生物时，通过陨石物质等防止紫外线的直接照射也是必要的。

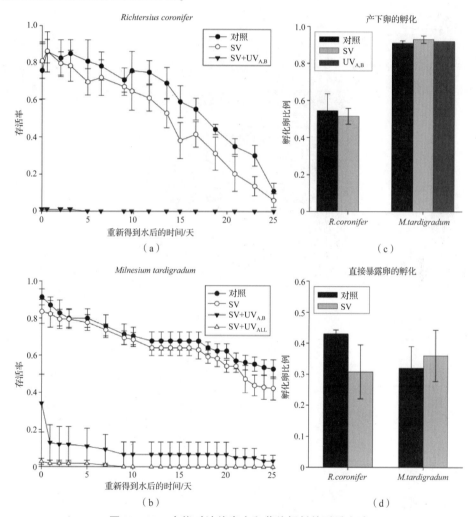

图 11 – 18　水熊对地外真空和紫外辐射的耐受实验

（a）和（b）在不同暴露下水熊的存活率；（c）暴露于真空的动物产下的卵的孵化率；

（d）直接暴露于真空的卵的孵化率

注：*Richtersius coronifer* 和 *Milnesium tardigradum* 是两种水熊。

SV：真空条件，$UV_{A,B}$：紫外线 UVA 和 UVB，UV_{ALL}：全段紫外线（116.5 ~ 400 nm）。

11.3.4.8 地外真空和紫外辐射对植物种子的影响

在 EXPOSE‑E（图 11‑19）所进行的 SEEDS 实验中，植物种子在国际空间站外暴露于太阳紫外线、太阳和银河宇宙辐射、温度变化和空间真空 1.5 年时间，返回地球后进行发芽实验，在 2 100 个暴露的野生型拟南芥和烟草种子中，23% 产生了有活力的植物。拟南芥的 Wassilewskija 生态型和紫外线防护缺乏的突变体 tt4‑8（类黄酮缺乏）和 fah1‑2（酯突触缺陷）的存活率较低 [图 11‑20（a）]。在屏蔽阳光的情况下，种子尽管发芽延迟，但存活下来，这表明嵌进可以屏蔽辐射的基质中的种子有可能进行更长的太空旅行 [图 11‑20（b）]。

图 11‑19 在国际空间站的哥伦布舱上的 EXPOSE 和 SEEDS（照片由美国宇航局提供）

注：方框是 EXPOSE 的位置。SEEDS 模块在图的右下。（David Tepfer，2012）

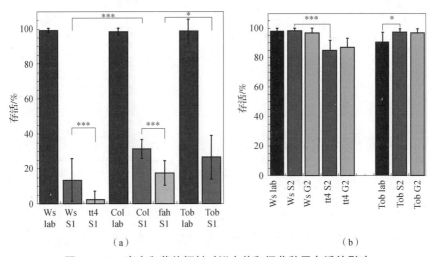

图 11‑20 真空和紫外辐射对拟南芥和烟草种子存活的影响

（a）暴露在紫外线+真空；（b）暴露在真空但紫外线屏蔽

注：Ws 和 Col 是两种拟南芥植株，Tob：烟草，lab：实验室对照，G2：地面模拟真空，tt4‑8 和 fah1‑2：分别为 Ws 和 Col 的突变型（紫外线防护缺陷）。

11.3.4.9 在行星上着陆

假如陨石被另外一个行星捕获的话,首先要进入该行星的大气层。这样会导致陨石所承受的压力骤然增大,且外层会摩擦生热,这对陨石所可能携带的生物是一个严重考验。假如仅有陨石外层被烧蚀熔化而内层仍旧保持适宜的温度,则内层细菌孢子就能够存活,这显然依赖于陨石的尺寸。

为了研究陨石进入大气层时微生物的存活状况,在俄罗斯 Foton 卫星的再入返回舱进行了"Stone"实验。该实验将一片带有地衣的岩石放置在返回舱的外面(图 11 – 21)。结果着陆后地衣完全烧毁了,这说明如果微生物想要在进入大气层着陆时达到一定的存活率,则需要有更好的陨石层的保护。美国科学家利用高空探空火箭进行的另一项实验中,将藏有枯草芽孢杆菌 WN511 孢子的花岗岩样品连接到火箭的外部遥测模块上,在进入大气层时达到了 1.2 km/s 的进入速度。此时最高温度达到 145 ℃,落地后检测 WN511 孢子的恢复情况。与地面对照组相比,前向表面的孢子难以存活,但其他的侧面孢子的存活率从 1.2% 到 4.4% 不等,这些孢子有 4% 出现缺陷突变。这个实验表明:某些微生物能够经受短时的压力冲击和高温而在着陆过程中存活下来。

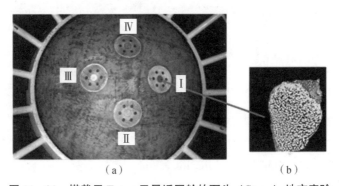

图 11 – 21　搭载于 Foton 卫星返回舱的石头(Stone)地衣实验

(a) 搭载的实验装置;(b) 搭载的地衣 *Rhizocarpon geographicum*(放大)

11.3.5　有生源说的结论

由 Svante Arrhenius 在 1903 年提出的现在被称为辐射有生源说中所假设的微生物空间传输途径,现在看来是不可能实现的,因为单个的孢子很容易被太阳的紫外辐射杀死。一个比较可能实现的模式是通过陨石传输生物,这是一种为太空旅行中的生物提供外壳保护的有生源说。几厘米厚的陨石足以保护微生物孢子抵抗太阳的紫外辐射,但是如果要抵抗长期的宇宙辐射(百万年以上)则需要陨石至少提供 2 m 的厚度。这种受到陨石保护的微生物甚至更大的生物有可能完成逃逸、太空漫游和再着陆的过程。

参考文献

[1] BELBRUNO E, MORO - MARTIN A, MALHOTRA R, et al. Chaotic exchange of solid material between planetary[J]. Astrobiology, 2012, 12(8):754 - 774.

[2] BERTRAND M, CHABIN A, BRACK A, et al. The PROCESS experiment: exposure of amino acids in the EXPOSE - E experiment on the International Space Station and in Laboratory Simulations[J]. Astrobiology, 2012, 12(5):426 - 435.

[3] BOTTKE W F, NORMAN M D. The late heavy bombardment[J]. Annual review of Earth and planetary sciences, 2017, 45:619 - 647.

[4] BRACK A, BAGLIONI P, BURRUAT G, et al. Do meteoroids of sedimentary origin survive terrestrial atmospheric entry? The ESA artificial meteorite experiment STONE[J]. Planetary and space science, 2002, 50:763 - 772.

[5] CLARK B C. Planetary interchange of bioactive material: probability factors and implications[J]. Origins of life and evolution of the biosphere, 2001, 31:185 - 197.

[6] COCKELL C S, KOEBERL C, GILMOUR I. Biological processes associated with impact events[M]. Berlin, Heidelberg: Springer, 2006.

[7] DE VERA J P. Astrobiology on the International Space Station[M]. Cham: Springer Nature Switzerland AG, 2020.

[8] FAJARDO - CAVAZOS P, LINK L, MELOSH H, et al. Bacillus subtilis Spores on artificial meteorites survive hypervelocity atmospheric entry: implications for lithopanspermia[J]. Astrobiology, 2005, 5(6):726 - 36.

[9] FENG F, JONES H R A. Oumuamua as a messenger from the local association[J]. The astrophysical journal letters, 2017, 852(2):L27.

[10] GOMES R, LEVISON H F, TSIGANIS K, et al. Origin of the cataclysmic late heavy

bombardment period of the terrestrial planets[J]. Nature,2005,435(7041):466-469.

[11] HOANG T, LOEB A. Destruction of molecular hydrogen ice and implications for 1I/2017 U1 ('Oumuamua)[J]. The astrophysical journal letters, 2020, 899(2):L23.

[12] HORNECK G. Likelihood of transport of life between the planets of our solar system[M]//CHELA-FLORES J,OWEN T,RAULIN F. First steps in the origins of life in the universe. Dordrecht:Kluwer,2001:231-236.

[13] HORNECK G, MILEIKOWSKY C, MELOSH H J, et al. Viable transfer of microorganisms in the Solar System and beyond [M]//HORNECK G, BAUMSTARK-KHAN C. Astrobiology-the quest for the conditions of life. Berlin,Heidelberg,New York:Springer,2002:57-76.

[14] HORNECK G,KLAUS D,MANCINELLI R. Space microbiology[J]. Microbiology and molecular biology reviews,2010,74(1):121-156.

[15] BAGNIOLI P, SABBATINI M, HORNECK G. Astrobiology experiments in low Earth orbit: facilities, instrumentation, and results [M]//HORNECK G, RETTBERG P. Complete course in astrobiology. Weinheim:Wiley-VCH,2007:273-320.

[16] HORNECK G, STÖFFLER D, OTT S, et al. Microbial rock inhabitants survive impact and ejection from host planet:first phase of lithopanspermia experimentally tested[J]. Astrobiology,2008,8:17-44.

[17] HORNECK G, RABBOW E. Mutagenesis by outer space parameters other than cosmic rays[J]. Advances in space research,2007,40:445-454.

[18] JÖNSSON K I,RABBOW E,SCHILL R O,et al. Tardigrades survive exposure to space in low Earth orbit[J]. Current biology,2008,18(17):R729-R731.

[19] MARTINS Z, BOTTA O, FOGEL M L, et al. Extraterrestrial nucleobases in the Murchison meteorite[J]. Earth and planetary science letters,2008,270(1-2):130-136.

[20] MILEIKOWSKY C,CUCINOTTA F,WILSON J W,et al. Natural transfer of viable

microbes in space, Part 1: from Mars to Earth and Earth to Mars[J]. Icarus, 2000, 145:391-427.

[21] MILEIKOWSKY C, CUCINOTTA F, WILSON J W, et al. Risks threatening viable transfer of microbes between bodies in our solar system[J]. Planetary and space science, 2000, 48:1107-1115.

[22] NICHOLSON W L, MUNAKATA N, HORNECK G, et al. Resistance of Bacillus endospores to extreme terrestrial and extraterrestrial environments[J]. Microbiology and molecular biology reviews, 2000, 64:548-572.

[23] NICHOLSON W L. Ancient micronauts: interplanetary transport of microbes by cosmic impacts[J]. Trends in microbiology, 2009, 17:243-250.

[24] OLSSON-FRANCIS K, COCKELL C S. Experimental methods for studying microbial survival in extraterrestrial environments[J]. Journal of microbiological methods, 2010, 80(1):1-13.

[25] RABBOW E, HORNECK G, RETTBERG P, et al. EXPOSE, an astrobiological exposure facility on the International Space Station – from proposal to flight[J]. Origins of life and evolution of biospheres, 2009, 39:581-598.

[26] SANCHO L G, DE LA TORRE R, HORNECK G, et al. Lichens survive in space: results from the 2005 LICHENS experiment[J]. Astrobiology, 2007, 7:443-454.

[27] SELIGMAN D, LAUGHLIN G. Evidence that 1I/2017 U1 (Oumuamua) was composed of molecular hydrogen ice[J]. The astrophysical journal letters, 2020, 896(1):L8.

[28] TEPFER D, ZALAR A, LEACH S. Survival of plant seeds, their UV screens, and nptII DNA for 18 months outside the International Space Station[J]. Astrobiology, 2012, 12(5):517-528.

[29] VALTONEN M, NURMI P, ZHENG J Q, et al. Natural transfer of viable microbes in space from planets in the extra-Solar Systems to a planet in our Solar System and Vice-Versa[J]. The astrophysical journal letters, 2009, 690:210-215.

第4编

宇宙中的生命

引 言

这一编将视野投向太阳系之外，在整个宇宙范围内探讨生命存在的可能，和地球生命向太阳系，甚至宇宙其他区域延伸的可能，分为第12、13两章。

第12章讨论系外生命存在的可能、存在的区域、可能的存在形式等。由于距离遥远，目前的探测手段还仅限于各种望远镜，加上运用各种科学原理所做的推断，因此不确定性很大。"可能"也成为本章的高频词汇。本章关注两方面的内容：一是宜居地带的寻找，包括寻找适宜的行星，评估银河系生命元素的丰度、辐射和能量、星体寿命等；二是探讨其他生命的形式，包括智慧生命形式。这些探讨最终引向一个话题：怎么定义生命？

第13章探讨星际旅行的可能性，狭义的旅行包括地球生物向地球之外的扩散，广义的旅行包括不同的地外生物向宇宙各处扩散和彼此交流的可能。星际旅行存在两类问题：一是离开自己栖息地的生物如何在新的环境生活；二是用什么技术手段克服时间、能源和成本上的障碍而完成星际旅行。本章最后借助所谓的费米悖论，探索宇宙智慧生命普遍性的问题。

第 12 章
宇宙范围内的生命探索

根据我们对宇宙的了解，宇宙的其他地方与我们所熟知的太阳系有许多的相似之处。所有宇宙物质都遵循相同的物理和化学规律，经历从大爆炸到恒星系统形成的演变；都在恒星的演替中积累较重的元素；宇宙各个角落会出现与太阳系类似的恒星系统，产生自己的行星系统，包括产生类地行星。这些类地行星有可能像早期地球那样，出现火山、板块运动、地磁等有利于生命出现的特征。这种类地行星的广泛性为天体生物学家们在系外找到生命现象带来了极大的信心。

对地球生命起源、进化、生理过程所需地质、气候、化学条件的了解越多，越有助于我们寻找宇宙其他可能出现的生命的宜居地带。首先需要确认太阳系之外大量行星的存在，然后根据地球生命所处环境的经验，确认宜居的区域，并重点在那里寻找类地行星，评估那里生命存在的可能性。我们可根据捕捉地球所释放的生物信息的经验去捕捉提示生命存在的宇宙信息。另一个捕捉生命信息的途径是对星际可能存在的无线电信号的监视并辨认是否由智慧生物所发出。所有这些方面我们都刚刚起步，宇宙生命的面纱正一层层剥去。

12.1 系外行星的寻找

地外生命需要到行星、矮行星、小行星或卫星上去寻找，相比之下，行星又是相对容易被发现的，因此，现阶段，我们的首要任务是寻找这些行星，再进一步区分哪些行星可能存在生命并深入研究。

与母星相比，行星发出的光线极其微弱，探测如此微弱的光源本身就是非常困难的任务,更何况它们所围绕的恒星的光度要强得多,如太阳这样的恒星的亮度大约是地球反射光的 10 亿倍。这样的光强会引起眩光,将行星的光进一步冲淡。故目前只有极少数行星被直接观测到,其他的都是通过间接的方法确定的。

12.1.1　径向速度测量

12.1.1.1　径向速度测量的基本原理

径向速度(radial velocity)又称视向速度,是指物体运动时在观察者视线方向的速度分量,即速度矢量在视线方向的投影。径向速度测量是一种通过测量行星对恒星扰动来间接探测行星存在的方法。

一颗有行星的恒星,当行星绕恒星转动时,受到行星的重力牵引,恒星也会围绕着恒星和行星的共同质量中心 M 旋转,这导致恒星面向或远离地球观测者运动的速度不断变化,即恒星的径向速度改变。恒星的运动在观察方向的径向速度是一个由行星运动周期所决定的周期信号,其幅度的大小与恒星和行星的质量比、距离、行星轨道平面法线与观测方向的夹角等参数有关。恒星的径向运动会引起其光谱的多普勒频移。如图 12 - 1 所示,当恒星接近 A 点时,光谱将发生蓝移;当恒星接近 B 点时,光谱将发生红移。多普勒频移的大小直接与径向速度有关。如能获得这种恒星光谱的多普勒频移特征,即提示有行星的存在,并得到行星的初步数据。

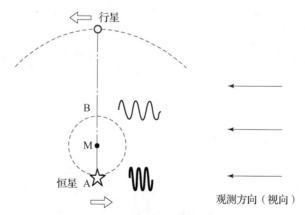

图 12 - 1　用多普勒频移探测行星存在的原理

资料来源:姜明达,肖东,朱永田. 高精度天体视向速度测量技术研究进展 [J].
天文学进展,2012,30(2):246 - 254.

12.1.1.2 径向速度法的寻找能力

现代光谱仪可以检测到的速度变化灵敏度达到 3 m/s 甚至更小。木星可造成的太阳移动约为 13 m/s，地球只能造成太阳速度为 9 cm/s 左右的径向移动。因此径向速度测量可以检测相对大的行星，但检测小的行星还有困难。

直到 2012 年左右，径向速度法成为寻找行星的最有效的技术。由于高信噪比光谱才能达到所需的高精度，因此适用于距地球相对较近的恒星附近寻找行星。一般距离地球小于 160 光年时才能找到质量较低的行星；而木星质量的行星则可以在几千光年之外的恒星周围被发现，但这些行星的公转周期长，因此需要多年的观察才能确定，也难以一次用一台望远镜同时观测到许多目标恒星。

目前只有在低质量恒星周围非常小的轨道上才能探测到地球质量的行星，如 Proxima b。原因是这些恒星受到来自行星的引力拖拽更大。另外，低质量主序列恒星的旋转一般比较缓慢，而恒星的快速旋转会使光谱线数据不够清晰。

有时多普勒谱图会产生假阳性信号，特别是在多行星和多星系统中。磁场活动和某些类型的恒星活动也会发出假阳性信号。通过分析行星系统的稳定性，对寄主恒星进行光度分析，了解其旋转周期和恒星活动周期等可以消除一些虚假信号。

12.1.1.3 径向速度法能够提供的其他信息

径向速度法的优点之一是可以直接测量行星轨道的偏心率。此外，轨道高度倾斜于地球视线的行星产生的径向位移较小，因此较难探测到，所以恒星的径向速度只能给出行星的最小质量。但如果行星的光谱线能与恒星的光谱线区分开来，那么就可以找到行星本身的径向速度，也就可以算出行星轨道的倾角，并测量出行星的实际质量。

12.1.2 凌星法

12.1.2.1 凌星法的基本原理

当行星运行到恒星和观测者之间的位置时，恒星的视觉亮度会略有减弱，由此提供行星存在的迹象，这种方法叫作凌星法（Transit Photometry）。径向速度法可以提供有关行星质量的信息，凌星法则可以确定行星的半径。光芒减弱的程度取决于恒星和行星的相对大小。例如，一颗地球大小的行星略过一颗类似太阳的恒星时，恒星亮度仅下降约 0.008%；而在恒星 HD 209458 的例子中，恒星则会变暗达 1.7%，由此发现了它的行星 HD 209458b。

12.1.2.2 凌星法行星参数的计算

为了便于计算，我们假设行星和恒星是球形的、星盘是均匀的、轨道是圆形的。根据观测到的系外行星在凌星时所处的相对位置，观测到的光亮度曲线有所不同。凌星深度是指恒星在凌星过程中标准化通量的减少，这与系外行星的半径与恒星的半径之比有关。半径较大的行星将增加凌星深度，半径较小的行星造成较小的凌星深度。行星的凌星持续时间是行星凌星的时间长度。这个观测参数与行星在其轨道上运行的快慢有关。入/出持续时间描述了行星完全进入恒星（入口）或完全离开恒星（出口）所需的时间。图 12-2 提供了系外行星凌星时光亮度的理论曲线。这里 δ 为凌星深度（transit depth），T 为凌星持续时间（transit duration），τ 为进出持续时间（ingress/egress duration）。这些参数都可以通过观察得到。此外还可能得到系外行星的轨道周期（P, orbital period of the exoplanet）。

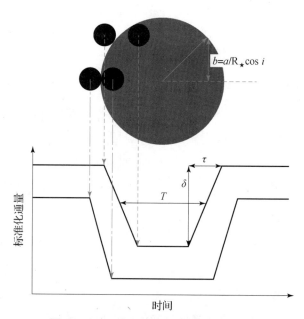

图 12-2 理论上的凌星系外行星光曲线

注：这张图片显示了一颗正在凌星的系外行星的凌星深度（δ）、运输持续时间（T）和进出持续时间（τ）。(By John Asher Johnson)

如果一颗行星从恒星直径的一端穿过另一端,则进入/离开的持续时间会最短。如果一颗行星在恒星直径以外的任何地点穿过恒星,那么,离直径越远,进入/离开的持续时间就越长,行星会花费更长的时间完全进入恒星。从这些可观测的参数出发,许多不同的物理参数,包括半长轴、恒星质量、恒星半径、行星半径、偏心率和倾角等,都可以通过计算得出。结合对恒星的径向速度测量,也可以确定行星的质量。

12.1.2.3　凌星法的优缺点

凌星法的主要优点是可以根据光照曲线确定行星的大小。当与确定行星质量的径向速度法相结合时,就可以确定行星的密度,从而进一步了解行星的物理结构。凌星方法也使得研究凌星行星的大气层成为可能。当行星穿过恒星时,恒星发出的光会穿过行星的高层大气。通过仔细研究高分辨率的恒星光谱,可以探测到行星大气层中存在的元素。另外,可以利用再次发生的掩星(当行星被恒星阻挡时)去测量行星的辐射。将掩星之前或之后的光强度相减,则只剩下由行星引起的信号。这样就可以测量行星的温度,甚至可以探测到行星上可能的云层迹象。2005 年 3 月,两组科学家用斯皮策空间望远镜(Spitzer Space Telescope,SST),利用有关技术对其进行了测量。结果显示:行星 TrES-1 的温度为 1 060 K,行星 HD 209458b 大约为 1 130 K。

凌星法的一个主要缺点是只有当行星的轨道恰好与观察者所处的位置完全对齐时,才能观测到行星的凌星。行星轨道面直接位于恒星视线上的概率是恒星直径与轨道直径的比值。对于一颗在 1 个天文单位处围绕与太阳大小相似的恒星运行的行星,随机分布产生凌星的概率为 0.47%。因此,这种方法会有很多漏检。凌星法的另一个缺点是错误检测率高。据 2012 年的一项统计,在单个行星系统中,开普勒任务观测到的凌星误报率可能高达 40%。因此,探测到单个凌星时需要额外的,通常是用径向速度法或轨道亮度调制法来做进一步确认。此时用径向速度法确认木星大小或更大的行星尤其必要,因为这种大小的天体除了可能是行星,还可能是褐矮星甚至小恒星。在有两个或两个以上候选行星的恒星中,凌星法的假阳性率则很低,不需更多观测就可以确证。有些还可以通过凌星时间变化法来确认。

尽管对单个行星的检出不够准确,但通过同时扫描包含数千颗甚至数十万颗恒星的大面积天空，凌星测量可以发现比径向速度法更多的太阳系外行星。有许多项目采用了这种方法寻找行星，例如，地基的 MEarth 项目、SuperWASP、KELT 和 HATNet；空间的 COROT、开普勒和苔丝（TESS）项目等。凌星法的另一个优点是可以探测到比径向速度法所及远得多的、可达几千光年之外的恒星周围的行星，其所发现的最遥远的行星位于银河系中心附近。

在探测红巨星周围的行星时会出现一些问题：由于这些恒星的尺寸较大，行星更容易凌星，但因为这些恒星的亮度太高，凌星行星造成的效应不易被觉察，另外，红巨星的亮度波动频繁也是一个不利因素。与之相反的情况是，行星可以完全遮盖一个体积非常小的恒星，如中子星或白矮星。这种情况如果发生则很容易从地球上探测到。然而由于这类恒星的体积很小，一颗行星与它对齐的可能性非常小。

12.1.2.4　导致天体亮度变化的其他因素

天空中的许多光点都有亮度变化，这些变化可能源于行星凌星，也有可能有其他原因。常见的三种额外的情况是：混合食双星系统、掠食双星系统和与行星大小相似的恒星凌星。通常情况下，食双星系统会产生更明显的亮度下降，可以与系外行星的凌星区分开来。但是混合或掠食双星系统造成的掩星较浅。

混合食双星系统是指一个正常的食双星和通常更亮第三颗恒星出现在同一视线上。第三颗恒星的光降低了食双星的掩星程度，因此光曲线可能类似于系外凌星行星所形成的光曲线。

掠食双星系统是一个恒星只是在另一个恒星的边缘略过，造成后者的亮度略暗。较小的遮挡部分有时可能与系外行星的凌星搞混。如果食双星系统的轨道是圆形，并且两星的质量不同，则周期性出现的两次凌星事件的凌星深度不同，借此可与行星凌星相区分；但如果两星相差不大，则相继出现两次掩星事件造成的凌星深度差别很小。

有的恒星，如白矮星和棕矮星的大小与气体巨行星大致相同，尽管它们的质量很大，但在光照曲线上无法反映出来，因而凌星法难以将它们与行星凌星相区别。需要利用径向速度测量等方法做进一步鉴定。

12.1.2.5　运用凌星法搜寻行星的历史

法国航天局的 CoRoT 天文卫星于 2006 年开始在其轨道上搜寻凌星的行星。

截至 2008 年初，人们发现了两颗系外行星，都是"热木星"类型。截止到 2013 年 6 月，发现的系外行星数量为 32 颗，还有几颗尚待确认。随后这一探测器退役。

2009 年 3 月，美国宇航局发射开普勒号航天器，扫描天鹅座的大量恒星，其测量精度有望探测和表征地球大小的行星。开普勒任务使用凌星法扫描了十万颗恒星以寻找行星。到 2011 年 12 月，开普勒团队宣布发现了 2 326 颗候选行星，其中 207 颗大小与地球相似，680 颗为超地球大小，1 181 颗为海王星大小，203 颗为木星大小，55 颗比木星大，此外还发现了 48 颗处于宜居区的候选行星。到目前，大多数行星是通过凌星法被发现的。

12.1.3 引力微透镜

恒星的引力场像一个透镜，可将远处恒星的光放大。只有当两颗恒星几乎完全对齐时，这种效应才会发生。因为两颗恒星和地球都处于相对运动的过程中。透镜事件只能持续数周或数天。如果前面的透镜恒星带有一颗行星，那么，该行星本身的引力场可以因影响透镜效应而被察觉。这种方法需要大量的背景恒星，对于探测地球和星系中心（银河系）之间的行星最为有效。星系中心负责提供背景恒星。引力微透镜图解如图 12 – 3 所示。

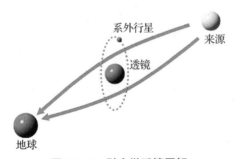

图 12 – 3　引力微透镜图解

资料来源：Grant Christie：Detecting Exoplanets by Gravitational Microlensing using a Small Telescope. Astrophysics. 2006，arXiv：astro – ph/0609599.

微透镜法可探测较大轨道的行星，对探测距离恒星 1 ~ 10 个天文单位的行星最为敏感。由于引力微透镜效应随行星与恒星的质量比增加而增加，因此探测低质量恒星周围的行星就相对容易。该方法的缺点是当行星远离它的恒星时，它的轨道只有很小的一部分处于这种方法可以探测到的状态，因此，行星的轨道周期不容易确定。另外，这种方法的观测结果不能重复，且唯一可以通过微透镜确定的物理特性是行星的质量。

引力微透镜法的主要优点是可以探测低质量的行星，以及与土星和天王星类似的远距离轨道行星，这些行星的轨道周期对于径向速度法或凌星法来说都太长。它还能探测到遥远恒星周围的行星。当足够多的背景恒星能够被足够精确地观测到时，该方法将能估计出银河系中的类地行星量。

12.1.4 各种计时法

12.1.4.1 脉冲星计时法

脉冲星作为超新星爆炸后恒星的超致密的残余物，在旋转时极有规律地发射无线电。与普通恒星一样，如果存在行星，行星的引力也会促使脉冲星围绕一个小轨道运行。假如观测到的无线电脉冲在时间上有微小异常，就提示脉冲星发生了这类运动。根据脉冲时间的观测和计算，可以揭示该轨道的参数。

这种方法非常敏感，能够探测到比任何其他方法都小得多的、质量不到地球的 1/10 的行星。它还能够探测行星系统各成员之间相互的引力扰动，从而揭示这些行星及其轨道参数的进一步信息。此外，它还可以很容易地探测到距离脉冲星相对较远的行星。

脉冲星计时法（Pulsar Timing）的缺点：脉冲星比较罕见，行星围绕脉冲星旋转需要一些特殊的环境因素。因此，人类通过这种方式发现大量行星的可能性不大。此外，由于辐射的高强度，生命很可能无法在围绕脉冲星运行的行星上生存。

1992 年，Aleksander Wolszczan 和 Dale Frail 利用这种方法发现了脉冲星 PSR 1257 + 12 周围的行星。他们的发现很快得到了证实，脉冲星 PSR 1257 + 12 周围的行星成为太阳系外首次确认的行星。

12.1.4.2 变星计时法（Variable Star Timing）

与脉冲星类似，一些类型的脉冲变星也比较规则，可以用光度法，通过脉冲频率的多普勒频移来确定径向速度。由于周期性活动时间较长和规律性较差，这种方法不如脉冲星计时敏感。探测变星周围行星的难易程度取决于恒星的脉动周期、脉动的规律性、行星的质量及其与宿主恒星的距离。

12.1.4.3 凌星计时法（Transit Timing）

当一个行星系统有多颗凌星行星时，常可以用凌星计时法来确定。这种方法考察凌星是否具有严格的周期性。如果一颗行星已经被凌星法探测到，那么，凌星时间的改变提示有其他非凌星行星的存在。这是一种敏感的方法，可以探测行星系统中质量与地球相当的非凌星行星。如果行星的轨道相对较近，其中一颗行星的质量较大，导致质量较小的行星的轨道周期受到较大的扰动，就更容易检测到凌星时间的变化。

凌星计时法有助于确定非凌星行星的最大质量，但很难精确确定。美国宇航局的开普勒太空船首次利用这种方法对一颗非凌星行星进行了探测。凌星行星开普勒 – 19b 显示有凌星时间的改变，表明存在第二颗行星开普勒 – 19c。

在环双星行星中，凌星时间的变化主要是由恒星的轨道运动引起的，而不是由其他行星的引力扰动引起的，这使得探测其他行星变得困难。然而一旦这些行星被发现，就很容易确认。

12.1.4.4 食双星最小计时法

在食双星系统中，当较亮的恒星被另一颗恒星遮住时，被称为初次掩食；当表面较亮的恒星遮住另一颗恒星时，称为二次掩食。如果有一颗行星在绕着双星运行的轨道上，那么，两恒星将绕着双星 – 行星的质心偏移。当双星中的恒星被行星来回移动时，掩食的最小时间会有所变化。这种偏移的周期性可能是探测靠近双星系的系外行星的可靠方法。如果行星质量很大，围绕双星系的轨道相对较近，且恒星质量偏低，则更容易探测到行星。

食双星最小计时法（Eclipsing Binary Minima Timing）可以比凌星法探测到离主星更远的行星。开普勒 – 16b 成为第一颗通过食双星计时变化确定特征的行星，是一颗气态巨行星。

12.1.5 直接观测法

如果能够直接对恒星周围的行星进行成像，将能提供比间接方法更多的行星数据，如其大小、轨道、反照率、地面光谱和大气光谱等，不但能提供更多的宜居性的线索，甚至可能提供生命本身存在的线索。然而，由于系外行星的光相对于附近的恒星极其微弱，直接观测地球大小的岩石行星非常困难，有一定的限制条件，并需要特殊的观测技术。

12.1.5.1 直接观测的条件

与恒星相比，行星是极其微弱的光源，它们发出的微弱光往往会在母恒星的眩光中消失。所以一般来说，很难直接从它们的主星上发现和分辨它们。当行星的轨道离恒星足够远时，所反射的恒星光更微弱，这些行星只能通过它们自身的热辐射来探测。在红外波段，行星比可见光波段更亮。当观测的恒星系统离地球比较近，且行星特别大（比木星大得多），与母星相距甚远，以便其光线不被母恒星遮掩，而且温度很高，发出强烈的红外辐射时，才容易获得图像。使用日冕仪可以阻挡恒星发出的光，使行星容易显现。对类地系外行星的直接成像需要极高的光热稳定性。不归属恒星的流浪行星也已通过直接成像被找到。

与大多数方法不同的是，直接成像法更适用于行星的轨道面与我们的视线垂直的行星，而不是平行的行星，因为前者可以使行星在整个轨道上都可以被观测到且不被母恒星干扰，而后者在很多时候被母恒星遮盖。

12.1.5.2 直接观测的效果

直接成像可以用来精确测量行星绕恒星的轨道，但不能给出行星的精确质量，后者只能通过恒星的年龄和行星的温度推定。行星越冷，推定的质量就越低。在某些情况下，人类根据行星的温度、视亮度和与地球的距离，可以对行星的半径进行合理的推测，也可通过对行星发射出的光谱分析确定行星的化学成分。穿过大气层的光线包含有关大气层化学性质的线索，近红外光谱可以揭示这些大气成分，发现是否含有与生物信号有关的分子，如大气水、氧气、甲烷、一氧化二氮、一氧化碳和二氧化碳等。高分辨率光谱观测可根据地球大气扰动校准其测量值，揭示系外行星的动力学特征，如行星轨道运动和自转等。

目前通过直接成像探测到的行星分为两类：第一类行星是在比太阳质量更大的恒星周围发现的，这些恒星足够年轻，正在形成原行星盘。第二类可能是在非常暗的恒星周围发现的亚褐矮星，或者是距离母星至少 100 AU 的褐矮星。有时需要多个波长的观测来排除所发现的星球是褐矮星的可能性。

12.1.5.3 行星成像技术

星光抑制技术（Starlight Suppression Technologies）是一种将恒星发出的光线降到足够低的水平，使外行星成像成为可能的技术。其主要的仪器有：日冕仪是用来阻挡恒星光线的仪器，使研究人员可以遮盖恒星光芒而观察其周围相对较暗的视野。这种仪器最初用于观察太阳外圈的日冕，故称为日冕仪。它是在望远镜内安装了一个圆形遮罩，可以选择性地阻挡恒星光线，使行星的光线得以显现。星影技术是另一种设置在望远镜外面的阻挡恒星光线的装置。星光抑制技术和星影技术可以结合使用（图 12 - 4）。

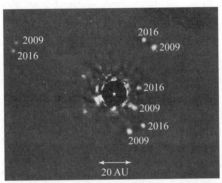

图 12 - 4　使用行星成像技术发现的恒星 HR8977 周围的 4 颗行星

注：此图显示 2009 年 11 月和 2016 年 5 月拍摄的 4 颗年轻（因此仍然发光）行星围绕恒星 HR8977 运行的合并红外图像。为避免恒星发出的光压倒行星的光，用日冕仪对其进行了抑制（Christian Marois 提供，NRC 加拿大）

采用星光抑制技术设计的行星成像仪器包括地面望远镜双子座行星成像仪、VLT - SPHERE、斯巴鲁日冕仪极端自适应光学（SCE×AO）仪器、帕洛玛 1640 项目、太空过境测光望远镜 - 过境系外行星勘测卫星（TESS）和宽场红外测量望远镜（WFIRST）等。2010 年，美国宇航局喷气推进实验室的一个团队证明，涡流日冕仪可以使行星直接成像。他们通过成像 HR 8799 行星来做到这一点。目前研制的日冕仪渴望探测到比其主恒星暗约 1 000 万倍的系外行星。

12.1.6　其他发现行星的方法

12.1.6.1　反射和热辐射的相位变化

行星做环绕恒星运动时会经历反射光大小的变化，它们会像月球经历新月、上弦月、满月、再到残月那样，经历一个亮度的周期性变化。由于望远镜无法从恒星发出的光中分辨出哪部分由行星产生，只能看到合在一起的光。尽管行星光的占比非常小，但距离恒星很近的短周期行星可以接受和反射更多的光，因而可被探测到。开普勒等空间望远镜可以探测到轨道周期为几天的木星大小的行星。当一颗行星的反照率很高，并且位于一颗相对较亮的恒星周围时，它的光线变化相对容易在可见光范围内被探测到；而较暗的行星或在低温恒星周围的行星则更容易在红外线区域被探测到。因为随行星相位变化的反射光在很大程度上与轨道倾角关系小，行星无须从恒星的前面掠过，将来这种方法可能会找到比凌星法更多的行星。不过那些轨道平面与从地球观察的视线垂直的行星，因为反射光的量不发生变化，所以无法探测到。

2015 年，人类首次直接探测到系外行星反射的可见光光谱。天文学家们利用位于智利的欧洲拉希拉天文台（La Silla Observatory）的高精度径向速度行星搜索仪（HARPS）研究了行星 51Pegasi b 发出的光，这也是人类使用径向速度法发现的第一颗围绕主序星（类太阳星）运行的系外行星。CoRoT 和开普勒都测量过一些行星的反射光。不过这些行星之前都已经通过凌星法被发现。此外，这些行星接受恒星的大量光能后将被加热，从而产生热辐射。这种热辐射也有可能被探测到。

12.1.6.2　相对论束流法

还有一种从光线变化中探测系外行星的新方法是利用恒星运动产生的相对论束流（Relativistic Beaming）来探测系外行星，它也被称为多普勒波束或多普勒增强。这种方法最早是由 Abraham Loeb 和 Scott Gaudi 在 2003 年提出的。当行星以其引力牵引恒星时，从观察者的角度来看，光子密度和恒星的视亮度都会发生变化。和径向速度法一样，它可以用来确定行星的轨道偏心率和最小质量。这种方法更容易探测到靠近恒星的大质量行星。与径向速度法不同的是，它不需要精确的恒星光谱，因此可以更容易地用于寻找围绕快速旋转恒星和较远恒星的行星。

这种方法并不是发现新行星的理想方法，它的效应很弱。行星发出和反射恒星的光量通常比相对论光束产生的光的变化大得多。不过这种方法可以测量行星的质量。2013 年，人类首次使用这种方法发现了一颗行星——开普勒 – 76b。

12.1.6.3　椭球变化法（Ellipsoidal Variations）

大质量的行星可以对它们的主恒星造成轻微的潮汐扭曲。当一颗恒星的形状略呈椭球形时，它的视亮度会发生变化，这取决于恒星的扁圆部分是否面向观察者视角。与相对论光束法一样，它有助于确定行星的最小质量，其灵敏度取决于行星的轨道倾角。其对恒星视亮度的影响程度可能比相对论光束法大得多，但亮度变化周期是相对论光束法的两倍。此外，如果这颗行星的半长轴与恒星半径之比较低，且恒星密度较低，那么，它对恒星形状的扭曲会更大。这使得这种方法适用于寻找离开主序列的恒星周围的行星。

12.1.6.4 旋光法

恒星发出的光是非偏振的，即光波的振荡方向是随机的。然而当光线从行星的大气层反射出去时，光波会与大气层中的分子相互作用而产生偏振。这种偏振可被探测到。这些测量原则上可能是很灵敏的。旋光法（Polarimetry）可以用来测定地球大气层的组成，但它无法探测没有大气层的行星。大的行星更容易通过旋光法探测到。

用于偏振测量的天文仪器称为偏振计，这种仪器能够探测偏振光并抑制非偏振光。人类在2008年第一次用旋光法成功探测到太阳系外行星HD 189733b，这是一颗早先已发现的行星。到目前为止，人类还没有用这种方法独立发现行星。

12.1.6.5 天体测量学方法

天体测量学方法（Astrometry）是通过精确测量恒星在天空中的位置，并观察该位置随时间的变化来推断所观测的恒星周围是否存在行星。这种方法使用照相底片，建立数据档案，并对不同时间的照片进行测量比较，从而发现恒星的运动。它探寻行星的原理是：如果一颗恒星有一颗行星，那么行星的引力将导致恒星本身在一个微小的圆形或椭圆形的轨道上运动。实际上，恒星和行星都绕着它们相互的质量中心运行。通常情况下，这个质量中心会位于恒星的半径范围内。用这种方法更容易发现低质量恒星周围的行星，尤其是褐矮星。

天体测量学方法最初成功地描述了双星系统。但直到2002年，哈勃空间望远镜才成功地利用天体测量学方法描述了此前在格利泽876星周围发现的一颗行星的特征。

天体测量法的一个优势是它对大轨道行星最为敏感。这使它可以与其他易于探测小轨道行星的方法互补。但这需要很长的观测时间，几年甚至几十年才能完成，这是因为能够通过天体测量探测到的行星距离恒星常非常远，需要很长的时间才能完成一次轨道飞行。在双星系中，围绕其中一颗恒星运行的行星更容易被探测到，这是因为它们会引起恒星自身轨道的扰动，然而需要后续观测来确定所发现的行星围绕哪颗恒星运转。

12.1.6.6　X 射线食（X-ray Eclipse）

2020 年 9 月，人类在漩涡星系中探测到一颗围绕大质量 X 射线双星 M51-ULS-1 运行的候选行星。这颗行星是因遮挡由恒星发出的 X 射线而被探测到的。这个 X 射线源由一颗恒星残骸（中子星或黑洞）和一颗大质量恒星构成。这是目前唯一能够探测到银河系之外行星的方法。

其他探测行星的方法还包括耀斑和可变性回波探测（Flare and Variability echo Detection）、凌星成像（Transit Imaging）、磁层无线电发射（Magnetospheric radio Emissions）、极光无线电发射（Auroral Radio Emissions）、光学干涉法（Optical Interferometry）、修正干涉法（Modified Interferometry）、凌星持续时间变化（Transit Duration Variation）、原行星盘运动学（Disc Kinematics）等。

12.1.7　已经发现的系外行星及类型

目前已有 5 000 多颗系外行星被发现。图 12-5 显示到 2022 年为止每年用不同方法寻找到的系外行星的数量，可以看出，凌星法和径向速度法是目前最有效的方法。

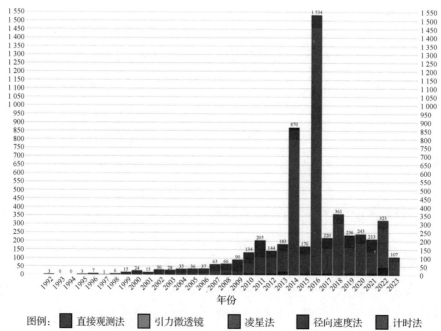

图 12-5　到 2022 年为止每年用不同方法寻找到的系外行星的数量（书后附彩插）

已经发现的系外行星有的和太阳系的某些行星相似,也有一些太阳系不存在的类型。在太阳系中,接近太阳的都是类地的岩石行星;气态巨行星和冰巨星则远离太阳。但在系外星系中并不总是这样。通常将靠近恒星的木星大小的行星称为热木星,将海王星大小的行星称为热海王星,这是太阳系所没有的。目前发现的系外行星以这两类居多,但其原因并不是这两类真的在所有行星中比例最高,而是它们比较容易被发现,是"观测偏差"造成的。图12-6列出几百颗系外行星的轨道半径和质量,看得出所发现的系外行星多是靠近恒星,且质量较大。

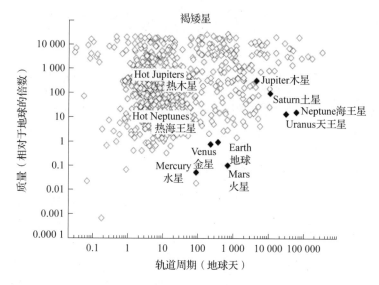

图12-6 几百颗系外行星的轨道半径和质量

注:能够确定质量和轨道周期的系外行星,它们多是通过径向速度法和凌星法发现的。这两种方法对围绕其恒星运行的大行星最为敏感,因此"热木星"和"热海王星"在数据中的比例过高。目前尚不清楚类地轨道上运行的类地行星的稀少是与探测的困难有关,还是真的稀有。(资料来自 http://www.exoplanet.eu/)

按行星的密度分类,除了在太阳系见到的气态巨星、冰巨星、类地行星等外,还能见到密度与海王星类似,但又远小于海王星,质量在地球水平的"迷你海王星",以及质量超过地球,但明显低于天王星和海王星的"超级地球",如图12-7所示。

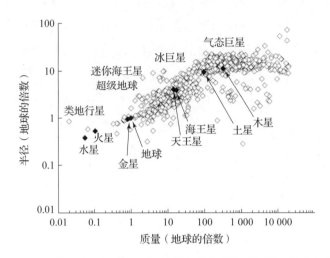

图 12 – 7　已知的几百颗行星（包括系外行星和太阳系行星）的直径和质量

注：可粗略地将这个行星分为类地行星、超级地球、迷你海王星、冰巨星和气体巨星。超级地球和迷你海王星不存在于太阳系。最大的气态巨行星的质量约为地球的 1 000 倍。（资料来自 http://www.exoplanet.eu/）

12.1.8　与地球相似的行星的探测

在所发现的行星中，一些行星的参数与地球相差不大。例如，Gliese 581 是一颗光谱类型为 M3V 的恒星（红矮星），位于距地球仅约 20 光年的天秤座，估计质量约为太阳的 1/3，属于最古老、最不活跃的 M 矮星之一，预示着它的行星比大多数行星更易保持大气层并避免恒星耀斑造成的损害。2005 年之后陆续发现了围绕它的几颗行星，其中 Gliese 581b 是第一颗在恒星周围发现的行星。这些行星的轨道接近圆形。按照与恒星的距离，分别是 Gliese 581e、Gliese 581b、Gliese 581c，另外还有几颗不能肯定，如图 12 – 8 所示。

Gliese 581e 是最内层的行星，最小估计质量为 1.7 个地球质量。Gliese 581c 是第三颗围绕 Gliese 581 运行的行星，每 13 天完成一次环绕。假定它和地球的组成类似，则它的半径是地球的 1.5 倍，这使它在外观上成为最像地球的系外行星。最初估计，其表面温度在 $-3 \sim 40\ ℃$，因此这颗行星有可能是宜居的，然而其若存在类似金星的失控温室效应，气温也可能高达约 500 ℃。

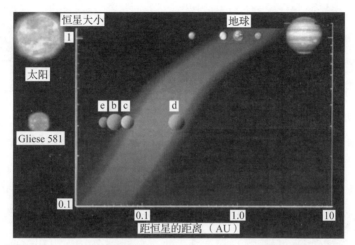

图 12-8 Gliese 581 周围的行星 e、b、c 和 d（d 的存在仍有争议）

注：浅色条带为适宜带，与太阳系的情况（上面）做比较。

在随后发现的行星中，Kepler-22b 是于 2011 年 12 月发现的第一个处于"宜居带"内的行星，其表面坑含有液态水，直径为 2 倍地球大小。2014 年 8 月发现的 Kepler-185f 是地球大小且位于宜居带的行星，它围绕一颗 500 光年之外的红矮星运转。2020 年 9 月，天文学家根据天体物理参数并与地球的条件相比较，从已确认的 4 000 多颗系外行星中，确定 24 颗可能为超级宜居行星（superhabitable planet）。所谓超级宜居是指其宜居条件甚至好于地球。

美国宇航局开普勒空间天文台和凯克天文台的科学家们估计，银河系中 22% 的类似太阳的恒星的宜居带中存在地球大小的行星。

12.2 银河系中的宜居带

12.2.1 宜居带的标准及其拓展

在天体生物学中，恒星周围的宜居带（circumstellar habitable zone，CHZ）或简称可宜居带，是一个围绕恒星的轨道范围，在这个范围内，一个有足够质量的行星表面可以在足够大的气压下存在液态水，进而支持生命的存在。

12.2.1.1 宜居带的界限

CHZ 是以是否支持液态水为标准制定的，因此，CHZ 的内界是：如果再向恒星靠近一点，就会触发失控的温室效应，进而产生生物难以存在的炎热表面；CHZ 的外界是：如果再远离恒星一点，就会造成水冻结为冰。实际上，CHZ 是借鉴地球在太阳系中的位置和它从太阳接收到的辐射能量来确定的。以 CHZ 为标准，可能有助于寻找和确定能够支持生命与智慧生命的行星，确定它们的范围和分布。一般来讲，CHZ 与恒星质量和离开恒星距离有关。假定行星的温度依赖于它接收到的恒星的辐射能量，则恒星的质量越大，发出的能量越大，可居住区位置也越远。质量较小的恒星，CHZ 离它也较近。

自 1953 年首次提出这一概念以来，人类已经在许多恒星周围发现一颗或多颗 CHZ 行星。目前发现的 CHZ 行星，无论是超级地球还是气态巨行星，都比地球更大，因为这样的行星更容易被发现。根据截止到 2013 年 11 月的开普勒的数据估计，在银河系中类似太阳的恒星和红矮星的宜居带中，可能存在多达 400 亿颗地球大小的行星，其中约 110 亿颗可能围绕类似太阳的恒星运行。位于半人马座 b 星的一颗行星，距离地球约 4.2 光年，是已知的距离最近的在其恒星的可居住区内运行的系外行星。CHZ 也包括自然卫星的宜居性，在 CHZ 范围内的具有行星质量的卫星数量可能超过行星本身的数量。

12.2.1.2 太阳系内的宜居带

假定地球为最适合生命产生的场所，也就是宜居带的中心。在地球轨道向内外划出一定范围的环形宜居带，从 1964 年 Dole 最初划定宜居带的内界在 0.725 AU 处，外界在 1.24 AU 处以来，这一边界不断发生变化，不同的人基于不同的考虑，提出了不同的范围。最严格的内界在 0.99 AU 处，外界在 1.004 AU 处；而最宽泛的宜居带内界在 0.38 AU 处，外界则到了 10 AU 处，已将土星都包含在宜居带之内（图 12-9）。

依照早期的估计，只有金星和地球位于可居住区之内，火星恰好位于可居住区外边界上。随后一些不太保守的模型将火星也包括在可居住区之内（见第 3、第 8 章）。而事实是金星由于自身的其他特点，比如缺乏磁场、严重的温室效应等，现在很难存在生命，因此金星应划到宜居带之外。按照液态水的标准，金星和火星目前都位于宜居带之外。

宜居性是一个动态过程，金星和火星在漫长的地质年代都可能出现过适合宜居的时期，只是随着气候和地质的变化而逐渐地失去了宜居性。对金星和火星宜

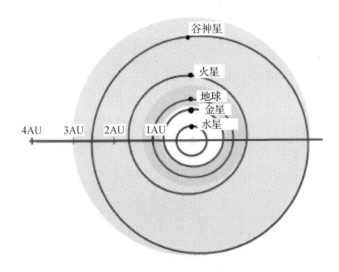

图 12-9　太阳系宜居带的估计范围

注：保守的估计区域由深灰色表示，而相对宽泛的估计区域由浅灰色表示。

居性历史过程的研究，有助于揭示宜居带演变的一般规律，为人类探索系外星系的宜居带积累经验（参见第 8 章）。

当一颗恒星通过主星序阶段，成为红巨星时，它的光度会明显增加，宜居带也会随之向远处移动，也使原来位于宜居带的行星脱离宜居带，而使另一些行星及其卫星进入宜居带。未来太阳能量输出的持续增加会使地球在太阳到达红巨星阶段之前就处于太阳可居住区之外。处于红巨星阶段的太阳系中，土星的卫星土卫六或可达到地球目前的温度而成为可居住的地区。但也有观点认为：届时强烈的恒星风将彻底摧毁这些较小行星或卫星的大气层，使它们的地表依然无法宜居。

12.2.1.3　宜居带概念的扩展

CHZ 作为生命可能存在的主要标准仍在不断发展。自从发现了外星液态水存在的证据以来，大量的液态水被发现在原来认为的可居住区之外。已知太阳系内的行星或其卫星的岩石圈和软流圈中存有大量液态水是由太阳之外的其他能源，例如，潮汐加热或放射性衰变提供产热，再通过大气压之外的压力而维持的。例如，木卫二可能有一个深达数百千米的海洋，使产生和孕育生命的机会大大增加。深生物圈的生物可以不依赖恒星提供的能量而存在的概念已被普遍接受。甚至在流浪行星或其卫星上也可能发现液态水。液态水可以存在于更高的温度和压力范围内。对嗜极端环境微生物的发现也需要我们拓宽"宜居带"的范围。此外，还有人提出在缺乏水作为溶剂的恒星周围区域，也可能存在以非水溶剂为化学基础的生命形式。如果这一可能性被接受，将彻底改变 CHZ 的制定标准。

目前对于一个区域存在宜居带的一般条件：①恒星要求。为有行星围绕的系统，有合适的恒星质量和能量输出，具有足够长的寿命以允许生命的出现和进化。②行星要求。有合适的质量和轨道，有维持大气稳定存在的条件并具有液态溶液。在地球生命环境中，这种溶液是水溶液。至于其他行星存在的其他溶剂，如乙烷等是否也可能作为生命所需的溶剂尚不得而知。③化学元素。应有形成生命必要的、可利用的化学元素和化合物，并且有合适的浓度与组成。④如果存在恒星之外的替代能源来源，则也可以在没有恒星能量输入的情况下维持一个生命系统。

这些条件不是绝对的。恒星存在的要求主要是因为恒星可以成为稳定的能源提供者，并为生命的产生提供长期稳定的环境条件。但如果行星或卫星本身能解决能量来源问题，就可在不需要恒星的情况下产生生命。因此流浪行星（rogue planet）或其卫星也可能成为生命的摇篮。流浪行星是指不围绕任何恒星运行的行星。这种行星可能是在一个恒星系统内部形成后又被抛离这一系统的。这颗行星如果具有足够的内部能源以支持生命的话，远离恒星甚至可能成为优势。在第 8 章和第 10 章中曾提到，像火星这样的内太阳系岩石行星，如果缺乏内部磁场，外表的大气就很容易被来自太阳的热量和太阳风吹走。一颗流浪行星就不存在这个丧失大气的机制，而是通过引力留住大气。大气压的存在有利于液态水和其他液体成分在星体表面的维持。假如流浪行星在形成的早期就被抛出恒星系统，而此时行星外围的大气尚未被剥离，就可能长期保留大气层。

尽管宜居的概念扩大了，将地下宜居性也包括进去，但地下生命很少有机会将其生命信号释放到行星或卫星的表面和大气中，进而为我们探测到。鉴于以我们现有的技术探测系外地下生命还有困难，也很难发现远离恒星不发光的流浪行星，我们在寻找太阳系外生命时还是将重点划定在依据地球环境所界定的传统宜居带的范围内。

12.2.2 满足生命存在的恒星类型

12.2.2.1 恒星的大小与生命存在的可能性

天文学家根据颜色将恒星分成 O、B、A、F、G、K、M 等几类。它们的颜色由蓝到红，温度由高到低，质量由大到小。太阳属于 G 型恒星（图 12-10）。

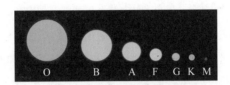

图 12-10 恒星的等级

恒星质量越大，核聚变进行得就越快、寿命越短。太阳的年龄为 50 亿年，地球的年龄约为 46 亿年，自地球诞生几亿年间首先发生化学进化，再出现生物进化，经过 30 多亿年才出现复杂的生命和人类。所以从地球得到的经验得知，要想孕育出生命，恒星的寿命必须足够长。此外，恒星的温度也不能太高，否则紫外线可以直接进入深水处破坏可能形成的生物大分子，那样将难以进化出生命来。O、B、A 这三类恒星体积大、寿命短、紫外线强，不满足于上述条件，故目前只考虑可能满足条件的 F、G、K、M 四类恒星。其中中等质量范围内的恒星，如太阳，有更大的可能性形成类地生命。

对这几类恒星的行星上可能存在的生物类型的基本估计是：①M 恒星。深海生命，并非常靠近恒星。②K 恒星。海洋生命和极地生命，也靠近恒星。③G 恒星。已知的各种生命形式，像地球上所存在的那样。④F 恒星。已知的各种生命形式，但宜居带位置比地球要远。

恒星在星系中的位置也可能影响生命形成的可能性。在重元素含量高的区域出现的恒星容易形成行星。如果这一区域发生破坏栖息地的超新星事件的可能较低，则它们拥有复杂生命行星的概率较高。

12.2.2.2 双星系统和聚星系统的宜居带

太阳系周围的恒星中有 2/3 属于双星系统或聚星系统。当一个或多个伴星之间距离非常近时，则可能存在行星围绕所有的恒星转的情况；当伴星之间的距离遥远时，则行星只围绕其中一个公转。

一些研究表明，两个恒星之间的距离至少是 50 个天文单位才可能在其间形成行星。而在多恒星系统中形成的行星，它们的轨道很难是圆形并稳定的。

地球上生命的演化和成长需要一个长期的、稳定的环境，这就要求地球有一个稳定的轨道。假如行星在一个离心率很高的轨道上运行，就会时而进入宜居带、时而又运动至宜居带外，这很不利于生命的存在和进化。而且，即使形成行星，其轨道也会因多个天体引力的作用而被摄动，最终可能导致行星落入其中一个恒星中或被弹出系统。另一个问题是行星所接受的恒星辐射能量的大小会产生很大的变动，这也会影响生命的稳定和进化。

12.2.2.3　单恒星系统的宜居带

单个恒星的光度决定了它的宜居带的位置，而发光度与恒星的大小、类型和年龄有关。天文学家利用恒星通量和平方反比定律，将为太阳系建立的星周宜居带模型外推到其他恒星上。平方反比定律是指行星所接受辐照强度（传播方向上单位面积的强度）与辐照源距离的平方成反比（不考虑吸收或散射造成的损失）。

据此，对于那些比太阳大的恒星来说，其宜居带距恒星较远；而且由于恒星本身寿命短，宜居带持续的时间也较短，这不利于高级生命形式的出现。更大的恒星由于紫外辐射的增加，甚至可能没有宜居带。对于比太阳小的恒星来说，其宜居带更靠近恒星。但距离如果很近会产生另外的风险：恒星的引潮效应容易引起行星的潮汐锁定，导致行星只有一面朝向恒星。这会导致行星的黑暗面温度极端低下，面向恒星的一面又温度过高，两者都对生命的产生和进化不利（图 12-11）。

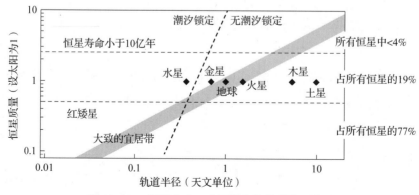

图 12-11　恒星大小、宜居带和潮汐锁定示意图

注：两条虚线之间的恒星系统相对容易出现生命。（Plaxco and Gross，2021）

在主星序上的恒星的宜居带会随时间发生移动，恒星的能量输出稳步增加时，会使该系统的宜居带向远处移动。例如，太阳在太古宙的亮度只是现在的75%，因此当时的宜居带更靠近太阳。恒星到了红巨星阶段时，宜居带将向更远处移动。

其他类型的恒星系统，如存在白矮星、中子星、黑洞等天体的系统不适合生命产生。对于球状星团附近的空间，会有更多的辐射，太多的引力变化也影响行星轨道的稳定。另外，球状星团主要是由古老的恒星组成的，因此缺乏生命可资利用的较重元素，同样对生命的产生不利。

12.2.3　银河系中宜居带所在区域和影响因素

在银河系范围内确定哪些地方是宜居带，需要考虑多种因素，包括比氢和氦重的元素是否存在和它们的丰度，以及超新星等重大灾难的出现率等。

12.2.3.1　超新星的影响

银河系的膨胀经历了一个非常快速的恒星形成的初始波，触发了一连串的超新星。超新星事件对宜居性的作用是双向的。一方面，超新星造成的伽马暴等宇宙射线对行星中可能存在的生物是极大的威胁，行星附近的超新星有可能严重损害行星上的生命，这种灾难性的爆发频率过高，有可能使某个区域内的生物绝灭。另一方面，岩石行星和生命所需要的较重的元素都是在超新星事件中产生的。因此类地生命产生的前提应该是在超新星形成并消退后，这一区域金属丰度增加有利于类地行星的形成，从而进一步产生生命。2006 年，米兰（Milan Ćirković）等的一项研究分析了各种灾难性事件以及银河潜在的长期演化动力学，认为由于灾难性事件的不可预测性，宜居行星的数量可能会随时间产生波动，形成一种间断的平衡，宜居行星在某些时候比其他时候更有可能出现。总的来讲，尽管缺乏明确的规律性，宜居行星的数量可能会随着时间的推移而增加。Nikos Prantzos 在 2008 年进一步认为，虽然行星在距离银河系中心约 10 千秒差距处避开超新星危害的可能性最高，但内星系中恒星的高密度意味着在那里可能发现更多的可居住行星。综合考虑超新星等各方面的因素，Michael Gowanlock（2011 年）估算银河系中约 0.3% 的恒星可以支持复杂生命，如果不考虑红矮星的潮汐锁定对复杂生命产生的妨碍，则银河系中支持复杂生命的恒星升至 1.2%。

12.2.3.2 化学元素和分子的丰度分布

恒星周围存在生命的基本条件之一是具有足够质量的类地行星,上面存在各种元素,如铁、镁、钛、碳、氧、硅等,供生物的产生和进化。而这些元素的浓度和比例在整个银河系不同区域各不相同。一般来说,薄星系盘的金属丰度远大于外围星系晕的金属丰度。

常用基准元素比率 Fe/H 作为银河系某一区域产生类地行星倾向的参考之一。星系隆起是星系中离星系中心最近的区域,其 Fe/H 的分布峰值相当于太阳的 $10^{-0.2}$(-0.2 dex)。随着离开银河系中心的距离加大,Fe/H 比率逐渐下降。在离星系中心最远的晕区,其 Fe/H 分布峰值最低,约为 -1.5 dex。此外,[C/O]、[Mg/Fe]、[Si/Fe] 和 [S/Fe] 等比值也可能与星系某个区域形成宜居类地行星的能力有关。其中 [Mg/Fe] 和 [Si/Fe] 将随着时间的推移而缓慢减少,这意味着未来类地行星有可能拥有更大的铁核。

除了对各种稳定元素的含量要求外,还需要大量的放射性核素,如 ^{40}K、^{235}U、^{238}U 和 ^{232}Th 等,以加热行星内部,并为板块构造、火山作用等维持生命的过程,以及地磁的产生提供能量。[U/H] 和 [Th/H] 比值取决于 [Fe/H] 比值。

高金属含量有利于太阳系外类地行星的形成,但在一个给定的系统中,过高的金属丰度可能导致大量的气态巨行星的形成,这些巨行星随后可能从系统的雪线之外向内迁移,成为热木星,扰乱了原本位于宜居区的行星。因此,金属丰度有一个适宜范围,过高或过低均不利。

生物前体分子的存在是产生类地球生命的前提。这些分子在银河系中的分布对于确定银河系可居住区也很重要。2008 年的一项研究试图通过分析散布在银河系各处的各种巨大分子云所产生的甲醛和一氧化碳的量来确定银河系的可居住区,然而尚未有完整和确切的结果。

12.2.3.3 小行星撞击的影响

如果恒星的密度较小,行星和微行星受附近恒星的重力干扰和其他影响的可能性就减小。某行星离银河系中心越远,它受小行星撞击的可能性也越小。就这一因素来说,银河系的外缘较恒星密度大的银河系中心宜居性高。

12.2.3.4 银河系的宜居带位置

根据如上考虑，Lineweaver 及其同事在 2004 年认为银河系的宜居区是一个围绕着银河系中心的环状区域，外半径约为 9 千秒差距（33 000 ly），内半径靠近银河系中心（图 12-12）。这个宜居带距离银河中心存在一定距离，因为银河系中心辐射太强，难以有可居住的行星存在。而在这个可居住区域更外的银河系外周恒星系统中，比 He 更重的生命必需的元素很少，因而不具备形成生命的条件。太阳系位于银河系的可居住区内。

图 12-12　银河系宜居带（书后附彩插）

注：银河系宜居带通常被视为距银河系中心 7~9 千秒差距（kpc）的环形空间，用绿色表示。

12.3　生命的其他形式

天体生物学假定生命现象并不局限于地球，而是在整个宇宙范围内普遍存在。天体生物学的工作就是在地球之外寻找并研究其他生物。迄今为止，我们所认知的生命都是从对地球生物的研究得来，其基本特征是：碳基生命，以水为溶剂，所有代谢活动都在水中进行，主要的生物大分子，如蛋白质、核酸、多糖、脂肪酸等是具有不同构件基团的长链分子；复杂长链多聚合物上构件基团的排列构成生物信息，其中核酸可以按照自身长链的信息进行自我复制，并通过这种复制在生物代谢中保持自身的相对不变，因而称为遗传物质。天体生物学面临的一个重要问题是，我们是否必须按照这种生命模式在宇宙范围内寻找其他生命？怎样面对和定义在宇宙其他地方可能发现的与这一模式有所不同，甚至有很大不同的"生物"？有哪些特征是最基本的，为宇宙所有生命所必须具有的，而另一些特征则是可以替换的？我们有没有一个适合宇宙中一切地区的广义生命的定义？

12.3.1 假定型生物化学

假定型生物化学（Hypothetical Types of Biochemistry）指不同于在地球上现有的生物化学模式的，从未在生物体被发现过的，但在科学原理上是可行的，推测出来的生物化学过程，这个过程有可能在实验室中制造出来。这种理论上的生命化学模式研究是必要的，它至少可以在理论上证明在地球之外的其他地方可以存在符合已知科学原理的，与地球生命有所不同，甚至很大不同的化学结构和生物化学过程，成为不同类型生命的基础。即便所推测的假定生物化学实际并不存在于宇宙的任何地方，或者推测的生物化学过程与后来在地外行星实际发现的有很大不同，也是有意义的，对实际寻找地外生命至少能提供思路和规划项目的依据。

生命科学的发展已经使研究者们对生命现象具有初步的预测能力。在地球现有的生命科学框架内，科学家们已经有根据生物学原理去推测某些尚未真实发现的、具有某些特征的物种的存在，并在随后确实找到了它们的例子。例如，根据哺乳动物的抚养行为和生理特征，在没有任何先例的情况下，推测有真社会性哺乳动物的存在，并具体预测了它们的特征。后来果然找到了具有这一特征的哺乳动物：裸鼹鼠。那么，在天体生物学领域是否可以再现这类故事？时间或许会回答这个问题。

现代生物化学家们不仅在理论上推测，而且在实验室中动手去合成在地球生物界所不具有的生物分子，并将这些人造分子掺入细胞中。这样一类生物技术属于合成生物学的研究范畴（参见第7章）。本节介绍一些假定型生物化学的主要方面和观点。水之外可能的生物溶剂和非碳基生物化学作为替代生物化学，也属于假定型生物化学的范畴，但鉴于其重要性，我们将另分出节对其做介绍。

12.3.1.1 手性相反的生命

碳原子作为地球生命的基本元素，具有和其他原子形成共价键的强大能力，碳原子可以和其他原子或化学基团在三维空间形成 4 个共价键，按其排列方式可以形成两种对称结构，它们之间互成镜影关系，也可以形容为左右手之间的关系，故也称为手性。在有机化合物的生物合成中，通常只合成其中一种。例如，根据手性，葡萄糖有 L 型和 R 型两种。尽管在化学合成时可等量地合成两者，但在生物体内只存在 R 型葡萄糖。在两种手性氨基酸中，用于合成蛋白质的氨基酸都是 L 型的。其他的有机生物分子也大都是手性当中的一种。地球所有生物的手性选择是统一的，即单糖基本都是 R 型的，蛋白质氨基酸都是 L 型。生物分子选择手性的特点也用于判断在地外太空或星球中发现的有机大分子是否是生物过程合成的，即是否属于生物分子。如果它们具有手性的偏好，则提示生物合成的可能较大。

地球生物的这一特点给人以遐想：是否可构建由与地球所有生物分子全部成镜影关系的分子构成的生物体。这类生物的身体结构与生理功能和地球生物完全相同，它们存在的世界犹如我们在镜子中看到的世界（图 12 - 13）。这样一个生物世界在理论上是合理的，只是在进化过程中没有实现而已。

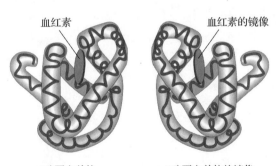

图 12 - 13　β 珠蛋白单体和它的镜像分子（实际不存在）

实际上，个别生物也使用与大多数生物分子的手性相反的分子。例如，在古生菌中就发现了不同手性的分子。

12.3.1.2　由另外的碱基构成的替代 DNA

第 7 章提到在原有的 DNA 碱基之外还可以人工合成新的碱基掺入 DNA 中，这说明由四种生物正在使用的碱基形成的遗传密码并不是唯一合理的生物遗传方案，在宇宙的某处使用其他方式构造遗传密码不仅是可能的，而且几乎是必然的。

12.3.1.3 不同波段光能的利用

广义的光合作用是生物吸收和利用电磁波中所携带的能量，合成自身的化合物成分，即将光能转化为化学能的过程。在地球上，光合作用是通过绿色植物或自养微生物利用太阳的光能，同化 CO_2 和 H_2O，产生糖等有机物并释放氧气的过程。光合作用是地球生物利用外界能量的主要形式。地球植物光合作用的光吸收范围主要在蓝紫光波段（400～520 nm）和红光波段（610～720 nm），而绿色则几乎完全被反射掉，因此，多数植物看起来是绿色的。

在其他星球上潜在的生物所接受的恒星辐射与地球的不同。根据不同类型恒星的光谱亮度和行星的大气传输特性，可能进化出不同的光合作用机制，以利用其他波段的电磁波的能量，进化出以其他颜色为主的植物，比如黄色或红色的植物。

12.3.1.4 一些生命元素或分子的替代物

1. 砷作为磷的替代品

砷在化学上与磷相似，虽然对地球上大多数生物有毒，但某些生物中含有砷化合物。一些海藻利用砷形成复杂的有机分子，如砷汞和砷甜菜碱等。真菌和细菌可以产生挥发性的甲基化砷化合物。在微生物 *Chrysiogenes arsenatis* 中观察到砷酸盐还原和亚砷酸盐的氧化。此外，一些原核生物在厌氧生长期间可以使用砷酸盐作为末端电子受体，一些原核生物可以使用亚砷酸盐作为电子供体来产生能量。

2. 氮质体作为磷脂双层膜的替代物

据 2015 年发表的一篇文章介绍，计算机模拟了一种氮质体（Azotosome）的作用，它能够在土卫六条件下，在液态甲烷中发挥细胞膜的作用。丙烯腈是一种含有碳、氢和氮的小分子，据预测，它在液态甲烷中形成的膜的稳定性和灵活性与液态水中磷脂双层膜相当。最新数据证实：土卫六大气中确实含有大量的丙烯腈。

12.3.2 水之外的生物溶剂

由 John A. Baross 主持的天文生物学委员会认为在宇宙的其他角落，生命也可能用其他的溶剂，包括氨、硫酸、甲酰胺、烃等形成生命的基本溶剂，这些溶剂有可能适用于物理和化学条件不同于地球的行星，比如对地球生物来说，过冷或过热的环境，以致水不再适合做通用的溶剂。例如，在比地球温度低得多的星球上，液态氮或许是另一个选择。

水虽然具有许多重要特性，比如有较高的比热利于缓冲热量的变化，溶解力强，可以作为反应物或生成物等，但水也有某些不利的特性，如水冰有很高的反射率，会反射掉来自恒星的光线和热能。在地球的冰河时代，由于强反射的冰积聚在水面上，加重了全球变冷的趋势，造成地球生物灭绝的风险。

一种溶剂若成为某一个行星某一个位置上合适的生物分子溶剂，它必须在这个环境中保持流动特性。温度、压力和溶质的内容是决定不同溶剂是否是液态的主要因素。例如，氰化氢在一个大气压下只有窄的液相温度范围，但在金星的大气压力下，则能在很宽的温度范围内保持液态。

12.3.2.1　氨

氨分子（NH_3）与水分子同样在宇宙中常见，许多化学反应能够在氨溶液中发生。液体氨与水具有相似的化学性质。英国生物学家霍尔丹（Haldane）曾指出各种常见的水基有机化合物都有对应的氨基类似物。例如，氨基（—NH_2）对应羟基（—OH）；亚胺基团（C=N）对应羰基（C=O）等。NH_3 和 H_2O 一样，可以接受或释放一个 H^+。当 NH_3 接受一个 H^+ 后就形成了铵阳离子（NH_4^+），类似于水合氢离子（H_3O^+）。当失去一个 H^+ 后就形成 NH^{2-}，类似于 OH^-。只是相比于 H_2O，NH_3 更倾向于接受一个 H^+，因此在水溶液中具有碱性。反之，假如将水加入液氨中，H_2O 将成为 H^+ 的供体。常压下，NH_3 的熔点和沸点分别是 -78 ℃（195 K）和 -33 ℃（240 K），但与 H_2O 混合后也可以在常温下保持液态（氨水）。NH_3 的这一物理特性可以保证它在很低的温度下仍然可以作为溶剂使用。一方面，在较低的温度下化学反应速度通常会很慢，因此如果存在液体氨为基础的生命的话，其代谢速度将比地球上以水为基础的生物慢得多。另一方面，较低的温度下可使在地球温度下不稳定的化合物参与生物代谢。在更高的压力下，NH_3 的熔点和沸点都上升，总的效应是液相温度范围扩大。例如，在 60 个大气压下，NH_3 的熔点为 -77 ℃（196 K），沸点为 98 ℃（371 K）。这个性质可能有利于位于水基宜居带之外行星和卫星拥有生命。

但 NH_3 如作为生命的基础溶剂会存在一些弱点：NH_3 分子之间的氢键比水分子之间的弱，造成 NH_3 的汽化热只有水的一半，其表面张力为水的 1/3，并降低了通过疏水作用聚集非极性分子，使之形成团状大分子的能力。

12.3.2.2 甲烷和其他碳氢化合物

甲烷（CH_4）是一种简单的碳氢化合物，由宇宙中最常见的两种元素——氢和碳构成。它在宇宙中的丰度与 NH_3 相当。这种碳氢化合物可以在很宽的温度范围内作为溶剂，但缺乏极性。生物化学家兼科幻作家艾萨克·阿西莫夫（Isaac Asimov）在 1981 年提出，在非极性溶剂（如甲烷）中，多聚脂质可以成为蛋白质的替代品而成为生命的基础。卡西尼号飞船在土卫六表面探测到了由包括甲烷和乙烷在内的碳氢化合物混合物形成的湖泊。

与水或氨相比，甲烷等非极性溶剂对许多分子的溶解效率不高，但也有自身的优点。水的化学反应性高，可以通过水解分解有机分子。而溶解在碳氢化合物中的生物分子不会以这种方式被破坏掉。此外，水分子形成强氢键的倾向会干扰复杂有机分子内部的氢键，有机溶剂形成的生命可以保留生物分子内更多的氢键。生物分子内部的氢键的强度适合于低温下的生物化学过程。

天体生物学家克里斯·麦凯（Chris McKay）从热力学的角度论证说，如果土卫六表面确实存在利用碳氢化合物作为溶剂的生命，它也可能利用复杂的碳氢化合物作为能源，通过与氢反应，将乙烷或乙炔还原成甲烷。2010 年，达雷尔·斯特罗贝尔（Darrell Strobel）发现了这种生命形式的可能证据；土卫六上层大气中的氢分子比下层大气中的氢分子丰度更高，说明下层氢分子被利用，并在土卫六地表消失。这一点与麦凯所做的假设一致。另一项研究表明，土卫六表面的乙炔含量很低，麦凯的解释是潜在的生物体将乙炔还原成了甲烷。

12.3.2.3 氟化氢

和水一样，氟化氢（HF）是一种极性分子，能溶解许多离子化合物。在一个大气压下，它的熔点是 $-84\ ℃$，沸点为 $19.54\ ℃$。氢氟酸也会和它的邻近分子形成氢键。像水和氨一样，液态氟化氢支持酸碱化学。因此，它可能作为生命的溶剂，尤其是在低温下使用。只是与水、氨和甲烷相比，宇宙中的氟化氢非常少见。

12.3.2.4 硫化氢

硫化氢是最接近水的化学类似物，但因极性较低，对无机物的溶解较弱。硫化氢在木卫一上非常丰富，可能在地表以下很近的位置以液态形式存在。在富含硫化氢的星球，硫化氢可能来自火山，并可能与少量氟化氢混合，这有助于溶解矿物质。如果存在硫化氢生命，它们可能使用一氧化碳和二氧化碳的混合物作为碳源，并产生一氧化硫（类似于地球生命产生氧气）。硫化氢处于液态的温度范围很小，但随着压力的增加，液态的温度范围也增加。这点与氰化氢和氨水类似。

其他候选的假设生物中可能替代水的溶剂还包括：极性很强的液态硫酸，在火星上可能作为溶剂的水和过氧化氢的混合物，在有稠密高压大气的行星可能有很常见的二氧化碳、甲酰胺、甲醇等。

12.3.3 非碳基生物化学

地球所有已知的生物都是统一起源，并都是以碳原子为基本元素。科学家们对使用碳以外的原子作为构成生命的基本元素的可能性及其利弊做过分析，但至今尚没有人能提出一个完整的替代方案，用替代原子来形成所有必要的结构并实现必要的功能。与其他元素相比，碳的化学性质更为多样，在宇宙中也更为丰富，因此，多数科学家仍然看好碳作为其他行星上可能生物的基本构成元素。这里只简单分析一下使用碳的替代元素的情况。

12.3.3.1 硅生物化学

硅具有许多类似于碳的化学性质，并且在元素周期表中属于碳族。硅也可以通过共价键产生足够大的分子来携带生物信息。然而，硅作为碳的替代品有几个缺点：①与碳不同的是，硅缺乏与不同类型原子形成化学键的能力，而这正是复杂生物具有的化学多样性所必需的。②因为硅原子比碳要大得多，具有较大的质量和原子半径，因此难以形成双键，也就难以形成类似羰基的结构。③硅和其他原子相结合所需的能量比碳原子要大得多，一次需要较高的能量输入才能形成大分子。

硅烷是氢和硅的化合物，类似于由碳链形成的烷烃。长链硅烷会自发分解，但由硅原子和氧原子交替组成的聚合物（统称为硅酮）组成的分子要稳定得多。有人认为，在地外发现的一些富含硫酸的环境中，硅基化合物比同等的碳氢化合物更稳定（图12-14）。

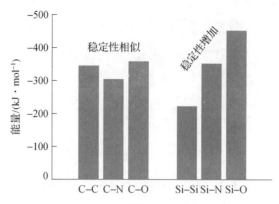

图 12 – 14　碳键和硅键的比较

注：碳之间、碳与氮或氧之间的单键具有相似的稳定性，因此彼此发生替代时不需要使用过多额外的能量；而硅与氧原子结合时比与另一个硅原子结合更稳定，在发生替代时就需要更多的能量转移。（Plaxco and Gross，2021）

截至 1998 年，在星际介质中发现的各种分子中，有 84 种是以碳为基础的，只有 8 种是以硅为基础的，其中还有 4 种含有碳。在整个宇宙中，碳对硅的丰度比大约是 10∶1，提示在宇宙中即使存在硅基生物，复杂的碳化合物也可能参与其中。在地球和其他类地行星，尽管硅的丰度远高于碳（地壳中硅与碳的相对丰度比约为 925∶1），但地球生命仍选择碳为基础元素，这也证明了硅确实不适合在类地行星中构成生物的基础元素。地球生物体内存在一些含有硅的化合物。在地外行星不同于地球表面的温度或压力下，硅化合物无论是与碳结合，还是不太相关，可能在生物学上有用。例如，聚硅醇是与糖相对应的硅化合物，可溶于液氮，它们可能在超低温生物化学中发挥作用。

12.3.3.2　金属氧化物基生命

各种金属与氧结合，可以形成许多复杂和热稳定的结构，其中包括杂多酸。一些金属氧化物在形成纳米管结构和类金刚石晶体方面也与碳相似。钛、铝、镁和铁在地壳中的含量都比碳丰富。某些特殊环境，如高温下不太可能形成碳基生命，而金属氧化物基生命或有可能存在。

12.3.3.3　硫生物化学

硫也能形成长链分子，但其与磷和硅烷一样存在化学多样性不足的问题，特别是因为硫通常只形成直链而不是支链,因此难以成为碳在生物学上的替代品。硫作为电子受体在生物中早于分子氧的使用,到现在还有硫还原细菌利用硫代替氧,将硫还原为硫化氢。

12.3.4 影子生物圈

影子生物圈是一种假想的地球上微生物生物圈,它使用与目前已知的生命截然不同的生物化学和分子过程。有人认为,尽管对地球上各种生命的研究做得比较透彻,但仍可能有某些特殊微生物没有被观察到,这是因为目前对微生物的研究,无论是在内容上,还是在方法上,都主要涉及与可见生物发生关联的、生物化学基础相一致的那些微生物。

这种观点的提出背景是,早期地球有多种生命起源,虽然只有一支进化到当今世界,其间不断发生生物化学的改变,这一支会在进化过程中遗落不同的分支,与我们所知的生命具有化学上的不同。这些分支或许存在至今。这些微生物与任何其他已知的生命形式之间缺乏进化上的关联。佛罗里达大学的 Steven A. Benner 等生物化学家认为,如果基于 RNA 的有机体曾经存在,那么,它们今天可能仍然活着,但它们不含核糖体,因而不能被通常所使用的检测核糖体 RNA 的方法察觉到。他们建议在低硫环境、空间受限环境(例如,孔隙小于 1 μm 的矿物)或在极热和极冷之间循环的环境中寻找它们。

影子生物圈的其他候选生物包括使用不同氨基酸形成的蛋白质,或使用不同分子单位(如碱基或糖)构成核酸的生物,这包括使用一些非标准氨基酸,或使用砷代替磷等。这些潜在的生物的遗传物质具有不同的遗传密码,甚至存在另一种化学基础,具有与我们相反的手性的生物。目前还没有有力的实验证据支持影子生物圈的观点。

影子生物圈的设想也给我们探索太空生命带来了新难题:地外生物与地球生物肯定有许多的不同,从而限制了我们用发现地球生物的方法去寻找地外生物的成功率。如果地球上影子生物圈真的存在,而我们却不能发现的话,那么,我们对发现异类的地外生物是否同样无能为力?

假定型生物化学还有很多其他假定,我们将主要的汇总在表 12-1 中。

表 12-1 假定型生物化学汇总

类型	归属	概要	备注
手性生物分子的替代	替代生物化学	生物功能的不同基础	使用 D 氨基酸或 L 糖的分子是可能的,但这种手性分子与使用相反手性分子的生物体不相容
氨生物化学	非水溶剂	氨基生命	液氨作为生命的替代溶剂的可能作为一个想法,可追溯到 1954 年,当时 J. B. S. 哈尔丹在一次关于生命起源的研讨会上提出了这个话题
砷生物化学	替代生物化学	砷基生命	砷在化学上与磷相似,但对地球上大多数生命体有毒,它被纳入某些生物的生物化学中
硼烷生物化学（有机硼化学）	替代生物化学	硼烷基生命	硼烷在地球大气层中具有危险的爆炸性,但在还原性环境中会稳定。与元素周期表中邻近的碳、氮和氧相比,硼在宇宙中极其少见。另外,含有交替的硼和氮原子的结构类似于碳化合物,为碳氢化合物提供了另一种可能的替代物
尘埃和等离子体生物化学	非行星生命	异类基质生命	2007 年,Vadim N. Tsytovich 等提出,悬浮在等离子体中的尘埃粒子可以表现出类似生命的行为,在太空中可能存在这种条件
极端微生物	替代环境	不同环境中的生命	从生物化学的角度来说,在与传统生物环境不尽一致的环境中维持生命是可能的
杂多酸生物化学（Heteropoly Acid Biochemistry）	替代生物化学	杂多酸基生命	各种金属与氧结合,可以形成非常复杂和热稳定的结构,杂多酸就是这样一个家族

续表

类型	归属	概要	备注
氟化氢生物化学	非水溶剂	氟化氢基生命	Peter Sneath 等科学家认为它是一种可能的生命溶剂
硫化氢生物化学	非水溶剂	硫化氢基生命	硫化氢是最接近水的化学类似物，但极性较小，是较弱的无机溶剂
甲烷生物化学（偶氮体）（Azotosome）	非水溶剂	甲烷基生命	甲烷是由宇宙中最常见的两种元素：氢和碳组成的简单化合物。甲烷为基础的生命假设是可能的
非绿色光合生物	其他推测	替代植物	虽然地球上一般由绿色植物进行光合作用，但其他有色植物也可以进行光合作用。对其他接受恒星辐射的地外行星，其他波长的电磁波更容易利用
影子生物圈（Shadow Biosphere）	替代环境	地球上一个隐藏的生物圈	影子生物圈是一个假设的地球微生物生物圈，它使用的生化和分子过程与目前已知的生命不同
硅生物化学（有机硅）（Organosilicon）	替代生物化学	硅基生命	像碳一样，硅可以产生足够多的分子来携带生物信息。然而硅化学的多样性远比碳化学的有限
二氧化硅生物化学	非水溶剂	二氧化硅基生命	Gerald Feinberg 和 Robert Shapiro 曾提出，熔融的硅酸盐岩石可以作为其化学成分是硅、氧和铝等元素的生物体的液体介质
硫生物化学	替代生物化学	硫基生命	硫作为碳的替代物形成生命只是假设，硫通常只形成直链而不能分支

续表

类型	归属	概要	备注
替代核酸 (Alternative Nucleic Acids)	替代生物化学	不同的遗传基础	异种核酸（XNA）是糖骨架发生改变的核酸类型的总称，包括使用苏氨酸的 TNA、使用 1,5－脱水己醇的 HNA、使用乙二醇的 GNA、使用环己烯的 CeNA、使用 4′碳和 2′氧之间含有额外连接的核糖形式的 LNA、使用阿拉伯糖但其 2′碳上有一个氟原子的 FANA、使用肽键连接的 N－（2－氨基乙基）－甘氨酸单元来代替糖和磷酸盐的 PNA 等。 Hachimoji DNA 则保留原有的 DNA 骨架，但改变碱基组成。新加入 4 种人工合成的碱基：P、Z、B 和 S（其中 rS = 的异胞嘧啶，用于 RNA；dS = 1－甲基胞嘧啶用于 DNA）

12.4 宇宙智慧生命的存在可能

天体生物学家普遍相信在地球之外仍然存在其他的生命形式，我们能够找到它们只是时间早晚的问题，但对另一些更进一步的问题则很难取得一致意见。这些问题包括：地外生命能否足够进化，以致产生相当水平的智慧，并导致地外文明的出现？我们能否通过通信的手段与这些地外文明取得联系？这些怀疑是基于对地球生命过程的认识。自地球诞生不久，生物便开始出现。目前已知的生命最早存在的迹象可以追溯到 38 亿年前，实际还可能更早。这说明在像地球这样的岩石行星诞生生命并不是一件很困难的事情。但在随后地球演化的大部分时间，生命长期保持在单细胞的水平，也就是微生物的状态。直到近 10 亿年才出现多细胞生物，直到近 30 万年前才出现智人。人类最早的文明——农业文明只出现在大约 1 万年前。科学技术的发展则只有几百年的时间。按照这样一个时间表，地球上出现文明的时间段只占整个地球生命史的几十万分之一。那么，是不是可以推断，即使我们发现了地外生命，在那个存在生命的行星上出现智慧生命和文明的可能性也只有几十万分之一？我们必须在确认非常多的地外生命的基础上才谈得上遇到智慧生命？

12.4.1 智力进化是否具有必然性

地球生命经过了 30 多亿年的进化，其间存在过数以亿计的物种，在至今仍存留的上千万物种中，只有人类达到了可以发明无线电信号的高级文明。如果把时钟倒拨 100 万年，在地球上将没有一个物种能够达到文明的水平，假定那时有外星人莅临地球，他们能够发现地球生物，但会得出地球生物没有进化到智慧生命程度的结论。而这 100 万年在地球演化的长河中不过是一瞬间而已。这就给我们提出一个非常严肃的问题：文明和智慧是不是生物进化的必然结果？有没有一种选择压力促使智力的产生？

12.4.1.1 智慧产生的两种相反的观点

就这个问题，存在两种相反的观点。

一种观点认为，与人类相当的智慧生命在宇宙中是不大可能普遍存在的。宇宙中的生命可能广泛存在，但能够进化到智慧生命阶段则是非常少见的现象。地球生命的进化史表明：在智慧文明出现之前，需要很长的一段进化时间，仅这一时间长度的需求就可能挡住了很多地外生命进化到智慧阶段的可能。

人类的现今状况似乎是一系列偶然事件巧合的结果。例如，如果没有 6 500 万年前小行星的撞击造成了恐龙灭绝，哺乳动物不会出现快速的分支进化，灵长类和人类也就无从谈起；如果没有导致东非大裂谷的地质事件，人类和黑猩猩就不会分家……人类进化过程中所经历的这一系列偶然事件，使一些人认为智慧生命在地球上的出现是一件不可思议的事。按照人择原理，正是因为我们存在了，我们才认为我们必然存在。但是放眼整个宇宙，再次出现像人类那样的高级智慧生命的可能性有多大呢？

另一种相反的观点认为，存在着推动智慧进化的选择压力，即在不同生物的生存竞争中，智力发育较完善的一方有可能胜出。如果这是真的，则即使过去发生的事件过程完全不同而阻止了人类的出现，地球生物的进化趋势照样会引导另一支生物进化到高度智慧水平。对于这样的假设，我们没有办法去进行实验证明，但可以通过对整个地球生物的进化史的深入研究来寻找答案。

12.4.1.2 优势性状的进化

1. 趋同进化

对于地球生物的某种特征，是通过自然选择的胜出，还是偶然的性状出现？其中一个判定的依据是是否存在趋同进化。所谓趋同进化，是指两种或两种以上亲缘关系甚远的生物，由于栖居在相似的环境中，从而演化成相似的形态、构造，或生理特征的现象。海洋中不同门类的生物都具有的流线型的身体就是趋同进化的结果。海洋哺乳类动物，如鲸、海豚等，它们的祖先都是四足的陆地哺乳动物。但是到海洋生活后，其体形就发生很大的变化，形成与鱼类相似的流线型体形。这是为适应海洋运动而形成的趋同进化。如果存在对高效信息处理方式的智慧文明有利的生态位，那么，为了占据这一生态位，不同动物也会形成一种强化脑力的趋同进化。

2. 性状的独立起源

一种有利性状的普遍出现有两种方式达到：一种是一种性状一旦具有选择优势，就会排挤其他，扩大种群，并分支进化，进而使许多同源物种都具有这一性状。另一种是这种性状具有显而易见的优势，以致不同门类的生物都独立地产生并发展这种性状。视觉的产生提供了独立进化的例子，对于动物来说，视觉是非常有用的感觉方式，需要专门的器官来强化它。选择压力的结果造成了视觉的独立进化。研究表明，不同动物的眼睛经历过多次独立进化的过程，形成了各种类型的眼睛，如水母的小眼、节肢动物的复眼、哺乳动物在视网膜成像的眼睛等。

12.4.1.3 智慧具有选择性优势的证明

1. 智力测量

对于现存的人和动物，我们可以设计各种智力量表来检测智力，但在检测智力的进化时却没有办法去比较不同历史时期动物的智力。不过有一种间接的方法可以比较智力水平，这就是脑容量的测量。通过比较不同动物的脑容量，可以估算它们智力的高低；通过比较同种动物不同地质时期化石的脑容量，可以大致勾勒出它们智力进化的方向是朝着智力增加的方向还是朝着智力降低的方向发展。

在做这种比较时还要注意一点：动物头颅的大小与身体的大小在一定程度上是成比例的。比如大象的脑容量比人脑大得多，但不能得出大象比人聪明的结论。因此需要比较的是相对脑容量。脑化指数（Encephalization quotient，EQ，脑形成商数）是表示动物体重与脑重关系的常数。不同种类动物的脑化指数不同，往往与动物行为的复杂性和信息加工的能力有关。动物的脑越大，所含神经元越多，处理和加工复杂信息的能力就越强。一般将所有动物的脑化指数平均值调整为 1，用以比较某种动物的智力水平。平均而言，身体质量为 1 kg 的物种，其脑重量约为 10 g；如果一种生物脑重为 20 g，则 EQ 值为 2。人和一些动物的 EQ 如表 12-2 所示。

表 12-2 人和一些动物的 EQ

生物	脑化指数
人（human）	7.44
海豚（Dolphin）	5.31
黑猩猩（Chimpanzee）	2.49
渡鸦（Raven）	2.49
猕猴（Rhesus monkey）	2.09
象（Elephant）	1.87
须鲸（Baleen whale）	1.76
狗（Dog）	1.17
猫（Cat）	1.00
马（Horse）	0.86
绵羊（Sheep）	0.81
小鼠（Mouse）	0.50
大鼠（Rat）	0.40
兔（Rabbit）	0.40

2. 使用 EQ 对古生物进行测量的结果

比较不同时期的古生物，以及现在仍然存活的对应生物的 EQ，可以估计在它们身上是否发生了智力的正选择。在人类进化的进程中出现脑容量逐渐变大的趋势，研究发现，这种趋势不独为人类所具有，其他一些动物也有这种趋势。古生物学家测量了大量包括齿鲸和海豚在内的 200 种古生物的 EQ 值在过去 5 000 万年间的变化趋势。他们通过对头骨和身体骨化石的测量，估算动物的体重和脑重，发现在大约 3 500 万年以前，这些动物的 EQ 经历了一次明显提升。与 EQ 增加相对应的是，这些水生动物当时进化出了利用回波定位探知周围环境，包括猎物的方法。一些物种还在 1 500 万年以前经历了另一次 LQ 的变化，但并不是所有物种的 LQ 都在升高。今天鲸鱼的 EQ 值在 0.2~5 之间。从进化分支上看，人和海豚在进化上关系并不近，他们都独立进化出较大的大脑，说明对他们智力确实存在生存价值，自然界能够通过多种途径产生智力。

12.4.1.4 有利于智力产生的因素

并不是所有生物都朝着智力提高的方向进化，这说明形成智力还有一些条件制约，也可以说只有部分生态位需要较高的智力。动物生存可利用的能量有限，如何有效地利用这些能量，关系到它们继续存在还是灭绝的问题。作为处理信息的大脑，在工作时需要消耗大量的能量。例如，人脑消耗全身总耗能的 1/4。在其他很多动物的生存策略中，把这部分能量用于肌肉或消化道，方便它们迅速逃跑或攻击，或尽量完整地消化食物等或许对它们的生存更有利，则它们就不会进化出更大的大脑和更高的智慧。正因为大脑高耗能，所以较大的大脑需要旺盛的新陈代谢来支撑，因而更可能在温血动物如哺乳类、鸟类中产生。另外，那些在生长发育过程中需要父母长期照料的动物有可能需要较高的智力，用于向父母学习各种生存技能。社会性动物鉴于社交的需要，有可能需要额外的智力。此外，社会性动物可以通过彼此学习积累生存所需的技能。人类丰富的文化知识实际上就是人类智力成果历代积累的产物。外星文明物种如果存在的话，它们多半属于社会性动物。

12.4.1.5 智慧与科学、技术的相关性

从上面的分析可以得出：可能存在多种选择压力，在某些生态位上促进智力的进化。下面一个问题是，智力的进化是否一定导致科学和技术的出现？人类在 3 万年前至大约 2 万年前的智力水平就已经达到目前的程度。但只有近几百年，科学才得以诞生，技术才出现跨越式的大发展。我们具有太空通信的能力还不到

100 年。很多人认为科学的出现并不是一个必然的事件，而且科学思想出现后并不是马上具有选择优势。假如在科学的萌芽阶段因为竞争不过其他的思想而被淘汰出局，人类或许要再等很长时间才能迎来类似的思想武器。因此，在地球上出现了科学技术，并不能说明科学和技术在宇宙中可以普遍存在。

12.4.2　宇宙中存在生命和智慧生命的行星数量的估计

我们认定智慧在很多生境中具有选择优势，因而只要时间足够长，就可以出现智慧生命。下一个问题是，我们有多大可能发现它们，并和它们取得联系？为此，科学家们对宇宙中存在生命，乃至智慧生命的可能性做过一些概率估算，其中最有名的是德雷克方程。

12.4.2.1　平庸原则和地球殊异假说

平庸原理（mediocrity principle）认为地球只是位于普通的棒旋星系一般区域内的一个普通岩石行星，在宇宙中比比皆是。既然地球上能够出现生命，乃至复杂生命，整个宇宙的无数行星中也必然充斥着复杂生命。在地球形成之前，复杂的有机分子已经在围绕太阳的尘埃颗粒的原行星盘中形成。平庸原理来自哥白尼的日心说。自哥白尼将地球降格为一个普通星球后，人类所认知的宇宙范围不断扩大。20 世纪末，杰弗里·马西等人发现太阳系外行星相当普遍。根据开普勒空间望远镜的数据估计，仅在银河系就可能存在多达 400 亿颗地球大小的行星，在这么多类地行星中出现生命几乎是可以肯定的事情。地球上的生命没有什么特别之处，导致生命的化学过程可能在 138 亿年前的大爆炸之后不久就开始了。生命可能在宇宙的许多地方独立出现。或尽管生命形成的频率较低，也可以通过横向传递在可居住的行星之间传播。

地球殊异假说（Rare Earth hypothesis）则与之相反，其认为地球生命，尤其是智慧生命的出现是非常稀有的，甚至是唯一的事件。彼得·瓦尔德（Peter Ward）和唐纳德·E. 布朗尼（Donald E. Brownlee）在《地球殊异：为何复杂生命在宇宙中并不普遍？》一书中提出这一观点，指出拥有适宜复杂生命生存的行星（如地球）、行星系统（如太阳系）和星系区域（如我们位于银河系的区域）是非常稀少的。地球殊异假说主要认为地球上多细胞生物的形成需要不同寻常的天体物理、地质事件和环境的偶然结合，其间牵扯到太多的偶然过程，这些过程很难为地外行星所重复。

平庸原理和地球殊异假说的结论之所以不同，在于它们在计算有关概率时所使用的参数和有关数值的估算不同。

12.4.2.2 德雷克方程

1961年，加利福尼亚大学圣克鲁斯分校的天文学家和天体物理学家弗兰克·德雷克（Frank Drake）在一次关于寻找地外智能（SETI）的会议上设计了德雷克方程，用于估计银河系及可观测宇宙中能与我们进行无线电通信的高智能文明数量。这个方程不是严格的数学意义上的方程，而是把科学家在考虑其他行星是否存在生命的问题时必须考虑的各种因素概括起来所形成的公式：

$$N = R_* \times F_p \times N_e \times F_l \times F_i \times F_c \times L$$

这里：

N = 银河系已经能够进行跨行星际空间通信的文明的数量；

R_* = 银河系中恒星形成的平均速率；

F_p = 有行星的恒星的比例；

N_e = 可能维持生命的行星的平均数量；

F_l = 实际支持生命的行星的比例；

F_i = 有生命进化为智慧生命（文明）的行星比例；

F_c = 开发了一种技术，将可探测到的存在迹象传播到太空中的文明所占的比例；

L = 这种文明能够向太空传播可探测信号的时间跨度。

如果银河系恒星处于稳定状态（与现代观测相符合），那么，R_* 等于银河系内恒星数目（N_g）除以恒星平均寿命（L_s）。

尽管德雷克方程考虑了很多因素，但使用这个方程来预测外星智慧生命的数量仍然很困难，因为其所列的很多变量是不易估计的，不同的参数值会得出明显不同的结论。

目前对上述参数值大致的估计范围：R_* 在每年 1~3 颗恒星；F_p 值接近 1；N_e 被估计在 3~5；F_l 值被估计接近 1；F_i 值估算有争议，从很小到接近 1；F_c 难以估计，最初的估计在 0.1~0.2；L 难以估计，也许几百年，也许更长。

最终估算的结果差异很大，完全取决于各数值的确定，从 $N \ll 1$ 到 $N \gg 1$。前者意味着在银河系中很可能只有地球产生了文明,是小概率事件,这支持了地球殊异假说;而后者提示银河系存在许多文明,有待我们发现,这又支持了平庸原则。德雷克方程结论的不确定性使批评家们认为这个方程充满猜测,甚至没有意义。德雷克方程提出了一个估算地外文明可能性的框架,具体结果如何,需要更多的观察研究,以更精确地估计各参数值。

12.4.3　对外星智能的探索

SETI 是 search for extraterrestrial intelligence 的缩写,通常指通过接收地外行星上智慧生命所发出的电磁信号来察觉地外智慧生命的存在。自从无线电被发明并用于远程通信后,人们就意识到利用无线电是实现星际通信的一种可能方式。无线电可以很容易地以光速在真空中传播,如果外星智慧生物也能利用无线电,那么,彼此就可以借助无线电获知对方的存在,并实现交流,而不必非要派遣其成员前往对方的星球。首先声称收到了星际无线电信号的是 20 世纪初无线电领域的两个先驱者:意大利的古列尔莫·马可尼和美国的尼古拉·特斯拉。但是后来他们知道当时使用的无线电技术是不可能收到这类信号的。因为他们都是在相对低的频段进行接收的,而这些频段的电磁波很难穿透电离层。无线电通信就是依赖电离层的折射和反射而实现在地球范围内远程传播的。直到第二次世界大战之后,当高频无线电通信设备可以利用后,接收能够穿透大气层的高频电波才成为可能,也使 SETI 的实践成为现实可行。

12.4.3.1　SETI 所使用的频率的选择

无线电台在发送信号时会把播放的信号限制在一个很窄的频率范围内,这个频率范围叫作信号的带宽。对于无线电信号的接收者来说,就需要专门调整到这个频率范围来接收这个信号。无线电台不会在整个波段播放信号,同样接收者也不会在所有波段漫无边际地寻找和接收信号,这样做工作量太大,信号会埋没到噪声背景中。在不知道地外智慧生物可能使用哪个频率发射电磁信号时,就要对他们最有可能使用的频谱范围做出尽可能正确的估计,然后专注于这些频率。

如果地外智慧生物发出电磁波的目的是引起接收者的注意,那么,首先他们可能加载一个频谱范围非常窄的信号,把发射能量尽可能地集中到这一范围,以便使接收者容易将它从背景噪声中辨别出来。如果一个接收器发现这样一个频谱非常窄的信号,则这个信号很可能是人工信号,或许就是由外星智慧生物发来的。然后就可以通过分析确定它是否是一个编码信号。如果是,就破解其含义。科克尼和莫里森认为频率为 1 420 MHz 的电磁波最有可能被外星智慧生物所使用,理由是这个频率是飘浮在星际空间稀薄物质的主要成分 H_2 自然产生的稳态波。射电天文学家们经常使用这个频率研究星际气体分子的分布,因此估计宇宙中具有智慧文明的天文学家们也会使用这一频率,如将发射的致敬信号调整到这个频率附近,就很可能引起其他文明的注意。因此他们建议地球上的 SETI 工作者将接收器的接收范围调整到 1 420 MHz 附近,以便最有效地收到地外的致敬信号。

这项工作最终引起 NASA 的注意,并随之开展了一系列的 SETI 研究计划。他们花了多年时间研究 SETI 的可行性及有关技术,建立在大型射电天文望远镜上使用的专门接收系统。这项工作于 1992 年开始,但由于几乎没有收到有效数据,一年后,这个计划被美国国会撤销。但作为受美国私人基金赞助的或在世界各地大学开展的一些小规模的 SETI 项目仍在持续进行中。

12.4.3.2 SETI 可能探测到的信号类型

SETI 可能探测到的属于外星智慧生物发射的信号大致有以下几种。

(1) 外星智慧生物在进行本地通信或其他目的而发射的电磁信号被我们接收到了。在地球上不同地区的人们接收收音机和电视机信号就属于这一类。另外,先进的外星文明也可能用雷达来测定他们附近的其他天体。

(2) 外星文明所在星球在与其他地方进行通信。这些智慧生物与他们在其他星球的移民或飞船的通信被我们截获。一般来讲,这类信号都比较弱而不易察觉。

(3) 以与外星生物沟通为目的而发射的信号。因为是有目的地用来引起其他文明注意的信号,所以最容易被接收到。

接收器所能接收的信号的强弱与发射源的远近有关。根据平方反比定律,信号强度随着距离的增大而急剧减弱。据估计,用于外星本地通信的信号,比如无线电广播,按照我们的接收水平,只能接收到 1 光年的范围内信号源发出的信号。显然地外行星所发出的这类信号基本不会被我们接收到。只有第三种信号才是容易收到且易于理解的。

为了理解外星智慧生物发来信号的意义，可以反过来设想在我们给外星智慧生物发去的信号时是如何考虑的。首先，为了使接收者意识到这是一个人为的信号，这种信号会重复播送很多次。其次，信号的编码应该尽可能地简单，易于解码。外星智慧生物应该也会这样做。

12.4.3.3 SETI 的探索方式

在搜索外星文明信号的过程中，射电望远镜可以指向某一特定的方向，对准某个特定的恒星，这是一种目标搜索，它假设这一区域更可能得到有意义的发现。经常锁定的目标是与太阳系类似的区域。由于 CHZ 被认为是最有可能存在智慧生命的栖息地，SETI 的工作也集中在 CHZ 上，也可以对天空进行扫描，以探索较大的区域，这被称为巡天观测。

SETI 的观察面临来自地面的无线电干扰的问题。通信卫星、飞机以及地面雷达都会产生大量的窄频段信号类似于 SETI 所要探索的信号类型，无论射电望远镜指向哪个方向，都会收到这些信号。为此，SETI 的研究者设计了各种技巧，将地面信号与可能的外星信号区分开。或许人们将来能够在月球上安设射电望远镜，并将其置于月球背面。这样可以最大限度地避开来自地球的无线电噪声的干扰。

SETI 所观测的波段通常属于无线电波。实际上，任何电磁波都可以编码，作为信号加以使用。例如，电脑或电视连接到有线光纤网络时，所用的波段就是红外线或可见光。外星智慧生物在发射信号时也可能使用无线电波之外的其他电磁波。一些 SETI 项目就是旨在搜寻更宽范围的文明信号。

12.4.3.4 目前开展的 SETI 项目

（1）艾伦望远镜阵列（Allen Telescope Array），SETI 研究所与伯克利 SETI 研究中心的射电天文学实验室合作，开发了一种专门用于 SETI 研究的射电望远镜阵列。从 2007 年到 2015 年，ATA 识别出数亿个技术信号。但这些信号都被认为是噪声或射频干扰的结果。研究人员目前正在研究新方法克服这些干扰。

（2）SERENDIP（Search for Extraterrestrial Radio Emissions from Nearby Developed Intelligent Populations，搜索附近发达智能群体的地外无线电波计划）是由伯克利 SETI 研究中心于 1979 年启动的 SETI 计划。SERENDIP 使用包括 NRAO 90 m 望远镜和 Arecibo 305 m 望远镜在内的大型射电望远镜。SERENDIP

没有自己的观测程序,而是分析在其他天文学家使用望远镜时获得的深空射电望远镜数据。该项目发现了大约 400 个可疑信号,但没有足够的数据证明它们属于外星智能生物。

(3) 突破监听(Breakthrough Listen)是一项为期 10 年的计划,该项目于 2015 年 7 月宣布,每年要用两个主要的射电望远镜进行数千个小时的观测,一个是西弗吉尼亚州的格林银行天文台,另一个是澳大利亚的帕克斯天文台。此外,利克天文台的自动行星探测器正在搜寻来自激光传输的光信号。这被认为是迄今为止最全面的外星通信搜索。2019 年 10 月,突破监听开始与 TESS 团队(过境系外行星调查卫星)的科学家合作,TESS 团队发现的数千颗新行星将进行技术特征的检测。TESS 监测恒星的数据也将被分析。

(4) 中国 500 m 口径球面望远镜(FAST)将探测星际通信信号列为其科学任务之一。它由国家发改委资助,中国科学院国家天文台管理。FAST 是首个以 SETI 为核心科学目标建造的射电观测站。FAST 的直径为 500 m,是世界上最大的全孔径射电望远镜,可以搜索到 28 光年之外的天体。如果发射器的辐射功率增加到 100 万兆瓦,FAST 将能够探测到一百万颗恒星。

(5) 自 2016 年以来,加州大学洛杉矶分校的本科生和研究生一直在用"绿色银行"望远镜参与对无线电技术特征的搜索,目标包括开普勒场、TRAPPIST-1 和太阳型恒星。

目前 SETI 尚无有意义的结果。国际宇宙航行科学院(IAA)有一个长期的 SETI 常设研究小组(SPSG),负责处理 SETI 科学、技术和国际政策问题,迄今没有确认过外星起源的信号。

12.5 对生命的定义

对地外生命的探索,扩展了之前对生命本质的认识。在生命科学发展的历程中,曾经存在过许多对生命的定义,举例如下。

(1) 生命是生物体所表现的自身繁殖、生长发育、新陈代谢、遗传变异以及对刺激产生反应等的复合现象。

(2) 生命的基本特征是新陈代谢。

（3）生命的本质是有序地聚集特定类型的物质和能量。

（4）生命是由核酸和蛋白质特别是酶的相互作用产生的、可以不断繁殖的物质反馈循环系统。

（5）（生命）最根本的特征是具有再生能力或繁殖后代。

（6）生命是能通过自养或异养进行新陈代谢、通过能量转换进行物质循环的能繁殖的物质系统。——生态学

（7）生命现象是一个不断地对称性破缺的过程。——生物物理学

（8）生命是一种物质的自然状态，不过，是一种可能性很小的状态。——物理学

（9）生命即创造，生物体是"一部需要凭借自身组成部分的物理化学特性而运转的机器"。生命的特征指的是："我们现在还不能用物理化学的术语来表达的那些特征，但是，毋庸置疑，我们将来总有一天会做到。"——贝尔纳

（10）一个生命有机体……要摆脱死亡，就是说要活着，唯一的办法就是从环境里不断地汲取负熵……有机体就是赖负熵为生的。或者，更确切地说，新陈代谢中的本质的东西，乃是使有机体成功地消除了当它自身活着的时候不得不产生的全部的熵。——E. 薛定谔

（11）生命物质在服从迄今为止已确定的"物理学定律"的同时，可能还涉及至今还不了解的"物理学的其他定律"，这些定律一旦被揭示出来，将跟以前的定律一样，成为这门科学的一个组成部分。——E. 薛定谔

……

上述这些定义从不同侧面、不同角度来描述生命的特征，其中有一些可能已经过时。比如将来的天体生物学有可能发现不以蛋白质和核酸为基础的异类生物；而且贝尔纳所说的生命特征是"还不能用物理化学的术语来表达的那些特征"。在现在看来，他的说法也不一定对，因为已有大量生命现象被还原为物理的或化学的过程，因而更容易被理性所理解。

这些生命特征到目前为止虽然最容易被以碳元素为中心的有机化合物所承载，但许多天体生物学家已提出由其他物质结构承载的可能性。随着人类科技的发展，不但出现了"合成生物学"这样以原有的生物构件为基础重新构建生命的尝试，还出现了"人工智能"这样完全脱离原有的生物构件，使用其他材料

形成的类生命体，行使着原来只有生物体才能完成的功能活动。

人工智能已经在很多方面超过了人类的智能。比如，2016年谷歌创造的"阿尔法狗"（Alpha Go）就已经战胜了人类最强的围棋棋手。人工智能在其他方面超过人类智慧也只是时间问题。问题是，这些"智慧"算不算生命。我们该怎样定义生命。如果宇宙中的某个地方进化出"阿尔法狗"之类的智慧，但又没有核酸和蛋白质之类的"生命物质"形式，该如何去定义？它离我们原来所理解的生命有多远，还有哪些生命所具有的功能它还没有，抑或永远不可能拥有？

进化生物学家道金斯在他写的著名的《自私的基因》的最后对生命现象进行了最大限度的简约，他说：宇宙所有的生物都是通过达尔文的方式产生进化的。而达尔文式进化的基本规则是：复制（遗传）、变异、选择。有了这三样，进化肯定能发生，生命随之产生，这样就产生了关于生命的更广泛的规定。

宇宙中一切符合达尔文式进化的物质形态被称为生命。一切生命都服从复制实体的差别性生存而进化的定律。DNA生物进化只是许多可能发生的进化现象之中的一种而已。

对于人工智能，除了强调它的强大的信息载量和处理能力外，还要看它们是否具有了复制、变异和选择的过程。只有满足了这些，它才能谈得上是生命的一种形式。

参考文献

[1] AMEDEO B. The impact of the temporal distribution of communicating civilizations on their detectability[J]. Astrobiology, 2018, 18(1):54-58.

[2] BEAULIEU P, BENNETT D P, FOUQUE P, et al. Discovery of a cool planet of 5.5 Earth masses through gravitational microlensing[J]. Nature, 2006, 439(7075):437-440.

[3] BENNER S A, RICARDO A, CARRIGAN M A. Is there a common chemical model for life in the universe? [J] Current opinion in chemical biology, 2004, 8(6):672-689.

[4] BENNETT J, SHOSTAK S. Life in the universe[M]. New York: Pearson Education Inc., 2012.

[5] CABROL N A. Alien mindscapes - a perspective on the search for extraterrestrial intelligence[J]. Astrobiology, 2016, 16(9): 661-676.

[6] CAVALAZZI B, WESTALL F. Biosignatures for astrobiology[M]. Cham: Springer International Publishing Switzerland, 2019.

[7] CHAMPAGNE M. Diagrams and alien ways of thinking[J]. Studies in history and philosophy of science part A, 2019, 75: 12-22.

[8] CHELA-FLORES J, LEMARCHAND G A, ORÓ J. Astrobiology - origins from the big-bang to civilisation[M]. Dordrecht: Springer Science + Business Media, 2000.

[9] CIRKOVIĆ M M. The temporal aspect of the drake equation and SETI[J]. Astrobiology, 2004, 4(2): 225-231.

[10] Committee on the Limits of Organic Life in Planetary Systems, Committee on the Origins and Evolution of Life, National Research Council. The limits of organic life in planetary systems[R]. Washington, DC: The National Academies Press, 2007: 69-79.

[11] CRANFORD J L. From dying stars to the birth of life: the new science of astrobiology and the search for life in the universe[M]. Nottingham: Nottingham University Press, 2011.

[12] DARLING D. Life everywhere: the new science of astrobiology[M]. New York: Basic Books, 2001.

[13] DE VERA J P, SECKBACH J. Habitability of other planets and satellites[C]// Cellular Origin, Life in Extreme Habitats and Astrobiology 28. Springer Netherlands, 2013.

[14] DES MARAIS D J, NUTH J A, ALLAMANDOLA L J, et al. The NASA astrobiology roadmap[J]. Astrobiology, 2008, 8(4): 715-730.

[15] FENG F, ANGLADA-ESCUDÉ G, TUOMI M, et al. Detection of the nearest Jupiter analog in radial velocity and astrometry data[J]. Monthly notices of the Royal Astronomical Society, 2019, 490(4): 5002-5016.

[16] FRANK A, SULLIVAN 3RD W T. A New Empirical Constraint on the Prevalence of Technological Species in the Universe[J]. Astrobiology, 2016, 16(5): 359 – 362.

[17] GARRETT M. The application of the mid – IR radio correlation to the Ĝ sample and the search for advanced extraterrestrial civilizations[J]. Astronomy & astrophysics, 2015, 581: L5.

[18] GOWANLOCK M G, PATTON D R, MCCONNELL S M. A model of habitability within the Milky Way Galaxy[J]. Astrobiology, 2011, 11(9): 855 – 873.

[19] HASWELL C A. Transiting exoplanets[M]. Cambridge: Cambridge University Press, 2010.

[20] ISLER K, VAN SCHAIK C P. Metabolic costs of brain size evolution[J]. Biology letters, 2006, 2(4): 557 – 560.

[21] JOHNSON J A. How do you find an exoplanet?[M] Princeton: Princeton University Press, 2015.

[22] KIPPING D. An objective Bayesian analysis of life's early start and our late arrival [J]. Proceedings of the National Academy of Sciences, 2020, 117(22): 11995 – 12003.

[23] LINDEGRENL, DRAVINS D. The fundamental definition of "radial velocity"[J]. Astronomy & astrophysics, 2003, 401(3): 1185 – 1201.

[24] LINEWEAVER C H, FENNER Y, GIBSON B K. The galactic habitable zone and the age distribution of complex life in the Milky Way[J]. Science, 2004, 303 (5654): 59 – 62.

[25] LOEB A, GAUDI B S. Periodic flux variability of stars due to the reflex Doppler effect induced by planetary companions[J]. The astrophysical journal, 2003, 588 (2): L117.

[26] MALYSHEV D A, DHAMI K, LAVERGNE T, et al. A semi – synthetic organism with an expanded genetic alphabet[J]. Nature, 2014, 509(7500): 385 – 388.

[27] MAROIS C, MACINTOSH B, BARMAN T, et al. Direct imaging of multiple planets orbiting the star HR 8799[J]. Science, 2008, 322(5906): 1348 – 1352.

[28] MASON J W. Exoplanets – detection, formation, properties, habitability[C]. Chichester: Praxis Publishing Ltd, 2008.

[29] MCKAY C P, SMITH H D. Possibilities for methanogenic life in liquid methane on the surface of Titan[J]. Icarus, 2005, 178(1): 274-276.

[30] PACE N R. The universal nature of biochemistry[J]. Proceedings of the National Academy of Sciences, 2001, 98(3): 805-808.

[31] PLAXCO K W, GROSS M. Astrobiology: an introduction[M]. 3rd ed. Baltimore: Johns Hopkins University Press, 2021.

[32] PRANTZOS N. On the "Galactic Habitable Zone"[J]. Space science reviews, 2006, 135(1-4): 313-322.

[33] SCHULZE-MAKUCH D, HELLER R, GUINAN E. In search for a planet better than Earth: top contenders for a superhabitable world[J]. Astrobiology, 2019, 20(12): 1394-1404.

[34] SECKBACH J, RUBIN E. The new avenues in bioinformatics[C]//Cellular Origin, Life in Extreme Habitats and Astrobiology V8. New York: Kluwer Academic Publishers, 2005.

[35] SECKBACH J, WALSH M. From fossils to astrobiology, records of life on Earth and the search for extraterrestrial biosignatures[C]//Cellular Origin, Life in Extreme Habitats and Astrobiology V12. Dordrecht: Springer Science + Business Media B. V, 2009.

[36] SHAPSHAK P. Neutrino intergalactic communication, metal life, and viruses: part 1 quovadis ex machina[J]. Bioinformation, 2021, 17(2): 331-336.

[37] SNELLEN I A G, DE MOOIJ E J W, ALBRECHT S. The changing phases of extrasolar planet CoRoT-1b[J]. Nature, 2009, 459(7246): 543-545.

[38] STROBEL D F. Molecular hydrogen in Titan's atmosphere: implications of the measured tropospheric and thermospheric mole fractions[J]. Icarus, 2010, 208(2): 878-886.

[39] TURNBULL M C, TARTER J C. Target selection for SETI. I. A catalog of nearby habitable stellar systems[J]. The astrophysical journal supplement series, 2003,

145(1):181-198.

[40] ULMSCHNEIDER P. Intelligent life in the universe – principles and requirements behind its emergence[M]. 2nd ed. Berlin,Heidelberg:Springer – Verlag,2006.

[41] VAN BELLE G T,VON BRAUN K,BOYAJIAN T,et al. Direct imaging of planet transit events[J]. Proceedings of the International Astronomical Union,2014,8:378-381.

[42] VLADILO G,MURANTE G,SILVA L,et al. The habitable zone of Earth – like planets with different levels of atmospheric pressure[J]. The astrophysical journal,2013,767(1):1-23.

[43] WARD P D,BROWNLEE D. Rare Earth:why complex life is uncommon in the universe[M]. New York:Copernicus Books,2003.

第 13 章 星际旅行

人类的探索精神是永无止境的。随着对地球生命本质的深入了解，人类已经有能力去思考人类进入太空的前景。登上月球，探测器着陆火星，飞掠木星、土星……人类必将越走越远，不断向深空挺进。人类发展所需的能量和物质越来越多，随着地球资源的耗竭，早晚有一天，地球的资源不能满足人类，人类有可能移民外星、走向宇宙吗？在技术上如何实现？哪里是适宜人类移民之处？我们是否会遇到其他宇宙生命？这些都是必须提前考虑的问题。如果解决这些问题，将创造自哥伦布发现新大陆之后人类跨越大发展的新空间。

星际旅行是指在宇宙的自然天体之间进行的无人或载人旅行。狭义上的星际旅行通常指恒星际旅行（interstellar travel），也就是目的地指向其他恒星星系的旅行；广义上的星际旅行也包括行星间的旅行（interplanetary travel）和星系际旅行。本章使用它的广义概念，以确保涵盖必要的内容。

进行行星际旅行和星际旅行时，一般都先安排无人探测器进行充分的探测后才进入载人航行阶段。无人探测穿插在前面的章节中，有较多介绍，本章倾向于探讨载人的星际旅行。

13.1 地球生物的太空旅行

生物是在地球表面环境下进化出来的，现代生物最适应的环境是目前的地球环境：一个大气压、21% 的 O_2、0.3% 的 CO_2、1 个重力加速度（$1G$）、20 ℃上下的温度……而太空环境与此有很大的不同。在人类和地球生物进入太空之前，必须对与生命生存有关的太空环境有所了解，并提供必要的设施尽量模拟地球环境，对太空环境可能造成的人体或生物体的损害采取一定的防护措施。

13.1.1 动物和人类航天简史

在人类宇航员进入太空之前，人们首先将实验动物送上太空，研究太空环境对动物体的影响。1948 年，美国组织了一次有航天医生和生命科学专家参加的关于"空间旅行的航空医学问题"讨论会，探讨空间飞行可能面临的医学问题及风险。次年，美国探空火箭"Blossom"搭载了一只名叫"Albert"的猴子，标志着利用航天器进行空间生物学研究的开始。不幸的是，Albert 在飞行途中死于窒息。美国空军航空医学院于 1949 年 2 月 9 日在得克萨斯成立了航天医学系，从此开始了有关空间生物学、医学和技术应用科学研究和规划的时代。

第一个在太空中存活的哺乳动物是苏联在 1957 年载入太空的叫作"莱卡（Laika）"的小狗（图 13 - 1）。1961 年，苏联宇航员加加林（Yuri Alekseyevich Gagarin）乘坐东方 1 号载人飞船第一次升入太空，标志着人类开始进入太空环境。1969 年 7 月 21 日，美国的阿波罗 11 号载人飞船成功登月，阿姆斯特朗成为第一个走上月球的地球人。

图 13 - 1　第一个在太空中存活的哺乳动物莱卡（Laika）

与此同时，航天医学的研究也开展得有声有色。美国利用可重复使用的航天飞机携带各种专业性实验舱进行了短时间的多人次的医学观察，包括日俄欧和我国在内的多国科学家也进行了大量生物学实验研究。1986 年，苏联发射的和平号空间站是人类首个可长期居住的空间研究中心，其中医生航天员玻里雅创造了 438 天的空间停留纪录，为未来的太阳系探测活动所需的长期飞行积累了宝贵的航天医学数据。国际空间站（International Space Station，ISS）是一个由6个国际主要太空机构联合推进的国际合作计划。参与该计划的共有16个国家或地区组织，于1993年完成设计，开始实施。装配完成后的国际空间站长110 m，宽88 m，相当于一个足球场大小。国际空间站上的生命科学研究包括人体生命与重力生物学等方面。

中国空间站（天宫空间站）项目已在2022年建成，正在开展相应的科学研究。空间站轨道高度为400~450 km，倾角42°~43°，设计寿命为10年，长期驻留3人，总质量可达90 t，包括核心舱天和实验舱梦天和问天，可以进行较大规模的空间科学，包括空间生命科学研究。空间站具有扩展能力的设计，预留发展空间，将来还要建立一个光学舱，与空间站保持共轨飞行状态，在其内架设2 m口径的巡天望远镜，分辨率与哈勃相当，而视场角比哈勃的大很多，可以对40%以上的天区进行观测。

13.1.2　地球生物进入太空可能遇到的生理问题和对策

地球生物在太空所面临的主要问题包括微重力、太空辐射、真空环境、缺氧、低温等。人类等地球生物在进入太空或登陆某个星球后，一般不能直接暴露在外界环境中，必须采取一定的隔绝措施，创造适合人和地球其他生物生存的小环境。例如，在空间站的内部会维持与地面尽量一致的大气压、氧气浓度、温度等。当宇航员离开航天器独自进入太空，即在太空行走时，也要穿上绝对封闭的航天服。在航天服内，人体接触的界面保持应有的气体、大气压力、温度等。但在太空有几个效应还是难以避免，主要是微重力和太空辐射。此外，航天器内的振动、噪声、生活节奏改变、孤立环境、心理问题等都是需要注意和解决的。

13.1.2.1　空间和其他星球重力的改变

在地球上进化的生物已经完全适应地球的重力环境。这些生物的体形、大小、运动特征都与地球1个重力加速度保持协调一致。而在不同的太空环境，将面临不同的重力加速度：飞行器在星际空间飞行时重力效应基本消失，这种情况叫作微重力，而在其他星球着陆时，根据不同星球的质量会产生不同的重力效应。例如，月球表面的重力只相当于地球的1/6，火星的表面重力约为地球的2/5等。但如果降落在比地球质量大的行星，因而其表面重力加速度大于地球时，生物体将体会到超重。另外,在航天器起飞或降落时也会出现短暂的超重情况。

微重力会改变生物体的结构和功能特征。以人体为例,其主要效应包括如下方面。

(1) 体液分布的改变,进而发生下肢骨质吸收、肌肉萎缩、上身静脉扩张、面部肿胀、颅内压增高等次级改变。

(2) 承重的下降会造成废用性效应,例如,骨丢失、抗重力肌肉萎缩等。

(3) 其他效应还包括:①运动病,即平衡器官功能失调所产生的一系列不适,包括发热、面色发红、恶心、呕吐、嗜睡、头疼、厌食等;②心电改变,包括心率加快、心律失常等;③定向障碍和错觉;④代谢变化;⑤立体耐力和运动耐力下降;⑥脱水和体重减轻;⑦红细胞质量下降,血浆容量减少;⑧免疫功能降低等。动物体在进入失重环境之初会有一些不适应,因为所有物体的重力负荷减少或消失,人所做出的动作容易"过猛",甚至伤及自己。但经过一段时间,生物体会逐渐适应失重效应。据估计,如果一个行星或卫星能产生相当于地球一半的重力加速度,只要在其表面经过一段时间的适应,对人体的危害程度有限。

但是长时间飞行时的微重力对人体有害。最引人注目的是微重力造成的骨丢失(图13-2)。据估计,每个月的微重力飞行会造成2%的骨密度损失。照此推算,火星探索任务如需要1 000天的空间飞行的话,股骨密度在飞行后将降至原来的50%。骨密度下降15%就会造成骨折的显著风险。当然宇航员不会坐视这

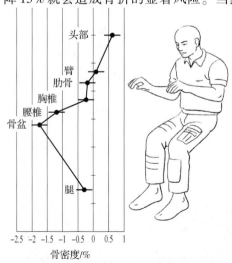

图13-2 航天飞行时航天员每个月骨密度的变化

种情况的发生,他们会采取锻炼等措施尽量维持骨密度,但不能完全避免这种风险。对不同重力虽有一定的适应性,但这种适应性有一定的滞后性。返回地球后,失重产生的效应一般可以逐渐恢复,但是长期太空微重力造成的骨丢失有可能不能完全恢复。

超重同样对人体造成危害。目前航天员所能体会到的超重是在飞行器起飞和降落地球阶段出现的。使人体产生几个重力加速度的重量。图13-3假设进行196天的往返月球旅行[图13-3(a)]或往返火星的1 000天旅行[图13-3(b)]时所要经历的重力环境的变化。

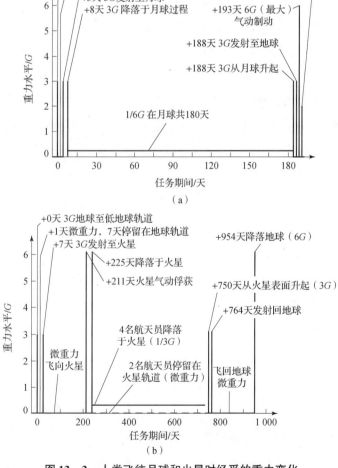

图13-3 人类飞往月球和火星时经受的重力变化

(a) 人类飞往月球时经受的重力变化;(b) 人类飞往火星时经受的重力变化

宇航员为了适应微重力和超重，需要事先进行适应性训练。飞机进行抛物线飞行，可让人体验短期的微重力效应；对超重的适应性训练就要用到大型离心机，通过离心机的旋转产生超重效应。早期要求参与航天飞行的宇航员能经受 10G 的重力加速度，现在随着发射技术的提高，航天器在发射和返回的过程中产生的超重已经不超过 5G。长期在轨飞行时为了让宇航员和研究人员克服微重力效应，要求在轨人员经常参加运动，采用多种方法改变身体负荷，防止肌肉萎缩和骨丢失。

重力对生物体的效应与生物体的体积大小有关，越小的生物对重力改变越无所谓。像细菌这类单细胞生物对重力就很不敏感，因为它们不存在细胞和细胞之间的强力牵拉或挤压。对于亚细胞结构或生物大分子来说，重力更是可有可无的。生物化学的各种反应并不涉及重力的因素，主要是电磁力在起作用。电磁力才是生命运行所涉及的基本的力的形式。只有生物体大到了一定程度，重力才会对其生理功能起到一定作用。

13.1.2.2 太空辐射效应

比起微重力，太空辐射是对进入太空的地球生物构成的更大的威胁。各种辐射的能量将破坏生命分子，特别是遗传物质 DNA，导致过高的致死突变率。我们在对宇宙宜居带进行评估时，辐射强度是一个重要的考量。地球大气层和磁场为地球生物提供了辐射防护，使它们得以繁衍生息。地球生物一旦升入大气层之外，离开磁场的保护，各种太空辐射将是致命的。

太空辐射的来源如下：

（1）太阳，太阳产生的电磁辐射是地球生命所需能量的主要来源，其中只有 23% 可以直接到达地面，有 20% 在大气中经过反复折射间接到达地表，还有 43% 被弹回宇宙空间，14% 被大气吸收。其中有害的紫外线几乎被大气中的臭氧全部吸收。在太阳耀斑爆发时，会产生被称作"太阳耀斑宇宙线"的粒子辐射，主要是质子，对航天飞行的人员产生有害影响。太阳耀斑爆发有一个周期，大约是 11 年。

（2）银河系宇宙线，主要是银河系空间的粒子辐射。存在于太空的辐射叫作初级宇宙线。初级宇宙线进入大气层后，引起地球大气分子电离或核分裂产生的辐射叫作次级宇宙线，其能量相当于初级宇宙线的 1/50。在太阳耀斑爆发期间，太阳磁场增强。由于太阳磁场对宇宙辐射的驱赶作用，银河系宇宙线反而减弱。

为检测太空辐射对人体的影响，在国际空间站的外表安装被称为套娃的人体模型，在人体对辐射敏感的各器官部位安装众多辐射剂量计，测量各自接收的空间辐射剂量，评估对人体的危害（图13-4）。另外，辐射剂量计也安装在国际空间站内部，检测舱体内部的辐射量。

图13-4　国际空间站在敏感器官对应部位安装不同辐射剂量计的人体模型（Matroshka）检测太空辐射

注：从左至右：人体的躯干，模拟人体外包的衣物，模拟宇航服，在宇航服内存在一个封闭的空间，内含氧气。这些躯干外包的结构意在保护人体免受真空、空间碎片、紫外线等的影响（ESA）。

对人和生物体产生危害的太空辐射主要是电离辐射。电离辐射对人体的危害主要表现在以下方向。①急性放射病：是短期大照射所致，分为造血型、肠型和脑型放射病。②慢性放射病：可以是局部问题，也可以是全身损害。③远期影响：引起癌症发病率增加和后代患遗传病的风险。此外，辐射与微重力的共同效应也是值得关注的。这种综合效应可能涉及细胞和分子层面，如微重力造成的扩散和对流的变化影响物质交换过程，间接影响辐射造成细胞损伤的修复过程等。图13-5假设进行196天的往返月球旅行 [图13-5（a）]，或往返火星的1 000天旅行 [图13-5（b）] 时，按照现有的飞行条件所要经历太空辐射量的变化，显示在地球表面辐射水平最低；空间飞行时辐射水平最高；在月球或火星表面辐射水平低于太空飞行时，但均高于地球表面（表13-1）。

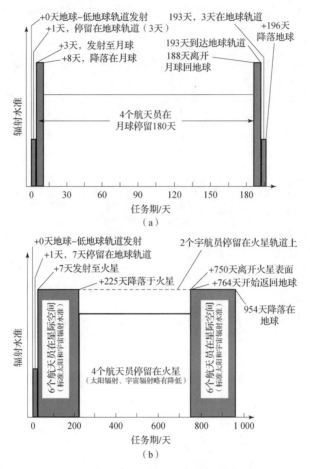

图 13-5 人类飞往月球和火星时经受的辐射量变化

（a）人类飞往月球时经受的辐射量变化；（b）人类飞往火星时经受的辐射量变化

表 13-1 太阳辐射的主要构成

辐射类型	地球地表	地外空间
可见光和红外线	98%	91.7%
总紫外线（UV）	2%	8.3%
UV-C	0%	0.5%
UV-B	0.1%	1.5%
UV-A	1.9%	6.3%

地球生物进入太空航行时需要特别的辐射防护。首先要关注宇宙辐射的强度变化，在太阳耀斑爆发等高辐射时期避免空间飞行；尽量在太阳活动低时段飞行。注意航天器的飞行路线是否经过高辐射地区，尽量避免进入高辐射带。屏蔽是航天员防辐射的主要手段，屏蔽物包括航天器的舱壁和航天服等，需要使用屏蔽材料。迄今为止，航天员尚未经受严峻辐射的考验。但在将来的宇宙飞行中，航天员有可能深入辐射严重的地区，如火星或木卫二，届时将需要严格的辐射防护。

13.1.2.3 其他不良环境因素

在地球生物，包括人乘航天器飞往和驻留其他星体过程中，其他可能遇到的问题包括以下两方面。

1. 在航天器飞行过程中面临的问题

如起飞和降落时加速度产生的超重，飞行器的噪声、震动，昼夜节律失调，焦虑等。解决的方法：一是改进航天器的构造和性能，减少上述对生物生理不利的因素。比如过去的飞船在起飞时会产生很大的重力加速度，可达到瞬时的 8～10 个 G，很少有人能经受这样强的超重，故需要选拔和训练航天员。现在飞行设计上已能做到航天器在起飞时平稳加速。航天员只需经受 $3G$ 的重力加速度即可，大多数生物都可以忍受这样的超重水平。二是在地面的适应性训练，如失重、超重训练和选拔，挑选对空间环境适应性强的个体。对于其他生物，选择空间飞行环境适应性强的物种等。

2. 着陆其他星球面临的问题

除了上面重点提到的重力环境改变、辐射外，低温和低气压，甚至真空也是常遇到的问题。对此，人类需要人工构建模拟地球环境的设施。在设施内保持地球上具有的温度、气体条件，包括气压、氧含量等，使地球生命可以生存。

13.1.2.4 人类在太空和其他星球上对地面环境的模拟

目前所开展的载人太空旅行主要是在环绕地球轨道上进行，在轨的时间跨度从几天到一年多不等，人类已经登陆的星球只有月球，登陆火星在计划中。其他星球的人类登陆还没有被列入议程。太空、月球和火星的表面都缺乏大气压力，无氧，辐射强烈，而且温度范围和地球差别也很大。太空中属于绝对低温；月球和火星虽不那么低温，但温差较大。裸露的人体是无法在这些地方存活的。因此，人和其他生物都需要与外界环境隔绝开。在人体和生物体的周围形成一个模拟地球的小环境才能生存，小环境内保有与地球类似的气压、氧气、温度，并尽量隔离太空辐射。飞船和空间站是通过封闭的舱室来营造适合航天员的生活环境的。如果航天员出舱活动，就要穿戴航天服（EVA）。航天服是封闭的，里面保持气压、氧气和温度。早期登陆月球的宇航员是穿着航天服活动的。

在新的登月计划中，通常包含建立月球永久基地。就像建立空间站一样，月球基地服务于太空研究和生活的目的。"月球村"的设想是欧洲一个非营利组织在2015年提出的，目的是探讨在月球建设一个能供人居住的基础设施。中国则将建立国际月球研究基地（International Lunar Research Station，ILRS）列入即将进行的探月计划中。在SpaceX的火星计划中也将在火星上建立一个载人基地列入计划中。这些基地可以供人生活，也可以种植地球上的植物，培养微生物，构建小的稳定的类地生态系统，在内部完成各种物质的生态循环，达到长期生存的目的。不管是月球村还是火星基地，都应是封闭的建筑，在建筑物内充满空气，保持一个大气压，温度和湿度符合地球表面的标准。这样的基地还可以成为进一步深空探测跳板，支持人类进一步向外太阳系和系外空间前进。

如要使地球生物能在新的栖息地生存并构成生态循环，对生物品种的选择也很重要。前面提到的适应极端环境的微生物或成为首选对象。这些微生物耐寒、耐真空、耐干燥、耐辐射的特点有利于它们在新的环境下存活和繁殖。人类可以利用这些微生物生产食物，提供各种工业材料和产品，如生产药物、燃料、各种化学品等。或用其改造月球环境，构建生态循环系统，使之更适合人和其他地球生物的生存。比如可使用微生物改变月表，形成富含有机物的土壤；蓝藻等光合自养微生物可在月球封闭建筑内制造包含O_2在内的大气，并用人类及动物呼出的CO_2作为自己的碳源存活，起到了地球上植物的功能，从而实现碳的循环等。

为了模拟太空长期飞行所面临的隔绝、封闭、拥挤的环境，欧洲航天局在位于南极大陆的康科迪亚考察站建立基地，研究太空的类似生活环境对人类的心理和生理的影响（图13-6）。

图 13-6 欧空局利用康科迪亚南极站作为人类探索模拟站进行医学、生理和心理研究的项目

总之，人类有能力通过自身的努力，克服地球生命生存的限度，在新的星体继续繁衍自己和其他地球生物。

13.1.2.5 重力模拟和微重力效应的应对

空间舱、宇航服、月球村和火星基地等都是模拟地球表面环境，营造类似地球表面的小的生态系统，屏蔽宇宙辐射而构建的。在地表条件中，只有重力较难模仿。在月球或火星上存在相当于地表 1/6 和 2/5 的重力加速度，勉强满足地球生物的重力需要。而在飞行中的飞船和空间站则几乎不存在重力。那里模仿重力的方法是人工重力。

所谓人工重力一般是指将飞行中的航天器按一定的速度围绕自身的中心进行旋转，所产生的离心力可在一定程度上模拟重力。当然，这应该是一个直径很大的航天器，使人感觉不出它在旋转。美、俄等国都曾经使用动物进行过太空人工重力的研究，结果证明使用离心机慢旋转形成的人工重力，对生物体克服失重造成的机体损伤具有积极的作用，其副作用是有可能造成运动和协调功能障碍，但可随旋转半径的增加而改善。在空间站的生物学实验室中的这种离心机还用来模拟各种不同的重力和超重。将小型动物（如小鼠）或细胞放入离心机中饲养或培养，以研究不同重力环境对机体和细胞的影响，用于人类的人工重力装置则要大得多。图 13-7 是 NASA 设计的人工重力飞船 Nautilus-X，如果将来制造出来，人类太空旅游时就可以乘坐旋转飞船，在一定程度上保持地面已经习惯的重力。产生人工重力的另一种方式是按照重力加速度飞行，我们将在13.1.3节讨论这种可能。

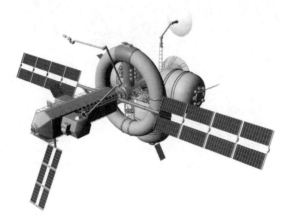

图13-7　美国宇航局设计的多任务空间探索飞行器
Nautilus-X 示意图（带有一个环形的人工重力装置）

资料来源：美国宇航局技术应用评估小组；作者 Mark L Holderman。

目前阶段，仍然要通过适应性训练防止微重力造成的废用性骨丢失和肌萎缩：在飞船中通过拉力器、自行车、跑台等进行体育锻炼；利用下肢负压装置将体液"吸"回下肢，改变体液分布；进行肌肉电刺激防治肌肉萎缩等。

13.1.3　载人航天飞行对天体生物学的促进作用

13.1.3.1　空间探索的驱动因素和利益

科学技术、文化、经济等多种因素激发了人类的空间探索，这种探索从地球的近邻月球和火星开始，将来扩展到太阳系的其他星体，再进一步扩展到系外星体。

（1）探索月球的科学驱动力在于更好地了解地球-月球体系，发展月球的科学研究，建立月球空间望远镜，以月球为基地开展其他行星或更远的深空研究，在月球的天文观察可以不受地球环境因素和人为因素的干扰。利用月球环境研究天体生物学，开展有关实验研究，具有重要的科学意义和价值。

（2）寻找火星上的生命迹象是火星探索的首要目标；对火星了解更多也有

利于比较行星学的研究，有助于对太阳系进行深入的理解。

（3）空间探索的主要技术驱动力是产生各种高深精细技术的需求，促进这些技术的发展，反过来将造福于地球上的生命和生活质量，这些技术包括：

①原位资源利用技术，包括水、CO_2、氧气、矿物质等。

②火箭推进技术、生命支撑系统和人工生态系统的建立，为后续的天体生物学的发展积累经验。

③封闭再生式的生命保障系统，包括水、空气、食物、废物的再循环。为随后更深空的旅行积累技术，这些技术同样有利于地球上人类的发展。

④发展整合的环境控制技术。

⑤人工智能、机器人和纳米技术，鉴于载人的空间探索技术复杂、花费巨大、危险性高，人工智能和机器人等用场极大。空间探索的需求促进了这方面的研究和技术的发展。

（4）空间探索反映了全人类的共同愿景，可以支持全球的和平合作。

13.1.3.2 载人空间探索对于发展天体生物学的益处

天体生物学的载人空间探索是基于有些工作机器人还难以胜任，仍然需要人的参与。对于在月球和火星上的天体生物学研究而言，宇航员的加入很有帮助，经过航天训练的各方面专家，如地质学家、生物学家、化学家可以在轨完成实时原位的高科技水平的研究。借助建立在空间站和星球上的实验室，研究者能够直接对复杂的样品进行生物学和化学分析，并对研究计划做出快速的、第一时间的决断，这些工作通常很难完全由事先设计好程序的机器来完成。理想的工作方案是人类和机器人在火星或月球上共存，各自完成所擅长的工作。如果因为行星保护的要求，不允许人类进入火星某些区域的话，机器人可以取代人类进入这些区域，采集样品后回到火星实验室，再由航天员进行分析。

13.1.3.3 载人空间探索的不利之处

人类在火星和其他星球的出现对于天体生物学的研究也可能有不利的方面。首先，载人探索是一种成本很高的项目，需要更大量的资金。其次，为了行星保护，可能推迟或阻止航天员进入天体生物学研究感兴趣的场所；人类探险活动也需要更多的环境评估；这些无疑增加了载人行星探索的成本。再次，很多影响航天员健康的问题也还没有很好地解决。最后，宇航员返回地球时，理论上又可能对地球造成反向污染。

从技术角度看，载人任务需要有附加设备保障航天员的生命安全，并提供足够安全的保障以防止空间的不利环境对航天员造成伤害，必须最大限度地做到安全发射、安全飞行、安全降落、安全停留在火星等星球上、安全返回等。这是一个极端复杂的系统工程，因此要实现火星载人航天，最好依靠国际合作来。

13.1.4 载人航天深空探测生命保障系统

载人航天的生命保障系统可以保障进行航天飞行的人和其他地球生物的生活保障。表13-2列出了载人航天人员的基本需求和产生的废物，表13-3概括了载人探月飞行，着陆于月球表面等共计180天任务的生命保障的需求。对于整个任务，需要提供22 500 kg的供应，同时产生22 000 kg的废物。这样大的需求要求拥有一个高技术的生命支持系统（图13-8）。

表13-2 载人空间探索生命保障系统的基本要求

需求	每人每天	排泄物	每人每天
O_2	1.0 kg	CO_2	1.2 kg
清洁水（不包括淋浴）	1.8 kg	固体排泄物	0.3 kg
清洁水（包括淋浴）	23.0 kg	液体排泄物	1.5 kg
饮用水	2.1 kg		
食物	2.6 kg		

表13-3 载人月球探索任务（停留180天）对生命保障的需求

需求和废物排出	地球-月球-地球飞行的需求	在月球停留180天的需求
O_2	32.6 kg	734.4 kg
舱外活动所需空气		144.0 kg
水（总需量）	147.2 kg	18 876.0 kg
清洁卫生用	57.6 kg	16 560.0 kg
饮用水	89.6 kg	2 016.0 kg

续表

需求和废物排出	地球-月球-地球飞行的需求	在月球停留180天的需求
用于舱外航天服		300.0 kg
食物	85.4 kg	1 922.4 kg
特殊需要	62.3 kg	541.1 kg
人的代谢废物		
CO_2	39.7 kg	892.8 kg
水蒸气	94.4 kg	2 124.0 kg
能量	462 080 kJ	10 396 800 kJ
其他人类产生的废物		
固体（粪便、气袋、手纸、衣物）	67.1 kg	1 509.1 kg
液体（尿、呕吐物、卫生废物）	92.4 kg	17 209.6 kg

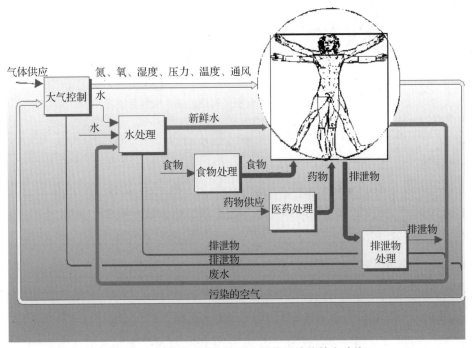

图 13-8　载人空间探索生命保障系统的基本功能

这样一个系统应该提供大气、水、食物,处理废弃物和排泄物并提供可能的医疗处理。迄今为止的生命保障系统的功能都是由物理化学过程来实现的,如对水的循环处理。对于长期的探空任务,如载人火星飞行,由地球不断供应支持生命保障系统的需要几乎是不可能的,因此,研究者开始考虑使用微生物和植物进行物质循环。这就是期待中的"生物再生生命保障系统"(Bioregenerative Life Support Systems),它将能够提供植物食物,同时对大气和水达到循环利用的目的(图13-9)。

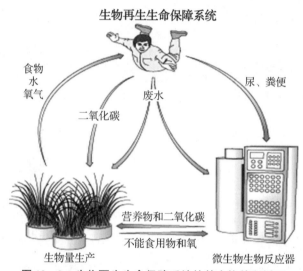

图13-9　生物再生生命保障系统的基本构件和循环

在这个系统中,高等植物吸收CO_2,产生O_2,参与矿物质循环和水循环,同时也是很好的食物生产者,不利因素是培育高等植物需要有较大面积(15~30 m^2/每人),动力学响应也较慢,同时它也会产生有机废物(如纤维)。藻类是有效的CO_2利用者和O_2的产生者,还可以提供食物的补给(维生素、矿物质),优点是要求的体积小,动力学响应快,在生物反应器中可以得到控制;缺点是可食用的生物质十分有限,产生的气体交换和航天员的呼吸并不平衡。微生物作用是将有机物质降解,同时维持矿物质循环,以及产生包括维生素在内的人体需要的营养。它们要求的体积较小,其动力学响应和操作条件,如需氧和无氧代谢等,也可以较容易得到控制。图13-10是由欧洲发展起来的生物再生生命保障系统MELiSSA的流程。

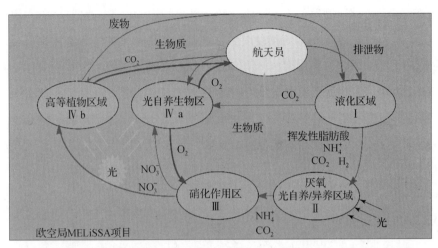

图 13-10　由欧洲航天局发展起来的生物再生生命保障系统 MELiSSA 项目

另外，监测和控制航天器，以及月球和火星上的居住地内部环境也是十分重要的，特别是对有毒气体和微生物的监测，通过实施遥感医学，保障乘员的身体健康。

13.2　星际旅行的可行性

能够到达其他恒星系统的星际旅行比太阳系内的航天飞行要困难得多，也更具有挑战性。这里存在诸多操作上的、费用上的、时间上的、工程技术上的和物理上的限制。下面论述制订星际旅行方案时将遇到哪些困难、需要解决什么问题、有哪些制约因素等。

13.2.1　星际旅行需要的时间和能量

天体物理学和天体化学的知识告诉我们，遥远的星际和我们所熟悉的太阳系一样遵从着相同的物理和化学定律。人类完全可以使用和在太阳系空间航行相同的技术手段在其他星系空间飞行；利用相似方法在它们的类地行星或其卫星的表面着陆。尽管不同恒星系统和星际空间的物理参数和化学构成可能有所不同，比如宇宙辐射的性质和强度的差异等，但这些多是可以通过观测和分析手段事先知道的。天体测量学也会事先告诉我们不同恒星的位置和距离，使人类能够有目标地前往，并事先设计好路线。星际旅行所面临的最大困难是距离太远、用时太多、耗能太大。如何能提高飞船的速度和得到充分的能源将成为这类旅行是否现实的关键。

13.2.1.1 其他恒星系统与我们的距离

自伽利略使用望远镜观察太阳系天体以来，直到19世纪，天文学家才发明足够精确的方法测量我们与其他恒星的距离。这些恒星距离我们非常遥远，比如离我们最近的恒星系统半人马座α星系和我们的距离是4.4光年。为了能直观地理解这一点，以最早发射的星际探测器先锋10、11号为例，看一下它们在航行途经不同地点所需的时间。发射于1972年的先锋10号在飞离太阳系之前，用了21个月的时间到达木星。这颗巨大的行星与地球之间的最短距离是6.28亿千米，而上面提到的半人马座α星系的距离是这一距离的7万倍。如果先锋10号使用飞向木星的平均速度飞越这4.4光年的距离的话，将需要115 000年的时间。不过在事先的设计中，只是让先锋10号到达木星和土星，之后再没有确切的目标。按照目前先锋10号的轨道进行推算，就会发现在接下来的100万年时间里，先锋10号不会航行到距离其他任何恒星3.3光年之内的位置。目前先锋10号到达距离地球120多AU的位置，已经离开了太阳风所能到达的最远距离（约95 AU）。

由于预计先锋号将挣脱太阳的引力飞向银河系的其他地方，设计者们在先锋10号和先锋11号内放置了一个描绘地球情况的铝板，上面描绘着一个男人和一个女人、氢元素的示意图、太阳和银河系的地标、太阳和九大行星、先锋号飞船的轮廓和轨道等内容，以便将来这个航天器有可能被某个外星智慧生物所捕获时能理解这个人造航天器（图13-11）。作为一个惯例，在后来发射的飞离太阳系的探测器上都会携带有关地球信息的标牌。比如5年后发射的旅行者号飞行器上携带了更精致的含有复杂信息的铜质镀金唱片，包括图片、多种语言问候语以及24首音乐。当然，在茫茫太空中，这样一个小的不发出信号的人造仪器被外星智慧生物发现的机会微乎其微，远比向太平洋投进一个含有一封信的漂流瓶被发现的机会低得多。就算真的被发现，还得假定外星智慧生物具有与我们相似的感觉系统，比如有视觉和听觉来感觉和理解这些信号的含义。

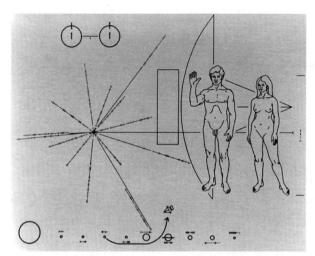

图13-11　先锋10号和先锋11号内放置了一个描绘地球情况的铝板

13.2.1.2　速度的极限

使用先锋10号这样的航天器来进行星际旅行显然不太现实，需要建造速度更快的飞船。但是速度有一个极限，狭义相对论告诉我们任何物体运动的速度不能超过光速。真空中的光速为 $c_0 = 299\,792$ km/s。假如飞船真的以光速飞向离我们最近的恒星——半人马座 α 星系的话，这趟旅行也需要4.4年的时间。这就是这趟旅行速度的极限和所需最短时间的极限。这还是离我们最近的太阳之外的恒星，我们去其他恒星需要更长时间。如果我们想从银河系的这头飞到另一头，按照光速飞行也需要10万年的时间，如果我们还想造访宇宙中的其他星系的话，则需要更长的时间。

13.2.1.3　耗能问题

就算人类真的造出了能以光速飞行的飞船，耗能问题也会成为星际飞行的重大障碍。

让一个物体运动起来所需要的能量依赖于两个因素：物体的质量和想使该物体运动时所达到的速度。如果飞船做载人飞行，那么所载的不仅是这个人的重量，还要包括让这个人正常生活所需要的所有东西：食物、水、床、洗手间……毕竟这趟旅行的时间不是一天两天，而是几年或更长的时间。为了估算运送一个人所需承载物品的重量，我们可以参比游轮运送旅客时的情况。有人计算，泰坦尼克号的自身重量除以满员时游客的数量，得到每接待一个游客需要承载约

18 000 kg的重量。尽管对多数旅客而言，居住空间仍然狭窄，所携带的给养也仅够消耗两周，而不是星际飞行的数十年。如果比较保守地采用这种人均所需物品重量来估计星际飞船，即使放很少的人，总重量也将非常大。再假设飞船以光速的10%飞行，也就是每秒3万km左右的速度飞行，这样快的速度飞抵离我们最近的星球，然后再折返回来，需要近百年的时间。假定达到这一速度后，飞船就只依靠惯性飞行，中途不再加速和转向，根据星际飞船的质量和达到的速度，由物理公式可以算出所需的能量。这里还要注意，如果到达目的星球后不是只在空中转一圈就返回，而是要着陆的话，则需要进行与出发时相反的操作：减速。这一过程同样是改变速度，同样需要能量。飞船返回地球时，还要经过加减速各一次，这样计算下去，假定飞船的成员为50人，则这次航行所需要的总能量相当于当今全球每年消耗能量的4倍。

13.2.2 现有的火箭技术

即使我们能造出速度非常快的火箭，也能承担所耗费的巨大能量，现有技术所造出的火箭仍面临难以逾越的技术障碍，为此看一下火箭技术的原理和局限性。

13.2.2.1 火箭技术的推进原理

火箭技术所运用的基本物理原理是牛顿的第三定律，即物质的作用和反作用定律。根据这一定律，任何作用力都会产生一个和它大小相等、方向相反的反作用力。当一个物体向自己的后方施加一个力时，反作用力会将这个物体向前推。在19世纪末，俄罗斯的康斯坦丁·齐奥尔科夫斯基由此推导出了火箭方程，他指出任何一次飞行器的轨道变化（速度变化）都遵循如下公式：

$$\Delta v = v_e \times \ln(m_0/m_1)$$

这里，m_0是火箭加速前的质量，即初始总质量；m_1是火箭加速后的纯质量的总和；v_e是火箭排气速度（火箭喷射速度）；Δv是火箭加速后速度与加速前速度的差值，它是对火箭发动机产生的加速度求时间的积分得来的。

这个方程阐述了运载工具的最终速度对推进剂速度的依赖关系。可以看出，随着燃料的消耗，m_1值将逐渐变小，则Δv将逐渐变大，即火箭的速度不断加快，使得火箭的最终速度会大于火箭的喷射速度。

13.2.2.2 化学燃料火箭的局限性

火箭方程指出了 Δv 所能达到的速度取决于 m_0 和 m_1 的比值。如果火箭想达到逃逸速度（即第二宇宙速度，为克服地球引力离开地球所需要的速度，其值是 11.2 km/s），假定使用通常的化学燃料所能达到的火箭喷射速度在 3 km/s，则 m_0 和 m_1 的比值将需要达到 39 才能做到，这意味着达到逃逸速度时的火箭重量只能是发射前的 1/39，也就是 38/39 的火箭质量都作为燃料消耗掉了，这基本是不可能做到的。考虑到火箭的外壳、燃烧装置、所运载的飞船重量，m_0/m_1 值最多能达到 15，远达不到使火箭产生逃逸速度的要求。为了能达到 m_0/m_1 的更高比值，就需要建造多级火箭，在每级火箭燃料耗尽后便脱落，以减轻火箭的重量，使火箭继续加速，最后使 m_0/m_1 值能够达到 39 或更大。一般情况下，使用三级火箭即可达到这一目的。图 13-12 为我国研制中的长征 9 号运载火箭示意图，其中一级 12 台发动机的海平面总推力达 5 000 吨以上，而第三级总推力只需 100 吨。

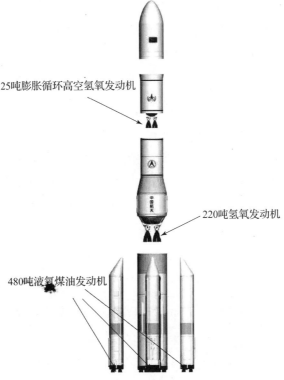

图 13-12　我国研制中的长征 9 号运载火箭示意图

如果我们做星际旅行，所需要的速度就应远比逃逸速度快得多，则 m_0/m_1 值还要加大。理论上可以通过增加多级火箭的级数来提高火箭的速度，但效果极为有限。例如，假如将登月飞行所用的土星五号这样的火箭做到 100 级，所能产生的最终速度也只有 370 km/s，只是光速的 0.1%。以这样的速度飞向 4.4 光年外的半人马座 α 星系，需要 4 000 年的时间。如果换成更先进的化学燃料，比如氧和氢，会再提高一定的速度，但效果仍然有限。按照 13.2.2.1 节提到的火箭方程最终速度对 m_0/m_1 比值的依赖，要使一个几十吨的飞船达到这一速度，火箭的初始重量需要达到几十万吨。这还只是一个单程的、不能降落的飞船。如果仍需降落并再次起飞返程，原初的火箭重量将大得难以想象。

所以无论我们对发动机做何种优化和改进，使用化学燃料的火箭都远达不到在合理的时间内把前面所估算的大量载荷运送到其他恒星的要求。

13.2.3 使用其他燃料或发动机的火箭

为了使星际旅行的火箭能够达到所需的速度要求，现有的化学燃料显然是不行的，需要寻找新的方法来提高火箭的速度。这些方法包括使用核燃料、使用低功率而长期加速的火箭、借助其他能源等。

13.2.3.1 核燃料火箭

核反应可以比化学反应带来更多的能量，像星际旅行这样的耗能巨大的飞行，使用核能无疑是更好的选择。核裂变和核聚变都可以产生巨大的能量，但在目前只有核裂变是可控的。目前核电站等核设施都使用核裂变。核聚变是太阳和其他恒星产生热能和辐射能量的来源，人类目前还只能使用爆炸的方式产生核聚变，释放核能。1942 年，E. 费米领导的研究组建成了世界上第一座人工裂变反应堆，标志人类利用核能的开始。20 世纪 50 年代，美国的宇航学家们开始设计利用核反应堆的火箭发动机。

1. 漫游者计划

1955 年开始的漫游者计划（Project Rover）最初是美国空军的一个项目，旨在为洲际弹道导弹提供核动力。1958 年，在人造卫星发射成功引发了太空竞赛后，该项目被移交给 NASA，由原子能委员会（AEC）和 NASA 联合管理，成为运载火箭核发动机的应用项目（NERVA）的一部分。该项目研究能够用于火箭发射的核裂变反应堆。反应堆以高浓缩铀为燃料，液态氢用作火箭推进剂和反应堆冷却剂。这个核发动机利用核裂变产生的巨大能量，将氢气加热并喷出。研究表明，与尺寸类似的化学燃料火箭相比，核动力的火箭能达到前者推进速度的两倍以上。阿波罗 11 号登月成功之后，在削减成本的呼声中，美国放弃了登陆火星的早期计划，漫游者计划也于 1973 年被终止。

2. 猎户座计划

猎户座计划（Project Orion）是一个激进的实验方案。该计划设想在火箭的后方不断投出小型核弹，通过一系列核爆炸推动火箭前进。据计算，如果启动 30 万枚小型核弹做推力，推动直径 100 m、重量 10 万吨的飞船，火箭速度可以达到 10 000 km/s（约等于光速的 3.3%），则飞船用 133 年就可到达半人马座 α 星系。

理论上，根据现有的技术是可以制造出猎户座计划类型的星际火箭的，但这类工作从未启动。一方面是这种飞船非常昂贵，另一方面是它违反了 1963 年签署的《部分禁止核试验条约》，该条约禁止所有地上核爆炸，包括太空核爆炸。美国政府曾试图在条约中加上允许在太空飞行中使用核推进装置的例外，但没有被通过。猎户座计划于 1965 年被终止。

将来如果受控核聚变能够实现，使用核能进行星际旅行将会现实些。

13.2.3.2 离子发动机

上面所讨论的方案都是基于在火箭的上升阶段，把火箭加速到需要的速度后关闭发动机，然后太空船以惯性继续高速向目的地飞行这样一个设计。另外一种方案是使用低功率的火箭，让它的发动机一直处于工作状态，缓慢加速，直到很高的速度。离子发动机（Ion Thruster）就是这样一种方案。它的工作方式是使带电粒子被加速，从火箭尾部持续喷出，从而使火箭不断加速。NASA 和欧洲空间局已经成功地使用了低频率的离子发动机，这些发动机只能在太空中启动，它们无法提供从地面升空所需要的巨大推动力。但在真空中，离子发动机的工作效果良好。因为单位时间内排出的离子较少，所以可以长时间保持工作状态。一个高功率的离子火箭的速度可以达到光速的 1% 左右。

13.2.3.3 太阳帆

还有的设想是航天器不携带很多燃料，而是采用在太空中捕获能量的方法来加速火箭。其中一种可能的方案是利用太阳光作为能源，使用一个巨大的、高反射率的、很薄的太阳帆（Solar Sail），照射在太阳帆上的太阳光将产生压力，推动火箭加速（图 13 - 13）。太阳光压尽管很小，但在空间真空状态下没有摩擦力，在太阳光压的稳定作用下，航天器会逐渐加速到很高的速度。太阳帆很可能是在太阳系航行廉价的方法。当航天器进入外太阳系时，来自太阳的推动力会逐渐变弱，这限制了太阳帆航天器能够达到的最高速度。也有人考虑在地球上用一个高功率激光作为能源来替代太阳光。理论上，激光可以为太阳帆提供一个稳定和持续的推力。为了使激光束聚集在极其微小的飞行器目标上，激光基地就需要用一个尺寸达数百千米的聚焦镜，而且需要巨大的能量。假如使用这样的飞行器飞抵系外行星，让飞行器减速并降落将成为另一个问题。

图 13 - 13　太阳帆的构想图

注：半千米长的太阳帆背向太阳的一面，展示了伸展太阳帆的支柱。（来自 NASA/Marshall Space Flight Center）

13.2.3.4　星际冲压发动机

另外一种获取能量的方法是在星际飞船上安装一个巨大的招风斗，在扫过太空时搜集星际气体，这些星际气体绝大部分为氢气，使用这些氢气进行核聚变反应，产生能量，使火箭加速。这样一个推进系统称为星际冲压发动机（Interstellar Ramjet）。原则上讲，星际冲压发动机通过不停搜集和使用燃料而不断地加速，但问题是星际间气体密度太低，招风斗常难以搜集足够的燃料。

13.2.4 怎样让乘员度过长时间的旅行

鉴于星际旅行需要非常长的时间，甚至可能超过人的寿命极限。为了能让人度过漫长的旅行时间。有人设想也许可以采取类似于动物冬眠的方法让乘员在保持低代谢的状况下睡去，直到旅行结束。但到目前为止，还没有生物医学手段做到这一点。

还有的设想是建造大的飞船，容纳足够多的乘客，让他们组成一个临时社会，在漫长的旅途中繁衍生息，直到到达终点，这被称为星际方舟。这种设想已经超出了宇航学家、天体学家所能处理的范畴，需要各方面的专家，包括社会学家、法律专家的参与。

13.2.5 接近光速的飞船航行

13.2.5.1 狭义相对论所预示的效应

到目前为止，我们所讨论的还只限于在与光速相比低得多的速度航行。假如将来取得技术突破，飞船能够以接近光速的水平飞行，尽管飞船仍以我们按常规速度计算所预示的时间到达目标星球，但爱因斯坦的狭义相对论所预示的一些效应将会出现。

狭义相对论预示，相对于地球做高速运动的旅行者所经历的时间，与停留在地球上的人所经历的时间不同。这一理论认为，一个运动的物体在其运动方向上的长度会变短，质量会变大，因此在运动物体上测量的时间比处于静止状态时所测量的时间缓慢，这种现象叫作时间延缓。如果运动的速度远低于光速，这种不同可以忽略不计，但在接近光速时，这种效应便开始明显。试举一例，设想一个前往与我们相距25光年的织女星的一次旅行，假设所乘坐的星际飞船的速度恒定，为光速的90%。则飞船到达织女星所需要的时间应该是25/0.9，接近28年，如果这个飞船以同样的速度返回地球，则共需要56年。这是地球上的人观测到的时间。但是飞船上乘客所经历的时间与此不同。经计算，由于时间延缓，他们实际经历的时间仅仅是24年。

狭义相对论所预示的这种差异，已经在接近光速运动的亚原子粒子实验中被仔细地测量并证实了。虽然从地球上观察飞船上面的时间变慢了，但对飞船上的乘客而言，一切并没有异常。旅行者只用了 24 年就走完了 50 光年的距离，似乎已经超光速了。但正在运动着的旅行者进行测量，由于在其运动方向上的长度变短，他们距离织女星不是 25 光年，而是不到 12 光年，他们永远都不会认为自己的运动速度超过了光速，就像我们在地球上认为的那样。

越是接近光速的飞船，乘客经历的时间就越短。从乘客的角度看，通过使飞船的速度充分接近光速，旅行所需要的时间可以任意缩短。这样只要飞船速度足够快，理论上，他们可以在自己的有生之年到达任意远的地方。天文学家卡尔萨根曾假想了一个火箭方案，它持续以 1 G 的加速度做加速飞行，这一加速度与地球引力产生的加速度相同，这让飞船上乘员的身体和周围物体都产生和在地面上相同的重量，使乘员不会感到因微重力的不适。火箭的速度会越来越快，逐渐接近光速。在到达终点后，火箭在返回时，又反过来以 1 G 的加速度做减速运动，直到返回出发点。返航时，飞船内同样产生和地面相同的重量效果，只是方向相反。如果旅程很长，则在大部分旅行中，飞船会以非常接近光速的速度运动，飞船上的时间将会变得缓慢。根据计算，依照飞船上的时间，这样一个按 1 G 持续加速的飞船将会在 12 年之内完成 500 光年距离的旅行。但按照地球上的时间，飞船用的时间超过 500 年。如果宇航员在目的地向地球发回一条无线电信息，这条信息将需要 500 年的时间传回地球，也就是在宇航员离开地球超过 1 000 年后，地球将收到这条信息。

尽管这样的旅行为物理定律所允许，但其能量的消耗极为巨大。狭义相对论告诉我们，当物体的速度接近光速时，它的质量也会增加，能量的消耗随之增加，推进力对火箭的加速度的作用就越来越小。因此，无论使用功率多么强大的发动机，飞船的速度永远也不会到达光速。

13.2.5.2 物质-反物质火箭

前面我们看到，如果我们想要使速度非常接近光速，仅依靠核能还是不够的。即便让氢发生核聚变形成氦，也只有约 0.7% 的质量转化为能量。有什么别的办法让更多的质量转变为能量呢？有一种称为物质-反物质湮灭的过程可以做到。所谓反物质是正常物质的反状态，如正电子、负质子等都是反物质，它们与正物质如同镜像关系。当正反物质相遇时，双方就会相互湮灭抵消，质量消失时产生巨大的能量，也就是全部质量都转化为能量。不同的物质和反物质湮灭可以产生不同形式的能量，例如，正电子和电子的湮灭，产生伽马射线形式的能量。正负质子的湮灭会产生一群粒子，随后又衰变成中微子和伽马射线。由此产生的能量可以用来驱动火箭。由于能量巨大，理论上，物质-反物质火箭的速度可达到光速的90%。

目前反物质只能在加速器中产生，而且量很少，不仅价格极为昂贵，而且没有合适的储存装置将它们载上火箭。因为反物质一旦和普通物质接触就会发生爆炸和湮灭，难以可控地服务于火箭加速的任务。

13.2.5.3 星际气体和尘埃的潜在危害

接近光速的飞船可能面临的一个问题是来自星际气体和尘埃的危害。速度这样快的飞船一旦撞上微小尘埃粒子，即使很小，也会对飞船造成很大的冲击力和损伤。因此，飞船需要充分的屏蔽，以保护它的设备和乘客。

13.2.6 理论上到达另一时空的方法

遥远的距离、光速的极限、巨大的能量需求等极大地限制了人类的星际旅行。有没有其他方法使我们不经过常规旅行就到达我们想去的时空呢？爱因斯坦的广义相对论给了我们一些解决问题的线索。这一理论认为时空是可以扭曲的，任何质量都会引起空间的扭曲。如果空间被扭曲得很明显，就可以为我们提供通往遥远目的地的捷径。这些捷径包括黑洞、虫洞和曲速引擎等。在黑洞处，由于绝大的质量，时空扭曲得十分严重，一些科幻小说家会把黑洞想象成一个通往其他地方的捷径，但无法进一步论证。

虫洞有可能更为有用，虫洞也是在超空间中提供一条可以到达宇宙遥远地方的捷径。如果一个高密度物质在地球附近，把某空间扭曲成一个超空间；又假如一个类似扭曲出现在距离地球非常遥远的地方。如果这两个扭曲以某种方式在超空间中相遇，在普通空间相距很远的这两个地方，就可能通过一个短的超空间通道连接起来，这就是虫洞。穿越它的时间可能非常短，就可以到达许多光年之外的地区。量子物理表明，最微小的宇宙尺度是远小于一个原子大小的空间区域。在该尺度上，时空是一个沸腾的泡沫，不断地扭曲、破裂，形成超空间，虫洞可能随时形成，再不断消亡。我们还没有捕获和利用这样的虫洞的技术以用于旅行，但可以推算构建虫洞需要非常大的能量消耗。

13.3 费米悖论

1950年的夏天,在新墨西哥州的洛斯阿拉莫斯国家实验室,意大利物理学家恩里科·费米和同事们在午餐期间进行着随意的交谈,话题包括外星人。吃饭时,费米突然问道:"他们在哪?(Where are they?)"费米的问题引起了一片会意的笑声,尽管费米提问时并没有明确所指,但桌子周围的人似乎都立刻明白他在谈论外星生命。

费米随后进行了一系列计算,包括存在类地行星的概率,这些类地行星上有生命的概率,具有人类生命的概率,高科技崛起的可能和持续时间等。他根据这样的计算得出的结论是:我们应该在很久以前被智慧生命拜访过,而且应该被拜访过很多次。

费米不是第一个提出类似问题的人。在他之前,也有其他人提出过。只是这次费米的经典提问引起了人们对有关问题的重视,并促进了相关的讨论和研究。与费米问题相关的其他说法还包括"大沉默"(Great Silence)或"宇宙沉默"(Silentium Universi),都意指得不到其他文明的证据。

虽然将费米的提问称为费米悖论,但这里"悖论"一词不是一般逻辑学意义上的那种对一个命题无解的推导矛盾,而仅仅是指现有理论与观测不符的现象。费米问题的解决或者是修正原有的理论,或者是等待将来新的事实,总之会有一个解答,虽然可能需要相当长的时间来加以澄清。

13.3.1 费米悖论的背景和数字估计

费米的问题起源于这样一个基本想法:我们和我们的地球或许都没有什么特殊之处,宇宙的年龄和宇宙内巨大的行星规模使我们倾向于相信,与地球类似的文明肯定存在于宇宙某处,可以从德雷克方程的计算中得到这样的结论。大量的文明存在意味着其中有相当多的文明有机会发展出先进的技术,并且远在我们发明火箭和射电天文望远镜之前,就已经开始太空旅行,并做到星际移民了。由此造成宇宙中相当普遍的生物存在。然而直到今天,我们并没有找到外星文明迁徙的证据,这样就形成了矛盾。

13.3.1.1 对生命形成和文明出现的时间推测

费米提出疑问所依赖的一个观念是，如果文明在宇宙中是普遍存在的，那么，一定有许多文明会出现在我们人类文明之前。我们看一下这种判断的依据。

宇宙已经存在了大约 140 亿年。而地球从形成到现在才只有约 45 亿年。在地球出现之前，宇宙已经存在 95 亿年的漫长时间。恒星则是在宇宙大爆炸之后几亿年开始形成的。这些恒星什么时候能积累足够的重元素，以形成与地球类似的行星还没有明确的答案，但在地球诞生之前应该已经存在无数类地行星了。有估计认为，类地行星至少在地球诞生 50 亿年之前就已经出现了。

假使类地行星较容易进化出生命的话，这 50 亿年意味着，如果某些行星上智慧生命的出现过程和地球上的类似，也经过相同的进化时间的话，则在银河系中，最早的文明应该在 50 亿年之前就出现了。假如他们没有消亡，那么，他们的科技水平领先于我们 50 亿年。

13.3.1.2 对可以形成生命的行星基数的估计

德雷克方程还不能对文明的数量给予绝对正确的估计，且估算百万分之一恒星系统的行星最终会出现文明。保守地估计，银河系存在 1 000 亿个恒星系统，它们大多数比太阳系更古老，则目前在银河系中至少应该出现过 10 万种文明。如果这 10 万种文明在过去的 50 亿年时间内随机出现，那么平均每 5 万年就会有一种文明出现在银河系。

银河系 10 万种文明诞生在人类出现之前。由于我们的文明只出现在几百到几千年之前，可以认为是最年轻的文明，次年轻的文明大约出现在 5 万年之前。如果把文明的概率减少 100 倍，则在过去 50 亿年的时间里也出现过 1 000 种文明，平均每 500 万年就会出现一种文明。因此，即使是最靠近我们诞生的文明也会比我们先进多了。如果它们想漫游和移民的话，银河系中应该充满它们的影子。

13.3.1.3 每个文明平均存在的时间

地球人类文明，如果从农业出现算起，则已有 1 万年的时间；如果从科学出现算起，则只有 400 年；如果从可以与系外文明交流算起，则不到 50 年。由于人类文明还在上升阶段，我们无法估计接下来能够持续的时间。但天体生物学家已经通过各种迹象在估计文明可能持续的时间。

德国天文物理学家和无线电天文学家塞巴斯蒂安·冯·霍尔纳（Sebastian Von Hoerner）估计文明的平均持续时间是 6 500 年。他认为，在这之后消失的原因有外部原因（行星上生命的破坏，或只是理性生命的破坏）或内在原因（精神或身体退化）。根据他的计算，在一颗可居住的行星（每 300 万颗恒星中就有一颗）上，有一系列技术物种，它们的时间距离达数亿年，每种都平均"产生" 4 种技术物种。根据这些假设，银河系中文明之间的平均距离为 1 000 光年。

13.3.2 冯·诺依曼探测器

更大的可能是，这些生命和我们类似，不是自己走向太空，而是先向外界发射一些机械装置。人类自己虽然还没有离开过地–月系统，但制造的机器探测器早已飞掠太阳系各大行星，有些已经离开太阳系，飞向宇宙纵深。其他行星的智慧生命应该也会这样，而且可能会走得更远。它们除了简单地向外发射单机机器人外，还可能制造出更复杂的机器人送到其他星球，通过程序控制让它们开发所到星球的资源，建造工厂来复制自己，然后再将新建的机器人进一步送到下一个星球，如此循环就可以实现机器人的自我繁殖。

这种可以自我复制的机器人的概念是由美国数学家和计算机学家约翰·冯·诺依曼最早提出的，人们通常称之为冯·诺依曼机。冯·诺依曼机的原理可以用于空间探测器在星际工厂里的复制制造，原理是一样的。冯·诺依曼证明，在月球或小行星带进行大规模采矿作业最有效的方法是航天器利用当地原材料来制造自己的复制品。自我复制的航天器可以被送往邻近的行星系，并通过自我复制不断扩大范围。它的适应性比生物体更强，还有可能在很大程度上绕过寿命障碍。

13.3.3 外星文明移民的可能性

13.3.3.1 外星文明向其他星球移民的方式和速度

外星文明移民的速度取决于技术水平。假如一个外星文明拥有与猎户座计划相似的技术。这种火箭的速度可以达到光速的 1/10。考虑到银河系中太阳系所处区域的恒星间的典型距离是 5 光年，则核动力飞船抵达另一个恒星系约需要 50 年。到达一个新的恒星系后，这些迁移者在那里需要一定时间定居并繁衍。适应并数目扩增后，这些殖民者又会再次迁徙，使拥有该文明的星球越来越多。

这种过程类似于海洋中珊瑚的生长过程，因此被称为珊瑚模型。

使用速度为光速 1/10 的飞船迁徙，按照珊瑚模型进行扩张。如果外星文明的母星系处于银河边缘，要跨越跨度 10 万光年的银河系，殖民到整个银河系所需要的时间大约是 1 000 万年。如果母恒星系统靠近银河系的中心，则所需的时间会减少。

13.3.3.2 殖民动机

人类的发展史证明，人类有向任何新的殖民地移民的倾向。从人类诞生于非洲起，就开始向全球扩张，逐渐布满整个地球。目前已经考虑火星移民了。在地球上对于不同的生物群体，只要有个别个体迁徙，只要新的迁徙地有合适的生态位，这些地方就会变成该物种的殖民地，造成群体数目迅速增加。如果其他文明也和我们一样，则也会以相似的方式迁徙。躲避战争或破坏、寻找更适合的生态位、群体数量膨胀、出现星球毁灭等因素都是人类离开家园进行迁徙的动因。如果一种文明存在的时间足够长，当它们的行星不再处于宜居带时，行星上的生命将面临灭绝和移民的选择。

13.3.4 解释费米悖论的方案

13.3.4.1 人类是孤独的，文明是罕见的

最初的假设是错误的，技术先进的智能生命比我们估计的更难出现。依照地球殊异假说，地球上能把允许智慧生命出现的各种环境因素结合在一起，而且在最恰当的时间出现这些因素是非常偶然的。我们很可能是唯一的文明。

13.3.4.2 文明是普遍的，但能够移民的文明不多

文明是普遍的，但能够移民的文明不多，可能的原因包括：技术上的困难，星际旅行实际上非常困难，或代价昂贵；没能找到用于星际航行所需的巨大能源；文明存在的时间不够长，在达到移民能力之前已经毁灭了；文明的畸形发展，内部的因素造成自我毁灭，比如内部发生核战争等；高等文明的寿命有限，智慧生命倾向于毁灭自己等。

尽管生物体移民相对困难，但外星文明向太空发射能自我复制的冯·诺依曼机的可能性还是较大的。但也有可能有某种因素限制它们的扩张，比如说资源因素。这种机器增长过快，一段时间内耗尽所能得到的所有资源等。

13.3.4.3 银河文明本来存在，但没有被发现

我们的搜索方法有缺陷，没有寻找正确的路径；或目前的观察不完整，它们存在，只是我们还没有检测到它们。比如，外星人发射的信号可能具有很高或很低的数据传输速率，或者使用在我们看来非常规的频率，这将使它们很难与背景噪声区分开来。再有，如果地外文明位于地表之下，它们发出的信号就很难被我们探测到。到目前为止，我们还没有收到任何来自地外的智慧生物发来的信号，可能仅仅因为我们探索的恒星数量还有限。还有一种说法是外星人已经了解我们，但却对我们保密，这种观点也被称作动物园假说（Zoo Hypothesis）。与之类似的还有实验室假说（Laboratory Hypothesis）、天文馆假说（Planetarium Hypothesis）等。图 13-14 归纳了有关学说。

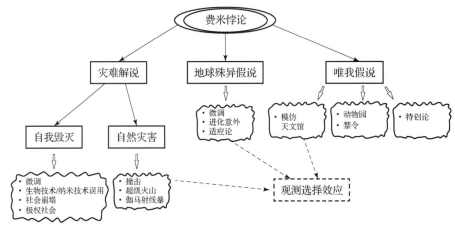

图 13-14 解释费米悖论的一些学说（M. M. Cirkovi，2009）

我们要观测的空间过于广阔，而无线电信号所能到达的距离仍然有限。查尔斯·斯图亚特·鲍耶（Charles Stuart Bowyer）指出，世界上最敏感的射电望远镜仍无法探测到我们这样的文明发出的随机无线电噪声，而我们在 100 年来一直在泄漏无线电和电视信号。对于 SERENDIP 和大多数 SETI 项目来说，要探测来自外星文明的信号，那个文明就必须直接向我们发出强大的信号。与地球类似的文明只能在 100 光年的距离内被探测到。

找出问题的答案比提出问题要复杂得多，费米悖论的内涵远远超出一个简单问题。无论最终的答案如何，对它们的认识都必将成为我们人类短暂发展历史的一个转折点，而且这个转折点看来很可能会在接下来的几十年或几个世纪内达

到。我们已经拥有了摧毁人类文明的能力，也确实存在将来人类使用这种能力的概率。但如果人类文明存在的时间足够长，可以发展出新的探索其他恒星系统的技术。那么人类将会有无限多的可能性。

参考文献

[1] ARMSTRONG S, SANDBERG A. Eternity in six hours：intergalactic spreading of intelligent life and sharpening the Fermi paradox[J]. Acta astronautica, 2013, 89：1-13.

[2] BENNETT J, SHOSTAK S. Life in the universe[M]. New York：Pearson Education Inc, 2012.

[3] CAPLAN M. Stellar engines：design considerations for maximizing acceleration[J]. Acta Astronautica, 2019, 165：96-104.

[4] CATCHPOLE J E. The International Space Station：building for the future[M]. chichester：Springer-Praxis, 2008.

[5] CIRKOVI M M. Fermi's paradox - the last challenge for copernicanism？[J]. Serbian astronomical journal, 2009, 178：1-20.

[6] CODIGNOLA L, SCHROGL K U. Humans in outer space - interdisciplinary odysseys[C]. New York：Springer, 2009：202-209.

[7] Committee on Research Directions in Human Biological Effects of Low-Level Ionizing Radiation, Board on the Health of Select Populations, Nuclear and Radiation Studies Board et al. Research on health effects of low-level ionizing radiation exposure[R]. Washington, DC：The National Academics of Sciences, Engineering, Medicine. 2014.

[8] CRANFORD J L. From dying stars to the birth of life：the new science of astrobiology and the search for life in the universe[M]. Nottingham：Nottingham University Press, 2011.

[9] CURRERI P A, DETWEILER M K. A contemporary analysis of the O'Neill-Glaser Model for space-based solar power and habitat construction[J]. NSS space

settlement journal,2011(1):1-27.

[10] DEUDNEY D. Dark skies:space expansionism,planetary geopolitics,and the ends of humanity[M]. Oxford:Oxford University Press,2020.

[11] DYSON G. Project orion:the true story of the atomic spaceship[M]. New York:Henry Holt and Co. ,2002.

[12] FEUERBACHER B,STOEWER H. Utilization of space,today and tomorrow[C]. Berlin,Heidelberg:Springer,2006.

[13] FORGAN D H. The Galactic Club or Galactic Cliques? Exploring the limits of interstellar hegemony and the Zoo Hypothesis [J]. International journal of astrobiology,2016,16(4):349-354.

[14] FREITAS JR R A. A self-reproducing interstellar probe[J]. Journal of the British Interplanetary Society,1980,33:251-264.

[15] HECHT H,BROWN E L,YOUNG L R. Adapting to artificial gravity(AG)at high rotational speeds[J]. Journal of gravitational physiology,2002,9(1):1-5.

[16] HEPPENHEIMER T A. On the infeasibility of interstellar ramjets[J]. Journal of the British Interplanetary Society,1978,31:222.

[17] HORNECK G, COMET B. General human health issues for Moon and Mars missions:results from the HUMEX study[J]. Advances in space research,2006,37:100-108.

[18] HORNECK G, FACIUS R, REICHERT M, et al. HUMEX, a study on the survivability and adaption of humans to long-duration exploratory missions,part II:missions to Mars[J]. Advances in space research,2006,38:752-759.

[19] HORNECK G, FACIUS R, REICHERT M, et al. HUMEX, a Study on the survivability and adaptation of humans to long-duration exploratory missions,part I:Lunar missions[J]. Advances in space research,2003,31:2389-2401.

[20] HORNECK G, FACIUS R, REITZ G, et al. Critical issues in connection with human missions to Mars:protection of and from the Martian environment[J]. Advances in space research,2003,31:87-95.

[21] HORNECK G. The microbial case for Mars and its implication for human

expeditions to Mars[J]. Acta astronautica,2008,63:1015 – 1024.

[22] JAHN R G. Physics of electric propulsion [M]. Mineola, NY: Dover Publications,2006.

[23] KAKU M. The future of humanity: terraforming Mars, interstellar travel, immortality,and our destiny beyond earth[M]. New York:Doubleday,2018.

[24] KANAS N, MANZEY D. Basic issues of human adaptation to space flight[J]. Space psychology and psychiatry,2008,22:15 – 48.

[25] KERR R. Radiation will make astronauts' trip to Mars even riskier[J]. Science, 2013,340(6136):1031.

[26] LEM S. Summa technologiae(translated by Joanna Zylinska)[M]. Minneapolis, London:University of Minnesota Press,2013.

[27] LIU H, et al. Bioregenerative life support systems in space: a research update [C]//New Developments in Science and Technology – 60th Anniversary Special Issue, Beihang University (BUAA), 2012 Beijing. A Sponsored Supplement to Science,2012:86 – 87.

[28] MEWALDT R A,DAVIS A J,BINNS W R,et al. The cosmic ray radiation dose in interplanetary space – present day and worst – case evaluations[C]. International Cosmic Ray Conference. 29th International Cosmic Ray Conference,Pune,2005: 101 – 104.

[29] MILLIS M G. Assessing potential propulsion breakthroughs: NASA/TM—2005 – 213998[R].2005.

[30] MOORE D, BIE P, OSER H. Biological and medical research in space[M]. Berlin,Heidelberg:Springer,1996.

[31] MORENO – VILLANUEVA M,WONG M,LU T,et al. Interplay of space radiation and microgravity in DNA damage and DNA damage response [J]. NPJ microgravity,2017,3(14):14.

[32] ROGERS L. It's ONLY Rocket Science: an introduction in plain english[M]. Berlin:Springer Science + Business Media,LLC,2008.

[33] SAGAN C. The cosmic connection:an extraterrestrial perspective[M]. New York:

Dell Publishing Co. INC,1973.

[34] SANDOVAL S. Memories of project rover[J]. Reflections,1997,2(10):6-7.

[35] SCHMIDT G. Nuclear systems for space power and production[C]//62nd International Astronautical Congress 2011(IAC 2011). International Astronautical Federation. Paris,2011:6792-6812.

[36] SCHWADRON N A,BLAKE J B,CASE A W. Does the worsening galactic cosmic radiation environment observed by CRaTER preclude future manned deep space exploration? [J] Space weather,2014,12:622-632.

[37] VULPETTI G, JOHNSON L, MATLOFF G L. Solar sails: a novel approach to interplanetary travel[M]. New York:Praxis Publishing Ltd,2008.

[38] WEBB S. If the universe is teeming with aliens ... where is everybody?: seventy-five solutions to the Fermi paradox and the problem of extraterrestrial life[M]. 2nd ed. Cham:Springer International Publishing Switzerland,2015.

[39] WHITE R J, MCPHEE J C. The digital astronaut: an integrated modeling and database system for space biomedical research and operations [J]. Acta astronautica,2007,60(4):273-280.

[40] WORMS J C,LAMMER H,BARUCCI A,et al. Science-driven scenario for space exploration:report from the European Space Sciences Committee(ESSC)[J]. Astrobiology,2009,9:23-41.

[41] ZEITLIN C,HASSLER D M,CUCINOTTA F A,et al. Measurements of energetic particle radiation in transit to Mars on the Mars Science Laboratory[J]. Science,2013,340(6136):1080-1084.

索 引

0~9

500 m 口径球面射电望远镜（图）　91

1940 – 2020 年大气 ^{14}C 相对丰度变化（图）　208

1999 年 6 月 15 日拍摄的太阳风和日冕物质抛射图像（图）　149

2000 年 2 月 27 日拍摄的日冕物质抛射（图）　149

A~Z, β

Cassini 任务观察　349

CHONSP　44

CHZ　403~405

 行星　404

 循环（图）　41

d5SICS 和 dNaM（图）　250

DNA　32、191、204、226

 复制和遗传信息流动一致性　32

 记录的人类迁徙过程　204

 生命复杂性　226

 与 RNA 结构比较（图）　191

EAS 火星车 Exo Mar 采集地下样品（图）　304

EQ 对古生物测量结果　425

EURECA 实验中芽孢杆菌中的组氨酸的恢复突变体变异频率（图）　374

FAST　432

GCR　377

Gliese 581　402

Gliese 581e　402

Gliese 581 周围行星 e、b、c 和 d（图）　403

JAXA 的隼鸟小行星探测器 2 号着陆龙宫星并采集样品（图）　274

LHB　359

NASA 火星漫游车（图）　317

Nebulium　100

PAH　56

RNA　189、190、224

 生命复杂性　224

 世界存在　189

 世界形成（图）　190

rRNA 进化树（图）　186

R 基团上能携带信息多聚体（图）　122

SERENDIP　431

SETI　429~431
　　可能探测到的信号类型　430
　　使用频率选择　429
　　探索方式　431
　　项目　431
　Stone 实验　381
　Strecker 反应　274
　Synthia（图）　250
　X 射线食　400
　X 线空间望远镜　93
　Y 染色体分析　204
　β 珠蛋白单体和它的镜像分子（图）　413

A

　阿波罗计划　104
　矮行星　262
　艾伦望远镜阵列　431
　氨　415
　氨基酸　168
　暗黑宇宙　35
　奥巴林团聚体（图）　174
　奥尔特云和柯伊伯带（图）　264
　奥帕林—霍尔丹假说　76

B

　巴斯德　161
　巴斯德曲颈烧瓶实验（图）　161
　半人马小天体　265
　孢子存活实验结果（图）　378
　北极永久冻土中分离的细菌（图）　237
　北京人头盖骨化石及复原图　203
　比较行星学用于识别假阳性生物信号　124

　避难所　80
　变星计时法　394
　冰冻环境　234
　冰河期　213~215
　　成因和温室气体调节　214
　冰雪地球　214
　波段光能利用　414
　不良环境因素　447
　不同波长电磁波和大气窗口（图）　91
　不同波段电磁波观察　90
　不同酸碱下生活的微生物（图）　235
　不同温度下生存的生物类型（图）　236
　布鲁诺　7

C

　参考文献　22、64、87、125、158、215、253、
　　282、322、353、382、434、471
　产生化学进化的原始地球环境　162
　产生原始有机分子模拟实验　164
　常规灭绝　227
　长征 9 号运载火箭示意（图）　459
　超级宜居行星　403
　超新星 37、44、409
　　爆炸冲击波冲击后由星际介质形成星系过程
　　　（图）　37
　　影响　409
　超重　443
　潮汐　143~145、351
　　加热　351
　　锁定　144
　　效应　143
　　形成（图）　144

潮汐力　143、144

沉积岩（图）　133

乘员度过长时间旅行　463

储存　108

楚留莫夫–格拉希门克彗星（图）　277

磁场　146

磁感应强度　146

磁悬浮技术　113

次生大气　135

从化学进化到生物进化　167

从宇宙到微生物、植物和动物组织化学元素丰
　　度（表）　46

重塑生命　248

重组 DNA　248

存活实验　368、369

　　打开盖子的生物盘（图）　368

　　结果（图）　369

D

搭载于 Foton 卫星返回舱的石头地衣实验（图）
　　381

达尔文式进化基本规则　434

达尔文演化　22

大爆炸到原子形成　35

大陆地壳　134、141

　　与航洋地壳区别（图）　141

大陆地下　82

大陆化石同源性（图）　212

大陆漂移　211

　　进程（图）　211

　　两个时期　211

　　与宏进化　211

大灭绝事件导致地球全体生物灭绝　251

大气　135～138

　　促进地球生物进化并提供生物保护　138

　　分层　137、138（图）

　　组成　136

大气氧　210

　　分压变化（图）　210

　　含量变化　210

大头钉假设（图）　157

带回地球　108

带有欧洲暴露装置 Biopan 的俄罗斯卫星 Foton
　　（图）　368

单恒星系统宜居带　408

单糖　31（图）、168

氮的生物循环　208、209（图）

氮质体作为磷脂双层膜替代物　414

蛋白质　31、168、173

　　功能　168

　　首先起源　173

蛋白质和核酸起源地点　171

　　海相起源说　171

　　陆相起源说　171

导论　3

德国空间中心（图）　117

德雷克方程　428

登陆火星　106

登陆小行星　107

登陆月球　104

登月活动（表）　105

低气压环境　237

低温下生活的微生物　237

低重力　244

地表水源 139

地层层序律 177

地面模拟研究 10、110

地壳 131~133

    形成 131

    演变 133

    组成 131

地球 270

地球磁场 146、147、151~153

    对生命保护作用 151

    发电机机制图解（图） 147

    形成理论 147

    影响宇宙射线空间分布 152

    与生物其他关系 153

    作用 146

        间接作用 151

        直接作用 151

地球大气 135~138

    成分随时间的变化（图） 136

    分层（图） 138

    演变过程 135

地球分层（图） 132

地球观测确认遥感技术检测生命信号可行性 119

地球和火星生命发展差异 299

地球环境 4、439

地球极端环境 17、299

    存在微生物种类和火星曾出现过类似环境的时期（表） 299

    生命探测 17

地球极端环境生物体研究 114~118

    宏基因组学使用 118

    极端环境微生物培养和鉴定 118

    极端栖息地研究意义 115

    生命繁衍和存留 115

    寻找和取得生物样品 116

    研究方法 116

地球极端微生物研究对火星可能存在生命的支持 308

    低气压 308

    高氯酸盐存在 308

地球能存住水机制 139

地球上常见的极端环境地区 115

地球上各种极端环境（表） 232

地球生命 16、129、131、160、219、222、251

    发生假说 160

    发展限制因素 219

    复杂性限度 222

    结局 251

    进化 16、160

    形成条件 16、131

地球生物 13、21、115、219、220、247、439~441

    存活环境限制 219

    极端栖息地研究意义 115

    进入太空可能遇到的生理问题和对策 441

    其他限度 219

    生物量构成（图） 220

    太空旅行 439

    在空间环境下的存活实验 247

    在太空所面临的主要问题 441

地球殊异假说 427

地球温度变化 213

地球与金星温度对比（图） 140

地球早期及现在环境和火星环境比较（表） 296

地球周围内辐射带和外辐射带（图） 152

地外和地上太阳紫外辐射强度和不同紫外线造成 DNA 损伤程度（图） 375

地外环境中生存 243

地外生命探索 432

地外太阳紫外辐射 375、376
　　对孢子 DNA 损伤 375
　　芽孢杆菌灭活作用光谱图（图） 376
　　诱导产生芽孢杆菌孢子 DNA 光产物（图） 376

地外样品 318

地外真空和紫外辐射对植物种子影响 380

地下宜居性 79

地心说理论 6

地月系统形成 141、143
　　对生命形成影响 141

地质事件 135

第一个在太空中存活的哺乳动物莱卡（图） 440

点突变对水泡性口炎病毒生存能力影响（图） 226

电磁波之外天体信息捕捉 91

叠层石 181

动态可居住性 77

动态适应性 75

动态宜居性 74

动态早期地球和生命出现 77

动物和人类航天简史 440

动物悬吊实验 112

动物园假说 470

短板效应 221

多分子体系出现 173

多环芳香族碳氢化合物 56

多普勒频移探测行星存在原理（图） 388

多任务空间探索飞行器 Nautilus – X 示意（图） 450

多细胞 197、198
　　进化 197、198
　　生物出现 197

E ~ F

俄罗斯卫星 Foton（图） 368

二氧化碳循环（图） 214

发电机理论 147

发现含有氢同位素氘的分子（表） 56

反射和热辐射相位变化 397

反射望远镜 89

反向污染防止 309

返回式航天器 104

放射性加热 351

非生物过程产生的 O_2 124

非碳基生物化学 417

飞抵彗星 107

费米悖论 466 ~ 470

背景 466

解释的一些学说（图） 470

　　数字估计 466

费米悖论解释方案 469、470

　　能够移民的文明 469

　　人类是孤独的 469

　　文明是罕见的 469

　　文明是普遍的 469

银河文明存在，但没有被发现　470
分子　48
分子进化树　186
分子生物学研究　183
分子钟　184、185（图）
冯·诺依曼探测器　468
凤凰号　318、319
　　机器臂及其高效颗粒空气过滤器（图）　319
　　降落装置　318
　　装配要求和降落地点（图）　318
氟化氢　416
辐射　85、247
　　生物学危害　247
　　与生命起源　85
辐射压　358
辐射有生源说　366、367
　　实验验证　367
复杂性　222
评估标准　222
限度　222
复制酶　191

G

伽马射线望远镜　94
甘油醛互为镜像的两种旋光异构体（图）　30
高度效应　152
高温环境　234、236
　　生活的微生物　236
高盐环境　232
哥白尼　7
哥伦布舱上的 EXPOSE 和 SEEDS（图）　380
各种计时法　394

各种小行星　273
古生菌　195
古生物学研究　17
谷神星　273
官能团　167
光合作用　210、414
光谱　98
　　分析　98
光压　358
硅燃烧　43
硅生物化学　417
轨道探测器　103
国际空间站　9、441、445
安装不同辐射剂量计的人体模型检测太空辐射
　　（图）　445

H

哈雷彗星　277
海盗号着陆器　300、301、315、316
　　降落装置及其生物屏蔽设备（图）　316
　　微生物学实验室寻找火星风化层中可能有微
　　　生物活性的三个实验（图）　301
海盗号着陆器研究　300、315
　　着陆装置（图）　315
海底热泉和黑烟囱（图）　172
海王星　280
海相起源说　171
海洋地壳　134
　　新生与破坏（图）　134
海洋地下世界　83
海洋动物物种灭绝百分比（图）　228
海洋世界　83

索引

氢聚变 42

氢燃烧 42

含有氢同位素氘的分子（表） 56

航天飞行时航天员每个月骨密度变化（图） 442

航天简史 440

航天器 9、10、447

    飞行过程中面临的问题 447

航天时代 9

航天医学 440

好奇号 302

    发现 302

    火星车和火星模拟实验室（图） 302

耗能问题 457

合成生物学 5、249

核聚变过程生成生物所需元素过程 44

核燃料火箭 460

核酸 30、169、173

    构成元件 169

核酸和蛋白质起源的先后 173

蛋白质首先起源 173

    和蛋白质共同起源 173

    核酸首先起源 173

赫斯珀利亚纪 290

恒星 35、37、403、407、408

    大小、宜居带和潮汐锁定示意（图） 408

    大小与生命存在的可能性 407

    等级（图） 407

    系统循环（图） 37

    形成 35

    周围宜居带 403

恒星风 149

红色皇后理论 199

琥珀 179

化合物来源鉴定 59

化石 177～180

    记录 177

    化石层序律 177

    年代估计 180

    树脂 179

    形成过程 178

    压缩印迹 179

    置换与再结晶 179

    种类 178

化学 162、180、351、459

    化石 180

    进化说 162

    燃料火箭局限性 459

    因素 351

化学元素 46、410

    丰度（表） 46

    和分子丰度分布 410

环境限制 219

缓步动物地外真空和紫外辐射耐受实验 378

辉麦长无球粒陨石所包含气体同位素比较（图） 361

回地限制 319

回转器 111

彗星 51、59、101、262、263、272、275～278

    67p 发现的化合物（表） 278

    Hale Bopp 中不同化合物丰度（表） 59

    成分 276

    轨道（图） 263

    来源 275

寿命 276
探测 276
与生命起源 276
惠更斯 7、340
惠更斯系统仪器 340
惠更斯探测器 341~344
　　测得土卫六大气、温度和压力（图）342
　　得到的土卫六表面和大气成分信息（图）343
　　降落到土卫六（图）341
　　装置（图）344
混合食双星系统 392
火箭技术 458
　推进原理 458
火星 14、271、284
火星表面 286、293、303
　　环境微生物存活和有机分子稳定性 303
　　液态水消失 293
火星曾经存在温室效应 288
火星沉积岩和液态水中形成矿物质 292
火星磁场 287
火星大气 287、288、307、361
　　大气中的甲烷 307
　　和温室效应消失 288
　　同位素成分和火星陨石（图）361
火星登陆器探测其宜居性 300
火星地下生物辐射作用下可能存在深度 305
火星地下水发现 294
火星地质分期 289、290（图）
火星干涸的河床（图）284
火星轨道和自转 285
火星过去和现在宜居性 296

火星海盗号着陆器研究 300
火星好奇号发现 302
火星和地球环境比较 296
火星和地球生命发展差异 299
火星环境和地球早期及现在环境比较（表）296
火星基本面貌 285
火星极区的冰：风化层（图）291
火星甲烷产生、释放和分解可能机制（图）308
火星结构 285
火星就地研究 303
火星漫游车（图）317
火星气候 288
火星人 8
火星上的水 290、294
　水的当今分布 294
　现存的水 294
火星上寻找生命迹象 450
火星生命迹象寻找 295、300
火星史上曾经存在液态水证据 291
火星探测行星保护 309
　　操作方法 320
　　生物载荷测量 320
　　生物载荷减少 321
火星土层中氢含量地图（图）295
火星卫星 289
火星物质构成 285
火星现在气候 289
火星宜居区域寻找 295
火星宜居性变迁过程 298
　　第一时期 298

第二时期 298

第三时期 298

第四时期 298

火星陨石 155、305、306、361、362

 测量到的冲击压力和温度（图） 362

 研究 305

火星运河 8

火星早期水和冰主要流动方向（图） 293

火星早期液态水分布 293

火星曾被水冲刷过和沉积地貌 292

J

几何异构举例（图） 30

基因 32、224

 编码方式一致性 32

 数量 224

基因组 183

基因组学 183

极端环境 17、72、114~116、231、232（表）240~242

 地区 115

 分析和检测微生物群落方法（表） 242

 干燥环境 17、240

 类型 231

 生命形式 231

 生物群落 116

集群灭绝 227、228

技术手段 19

技术研究 19

计划发射的空间望远镜（表） 97

计时法 394

伽利略 7

伽利略望远镜 7

伽利略卫星 331~333

 内部结构（图） 333

 性质及其和地球比较（表） 332

假定型生物化学 412、419、420

 汇总（表） 420

假有生源说 366

甲烷和其他碳氢化合物 416

碱性环境 233

较重元素形成 42

接近光速飞船航行 463

结束语 21

介于矮行星和小行星的灶神星（图） 264

金属氧化物基生命 418

金星 267~270

 表面 268

 磁场 268

 和火星作为宜居性演变过程样本 270

 宜居性 269

 云层中可能存在微生物图解（图） 269

近飞探测器 102

进化 227、229、434

 决定因素 227

进化与灭绝 227

径向速度 388

径向速度测量 388

 基本原理 388

径向速度法 15、389

 能够提供的其他信息 389

 寻找能力 389

就位观测 101、107

就位观测和登陆 104

就位取样分析 49

巨大陨石造成的灭绝 228

巨型管虫（图） 163

巨行星 14

K

开普勒 8

  第一定律 8

  第二定律 8

  第三定律 8

  面积定律 8

  椭圆定律 8

康科迪亚南极站作为人类探索模拟站进行医学、生理和心理研究项目（图） 449

抗辐射菌 239

柯伊伯带 264

可见光范围内太阳光谱与夫琅和费谱线（图） 99

可见光望远镜 93

可利用资源 220

可宜居带 403

可资利用能源 69

空间辐射 113、114、246

  构成 246

  生物学效应研究 114

  种类 113

空间和其他星球重力改变 441

空间红外望远镜 93

空间环境 9

空间生命科学 20

空间探索 450、451

  技术驱动力 451

  驱动因素和利益 450

空间望远镜 92～94

  特点 92

  性能（表） 92

  种类 93

空间望远镜和设施（表） 94

恐龙灭绝 229

枯草芽孢杆菌横截面电镜照片（图） 367

跨海王星区域 265

矿物充填作用 178

L

拉曼显微光谱法 120

落塔实验 110

莱卡（图） 440

类蛋白微球体（图） 175

类地行星 265、266

  大小比较（图） 265

  基本物理参数（表） 266

  宜居性一般状况 266

类木行星 157、329

  能量来源 329

  运行的大头钉假设（图） 157

类星体 101

离子发动机 461

理论上到达另一时空方法 465

理论上凌星系外行星光曲线（图） 390

联合国公约 310

两性分歧进化 200

猎户座计划 461

临时栖息地 80

凌星法 15、389～392

基本原理　389

　　搜寻行星历史　392

　　行星参数计算　390

　　优缺点　391

凌星计时法　395

凌星系外行星光曲线（图）　390

另外碱基构成的替代DNA　413

硫化氢　416

硫生物化学　418

陆生生物出现　198

陆相起源说　171

洛厄尔　8

旅行者2号飞行路径（图）　103

绿色银行望远镜参与对无线电技术特征搜索　432

掠食双星系统　392

M

脉冲星计时法　394

　　缺点　394

满足生命存在的恒星类型　407

漫游者计划　460

煤化　179

每个文明平均存在时间　467

米勒设计的有机小分子非生物合成模拟实验（图）　165

米勒实验　164

密码子进化过程中tRNA基因突变（表）　193

描绘地球情况的铝板（图）　457

灭绝　227

模拟辐射源　113

模拟空间辐射研究方法　113

模拟生命非生物现象识别　124

模拟微重力研究方法　110

模拟撞击-喷射过程的冲击恢复实验　371、372

　　爆炸装置（图）　371

　　微生物生存率（图）　372

模铸化石　178

默奇森陨石（图）　58

　　发现的有机化合物（表）　58

母系遗传　203

木卫一　332

木卫二　333～338

　　表面冰层、地下海洋、地下火山和地幔（图）　335

　　表面喷发出来的羽流图像（图）　337

　　带有薄冰壳的表面结构模型（图）　336

　　辐射场因冰层而衰减（图）　338

　　覆盖冰壳和裂缝（图）　334

　　可能存在生命对辐射耐受性　337

　　物理环境　334

　　宜居性　335

木卫三　333

木卫四　333

木星　156、157、279、337、338

　　磁场示意（图）　338

　　对太阳系行星系统影响　156

　　使形成生命的地球免受更多陨石攻击　157

　　与地球生命起源　156

　　周围存在辐射区域（图）　337

目前开展的SETI项目　431

目前在轨的和计划发射的空间望远镜　94

目前在轨的空间望远镜和设施（表）　94

N

耐受极端环境水熊扫描电镜图（图） 239

南非 Barberton 的 Josefdal Chert 微化石电镜扫描
　　照片（图） 183

内共生学说 196

内石生群落 377

内岩生微生物 241

尼安德特人 203

牛顿 8、263

　　描绘的彗星轨道（图） 263

牛顿力学 8

诺亚纪 289

P～Q

抛物线飞行 110

平庸原理 427

　　和地球殊异假说 427

其他不良环境因素 447

其他发现行星方法 397

其他恒星系统与我们的距离 456

其他极端环境 241

其他望远镜 94

卡西尼-惠更斯航天器装配和测试（图） 314

卡西尼任务中拍摄的土卫六图像（图） 341

前向污染防止 309

强辐射环境 239

氢键形成示意（图） 61

氢燃烧 40

曲颈烧瓶实验（图） 161

趋同进化 424

取样 108

R

热力学不平衡维持手段 76

人工合成 250

　　碱基对（图） 250

　　支原体细胞（图） 250

人工智能 251、434

人工重力 449

人和一些动物 EQ（表） 425

人科物种（图） 202

人类飞往月球和火星时 443、446

　　经受的辐射量变化（图） 446

　　经受的重力变化（图） 443

人类航天简史 440

人类进化 200、202

　　过程中曾经存在过的人科物种（图） 202

人类起源 201

　　古人类化石推测的人亚科系统树 201

　　人类与黑猩猩分家时间的分子生物学研究
　　　　201

人类起源和进化 200

人类迁徙过程 204

人类在地球迁徙路线图 204

人类在太空和其他星球上对地面环境模拟 447

人属 202

　　进化 202

人体和大肠杆菌不同物质成分占比（图） 170

人体体内元素和环境含量比较（表） 47

日冕物质抛射 149

日心说 7

熔化探测实验装置（图） 117

软有生源说 366

软组织、细胞和分子保存 179

S

三次 Biopan 飞行环境参数（表） 368

三磷酸腺苷 31

三维回转仪（图） 111

深海 17、82、83、240、241
 高压环境 240
 海底绿洲 83
 化学合成生物 82
 生物及探测（图） 241

深海烟囱起源说 171

砷作为磷替代品 414

生命 9、12、22～26、33～35、77、78、162、231、257、387、411、412、432、433、452、467
 保障系统 452
 出现 77
 定义 432
 共同起源学说 33
 共同特点 26
 化学进化有利环境 162
 化学系统 22
 会在哪里出现 78
 科学发展 412
 其他形式 411
 认定 33
 所需元素形成 35
 探索 257、387
 特征 433
 现象 9、12
 形成和文明出现时间推测 467

 形式 25、231
 在哪里出现 78

生命分子 29、30、165、166
 非生物途径合成（图） 165、166
 特点 29

生命起源 78、85
 研究 78

生命体 187、193
 代谢、遗传系统和结构演化 187
 代谢方式演化 187
 构造发展 193

生命物质 188、434
 循环（图） 188

生命信号 119、120
 分子检测 120
 类型 119

生命元素 44、414
 或分子替代物 414

生态系统 205
 概念 205

生物 25、30、33、68、69、80、138、177、185、206、223、228、365、372、414
 DNA 含量（图） 223
 保护 138
 出现 69
 地层学 177
 地球化学循环 206
 分子 30
 化石 177
 基本化学构件 68
 集群灭绝 228
 进化论 33

类型 25

溶剂 414

生态系统 80

太空旅行 365

血红蛋白中氨基酸序列差异构建的分子钟（图） 185

在太空漫游所面临的环境 372

生物大分子 120、169、170

  检测 120

  形成 169

  形成机制 170

生物分子 29、62、167

  复杂性 167

  水可溶性和不可溶性 62

  异构种类（图） 29

生物进化 176、177、198、230

  过程研究 177

  历史记录 176

  路径限制 230

生物量 220、221

  构成（图） 220

  限制因素 221

  与可利用资源 220

生物盘（图） 368

生物圈 205、206、210

  概念 205

  演化 210

  物质循环 206

生物体各种功能活动 32

生物学 12、180

  同位素效应探测生物存在 180

生物再生生命保障系统 454、455

  MELiSSA 项目（图） 455

  基本构件和循环（图） 454

生源说 162

生殖活动 198

失重造成的体液分布和压力改变（图） 245

实验室研究 19

石头地衣实验（图） 381

食双星最小计时法 395

使用其他燃料或发动机火箭 460

世界各地智人分家时间 DNA 证据 203

世界热液喷口分布和它们与板块边界关系（图） 172

嗜冷菌 237

嗜热菌 236

视向速度 388

适合生物生存宜居带 18

手性相反的生命 412

树脂 179

双星系统和聚星系统宜居带 407

水 48、60~63、206

  分子 60

  环境 61

  基本特性 60

  可溶性和不可溶性 62

  相变条件 63

  相图（图） 63

  形成和分布 62

  循环 206

  与生命有关特点 60

水星 267

水熊 239、378、379

  对地外真空和紫外辐射耐受实验（图） 379

扫描电镜图（图） 239

水之外的生物溶剂 414

搜索附近发达智能群体地外无线电波计划 431

酸性环境 234

隼鸟小行星探测器 2 号着陆龙宫星并采集样品（图） 274

所有单糖（图） 31

T

太空辐射 9、239、444

    来源 444

    效应 444

太空旅行 439

太阳 99、100、252、260、261、446

    辐射主要构成（表） 446

    光谱与夫琅和费谱线（图） 99

    光谱中的吸收线及所代表元素（表） 100

    和它的行星系统大小比例（图） 261

    将来演变过程 252

    生命周期（图） 252

太阳帆 461、462

    构想（图） 462

太阳风 148、150、358

    对地球产生效应 150

    和地球磁场（图） 150

太阳风和日冕物质抛射 148～150

    对地球磁场影响 148

    基本概念 148

    形成过程 148

    作用于地球 150

太阳系 14、257、259、327、357、363、404

    范围 259

    范围内生命探索 257

    各区域与生命有关特征 259

    生命物质传输 357

    天体密度变化规律 327

    系外天体 363

    形成 259

    组成 259

太阳系外行星 15、72

    探测 15

    宜居性 72

    种类 15

太阳系行星 14、260、327

    小行星、卫星生命探测 14

    及小行星带星体密度比较（表） 327

太阳系宜居带 251、404

    估计范围（图） 405

    移动 251

探测器 10、103

碳 26、28、42、207、208

    不同氧化状态（表） 28

    燃烧 42

    生物循环 207、207（图）

    循环 207、208

    原子与其他原子的共价结合方式（图） 28

碳化 179

碳化学 26

碳键和硅键比较（图） 418

碳链骨架和官能团 167

碳氢化合物 416

糖类 31、167、168

    功能 168

逃逸过程 371

忒伊亚　142、146

特殊环境　72

　宜居性　72

提取细菌分离株的自然栖息地（图）　321

体现 DNA 编码功能的遗传密码表（图）　32

替代 DNA　413

天宫空间站　441

天体测量法优势　399

天体测量学方法　399

天体地质学　13

天体光谱分析　99、100

　实例　100

　原理和历史　99

天体光谱学　99

天体化学　14、49

天体亮度变化其他因素　392

天体生态学　13

天体生物学　1~4、10、11、15、21、75

　概念　3

　进化　75

　涉及的有关学科　11

　总论　1

天体生物学研究　10~14、89

　方法　89

　领域　14

　路线图　10

天王星　280

天文光谱分析发现的分子　51

天文光谱学在星际介质中检测到的分子（表）　52

天文望远镜　89

　发展　89

类型　89

天文学　11

天问 1 号着陆器（图）　303

调和定律　8

铁—硫世界假说　187

通用生物分子　30

同位素　123、180

　不平衡分析　123

　效应　180

头低位卧床实验　112

突破监听　432

土卫二　348~353

　产生的喷气羽流（图）　350

　地下海洋　351

　能量来源　350

　卡西尼号测得的羽状水汽和冰粒表面模型（图）　352

　卡西尼号拍摄的土卫二（图）　349

　卡西尼号太空船主要发现　348

　宜居性　353

土卫六　340~348

　表面　340

　大气　340

　地下海洋　344

　利盖亚马尔甲烷湖（图）　345

　内部结构模型（图）　345

　能量来源　344

　平流层中检测到的化合物与模拟实验中产生的复合物相比较（表）　347

　推测的甲烷生命　344

　未来出现生命可能　348

　作为前生命化学的天然实验室　346

土星 280

土星的卫星 339

 性质（表） 339

团聚体 174、174（图）

托勒密 6

椭球变化法 398

W

外生物学 4

外太阳系 264、326~330

某些卫星和矮行星平均密度及与太阳距离（表） 328

能量来源 328

其他小天体 281

探测任务（表） 330

物质构成 326

小天体 264

小行星带探测活动 330

宜居性 326

与生命相关特征 326

外太阳系天体 279、326

密度 326

外太阳系卫星 328、329

水和其他构成 328

能量来源 329

外星文明 468

向其他星球移民方式和速度 468

移民可能性 468

外星智能探索 429

晚期大轰击期 359

万虎 6

望远镜 7

微化石 182

微球体 175

微生物 17、25、242

能够生长或存活的极端条件范围（表） 242

微透镜法 393

微小生物自然发生说 161

微重力 9、244、442~444

改变生物体结构和功能特征 442

纬度效应 152

卫星 117、262

 微波遥感技术 117

未知生物分子和生物结构探测 121

未知遗传信号共性 122

文明平均持续时间 468

文明平均存在时间 467

稳定遗传体系形成 190

乌穆阿穆亚 363

无人探测器种类和作用 102

物质 206、262

成分聚拢与距离太阳关系（图） 262

循环 206

物质–反物质火箭 464

物种灭绝与进化 227~229

X

西澳大利亚叠层石（图） 182

系外行星 387、400、401

轨道半径和质量（图） 401

类型 400

数量（图） 400

寻找 387

细胞 26、27、175、187、193、194

分化　194

　　基本结构（图）　27

　　结构发展　193

　　营养方式类型　187

细胞核　26

细菌孢子对空间真空耐受性　373

狭义相对论所预示的效应　463

先锋 10 号　456、457

　　放置一个描绘地球情况的铝板（图）　457

现存大气　136

现有火箭技术　458

现有生物品种改造　248

线粒体夏娃　204

相对论束流法　398

小行星　101、262、273

小行星带　272

　　探索的天体生物学意义　272

　　探索意义　272

　　形成　272

小行星撞击　215、228、410

　　影响　410

　　与生物集群灭绝　228

　　造成生物圈改变　215

蟹状星云（图）　86

锌世界假说　187

锌世界理论　187

星光抑制技术　396

星际尘埃潜在危害　465

星际冲压发动机　462

星际分子　48、49

星际间物质运输频度　358

星际介质 37、49、50

　　尘埃颗粒循环（图）　50

　　形成星系过程（图）　37

星际旅行　439、455

　　可行性　455

　　需要的能量　455

　　需要的时间　455

星际气体潜在危害　465

星际物质　357

　　移动动力　357

　　运输普遍性　357

星球重力改变　441

星系 35、38、100

　　光谱　100

　　形成　35

星云　36、100

星周和星际的分子和有机分子　48、49

　　发现方法　48

　　形成过程　49

形成生命行星基数估计　467

形态学信息取得　123

行星　8、12、13、38、101、147、260、381、388、397、402

　　存在原理探测（图）　388

　　地质学　13

　　发电机运行条件　147

　　发现方法　397

　　科学　12

　　探测　402

　　形成　38

　　运动三大定律　8

　　直径和质量（图）　402

　　着陆　381

行星保护　309、310

　　基本概念　309

　　技术方案　310

　　历史　309

行星保护任务性质　311、312

第一类任务　311

第二类任务　311

第三类任务　311

第四类任务　311

第五类任务　312

行星保护指导方针　311~318

　　第一类任务和目标天体　312

　　第二类任务和目标天体　312

　　第三类任务和目标天体　313

　　第四类任务及其目标天体　314

　　第五类任务及其目标天体　318

行星成像技术　396、397

　　发现的恒星HR8977周围的行星（图）　397

行星系　15、39

　　形成　39

行星宜居性　15、16

　　基本内容　16

性别分化　200

性和性别产生　198

性状独立起源　424

悬吊实验（图）　112

旋光法　399

寻找到的系外行星数量（图）　400

寻找系外行星方法　15

Y

压印化石　179

芽孢杆菌孢子实验　367

芽孢杆菌中的组氨酸恢复突变体变异频率（图）　374

亚马逊时期　290

岩石　133~135

　　地质年代　133

　　年龄测定　133

　　研究可揭示地球不同时期、不同地点地质事件　135

盐对液态水效应　82

研究方法　116

验证陨石有生源说假说的空间实验（表）　373

氧燃烧　43

样品储存　108

遥感生物标志探测　121

液态水　68

宜居带　18、403~406

　　标准　403

　　概念扩展　405

　　估计范围（图）　405

　　界限　403

　　拓展　403

　　一般条件　406

宜居对象探索　16

宜居性　15、16、67~69

　　概念　67

　　基本概念　67

　　基本内容　16

　　与生物关系　69

　　组成一般要素　68

宜居性与生物出现　69~71

　　不可宜居地方不一定不存在生命　71

环境与生物共同作用形成某些类型宜居性 71

　　可宜居区域不一定真有生物生存 70

　　　生物不同阶段宜居需求不同 70

　　　宜居性存在并不能保证生物出现和进化 71

　　　宜居性随时间而变化 70

遗传和代谢方式一致性 31

遗传密码 32、192

　　密码表（图） 32

　　进化 192

遗传物质保真度对生命复杂性制约 224

遗传系统演化 189

已经发现的系外行星及类型 400

异种生物学 5

毅力号火星车登陆地点（图） 305

银河系宜居带 18、403、409、411（图）

　　位置 411

　　所在区域和影响因素 409

银河宇宙辐射 377

　　陨石保护层厚度与孢子存活期关系（图） 377

　　效应 377

引力 357

引力微透镜 393

　　图解（图） 393

引力微透镜法 394

引言 2

影子生物圈 419

优势性状进化 424

有关技术研究 19

有机分子 48、57、167、363、364

　　运输 363

　　在太阳系分布和搬运 364

有机化合物 28、30、120、365

　　鉴定 120

　　性质 28

　　在太空紫外辐射下的稳定性 365

有机物形成 274

有机小分子非生物合成模拟实验（图） 165

有利于智力产生因素 426

有生源说 365、366、370、381

　　不同阶段实验验证 370

　　概述 365

　　假说 366

　　结论 381

有性生殖 199

与板块活动有关的碳的循环 208

与地球相似的行星的探测 402

与生命有关的有机分子 167

与生命有关的元素形成 40

宇宙 35

宇宙大爆炸 35、36

　　历史过程（图） 36

宇宙范围内的生命探索 387

宇宙辐射 86、246

宇宙和所存在生命探索史 6

宇宙胚种说 166

宇宙射线元素分析中得到的宇宙中元素的相对丰度（图） 45

宇宙生命 18、385

　　信号识别 18

宇宙速度极限 457

宇宙演化和生命存在基础 25

宇宙演化简史　35

宇宙元素相对丰度（图）　45

宇宙早期演化　35

宇宙智慧生命存在可能　422

宇宙中存在生命和智慧生命的行星数量估计　427

宇宙中生命信号辨析　118

宇宙中水的形成和分布　62

元素　40、44、45

　　丰度　45

　　形成　40

　　在宇宙中和生命体中丰度　44

原核生物　194

原核细胞　26

原始大气　135

原始地球环境　162

原始海洋　139～141

　　形成　139、140

原始细胞出现　175

原位检测　120

原行星盘（图）　40

原子形成　35

月球　141、143、146、270、450

　　对地球生命形成和发展影响　146

　　碰撞说　141

　　探索科学驱动力　450

　　相对大小　143

月球村　21、448

　　计划　21

月球起源　141、142

　　碰撞说（图）　142

月球陨石　155、360、361

　　撞击图像（图）　360

陨石　57、59、101、109、153、154、155、274、306、364、377

　　Y000593 扫描电子显微镜（图）　306

　　氨基酸等有机物形成　274

　　搬运到地球的与生命有关物质　154

　　成分分析　109

　　对地球生物危害　155

　　发现的化合物来源鉴定　59

　　分析　101、109

　　鉴定　109

　　物质对所携带微生物辐射防护作用　377

　　有机分子　57

　　与太阳系内物质搬运　153

　　运输有机分子　364

陨石、木星与生命起源　153

陨石、小行星和彗星中存在的有机分子　57

陨石坑　359、362

　　撞击和周围碎片区域（图）　362

陨石有生源说　369、370

　　假定概略（图）　370

Z

载人航天　450、452

　　飞行对天体生物学促进作用　450

　　深空探测生命保障系统　452

载人空间探索　451

　　不利之处　451

　　对发展天体生物学益处　451

载人空间探索生命保障系统　452、453

　　基本功能（图）　453

　　基本要求（表）　452

载人行星任务 321

载人月球探索任务对生命保障需求（表） 452

早期生物化石证据 180

灶神星（图） 264

折反射望远镜 90

折射望远镜 89

真核生物 196

真核细胞出现 194

真空和紫外辐射对拟南芥和烟草种子存活影响
（图） 380

正在形成行星系统的原行星盘（图） 40

脂类 30、168

殖民动机 469

直接成像 396

直接观测 396

  条件 396

  效果 396

直接观测法 395

智慧 423~426

  产生两种相反观点 423

  进化 423

  具有选择性优势证明 424

  与科学、技术相关性 426

智慧生命 18、423

  存在可能 18

  在宇宙中不可能普遍存在 423

智利北部阿塔卡马沙漠地貌（图） 240

智力 423~426

  测量 424

  产生因素 426

  发育较完善的一方有可能胜出 423

  进化是否具有必然性 423

智人 203

  起源和迁徙 203

质子-质子反应链、CNO循环和三α聚变的相
  对能量输出（图） 42

中国500m口径球面望远镜 432

中国空间站 441

重力对生物体效应 444

重力模拟和微重力效应应对 449

重要登月活动（表） 105

祝融号火星车（图） 303

着陆其他星球面临的问题 447

着陆器 103

着陆取样 101

资源可利用性 221

紫外望远镜 93

自然发生说 161

自生矿化 178

组成蛋白质氨基酸类型一致性 32

最早有生源说假说 366

（王彦祥、张若舒 编制）

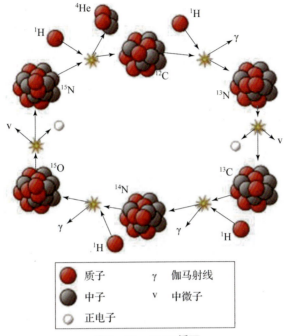

图 2-12 CNO 循环

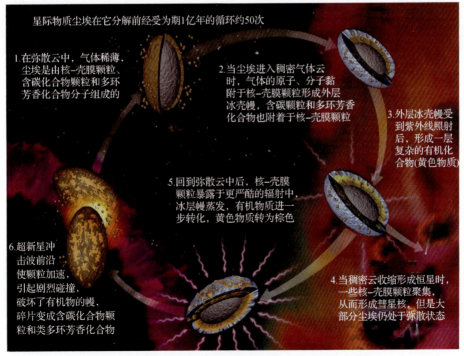

图 2-15 星际介质的尘埃颗粒循环图（Greenberg 惠供）

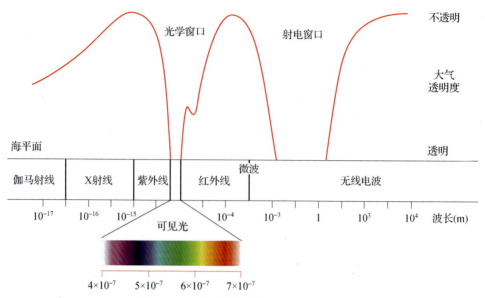

图 4-1 不同波长的电磁波和大气窗口

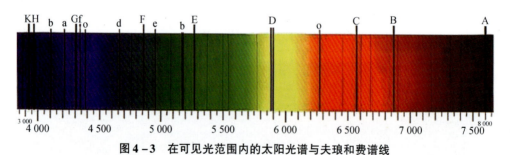

图 4-3 在可见光范围内的太阳光谱与夫琅和费谱线

注：夫琅和费谱线是太阳中不同的物质的吸收光谱，可通过对夫琅禾费谱线的分析得知其化学元素组成。

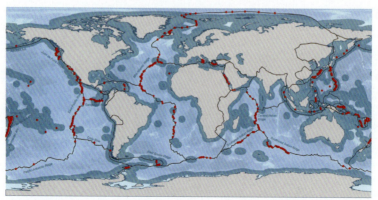

图 6-7 世界热液喷口的分布（红点）和它们与板块边界的关系（来自 DeDuijn. https://rwu.pressbooks.pub/webboceanography/chapter/4-11-hydrothermal-vents）

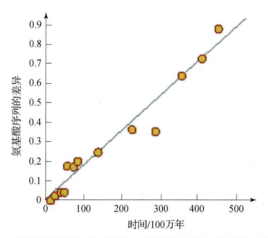

图6-12 根据不同生物血红蛋白中氨基酸序列的差异构建的分子钟

注：分子钟的构建，先测定已知分歧时间的物种之间的氨基酸差异，标定在坐标中，然后构建回归曲线，由此标定分子钟。其他未知生物之间的分歧时间可由分子钟确定。

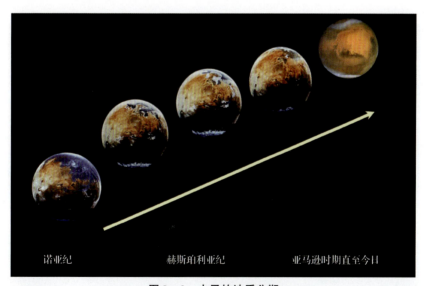

图9-2 火星的地质分期

注：大约38亿年前的诺亚纪，火星北半球有浅的海洋、河流、湖泊，后来逐渐改变到寒冷、干旱的亚马逊时期（艺术图，NASA惠供）。

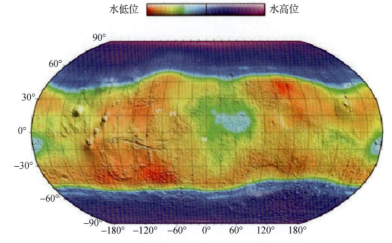

图 9-5　代表火星土层中氢含量的地图

注：目前火星上水的分布是由火星奥德赛飞船用伽马射线光谱仪测得的（NASA 提供）。

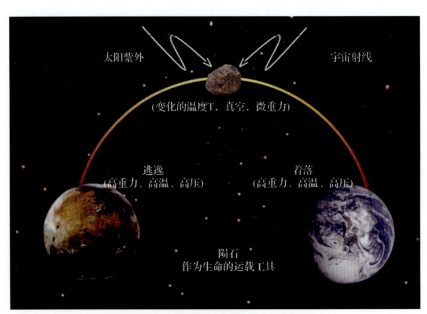

图 11-9　陨石有生源说假定的概略图

注：它具有三个基本步骤：逃逸、空间旅行和着陆。

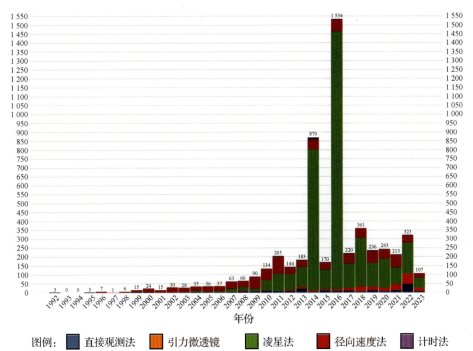

图 12 – 5　到 2022 年为止每年用不同方法寻找到的系外行星的数量

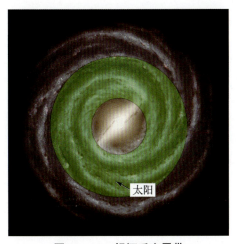

图 12 – 12　银河系宜居带

注：银河系宜居带通常被视为距银河系中心 7~9 千秒差距（kpc）的环形空间，用绿色表示。